西樵歷史文化文獻叢書

宣講博聞録（一）

西樵雲泉仙館 編

广西师范大学出版社
GUANGXI NORMAL UNIVERSITY PRESS
·桂林·

圖書在版編目（CIP）數據

宣講博聞録：全 3 册 / 西樵雲泉仙館編．—桂林：廣西師範大學出版社，2015.12
（西樵歷史文化文獻叢書）
ISBN 978-7-5495-7654-8

Ⅰ．①宣… Ⅱ．①西… Ⅲ．①道德規範－佛山市－古代－通俗讀物 Ⅳ．①B82-092

中國版本圖書館 CIP 數據核字（2015）第 293365 號

廣西師範大學出版社出版發行
（廣西桂林市中華路 22 號　郵政編碼：541001
網址：http://www.bbtpress.com）
出版人：何林夏
全國新華書店經銷
廣西大華印刷有限公司印刷
(廣西南寧市高新區科園大道 62 號　郵政編碼：530007)
開本：890 mm × 1 240 mm　1/32
印張：39.5　　　字數：300 千字
2015 年 12 月第 1 版　　2015 年 12 月第 1 次印刷
定價：158.00 元（全三册）

《西樵歷史文化文獻叢書》編輯委員會

叢書總序

温春來　梁耀斌

呈現在讀者面前的，是一套圍繞佛山市南海區西樵鎮編修的叢書。爲一個鎮編一套叢書並不出奇，但爲一個鎮編撰一套多達兩三百種圖書的叢書可能就比較罕見了。編者的想法其實挺簡單，就是要全面整理西樵鎮的歷史文化資源，探索一條發掘地方歷史文化資源的有效途徑。最後編成一套規模巨大的叢書，僅僅因爲非如此不足以呈現西樵鎮深厚而複雜的文化底蘊。叢書編者秉持現代學術理念，並非好大喜功之輩。僅僅爲確定叢書框架與大致書目，編委會就組織七八人，研讀各個版本之西樵方志，通過各種途徑檢索全國各大公藏機構之古籍書目，並多次深入西樵鎮各村開展田野調查，總計歷時六月餘之久。隨着調研的深入，編委會益發感覺到面對着的是一片浩瀚無涯的知識與思想的海洋，於是經過反復討論、磋商，決定根據西樵的實際情況，編修一套有品位、有深度、能在當代樹立典範並能夠傳諸後世的大型叢書。

天下之西樵

明嘉靖初年，浙江著名學者方豪在《西樵書院記》中感慨：『西樵者，天下之西樵，非嶺南之西樵也。』① 此話係因當時著名理學家、一代名臣方獻夫而發，有其特定的語境，但卻在無意之間精當地揭示了西樵在整個中華文明與中國歷史進程中的意義。

西樵鎮位於珠江三角洲腹地的佛山市南海區西南部，北距省城廣州 40 多公里，以境内之西樵山而得名。西樵山由第三紀古火山噴發而成，山峰石色絢爛如錦。相傳廣州人前往東南羅浮山采樵，謂之東樵，往西面錦石山采樵，謂之西樵，『南粤名山數二樵』之説長期流傳，在廣西俗語中也有『桂林家家曉，廣東數二樵』之句。珠江三角洲平野數百里，西樵山拔地而起於西江、北江之間，面積約 14 平方公里，中央主峰大科峰海拔 340 餘米。據説過去大科峰上有觀日臺，雞鳴登臨可觀日出，夜間可看到羊城燈火。如今登上大科峰，一覽山下魚塘河涌縱横，闤闠閭閻錯落相間，西、北兩江左右爲帶。②

西樵山幽深秀麗，是廣東著名風景區。然而更值得我們注意的，是以她爲核心的一塊僅有 100 多平方公里的土地，在中國歷史的長時段中，不斷産生出具有標志性意義的文化財富以及能夠成爲某個時代標籤的歷史人物。珠江三角洲是一個發育於海灣内的複合三角洲，其發育包括圍田平原和沙田平原的先後形成過程。西樵山見證了這一過程，並且在這一片廣闊區域的文明起源與演變的歷史中扮演着重要角色。作爲多次噴發後熄滅的古火山丘，組成西樵山山體的岩石種類多樣，其中有華南地區並不多見的霏細岩與燧石，這兩種岩石因石質堅硬等原因，成爲古人類製作石器的理想材料。大約 6000 年前，當今天的珠江三角洲還是洲潭遍佈、一片汪洋的時候，這一片地域的史前人類，就不約而同地彙集到優質石料蘊藏豐富的西樵山，尋找製造生産工具的原料，留下了大量打製、磨製的雙肩石器和大批有人工打擊痕跡的石片。在著名考古學家賈蘭坡

① 方豪：《棠陵文集》（收入《四庫全書存目叢書》集部第 64 册），卷 3，《記·西樵書院記》。

② 參見曾騏《珠江文明的燈塔——南海西樵山考古遺址》，廣州：中山大學出版社，1995 年。

先生看來，當時的西樵山是我國南方最大規模的採石場和新石器製造基地，北方只有山西鵝毛口能與之比肩，因此把它們並列爲中國新石器時代南北兩大石器製造場①，並率先提出了考古學意義上的『西樵山文化』②。以霏細岩雙肩石器爲代表的西樵山石器製造品在珠三角的廣泛分佈，意味着該地區『出現了社會分工與産品交换』③，這些凝聚着人類早期智慧的工具，指引了嶺南農業文明時代的到來，所以有學者將西樵山形象地比喻爲『珠江文明的燈塔』④。除珠江三角洲外，以霏細岩爲原料的西樵山雙肩石器，還廣泛發現於粤西、廣西及東南亞半島的新石器至青銅時期遺址，顯示出瀕臨大海的西樵古遺址，不但是新石器時代南中國文明的一個象徵，而且其影響與意義還可以放到東南亞文明的範圍中去理解。

不過，文字所載的西樵歷史並没有考古文化那麼久遠。儘管在當地人的歷史記憶中，南越王趙佗陪同漢朝使臣陸賈游山、唐末曹松推廣種茶、南漢開國皇帝之兄劉隱宴遊是很重要的事件，但在留存於世的文獻系統中，西樵作爲重要的書寫對象出現要晚至明代中葉，這與珠江三角洲在經濟、文化上的崛起是一脈相承的。當時，著名理學家湛若水、霍韜以及西樵人方獻夫等在西樵山分別建立了書院，長期在此讀書、講學，他們的許多思想産生或闡釋於西樵的山水之間，例如湛若水在西樵設教，門人記其所言，是爲《樵語》。方獻夫在《西樵遺稿》中談到了他與湛、霍二人在西樵切磋學問的情景：『三（書）院鼎峙，予三人常來往，講學其

① 賈蘭坡、尤玉柱：《山西懷仁鵝毛口石器製造場遺址》，《考古學報》1973年第2期。
② 賈蘭坡：《廣東地區古人類學及考古學研究的未來希望》，《理論與實踐》1960年第3期。
③ 楊式挺：《試論西樵山文化》，《考古學報》1985年第1期。
④ 曾騏：《珠江文明的燈塔——南海西樵山考古遺址》，第30—42頁。

間，藏修十餘年。』① 王陽明對三人的論學非常期許，希望他們珍惜機會，時時相聚，爲後世儒林留下千古佳話，他致信湛若水時稱：『叔賢（即方獻夫）志節遠出流俗，渭先（即霍韜）雖未久處，一見知爲忠信之士，乃聞不時一相見，何耶？英賢之生，何幸同時共地，又可虛度光陰，容易失卻此大機會，是使後人而復惜後人也！』② 西樵山與作爲明代思想與學術主流的理學之關係，意味着她已成爲一座具有全國性意義的人文名山，這正是方豪『天下之西樵』的涵義。清人劉子秀亦云：『當湛子講席，五方問業雲集，山中大科之名，幾與嶽麓、白鹿鼎峙，故西樵遂稱道學之山。』③ 方豪同時還稱：『西樵者，非天下之西樵，天下後世之西樵也。』一語道出了人文西樵所具有的長久生命力。這一點方豪也沒有説錯，除上述幾位理學家外，從明中葉迄今，還有衆多知名學者與文章大家，諸如陳白沙、李孔修、龐嵩、何維柏、戚繼光、郭棐、葉春及、李待問、屈大均、袁枚、李調元、温汝適、朱次琦、康有爲、丘逢甲、郭沫若、董必武、秦牧、賀敬之、趙樸初等等，留下了吟詠西樵山的詩、文，今天我們走進西樵山，還可發現140多處摩崖石刻，主要分佈在翠岩、九龍岩、金鼠塱、白雲洞等處。與西樵成爲嶺南人文的景觀象徵相應的是山志編修。嘉靖年間，湛若水弟子周學心編纂了最早的《西樵山志》，萬曆年間，霍韜從孫霍尚守以周氏《樵志》『誇誕失實』之故而再修《西樵山志》，清初羅國器又加以重修，這三部方志已佚失，我們今天能看到的是乾隆初年西樵人士馬符録留下的志書。除山志外，直接以西樵山爲主題的書籍尚有成書於清乾隆年間的《西樵遊覽記》、道光年間的《西樵白雲洞志》、光緒年間的《紀遊西樵山記》等。

① 方獻夫：《西樵遺稿》，康熙三十五年（1696）方林鶴重刊本，卷6，《石泉書院記》。

② 王陽明：《王文成全書》，四庫本，卷4，《文録・書一・答甘泉二》。

③ 劉子秀：《西樵遊覽記》，道光十三年（1833）補刊本，卷2，《圖説》。

晚清以降，西樵山及其周邊地區（主要是今天西樵鎮範圍）産生了一批在思想、藝術、實業、學術、武術等方面走在中國最前沿的人物，成爲中國走向近代的一個縮影。維新變法領袖康有爲、一代武術宗師黄飛鴻、民族工業先驅陳啟沅、『中國近代工程之父』詹天佑、清末出洋考察五大臣之一的戴鴻慈、『嶺南第一才女』冼玉清、粵劇大師任劍輝等西樵鄉賢，都成爲具有標志性或象徵性的歷史人物。

事實上，明代諸理學家講學時期的西樵山，已非與世隔絶的修身之地，而是與整個珠江三角洲的開發聯繫在一起的。西樵鎮地處西、北江航道流經地域，是典型的嶺南水鄉，境内河網交錯，河涌多達 19 條，總長度 120 多公里，將鎮内各村聯成一片，並可外達佛山、廣州等地。① 傳統時期，西樵的許多墟市，正是在這些水邊興起的。今鎮政府所在地官山，在正德、嘉靖年間已發展成爲觀（官）山市，是爲西樵有據可查的第一個墟市。據統計，明清時期，全境共有墟市 78 個。② 西樵山上的石材、茶葉可通過水路和墟市，滿足遠近各方的需求。一直到晚清之前，茶業在西樵都堪稱舉足輕重，清人稱『樵茶甲南海，山民以茶爲業，鬻茶而舉火者萬家』③。當年山上主要的採石地點，後由於地下水浸漫而放棄的石燕岩洞，因生産遺跡完整且水陸結合而受到考古學界重視，成爲繼原始石器製造場之後的又一重大考古遺址。

水網縱横的環境使得珠江三角洲堤圍遍佈，西樵山剛好地處横跨南海、順德兩地的著名大型堤圍——桑園圍中，而且是桑園圍形成的地理基礎之一。歷史時期，西、北江的沙泥沿着西樵山和龍江山、錦屏山等海灣中島嶼或丘陵臺地旁邊逐漸沉積下來。宋代珠江三角洲沖積加快，人們開始零零星星地修築一些『秋欄基』

① 《南海市西樵山旅遊度假區志》，廣州：廣東人民出版社，2009 年，第 188—192 頁。
② 《南海市西樵山旅遊度假區志》，第 393 頁。
③ 劉子秀：《西樵遊覽記》，卷 10，《名賢》。

以阻擋潮水對田地的浸泛，這就是桑園圍修築的起因。① 明清時期在桑園圍内發展起了著名的果基、桑基魚塘，使這裡成爲珠江三角洲最爲繁庶之地。不難想象僅僅在幾十年前，西樵山還是被簇擁在一望無涯的桑林魚塘間的景象。如今桑林雖已大都變爲菜地、道路和樓房，但從西樵山山南路下山，走到半山腰放眼望去，尚可看見數萬畝連片的魚塘，這片魚塘現已被評爲聯合國教科文組織保護單位，是珠三角地區面積最大、保護最好、最爲完整的（桑基）魚塘之一。

桑基魚塘在明清時期達於鼎盛，成爲珠三角經濟崛起的一個重要標志，與此相伴生的，是另一個重要産業——繅絲與紡織的興盛。聯繫到這段歷史，由西樵人陳啟沅在自己的家鄉來建立中國第一家近代機器繅絲廠就在情理之中了。開廠之初，陳啟沅招聘的工人，大都來自今西樵鎮的簡村與吉水村一帶，而陳啟沅本人，也深深介入到了西樵的地方事務之中。② 從這個層面上看，把西樵視爲近代民族工業的起源地或許並非溢美之辭。但傳統繅絲的從業者數量仍然龐大，據光緒年間南海知縣徐賡陛的描述，當時西樵一帶以紡織爲業的機工有三四萬人。③ 作爲産生了黄飛鴻這樣深具符號性意義的南拳名家的西樵，武術風氣濃厚，機工們大都習武，並且圍繞錦綸堂組織起來，形成了令官府感到威脅的力量。民國初年，西樵民樂村的程姓村民，對原來只能織單一平紋紗的織機進行改革，運用起綜的小提花和人力扯花方法，發明了馬鞍絲織提花絞綜，首創具有扭眼通花團的新品種——香雲紗，開創莨紗綢類絲織先河。香雲紗輕薄柔軟而富有身骨，深受廣州、上海、南京等地富人喜歡，在歐洲也被視爲珍品。上世紀二三十年代是香雲紗發展的黄金時期，如民樂林村

① 曾少卓：《桑園圍自然背景的變化》，中國水利學會等編《桑園圍暨珠江三角洲水利史討論會論文集》，廣州：廣東科技出版社，1992 年，第 51 頁。

② 陳天傑、陳秋桐：《廣東第一間蒸汽繅絲廠繼昌隆及其創辦人陳啟沅》，載《中華文史資料文庫》第 12 卷《經濟工商編》，北京：中國文史出版社，1996 年，第 784—787 頁。

③ 徐賡陛：《辦理學堂鄉情形第二稟》，載《皇朝經世文續編》，近代中國史料叢刊本，卷 83，《兵政・剿匪下》。

程家一族600人，除1人務農之外，均以織紗爲業。① 隨着化纖織物的興起，香雲紗因工藝繁複、生產週期長等原因失去了競争力，但作爲重要的非物質文化遺産受到保護。西樵不僅在中國近代紡織史上地位顯赫，而且其影響一直延續至今。1998年，中國第一家紡織工程技術研發中心在西樵建成。2002年12月，中國紡織工業協會授予西樵『中國面料名鎮』稱號。② 2004年，西樵成爲全國首個紡織産業升級示範區，國家級紡織檢測研發機構相繼進駐，紡織産業創新平臺不斷完善。③ 據不完全統計，西樵整個紡織行業每年開發的新産品有上萬個。④

除上文提及的武術、香雲紗工藝外，更多的西樵非物質文化遺産是各種信仰與儀式。西樵信仰日衆多，其中較著名者有觀音開庫、觀音誕、大仙誕、北帝誕、師傅誕、婆娘誕、土地誕、龍母誕等。據統計，全鎮共擁有105處民間信仰場所，其中除去建築時間不詳者，可以明確斷代的，建於宋代的有3所，即百西村六祖廟、西邊三帝廟、牌樓周爺廟；建於元明間的有1所，即河溪北帝廟；建於明代的有2所，分别是百西村北帝祖廟和百西村洪聖廟；建於清代的廟宇有28所；其餘要麽是建於民國，要麽是改革開放後重建，真正的新建信仰場所寥寥無幾。⑤ 除神廟外，西樵的每個自然村落中都分佈着數量不等的祠堂，相較於西樵山上的那些理

---

①《南海市西樵山旅遊度假區志》，第323頁。

②《南海市西樵山旅遊度假區志》，第303—304頁。

③《西樵紡織行業加快自主創新能力》，見中國紡織工業協會主辦、中國紡織信息中心承辦之『中國紡織工業信息網』，http://news.ctei.gov.cn/zxzx—lmxx/12495.htm。

④《開發創新走向國際　西樵紡織企業年開發新品上萬個》，見中國紡織工業協會主辦、中國紡織信息中心承辦之『中國紡織工業信息網』，http://news.ctei.gov.cn/zxzx—lmxx/12496.htm。

⑤梁耀斌：《廣東省佛山市西樵鎮民間信仰的現狀與管理研究》，中山大學2011年碩士學位論文。

學聖地，神靈與祖先無疑更貼近普通百姓的生活。西樵的一些神靈信仰日，如觀音誕、大仙誕，影響遠及珠江三角洲許多地區乃至香港，每年都吸引數十萬人前來朝聖。

傳統文化的基礎工程

上文對西樵的一些初步勾勒，揭示了嶺南歷史與文化的幾個重要面相。進而言之，從整個中華文明與中國歷史進程的角度去看，西樵在不同時期所產生的文化財富與歷史人物，或者具有全國性意義，或者可以放在中華文明統一性與多元化的辯證中去理解，正所謂『西樵者，天下之西樵，非嶺南之西樵也』。不吝人力與物力，將博大精深的西樵文化遺產全面發掘、整理並呈現出來，是當代西樵各界人士以及有志於推動嶺南地方文化建設的學者們的共同責任。這決定了《西樵歷史文化文獻叢書》不是一個簡單的跟風行爲，也不是一個隨便的權宜之計。叢書是展現給世界看的，也是展現給未來看的，我們力圖把這片浩瀚無涯的知識寶庫呈現於世人之前，我們更希望，過了很多年之後，西樵的子孫們，仍然能夠爲這套叢書而感到驕傲，所有對嶺南歷史與文化感興趣的人們，能夠感激這套叢書爲他們做了非常重要的資料積累。根據這一指導思想，經過反復討論，編委會確定了叢書的基本內容與收録原則，其詳可參見叢書之『編撰凡例』，在此僅作如下補充説明。

叢書尚在方案論證階段，許多知情者就已半開玩笑半認真地名之爲『西樵版四庫全書』，這個有趣的概括非常切合我們對叢書品位的追求，且頗具宣傳效應，是對我們的一種理解和鼓舞。但較之四庫全書編修的時代，當代人對文化與學術的理解顯然更具多元性與平民情懷，那個時代有資格列入『四庫』的，主要是知識精英們創造的文字資料，我們固然會以窮搜極討的態度，不遺餘力地搜集這類資料，但我們同樣重視尋常百姓書寫的文獻，諸如家譜、契約、書信等等，它們現在大都散存於民間，保存狀況非常糟糕，如果不及時搜集，就會逐漸毁損消亡。

能夠體現叢書編者的現代意識的，還有邀請相關領域的專業人士以遵循學術規範爲前提，通過深入田野調查撰寫的描述物質文化遺産、非物質文化遺産的作品。這兩部分内容加上各種歷史文獻，構成了完整的地方傳統文化資源。目前不管是學術界還是地方政府，均尚未有意識地根據這三大類别，對某個地域的傳統文化展開全面系統的發掘、整理與出版工作。在這個意義上，《西樵歷史文化文獻叢書》無疑具有較大開拓性、前瞻性與示範性。叢書編者進而提出了『傳統文化的基礎工程』這一概念，意即抛棄任何功利性的想法，扎扎實實地將地方傳統文化全面發掘並呈現出來，形成能夠促進學術積累並能夠傳諸後世的資料寶庫，在真正體現出一個地方的文化深度與品位的同時，爲相關的文化産業開發提供堅實基礎。希望《西樵歷史文化文獻叢書》的推出，在這個方面能産生積極影響。

高校與地方政府合作的成果

西樵人文底蕴深厚，這是叢書能夠編撰的基礎；西樵鎮地處繁華的珠江三角洲，則使得叢書編撰有了充足的物質保障。然而，這樣浩大的文化工程能夠實施，光憑天時、地利是不夠的，一群志同道合的有心者所表現出來的『人和』也是非常關鍵的因素。

2009年底，西樵鎮黨委和政府就有了整理、出版西樵文獻的想法，次年1月，鎮黨委書記邀請了中山大學歷史學系幾位教授專程到西樵討論此事。通過幾天的考察與交流，幾位鎮領導與中大學者一致認定，以現代學術理念爲指導，爲了全面呈現西樵文化，必須將文獻作者的範圍從精英層面擴展到普通百姓，並且應將物質文化遺産與非物質文化遺産的内容也包括進來，形成一套《西樵歷史文化文獻叢書》。爲了慎重起見，決定由中大歷史學系幾位教授組織力量進行先期調研，確定叢書編撰的可行性與規模。經過6個多月的努力，調研組將成果提交給西樵鎮黨委，由相關領導與學者坐下來反復討論、修改、再討論……，並廣泛徵求西樵地方文化人士的意見，與他們進行座談。歷時兩個多月，逐漸擬定了叢書的編撰凡例與大致書目，並彙報給南海區委、區政府與中山大學校方，得到了高度重視與支持。2010年9月底，簽定了合作協議，組成了《西樵歷史文化文獻叢書》編輯委員會，決定由西樵鎮政府出資並負責協調與聯絡，由中山大學相關學者牽頭，組織研究力量具體實施叢書的編撰工作。

值得一提的是，《西樵歷史文化文獻叢書》是近年來中山大學與南海區政府廣泛合作的重要成果之一，並爲雙方更深入地進行文化領域的合作打下了堅實基礎。2011年6月，中山大學與南海區政府決定在西樵山共建『中山大學嶺南文化研究院』，康有爲當年讀書的三湖書院，經重修後將作爲研究院的辦公場所與教學、研究基地。嶺南文化研究院秉持高水準、國際化、開放式的發展定位，將集科學研究、教學、學術交流、服務地方爲一體，力爭建設成爲在國際上有較大影響的嶺南文化研究中心、資料信息中心、學術交流中心、人才培養基地。研究院的成立，是對西樵作爲嶺南文化精粹所在及其在中華文明史中的地位的肯定，編撰《西樵歷史文化文獻叢書》也順理成章地成爲研究院目前最重要的工作之一。

在已超越温飽階段，人民普遍有更高層次追求，同時市場意識又已深入人心的中國當代社會，傳統文化迎來了新一輪的復興態勢。這對地方政府與學術界都是新的機遇，同時也產生了值得思考的問題：如何在直接的經濟利益與謹嚴求真的文化研究之間尋求平衡？我們是追求短期的物質收穫還是長期的區域形象？當各地都在弘揚自己的文化之際，如何將本地的文化建設得具有更大的氣魄和胸襟？《西樵歷史文化文獻叢書》或許可以視爲對這些見仁見智問題的一種回答。

叢書編撰凡例

一、本叢書的『西樵』指的是以今廣東省佛山市南海區西樵鎮爲核心、以文獻形成時的西樵地域概念爲範圍的區域，如今日之丹灶、九江、吉利、龍津、沙頭等地，均根據歷史情況具體處理。

二、本叢書旨在全面發掘並弘揚西樵歷史文化，其基本内容分爲三大類別：（1）歷史文獻（如志乘、家乘、鄉賢寓賢之論著、金石、檔案、民間文書以及紀念鄉賢寓賢之著述等）；（2）非物質文化遺産（如口述史、傳説、民謡與民諺、民俗與民間信仰、生産技藝等）；（3）自然與物質文化遺産（如地貌、景觀、遺址、建築等）。擴展内容分爲兩大類別：（1）有關西樵文化的研究論著；（2）有關西樵的通俗讀物。出版時，分别以《西樵歷史文化文獻叢書·歷史文獻系列》、《西樵歷史文化文獻叢書·非物質文化遺産系列》、《西樵歷史文化文獻叢書·自然與物質文化遺産系列》、《西樵歷史文化文獻叢書·研究論著系列》、《西樵歷史文化文獻叢書·通俗讀物系列》命名。

三、本叢書收録之歷史文獻，其作者應已有蓋棺定論（即於 2010 年 1 月 1 日之前謝世）；如作者爲鄉賢，則其出生地應屬於當時的西樵區域；如作者爲寓賢，則作者曾生活於當時的西樵區域内。

四、鄉賢著述，不論其内容是否直接涉及西樵，但凡該著作具有文化文獻價值，可代表西樵人之文化成就，即收録之；寓賢著述，但凡作者因在西樵活動而有相當知名度且在中國文化史上有一席之地，則其著述内容無論是否與西樵有關，亦收録之；非鄉賢及寓賢之著述，凡較多涉及當時的西樵區域之歷史、文化、景觀者，亦予收録。

五、本叢書所收録紀念鄉賢之論著，遵行本凡例第三條所定之蓋棺定論原則及第一條所定之地域限定，且叢書編者只搜集留存於世的相關紀念文字，不爲鄉賢新撰回憶與懷念文章。

六、本叢書收録之志乘，除此次編修叢書時新編之外，均編修於1949年之前。

七、本叢書收録之家乘，均編修於1949年之前，如係新中國成立後的新修譜，可視情況選擇譜序予以結集出版。地域上，以2010年1月1日之西樵行政區域爲重點，如歷史上屬於西樵地區的百姓願將族譜收入本叢書，亦從其願。

八、本叢書收録之金石、檔案和民間文書，均産生於1949年之前，且其存在地點或作者屬於當時之西樵區域。

九、本叢書整理收録之西樵非物質文化遺産，地域上以2010年1月1日之西樵行政區域爲準，内容包括傳説、民謡、民諺、民俗、信仰、儀式、生産技藝及各行業各戰綫代表人物的口述史等，由專業人員在系統、深入的田野工作基礎上，遵循相關學術規範撰述而成。

十、本叢書整理收録之西樵自然與物質文化遺産，地域上以2010年1月1日之西樵行政區域爲準，由專業人員在深入考察的基礎上，遵循相關學術規範撰述而成。

十一、本叢書之研究论著系列，主要收録研究西樵的專著與單篇論文，以及國内外知名大學的相關博士、碩士論文，由叢書編輯委員會邀請相關專家及高校合作收集整理或撰寫而成。

十二、本叢書組織相關人士，就西樵文化撰寫切合實際且具有較強可讀性和宣傳力度的作品，形成本叢書之通俗讀物系列。

十三、本叢書視文獻性質採取不同編輯方法。原文獻係綫裝古籍或契約者，影印出版，並視情況添加評介、題注、附録等；如係碑刻，採用拓片或照片加文字等方式，並添加説明；如爲民國及之後印行的文獻，或影印出版，或重新録入排版，並視情況補充相關資料；新編書籍採用簡體横排方式。

十四、本叢書撰有《西樵歷史文化文獻叢書書目提要》一册。

總目

評介

游子安

雲泉仙館位於西樵山白雲洞，鍾靈毓秀。『南粵名山數二樵』，東樵羅浮山，因有魏晉葛洪修真仙迹而著；南海西樵山，雲泉仙館則以奉吕祖爲名。白雲洞開闢，始自明代嘉隆年間何東江。何是西樵坑邊鄉人，其子亮，字子明，不樂仕進，繼父志，修廓白雲洞，築室攻讀。雲泉仙館原址是藴玉山房、攻玉樓書齋（後改爲書院）。一班文墨中人，相與詩酒唱酬，隱居於此。文人學者之薈萃白雲洞，反映明清時代西樵山厚重的學術風氣。明代學者方豪早已稱其爲『天下之西樵』，西樵山蔚成一座人文名山。後來，雲泉仙館從文人吟詠之所，發展成了信奉吕祖之道場。從功能上言，雲泉仙館既是弘揚吕祖信仰之洞天福地，也是社會組織，包括詩社、頤養院與善社；亦漸發展而成西樵旅游勝地之一。①

清代嘉慶年間以降，白雲洞漸趨荒廢。白雲洞建置『旋興旋廢』，有人認爲徵求道侶、建立仙館奉祀吕祖則可改變此狀況，道光十八年（1838）鄧鑒堂、李宗簡建逍遥臺（臺上置純陽亭）始奉吕祖。正如咸豐

① 雲泉仙館成爲西樵旅游勝地，制定《雲泉仙館招待游客規則》，附録於程孔碩編著《西樵名勝古迹考》，1935年出版，現收進《西樵歷史文化文獻叢書》，與梁念祖《紀游西樵山記》同本，廣西師範大學出版社，2014，第66–72頁，總第160–166頁。

年間《鼎建雲泉仙館碑》（見《吕祖師經懺》一書附録）碑文所説『繼自今名山得主，佑啓後人。……祖師殷殷垂教之至意哉！是舉也，經始於道光二十七年，告竣於咸豐八年』，道光二十七年（1847）雲泉仙館動工，1848 年由玉樓書院改建而成，自此西樵有吕祖爲之主。雲泉仙館門額，乃道光戊申（1848）兩廣總督耆英題書。正門聯『雲裏飛泉壺中勝境，仙人舊館閬苑新宫』，原爲『撫粤使者』黄恩彤題，①現爲 1989 年香港雲泉仙館致贈。

雲泉仙館 160 多年的建設與發展，大體上可分成四個時期：

⑴1847—1900 年仙館始建，李宗簡諸子『暮景息游，效林逋之子鶴；晚年好道，步開濟之扶鸞』（《重修雲泉仙館增建帝親殿碑》，見《吕祖師經懺》一書附録）。現殿宇規模建於道光二十七年（1847），告竣於咸豐八年（1858），歷時 11 年。仙館依山而建，坐東北，向西南，三面環山，遠挹西江。前殿供奉王靈官，中隔放生池，後殿爲大殿，顔曰贊化宫，奉祀吕祖。梁念祖於光緒十九年（1893）游覽白雲洞時，仙館規模大致定形。

⑵1901—1938 年增建及鼎盛時期，仙館綿建六十年，已景物全非，有賴李孝先、張琯生諸子發起重修。光緒三十三年（1907）建成帝親殿，奉祀漢鍾離太祖師及純陽帝君三代，及後又稱正陽殿；右爲倚虹樓、養

① 黄梓林：《游覽日記》，香港：黄立德堂，1933，頁天 20 乙。黄梓林於 1932 年游西樵山，記下《樵西白雲洞》《白雲洞附記》《雲泉仙館各聯》等篇。黄梓林（1872—1962），道號了因，南海縣官窯鎮人，入廣州崇正善堂廣行善事，1920 年代參與創建香港抱道堂。

真閣，上有養雲廬，並建起墨莊、邯鄲別邸等堂舍。最盛期是民國年間至抗戰前，寄宿的館友達到一百五十人。黄梓林游西樵山於1933年撰《游覽日記》、程孔碩於1935年編著《西樵名勝古迹考》，正值此興盛期。

(3)1950—1991年祖館中落而薪傳港澳，1952年西樵雲泉仙館道衆被遣散，幸而1940年以來道傳香港、澳門，1944年吴禮和、陳鑑坡、高廉、陸本良等道侶設立香港雲泉分館，至1992年祖館恢復宗教活動，對外開放，及舉行吕祖聖像開光典禮。

(4)1992年以來樵港澳雲泉仙館道派綿延至今。2002年，中國道教協會確定西樵雲泉仙館爲全國重點宫觀。爲慶祝吕祖降生1197周年寶誕，樵港澳三地雲泉仙館，1995年集資重刊《醫道還元》一書。2005年，於主殿前右側建殿供奉文昌、關帝、財帛星君、華佗、太歲和月老星君。頭門外增建觀音殿，奉祀觀音、天后和龍母。

雲泉仙館屬吕純陽道派支脈，香港雲泉仙館度牒稱『純陽法派』（又稱雲泉法派）。雲泉仙館創建後，定出20個字的字派，給入道者賜以道號，道派如下：

野静修真耐　松梅竹柏青　唐虞因友早　冲霄外通靈①

西樵雲泉仙館可資研究之文獻資料，大致有七項：(1)碑記；(2)方志；(3)道侣、館長回憶、記述；(4)規

① 《雲泉仙館規條》載規條共24款，光緒三十年（1904）再訂，廣州西湖街超華齋承印，頁7乙。

章；(5)經懺；(6)善書；(7)其他。

(1)碑記：雲泉仙館現保存有咸豐十年（1860）、光緒三十三年（1907）碑記、1991年《重修雲泉仙館碑記》等，以及咸豐九年（1859）《何白雲畫像石碑刻》。清代兩塊碑記，雖然《西樵山志》《南海市宗教志》有收録，及重刻於仙館福德祠側，却各有不同程度的謬誤，未可依據，現收進《呂祖師經懺》一書附録。

(2)方志、山志：如宣統年間纂修《南海縣志》《西樵白雲洞志》；

(3)道侶、館長憶述：如梁怡唐撰《西樵雲泉仙館創辦簡史》、關漢瑳等著《西樵雲泉仙館史記》和黄拾青《西樵雲泉仙館的回憶》①；馮宏奮主編《道教洞天福地西樵山雲泉仙館》②；

(4)雲泉仙館編訂規章：如《雲泉仙館規條》及《雲泉仙館頤養院簡章》；

(5)經懺：如《呂祖師經懺》《三教幽科》《關聖神武救劫大悲真經》③；《呂祖師經懺》《太上三經》（道德經、黄庭經、感應篇）等書，皆雲泉仙館光緒十九年（1893）刻本。《善與人同録》初集，光緒十六年（1890）新鐫，可見1890年代是雲泉經懺與善書編刊的『高峰期』。

---

① 兩篇記述，《南海文史資料》第3輯收録，1983，第51–59頁。

② 馮宏奮主編《道教洞天福地西樵山雲泉仙館》，2001年雲泉仙館出版。

③ 《關聖神武救劫大悲真經》，西樵雲泉仙館1934年重鐫，現藏於香港道德會福慶堂、隱廬等道堂。

(6)善書、靈簽[1]、藥方：如《善與人同録》《吕祖分類功過格》《吕祖靈簽圖解》[2]；

(7)其他：如廣州報章《越華報》；游記，如梁念祖《紀游西樵山記》、黄梓林《游覽日記》等。[3] 還有度牒、繳納道項銀收照[4]、匾額楹聯等實物資料。

以下文獻選集，可分四部分。首先是雲泉史述、内部規章；第二部分是經懺用書；第三部分是乩訓善書；然後是宣講用書。主要説明雲泉仙館之組織形態、修煉與積善相輔、普救教化並兼，及介紹其經書之版本價值。

一、《西樵雲泉仙館創辦簡史》（梁怡唐 1961 年撰，手抄本）及《雲泉仙館規條》（光緒三十年訂）、《雲泉仙館頤養院簡章》（咸豐二年李宗簡記，民國增訂）

《西樵雲泉仙館創辦簡史》，由西樵雲泉仙館前任館長梁怡唐道長就其記憶，於一九六一年間書寄仙館。

---

① 吕祖簽分靈簽與藥簽（仙方），清代中葉以來嶺南地區多所吕祖廟香火鼎盛，與其藥簽聞名分不開。《宣統南海縣志》載吕祖藥簽「尤爲平穩」「鮮有敗事」：「祈仙求藥者，多奉吕純陽爲祖師，西樵白雲洞其最著也。……」桂坫等纂、張鳳喈等修《宣統南海縣志》卷 26《雜録》，上海：上海書店；成都：巴蜀書社；南京：江蘇古籍出版社，據宣統三年（1911）刻本影印，2003，第 48 頁。

② 《吕祖靈簽圖解》抄本，封面題西樵山白雲樓珍藏本，癸巳年（1953）初版，香港雲泉仙館藏。

③ 黄梓林：《游覽日記》，香港：黄立德堂，1933，頁天 15–天 22。

④ 如據乙酉（1945）十二月一份收照，當時入道費，葉禽外繳納道項銀 138 兩，柳真君乩賜道號。

梁道長此文，與其他道侶回憶録相比，對建館由來、組織記述，都來得扼要清楚，更珍貴是文後附《初期洞内經生名列》《第一、二任職事》《雲泉仙館春秋二祭簡規》等資料。① 《簡史》述建館由來與組織：

……因名此山爲白雲洞，住居之所則名雲泉仙館，其後又改爲繼善堂，制定章則，徵求道侶，成立一道教組織。加入者則照章繳納道項，由館方購置田産鋪業等，作爲蒸嘗。其中富有者額外捐輸，皆泐碑爲記，目下洞中此類碑記不計其數。凡經繳納道項滿足三年者，即爲滿道，此後可免費享受下列各權益，一視同仁，無分彼此。此種制度，迄無改變，如返洞住宿，則生食死葬由館供給，並設有公家墳地，每年清明時節，由公家具備寶帛，率領同人詣墳拜掃，永祀不替。……至於洞内修理工程、各項開支，亦由洞内道侶自由樂助，從無向外捐簽，並非舞弄神棍之流。

《簡史》又提到雲泉仙館年中三次盛會：

每年四月十四日呂祖師寶誕，同月十五日漢鍾離太傅寶誕及十一月初六日玉皇大帝寶誕，每位道侶科席金一元，作聯歡敘餐。又，每年七月盂蘭節，建醮三日四夜，超薦歷年羽化先道侶並及道侶先親。

---

①《西樵雲泉仙館創辦簡史》復印本，志賀市子博士提供，謹此致謝。

其中祖師誕，西樵當地人所稱『拜大仙』、大仙誕即指呂祖誕，1940年代報章用『西樵祝呂的狂熱』來指述此社會現象。如1948年《越華報》載：『誕前幾天省港澳及各地道友，絡繹返白雲洞，十二晚，館中已患人滿。……論人數，當以千計。』① 西樵衆多神靈信仰，大仙誕是其一，影響遠及珠江三角洲乃至香港，每年都吸引萬計善信前來朝山賀誕。2009年4月，大仙誕廟會被列入佛山市第二批市級非物質文化遺産名録。

雲泉仙館之組織和管理，最主要文獻要數《雲泉仙館規條》及《雲泉仙館頤養院簡章》。光緒三十年（1904）再訂規條共二十四款。仙館期望道侣遵行道規，廣結善緣，善善相承：

嘗聞能善創，尤貴能善承，有善人尤須有善法，欲植善基於萬載，當立善矩於至中，庶幾善善相承，蒸蒸日上。竚看善緣廣結、善化廣行，方不負呂祖師慇懃作育之恩，亦不没前賢經營創始之志，謹集規條，彙呈祖師主裁鑑定囑泐頒行。②

---

①《西樵祝呂的狂熱》，載於《越華報》1948年5月16日，第4頁。潘淑華博士提供這份資料，謹此致謝。

②《雲泉仙館規條》，光緒三十年（1904）再訂，頁1、頁2甲。

規條首列要求門人品行端正,『以孝弟忠信禮義廉恥立德修身爲本』,『不失爲全真羽士,庶無負此山清水秀之區』。求道者要有兩位同門作介紹、擔保,再經過三個月時間的訪查與觀察,證實其爲人品端好善、有心慕道者,才稟呈呂祖決定是否允許入道。呂祖乩示訓文,弟子時須作爲言行箴規:『本仙館所鈔存乩示,係恩師救世婆心作育美意,不可多得,且萬不易得。不論在家、住洞,須要不時檢閲,事事警醒,毋得視爲閑文漫不經心。』因此,弟子入道,除了館章,也發給《善與人同録》一書。

雲泉仙館第一任住持李宗簡,道號莘野,及後繼任者改稱館長。雲泉仙館的組織,館長之下,設帳房、知客、巡照若干人。館長每三年一任,由四月十五日即祖師誕翌日開同人大會選出,1930至1940年代,館長任期二年,連選得連任。據《雲泉仙館創辦簡史》載:李宗簡隱居於此,『住居之所,則名雲泉仙館,其後又改爲繼善堂,制定章則,徵求道侶,成立一道教組織』,①可見制定章則對仙館管理之重要。

《雲泉仙館規條》又規定:所有弟子,凡入道並繳納道項滿三年者,稱爲『滿道』。清末列强入侵,社會動盪,鄉間生活困難,不少人被迫背井離鄉,轉往外地謀生,甚至有遠赴外洋者。爲使游子能心有所安,從而放開手脚在外創業,雲泉乃作規定:凡入雲泉道者,終其一生,不論何時,皆可依止於仙館,居住食用,生養死葬,一概免費。此舉適時應世,四海歸心,不但令雲泉深受擁戴,道名日著,而且使衆弟子心悦誠服。雲泉

① 誠如有學者指出,西樵山早已是神仙傳説的寶庫,雲泉仙館建成之前,呂洞賓已在西樵山神仙信仰佔有顯著位置。志賀市子著、宋軍譯:《香港道教與扶乩信仰:歷史與認同》,香港:中文大學出版社,2013,第184–185頁。

仙館營運的特色，『從無向外捐簽』，早年主要來自個人捐輸或入道費等來維持，及後經費較依賴租賃的收入。雲泉仙館的經費收入，『加入者則照章繳納道項，由館方購置田産鋪業等，作爲蒸嘗，其中富有者額外捐輸，皆泐碑爲記。』①

《雲泉仙館規條》創自咸豐，修於光緒，再修訂於民國，版本知見如下：

(1)光緒三十年（1904）再訂，封面書弟子吕縈竹存本，廣州西湖街超華齋承印。（收於《吕祖師經懺一書》）

(2)民國戊午（1918）再訂，封面書弟子鄺訓柏存本，廣州十七甫穗雅承印。與光緒三十年規條二十四款大致相同。（如『道項銀』與時調整，十多年間從 36 兩增至 66 兩。筆者案：吕縈竹、鄺訓柏分别是第八、九傳弟子）香港雲泉仙館藏。

(3)封面題《雲泉廿四規章》，手抄本。規條仍列二十四款，應抄於 1930 年之後，其中一段新增云：庚午年（1930）大會議決『嗣後入道者三年期滿，乃得常住，每月補米飯銀拾五元，此款取消』。筆者藏。

雲泉建館入道費，初期收白銀 10 兩，到光緒年間收 36 兩（見光緒三十年《規條》），民國 14 年收 200

① 《西樵雲泉仙館創辦簡史》，梁怡唐道長記述於 1961 年。

元銀元，民國17年後增收到400元銀元。①《規條》説明弟子除了『道項』外，還需繳恤老銀、度歲銀、葬費銀等，以敬老憐貧，具有互助團體的性質。《雲泉仙館規條》訂明：

本館前輩老成，特於道項之外，另收恤老銀壹兩，使入道門者首知敬老憐貧之義。凡有住洞道友、來往同門，偶因感冒風寒，無力自醫者，均準在此項銀兩動支。在洞常住道友年逾六十歲以上，窮苦無依者，給予度歲銀叁元（引者按，手抄本成於1930年之後，度歲銀增至四元）以符恤老之義。若在館内羽化，果係貧窮無告，由本館殯葬者，約支衣棺葬費銀壹十貳兩爲度（引者按，手抄本衣棺葬費銀增至叁十元）；其在家病故各道友，如確係赤貧者，報到本館，亦助葬費銀伍大元（引者按，手抄本助葬費銀增至拾大元）。

仙館附設頤養院和詩社，《雲泉仙館頤養院簡章》篇前有《西樵雲泉頤養院緣起記》，咸豐二年（1852）李宗簡記於頤養院之墨莊。簡章分院旨、定名、徽友、養生、昭穆（即20字之字派）、述職、審核、義務，凡十八款。院旨明確訂定『本院以頤養性靈、研求學術、居仁由義爲主旨。出則肩巨任艱，以拯溺扶傾爲職志。處則全生保身，善養盡年。約己順而祥，爲群愛以博。宅心和泰，善與人同……』。頤養院之建立，爲老道侶提供生食死葬之所。以上館章等文獻，突顯雲泉仙館是一個研求學術的團體，也是道侶隱居修行、

① 《雲泉仙館頤養院簡章》第三《徽友》。

頤養性情、安享晚年的場所。

二、《吕祖師經懺》，白雲洞雲泉仙館藏板，光緒癸巳（十九年，1893）重鐫

西樵雲泉傳統，入道時弟子均獲頒典籍三本，分别爲《吕祖師經懺》《白雲洞志》和《善與人同録》。《白雲洞志》，清人黄亨輯，爲西樵雲泉所在位置的方志；《善與人同録》，是晚清年間，吕祖在雲泉所降乩訓的彙集。① 《吕祖師經懺》與《吕祖無極寶懺》内容同。早年書名《吕祖師經懺》，全名《九天大羅玉都師相吕聖真君無極寶懺》，在嶺南宫觀和道侣中流通持奉，爲拜懺科儀之要典與誦讀之善書；封面由南海潘譽恩題署，官山榮亨茶莊印務代印。

祖館一度香火中落，香港分館在經書珍本保存上起了莫大作用，這些經書珍本現多存於香港雲泉仙館藏經閣。例如《吕祖師經懺》内頁另書『丙戌四月初九日收到，由祖洞擔保寄來』，丙戌即 1946 年。據吴耀東館長講述，有感文獻保存重要，《玉皇懺》《三元懺》《吕祖懺》這幾種懺本大法會必須使用，淪陷期間到戰後，由『水客』從西樵運來香港，這些祖洞與廣州三元宫木板懺本，遂得以保存。② 辛丑（1961）由香港雲泉仙館、青松觀據木板影製電版，再定名《吕祖無極寶懺》，之後香港雲泉仙館於 1970 年再版，1979

① 黄偉良：《潤物無聲——道之儒者吴耀東與雲泉仙館》，載於游子安、卜永堅主編《問俗觀風：香港及華南歷史與文化》，香港：華南研究會，2009 年，第 215 頁。

② 香港雲泉仙館吴耀東館長訪問，2001 年 9 月 17 日。吴耀東，道號憲早，第 15 傳，父祖皆雲泉道侣；祖父道號品虞，第 12 傳；父親道號祉因。

年三版、2000 年四版，可見此經懺在雲泉一脈的重要位置。

光緒癸巳（1893）西樵木板刻本《吕祖師經懺》，1961 年香港據木板影製電版《吕祖無極寶懺》，是此經流播至今兩個主要刊本。筆者根據 1961 年一封信函，吴耀東館長爲慶祝吕祖師降生 1164 週年，依照西樵舊版重刊《吕祖師經懺》。吴館長推崇此書，並提及光緒癸巳本只是覆刊本：

> 《吕祖無極寶懺》（又名《吕祖師經懺》）迺純陽吕祖師覺世度人保安消劫之無上寶筏，向爲道教壇堂禮誦，道家弟子修持，……『初刊本』原爲大字木板，因久歷時日，已絶流傳。及光緒癸巳年『覆刊本』亦緣時勢多故，原版毁失無傳。……遂致同道課誦，多用手抄。……致難流通普及。

現今香港道堂通用的《吕祖無極寶懺》版本，就是源自西樵雲泉仙館光緒年間刻本。自此，《吕祖無極寶懺》成爲香港道堂有代表性的科本。

劉仲宇研究指出，《吕祖寶懺》雖爲西樵地方扶乩所得，也大量引用乾隆年間《吕祖全書》等已流行之經書，部分内容取自《太上靈寶净明道元正印經》①，由當時乩手『重新扶出或有意編進』，這部科本『是

① 《吕祖師經懺》内，自『道本無物，惟集於虚』至『正印無形』，取自《太上靈寶净明道元正印經》，第 84–89 頁。

對呂祖有關事迹、寶誥和言論的一個概括。』① 內容主要有三部分：首先是呂祖寶誥，也包括薩祖（守堅）、鍾祖（離權）、許祖（遜）等仙真的寶誥；其二爲呂祖臨壇親授教誨；其三是乩手編入的净明經典。整部寶懺文字優美，既有文學欣賞價值，也具深刻的教化內涵。② 若時加誦讀，對進德修業必有所得着。

總之，《呂祖師經懺》內容主要是對呂祖的贊頌和呂祖的教誨，呂祖降筆旨在度世度人，『吾作如是經，傳留諭世人』『吾立度人筏，先立度人心。吾奉度人敕，先開度人門』，期以『度盡有緣人』。

三、《善與人同録》初集（光緒十六年新鐫，廣州大新街翼化堂藏板）③ 及《分類功過格》（光緒十九年刻本，廣州孫中山文獻館藏）

『善與人同』一詞，始見於《孟子·公孫丑上》，偕同別人一齊行善，是君子最高的德行。所謂『善與人同』，善書使人讀後易起善心、力行善事，把行善的風氣推而廣之。因此，慈善組織有同善會、同善堂；善書有稱《同善録》《善與人同録》。善書最推許的善舉，正是不限於一時一地的善行，使『四方好善之心』得以興起，即《善與人同録》所期望善堂『非必獨出己力也，而一爲之倡，衆爲之和，由小致大，由近及遠，十

① 劉仲宇：《〈呂祖寶懺〉的來歷、內容和特點》，《呂祖無極寶懺》，劉仲宇注釋，青松觀藏科儀經書注 7，香港：青松出版社，2008，第 268–273 頁。
② 劉仲宇：《〈呂祖寶懺〉的來歷、內容和特點》，《呂祖無極寶懺》，劉仲宇注釋，香港：青松出版社，2008，第 3、277 頁。
③ 善書由善堂募印輯刊、善書局等書坊承印，在清朝是普遍的現象，如同治間愛育善堂刻《得一録》；《文昌大洞仙經》一書，光緒二十九年（1903）刊本，書後『板存兩粵廣仁善堂，羊城大新街翼化堂承印』。

數年來，次第舉行，善局指屈不勝計矣，近此富庶之鄉，兼多同心之助，何難陸續繼美，廣其善端，所望諸子協力同心，力到即作，無觀望逡巡，避嫌畏縮，庶善以推而愈廣，福以累而彌崇。……』①

《善與人同録》初集四卷，現《西樵歷史文化文獻叢書》收録卷一。此書初刊在光緒庚寅十六年（1890）②，續刊在光緒廿六年庚子（1900），三刊在宣統三年辛亥（1911）。香港雲泉仙館現藏，1937年再版，官山榮亨茶莊印務代印。《善與人同録》後來彙集四卷爲一本，1958年香港重鐫。1958年彙集本與之前版本對照，除增加1957年唐澄浦重鐫序文，還補進《分類功過格》及《吕純陽帝君救劫寶訓》《東嶽大帝垂訓文》等多篇勸善文。

《善與人同録》主要是收録雲泉乩文的善書，其文獻價值可分幾方面説明。

(1) 仙館建設及内部事務

如上文所述，雲泉仙館歷多年建設才奠定規模。二十世紀初是仙館增建時期，光緒三十三年（1907）建成帝親殿，奉祀漢鍾離太祖師及純陽帝君三代。《善與人同録》卷四載，光緒壬寅（1902）主持陳公耐請尊崇帝親三代，用了六年時間建成帝親殿。（第323–325頁）此文可與光緒三十三年（1907）李樹恭撰《重修雲泉仙館增建帝親殿碑》相對照：『當光緒之壬寅，迄太歲之丁未，計功之成也六載，樂神之奠也

① 《善與人同録》，香港雲泉仙館重鐫，『旅港雲泉仙館藏板』，星島日報承印，1958年，第218–219頁。（本文徵引《善與人同録》一書，爲方便檢閲，皆1958年香港重鐫本，不另注明）

② 黄梓林提及《善與人同録》：『凡四卷，光緒庚寅新鐫傳世，於今四十有一年矣。』見黄梓林編《感應因果合編》，香港抱道堂1930年刊。

萬年。』

《善與人同録》還記載祖師乩賜道號（卷一頗多賜『真』字道派弟子，如莫其漢賜號『淮真』）、降訓示諸弟子或新入道諸子。光緒三十年（1904）館規再訂後，弟子人數擴大，有不嚴遵洞内規約之事。《善與人同録》記述丁未（1907）正月十四，柳真君奉吕祖訓示同門諸弟子：『寄迹吾門，優游林下，共享清閒之福。……近年增修房舍，規模粗成（引者案，即壬寅 1902 至丁未 1907 帝親殿等建成），而洞内規章，類多循行故事。……所惜者諸弟子，不守洞内規約，直爲本之蠹而已。……』（第 329–331 頁）其中也不乏指引與總結仙館發展方向：『本洞自開創以來，積數十年，始見人事振作。……而一時有一時所尚，無前時之興創，今日無善會之所。……現今大局既成，首貴總理者，刻刻用心，理洞事如家事。……而洞門之規，方垂永久。……』（第 157 頁）

(2)雲泉仙館扶乩活動的興替

樵港澳三地雲泉仙館現已停止扶乩。早年西樵雲泉仰賴祖師扶乩訓示，《善與人同録》收録己卯至辛亥年（1879 至 1911）乩訓，『積三十三年之功課，以訓誨門人』，1957 年唐澄浦在重鐫序文中説：

……昔蒙吕師於前清光緒五年歲次己卯起，迭乩訓門弟子修道，歷年均有乩示。彙集成書，名曰《善與人同録》。吕師又訓以《功過格》，使弟子每日三省吾身。其慈善普渡之念，可謂至矣。此書原刻凡四卷，從己卯乩訓至辛亥年止，積三十三年之功課，以訓誨門人，其寶貴之結精品，是又詳且盡矣。……

降乩仙佛最常是呂祖與柳真君，還包括三官大帝、達摩祖師、鍾離太祖、李青蓮等神仙。少部分有降乩時間，甚而地點。如李抱真、何白雲先生在高士祠降示：『……我作樵山舊主人，於今廟貌又重新。……』（第 193 頁）① 1930 年代之前，仙館同人於帝親殿内扶乩，由祖師乩賜道號，1930 年代初職事包括『乩生』，鄭漱因、老濂泉等道長曾任乩生。② 據黃拾青回憶，書塾老師陳夢錫，在雲泉仙館作『乩手』，呂祖賜訓示、道號。③ 乩文年代下限是 1916 年。黃梓林於 1933 年游樵山，提及『乩訓一端，停止多年』：

仙館創建距今約八十餘年，……館中道侶約五六十人，多是古稀以上者。前四十年呂仙師在仙館乩示之下，演有《善與人同録》一書，凡四卷，予曾擇刊於《感應因果合編》中。近年則風微人往，乩訓一端，停止多年。④

---

① 高士祠中奉山主（開山始祖）何白雲，附祀李抱真隱士，舉行春秋二祭。李孔修（1436–1526），明朝高士，隱居樵山，入陳白沙門下，字子長，號抱真子。
② 見《西樵雲泉仙館創辦簡史》，梁怡唐道長記述於 1961 年。
③ 黃拾青，1913 年生，九歲隨父入道雲泉，父親道號茨柏，中醫師。黃拾青《西樵雲泉仙館的回憶》，《南海文史資料》第 3 輯收録，1983，第 56 頁。
④ 黃梓林：《游覽日記》，香港：黃立德堂，1933，頁天 16 甲。

可知1930年代以來，雲泉仙館扶乩活動逐漸停止。

(3)收録經書及序言

雲泉仙館三教並尊，1957年唐澄浦在重鐫序文中解釋《善與人同録》一書之重要，在於突顯雲泉合三教之旨：

……本館同人，何以重視此書？蓋以其能救人心於陷溺，挽狂瀾於既倒，而内容則以普渡衆生爲主題，舉凡各界，均有啓示，觀吕師之首先垂訓序文，斯可知矣。且同時有佛祖所降《三教大乘心印經文》，内云：『凡有知覺，當保性真，内勤三省，外滌六根，希賢希聖，證佛成仙，歸宿一誠，大衆覺悟，三教同歸。』是以吕師頌之曰：『三教真銓經佛演，從兹度世有津梁。』其指示更爲明顯矣。再考該書所啓迪諸子之方法，常引用《大學·中庸》所論性理之言、八德之義，均分析無遺。所謂澈始澈終之理，在於由誠而入。……故天道人道歸本於誠，正是道也者，不可須臾離也。……將此人道做到盡頭處，在儒則爲聖，在道則爲仙，在釋則爲佛，三教功用則一。……①

①《善與人同録》，1958年香港雲泉仙館重鐫，序文第1–3頁。

《善與人同録》篇首載有收録《佛祖降三教大乘心印經》①《孚佑吕聖帝君垂訓序文》（沈維楷書於光緒五年，1879），以及《三教幽科序文》（卷一，第100頁）。《三教幽科》書内題《三教幽科道德真經誦本》，書前有光緒丁亥年（1887）吕祖序，光緒戊子年（1888）新鐫。吕祖降示的序文中，將此科本視爲『珍比玉堂金匱，永鎮山門，奉若寶籙瑶函，勖諸後學』。1998年，香港雲泉仙館爲紀念樵山祖館創立一百五十周年大慶，重刊此書，推崇此書『以統彙三教法旨、普度萬彙幽靈，誠爲永鎮山門之至寶，傳諸後學之玄科也』。佛祖所降《三教大乘心印經文》，内云：『凡有知覺，當保性真，内勤三省，外滌六根，六根既浄，朗然太清。……惟誠希賢，惟誠入聖，惟誠證佛，惟誠登仙，大衆覺悟，三教同歸。』是以吕師頌之曰：『三教真銓經佛演，從兹度世有津梁。』

(4)疫症、救劫消災與善書

1890至1930年代嶺南瘟疫蔓延、内憂外患沓至、清朝覆亡後軍閥割據，善書多以『救劫』爲主題。②如《關聖神武救劫大悲真經》，板存西樵雲泉仙館，西樵雲泉仙館1934年重鐫，佛山市大生書局承印。書前有1933年馮能祥撰《聖帝重降救劫大悲真經序》：『前降之救劫大悲真經湮没已久，世人不知。今由黄君

① 《佛祖降三教大乘心印經》單行印本，香港道德會福慶堂重刊，1930，筆者藏。書前有福慶堂《佛祖降三教大乘心印經重刊記》、盧朗若《佛祖降三教大乘心印經序》。《重刊記》提及是書之成，『以三教原殊途而同歸，本無畛域之分也。同堂岑君澤樵，本雲泉舊侣，……蒙恩師乩示，謂此經渾融博大，一源而三歧』，囑令岑君重印。經文後有盧朗若《佛祖降三教大乘心印經淺註》。

② 善書以『救劫消災』爲主題，詳參游子安《勸化金箴——清代勸善書研究》，天津：天津人民出版社，1999年，第134–139頁。

浚唐在萬安銀號請乩，乃蒙聖帝復將原經指示……。』（筆者案：『浚唐』或爲雲泉第十一傳弟子）書後有1932年西樵雲泉仙館道侶恭録清朝關帝封銜。諸仙聖降示的乩文，勸人修省改過，以免遭劫。清末廣東地區疫症頻仍，同時也是民間道壇與善堂林立、善書刊行普遍流通的時期。善書勸人修省改過，以免遭劫。《善與人同録》收録1912年呂祖乩語，對倖免於疫者有獨特的解釋：

> 溯自甲午以來，癘疫四布，港澳省垣首遭其劫。……其中或能倖免者，……不知天之厚我，而猛然自修省，則癘疫遂潛消之不覺。若從恃天之厚我，而侈然自放，則癘疫一旦發而莫收。試思十八年來，始終能倖免者，果何地耶？況今之時危勢迫，非同甲午之比也。……①

1903年刊《醒世要言》亦提到：『吾粵瘟疫流行，歷甲午至今，已十載矣。……上天降劫，迄無已時。……由省會而鄉邑，遍地皆然。……自有降劫以來，此爲最甚。』② 一百二十年後的今天，從《善與人同録》等善書記載回顧甲午癘疫所帶來的社會震撼，仍感到其影響既深刻且巨大。③

① 《善與人同録》，1958年香港雲泉仙館重鐫，第340–341頁。
② 《醒世要言》卷三初集《侍壇區子回天劫文》，黃大仙及衆仙佛降筆於南海稔崗普慶壇，香港普宜壇1991年重印。
③ 因1894年瘟疫死亡人數，説法不一，150萬人口的廣州有説損失7萬，香港約有2500人染疫病逝，見賴文、李永宸《嶺南瘟疫史》，廣州：廣東人民出版社，2004，第407–408、554頁。另一説：1894年穗、港瘟疫，分別造成8萬–10萬損失，及3000人死亡，見謝琦、劉正剛《晚清廣東瘟疫及其社會對策》，收進劉正剛、劉波編著《廣東舊志疫情史料輯録與研究》，廣州：廣東人民出版社，2005，第375–376頁。

《善與人同録》評述清末粵港善局、善堂的慈善與教化：『如捨藥施茶，送衣賑米，體乎王政之爲養也，廣設善堂，宣講勸化，體乎王政之爲教也。』善書認爲多行善舉可以消弭劫禍，廣東多倡善堂，化去許多災難。祖師降筆雲泉仙館推廣善堂，對香港之東華醫院推崇備至。『各處廣設善堂……省城之愛育，香港之東華，尤其較著者也』（第218–219、329頁）。又倡建善堂，如《吕祖師示義塚小引》《吕祖師示體仁堂告白》，體仁堂，博羅善人翟文煥創立，宣講勸化、贈醫、育嬰、施棺，但入不敷支，祖師『故特述其梗概，布告四方』，集成善款『存貯東華醫院，每歲出息，以爲善舉』。（第294–295頁）

此外，《善與人同録》保存了弟子問道、祖師論道、談内丹修煉、强調修煉之功與廣積善功須夾輔而行等等資料，既訓誨門人修道，也表達普度衆生挽救人心之宏願，是瞭解雲泉仙館，及道教與近代嶺南社會基本的文獻。

除了諸仙聖降示乩文，《分類功過格》也是吕師訓誨雲泉仙館弟子一部主要善書。功過格初指道士逐日登記行爲善惡以自省的簿格，及後流行於民間，泛指用分數來表現行爲善惡程度，使行善戒惡得到具體指導的一類善書。《道藏輯要》收《警世功過格》和《十戒功過格》，是託名吕祖撰述的功過格。① 1957年唐澄浦在重鐫序文中説：『……吕師又訓以《功過格》，使弟子每日三省吾身。』《分類功過格》，在嶺南地區

① 詳見游子安《善與人同——明清以來的慈善與教化》第二章第三節，北京：中華書局，2005年，第41–57頁。

宮觀廣爲流通，或另册印行，①1958 年香港雲泉仙館重印，也收進《善與人同録》一書。②

《分類功過格》有多個書名：《善與人同録》《呂祖分類功過格》《叢桂堂敬輯分類功過格》《太微仙君呂純陽祖師功過格》③《御虚階》等。④ 此功過格將日常行爲分成倫常、仁愛、勸化、敬慎及節忍五門，五門之下再分類，各有功格和過格，並按事態輕重分訂一功（過）至一千功（過），甚至無量功（過）。此書書前有光緒五年（1879）沈維楷録呂祖序文：『功過格中，言言金玉；聖賢書内，字字珠璣。忠孝可作神仙，細加體認敬信，可格天地，貴在存誠』，以臻過寡。從《善與人同録》得知，雲泉仙館是力行功過格的團體，書内多次强調『修道何爲？先除過也』，主張行善以免劫：『呂帝君功過格，垂示諸子，步步規矩。……不特免此一身之劫，而且免子孫之劫，而且免來生之劫。』（第 151–152 頁）呂祖訓示要求弟子各存一本行諸善事：『行功過之要，心與事兩相檢束。而最大過惡者，莫如貪殺淫盗四字。……奉行功過，先將此四大端而克治之。……勉勵諸子，各録一章訓文，各存一本功過格，爲寡過書、爲延生藥、爲渡海筏、爲登天梯。……前閲諸子奉行功過格，復命御前帝心嘉尚，勉勵諸子，恪守規條，猛力進善。』（第 143–146 頁）呂祖明言弟子若不積功改過，『一生虚負道門中。前示功過修省格……今命陳貫子總理其事。自今日起，設一總

---

① 《分類功過格》，封面印賴吉祥敬送，香港耀德印務代印，1927 年，書影見游子安《善與人同——明清以來的慈善與教化》，第 317–318 頁。

② 《善與人同録》，1958 年香港雲泉仙館重鐫，第 383–438 頁。

③ 《分類功過格》又稱《太微仙君呂純陽祖師功過格》，1986 年在呂祖師誕日香港抱道堂有重刊。

④ 今所見是黄正元於雍正十二年（1734）參雲谷禪師所授功過格而重加校訂，《御虚階》，收入汪澹森撰《聖學入門》，道光二十六年（1846）李會元堂刻本。

部。所領功過，諸子各開一篇部，若無功過呈者，每月值登三十過。又買便黑白豆各派，每包三十六粒，照石仙翁用三布袋記數，一月不呈，記三十過，兩月不呈，記六十過……』。（第 149 頁）石仙翁用黄豆記功、黑豆記過的方法，見於《石音夫功過格》（又稱《石音夫醒迷格》）。是書有乾隆十七年（1752）醒半子序、嘉慶十七年（1812）周楨維跋，以及道光七年（1827）劉雲廷重刊序等，從這些序、跋可知，是書在雲南、廣東等地流通。其書特色，據周楨維跋言：『余以爲確然有據，可以著責下手者，莫如奉《太微仙君功過格》，尤莫便於《石音夫醒迷格》。蓋功過格須紙載筆記，醒迷格只黄黑豆囊而已。』①

四、《宣講博聞録》，西樵雲泉仙館藏板，光緒十四年（1888）調元善社輯刊，廣州板箱巷翼化堂承印

雲泉仙館道侣的回憶録，並未提及宣講活動，但若翻閲《善與人同録》，可知呂祖强調宣講聖諭，可化民成俗以正人心。② 而最直接的材料，莫過於雲泉仙館調元善社刊刻《宣講博聞録》《聖諭十六條宣講集粹》③ 等宣講類善書。兩書皆不著撰人，西樵雲泉仙館光緒十四年（1888）刻本，調元善社輯刊，廣州孫中

① 《石音夫功過格》，收進《藏外道書》第 12 册，成都：巴蜀書社，1992，第 86、87、98 頁。

② 呂祖垂訓『欲挽風俗，先正人心。……所以近來多設講堂，隨處宣化，化一善人，少一惡人』；『原《宣講集粹》之書，所以勸化民間，知所法戒』，《善與人同録》，1958 年香港雲泉仙館重鐫，第 305、259 頁。

③ 《聖諭十六條宣講集粹》，調元善社輯，光緒十四年（1888）西樵雲泉仙館開雕，廣州合成齋承印，書前有雲泉仙館調元善社題序。原書 18 册，現存 16 册。

山文獻館藏，屬稀見本。① 現《西樵歷史文化文獻叢書》選刊《宣講博聞録》。

康熙九年（1670），頒布『敦孝弟以重人倫，篤宗族以昭雍睦，和鄉黨以息争訟，重農桑以足衣食』等《聖諭十六條》（《聖祖仁皇帝實録》卷34），十六條每條雖然只有簡短七個字，内容自綱常名教、忠孝節義，到耕桑作息無不具備，以後又補充以史事和廣訓。地方官及紳士通過注解和演繹《聖諭》，在宣講時可列舉報應事例加以發揮。如周振鶴所言，詮譯聖諭出現兩種傾向，一方面與法律書相結合，另一方面以善書面貌出現。② 聖諭與善書合流，如王文選采集《宣講集要》，是宣講本的祖本，流通較廣的是《宣講拾遺》《宣講大全》幾種。③

宣講是清末民初善堂社會教化的重點工作，清末在廣州興起的九個民間慈善組織，總稱『九善堂』，大多分布在西關工商業繁盛之地。④ 如崇正善堂，位於廣州城西關十一甫，以贈醫小兒、贈種洋痘、宣講聖諭善書、拾字紙、平糶，及一切善舉爲宗旨。⑤ 又如1924年香港道德會創辦，主奉孔子，由羅煒南、趙棟垣任宣講

---

① 周振鶴『從書目上還看到德國慕尼黑圖書館藏有《聖諭十六條宣講集粹》』，歎謂無由得見，周振鶴撰集、顧美華點校：《聖諭廣訓：集解與研究》，上海：上海書店，2006，第626頁。

② 周振鶴撰集、顧美華點校：《聖諭廣訓：集解與研究》，第621頁。周振鶴形容《宣講拾遺》『用實際例子講演，有如基督教之見證會』，第625頁。

③ 有關宣講聖諭及善書，可參游子安《從宣講聖諭到説善書——近代勸善方式之傳承》，刊於《文化遺産》2008年第2期，總第3期，中山大學中國非物質文化遺産研究中心編輯。

④ 廣州市地方志編纂委員會編《廣州市志》卷10《民政志》，廣州：廣州出版社，2000，第489頁。

⑤ 《全粤社會實録初編》《崇正善堂》，《清代稿鈔本》第1輯第50册，第1至2頁上，總第241頁。

員，現存宣講教材，包括《宣講博聞録》，西樵雲泉仙館調元善社刊刻；及談澤文編刊《宣講集編》，文在茲善書坊藏板。① 爲配合宣講活動，調元善社於光緒十四年（1888）春季、孟冬先後輯刊兩種聖諭宣講書。雲泉仙館置調元善社，據《宣統南海縣志》載由陸師彦、②李錫鴻創立：

……改建雲泉仙館，借慕道以寄幽棲。同光以後，來者益衆，且樂提倡善舉。……陸孝廉師彦、李孝廉錫鴻嘗創調元善社，復與同人倡建各善堂。至恤産施藥、贈種洋痘、建茶亭、修石路及救災善舉，必樂捐輸。蓋修真之士，以慈善爲心，以濟人爲事者。……③

《善與人同録》又載吕祖降示期望雲泉諸子集資支持善社：『調元善社昨歲起意，至今乃尋出頭緒。……茲當徵文長紅刻刊布送後，隨出帖勸捐以資經費。其引文云：爲國家興教化，爲萬世植綱常，爲鄉党端風俗，爲宇宙正人心。……皆於調元善社之爲功也。……』（第196–197页）。

《善與人同録》記載吕祖降示仙館編刊三本善書以宣講：『聖諭十六條，垂爲典則，大邑通都，家喻户

① 有關文在茲善書坊，參考游子安《『文在茲』与粤港地區先天道出版及傳播》，載於《世界宗教研究》，北京：中國社會科學院世界宗教研究所，2014年第5期，2014年10月。

② 陸師彦，南海梧村人，清同治十二年（1873）科舉人，光緒初年曾任南海縣鼇頭公局局紳。

③ 《宣統南海縣志》卷26《雜録》，頁11。

曉。誠欲天下蒼生，各盡乎人生當行之道，天下蒼生，恭行聖訓。盡乎人，不必惑乎神；盡乎人，自能格乎神。長安久治之功，基於此矣。……倘書局既成，將來有三本善書，授梓行世。一曰《聖諭壽世》、一曰《宣講集粹》、一曰《宣講博聞録》』，其中《宣講博聞録》『或取前書之所記，或采近日之傳聞』。《宣講集粹》編集體例，『先立總論一段引入，次將事迹達出，中引格言點醒，後又將此段因果，總斷一段。其理其事，乃得明徹。十六條各立各案，是爲《宣講集粹》』。（《善與人同録》，第 23–25 頁）《宣講博聞録》全書體例完備，由聖諭、《聖諭廣訓》、聖諭詮釋、小説組成，共八册，共有小説 60 則。以小説的形式來演繹聖諭，有助於教化，有學者稱爲『聖諭宣講類小説』。① 《宣講博聞録》雖然也采集因果報應事例，内容取材有其特點。

(1)因地制宜，講述當地傳聞故事

十九世紀中葉後，宣講題材愈趨通俗化和多樣化，最明顯的是『宣講拾遺』，地區善人輯録本地因果報應故事，以資勸懲，如《東莞善報録》《惠陽福報》等書。② 《宣講博聞録》内記述人物故事頗多來自嶺南地區，如廣州府香山縣節婦（第二條《苦節保孤》）、潮州豐順縣貧農（第四條《義農一子承雙嗣》）、廣州增城獄卒（第十二條《獄中義卒》）、南海蕭氏開紙行於禪山（第五條《乞兒奮志》）、省城西關順母橋

① 耿淑豔採研《宣講博聞録》《聖諭十六條宣講集粹》，見《嶺南古代小説史》第七章，北京：社會科學文獻出版社，2015 年 7 月版。《聖諭十六條宣講集粹》詳細目録，見《嶺南古代小説史》第 246–258 頁。

② 《東莞善報録》，莞城鑒文樓印，北京中國道教協會圖書館藏。《惠陽福報》，鵝湖居士 1887 年輯選，翰文堂印，記述惠州行善獲報之事，香港『中央圖書館』藏。

（第五條《順母橋》）。援引當地傳聞故事，好處是宣講時較易引起共鳴。

(2)故事人物多禮敬吕祖並實踐功過格

前文提及雲泉仙館要求道侣實踐功過格，善社編纂宣講用書亦多引用個中案例，如第十二條《恤寡存孤》、第五條《順母橋》、第七條《正吉邪凶》等。以第四條《加惠農人》爲例，湖廣人柳潛齋，『供奉吕仙』，『加惠農夫，廣行善事』，富而無子，及後連産三子，『爲善益力，遇饑荒賑粥賑米，農人無資本者，助以資本』，積善享福，子孫蕃衍。第十二條《恤寡存孤》記載常州魏健齋『精岐黄術……遂立心以濟人爲念，事吕祖師行功過格，以救人爲紀功，有誤人即以紀過。……吾每遇貧者，一曰贈醫、一曰施藥，亦求以補過耳』，貧病者酬金不受，後其子登嘉慶乙丑（1805）進士，魏氏得享厚福。

(3)内容新鮮，情節生動，以新取勝

與《聖諭十六條宣講集粹》相比，《宣講博聞録》多『采近日之傳聞』，調元善社序言提到宣講要與時更新，以打動受衆：『……自來宣講勸化，所以首將聖諭開其端，而繼及於因果報應之事也。夫世情好尚，大都厭故喜新』，聖諭宣講若一味沿襲舊説，則容易使人生厭，因此就需要『博采往事之傳聞，於理有不刊，情無不盡者，引伸其説，加以斷論，一以勸善，一以懲惡，於化民成俗，未嘗無小補云』。（《宣講博聞録序》）。耿淑豔指出，《宣講博聞録》内容圍繞康熙聖諭十六條的主旨展開，多取材於當時新鮮有趣的奇聞軼事，人物形象貼近生活，注重情節和環境的鋪陳渲染。①

五、道脈綿延：西樵雲泉仙館薪傳港澳

抗日戰爭爆發，1938年雲泉同門四散，1940年，避亂澳門的雲泉道侶，由黄豫樵、何海科等召集同門成立西樵雲泉仙館旅澳同門聯誼處，繼於1965年注册成立澳門雲泉仙館，1978年成立雲泉仙館慈善會，成爲澳門首個道教慈善團體。1952至1991年祖館被解散期間，澳門雲泉仙館一度采用釋家科儀，嗣後與祖館保持經懺交流再得以承傳。在香港雲泉道侶亦因迫於形勢無法回西樵賀誕，1944年吴禮和、陳鑑坡等道侶設立香港雲泉分館。自清末民初以來雲泉仙館和白雲洞成爲西樵山著名旅游勝地之一。這個傳統也由香港雲泉仙館繼承下來。香港雲泉始建於西環市區，1975年購入打鼓嶺坪輋福地作爲新館，1986年擴建純陽殿，同年雲泉舉辦第一届菊展會，自此仙館逐步成爲香港道教名勝。1990年代初西樵山祖館籌集資金復修，香港與海内外弟子信衆鼎力支持，②今已修葺一新。2008年11月29日，迎來160周年雲泉館慶（按：雲泉館慶，定於農曆十一月初二日），當天，樵港澳三地仙館道侶相聚，同賀慶典，意義殊深。

① 耿淑豔：《嶺南晚清聖諭宣講小説〈宣講博聞録〉》，《韓山師範學院學報》，2007年第6期。
② 可參考香港雲泉仙館己巳（1989）《西樵山雲泉仙館重修殿宇恭塑聖像裝飾神壇籌募工程費小啓》，碑記刻於鼓樓臺基西牆；及1991年《重修雲泉仙館碑記》，西樵山雲泉仙館。

樵山雲泉仙館雖然曾經經歷『風微人往』、香火中落的年代，端賴港澳道侶薪火相傳，1992 年後得以玄音續奏。這部文獻得以整理和重印，對百多年來嶺南地區雲泉道脈傳承歷史的掌握，别具參考價值。

光緒十四年新鐫

宣講博聞錄

手板箱城巷
翼化堂承印

西樵雲泉仙館藏板

宣講博聞錄序

天下古今之事情理而已順乎人情合乎天理其事以傳並其人其地亦與之俱傳

聖諭十六條括典謨訓誥之全
理義燦陳而情文無不曲
盡家諭而戸曉之誠化民
成俗之極軌矣然盡其鼓
舞之神必兼徵求乎往事

自來宣講勸化所以首將
聖諭開其端而繼及於因果報
應之事也夫世情好尚大
都厭故喜新坊刻諸篇每
以習見習聞而忽畧本集

所輯非敢驚爲新奇第博
採往事之傳聞於理有不
刊情無不盡者引伸其說
加以斷論一以勸善一以
懲惡於化民成俗未嘗無

小補云

光緒拾四年歲次戊子孟冬吉旦

調元善社謹序

三

聖諭十六條

第一條　敦孝弟以重人倫

第二條　篤宗族以昭雍睦

第三條　和鄉黨以息爭訟

第四條　重農桑以足衣食

第五條　尚節儉以惜財用

第六條　隆學校以端士習

第七條　黜異端以崇正學

第八條　講法律以儆愚頑

第九條　明禮讓以厚風俗

第十條　務本業以定民志
第十一條　訓子弟以禁非爲
第十二條　息誣告以全善良
第十三條　誡匿逃以免株連
第十四條　完錢糧以省催科
第十五條　聯保甲以弭盜賊
第十六條　解讐忿以重身命

敦孝弟以重人倫

我

聖祖仁皇帝臨御六十一年。法

祖尊

親孝思不匱。

欽定孝經衍義一書。衍釋經文。義理詳貫。無非孝治天

下之意。故

聖諭十六條。首以孝弟開其端。朕丕承鴻業。追維

往訓。推廣立教之思。先申孝弟之義。用是與爾兵民人

等宣示之。夫孝者。天之經。地之義。民之行也。人不

知孝父母獨不思父母愛子之心乎。方其未離懷抱。饑不能自哺。寒不能自衣。爲父母者審音聲察形色。笑則爲之喜。啼則爲之憂。行動則跬步不離。疾痛則寢食俱廢。以養以教。至於成人。復爲授家室。謀生理。百計經營。心力俱瘁。父母之德實同昊天罔極。人子欲報親恩於萬一。自當內盡其心。外竭其力。謹身節用。以勤服勞。以隆孝養。毋博奕飲酒。毋好勇鬭狠。毋好貨財私妻子。縱使儀文未備。而誠慤有餘。推而廣之。如曾子所謂居處不莊非孝。事君不忠非孝。莅官不敬非孝。朋友不信非孝。

戰陣無勇非孝皆孝子分內之事也至若父有家
子稱曰家督弟有伯兄尊曰家長凡日用出入事
無大小衆子弟皆當咨稟焉飲食必讓語言必順
步趨必徐行坐立必居下凡以明弟道也夫十年
以長則兄事之五年以長則肩隨之況同氣之人
乎故不孝與不弟相因事親與事長並重能爲孝
子然後能爲悌弟能爲孝子悌弟然後在田野爲
循良之民在行間爲忠勇之士爾兵民亦知爲子
當孝爲弟當悌所患習焉不察致自離於人倫之
外若能痛自愧悔出於心之至誠竭其力之當盡

由一念孝弟積而至於念念皆然。勿尚虛文。勿畧細行。勿沽名而市譽。勿勤始而怠終。孝弟之道庶克敦矣。夫不孝不弟。國有常刑。然顯然之跡。刑所能防。隱然之地。法所難及。設罔知愧悔。自陷匪僻。朕心深爲不忍。故丁寧誥誡。庶爾兵民咸體朕意。感發興起。各盡子弟之職。於戲。聖人之德。本於人倫。堯舜之道。不外孝弟。孟子曰。人人親其親長其長。而天下平。爾兵民其毋視爲具文焉。

敦孝弟以重人倫

果報目錄

宣講博聞録　第一節上　四

第一條博聞錄

總論

孝弟爲人之本。聖人盡性致命。皆本此赤子愛敬之一心。我

聖祖仁皇帝以仁孝治天下。並欲天下之爲父母者。皆歸安樂。即欲天下之爲人子者。仰體深心。則人倫明而人道修矣。夫孝有三。生則致其養。病則致其憂。祭則致其誠。斯之謂禮。何爲生則致其養也。夫桑榆之暮景無多。風燭之年華可懼。父母多一日生存。即人子多一日奉養。親恩之報。正在此時。飲食

投所好猶慮其不飽定省必躬親猶恐其未安所當視於無形聽於無聲體其心順其心以愛子之心愛親斯子道庶幾能盡耳何世之薄於天性者妻子情長父母情短始則儀文漸缺繼而菽水皆虛祇於父母壽辰之期隆筵盛饌集戚友以盡一日之歡自以爲孝後此則飢寒莫問尚得爲人子乎何爲病致其憂也父母之年歲月銷磨於旣去精神困剝於將來筋力漸衰之候無病猶不如人病則倍加辛苦使庭幃寂寞視聽無人任其高枕孤零子心安乎古人衣不解帶藥必先嘗旣加意

於未病之先。尤調養於旣病之後。則奉養無或缺矣。何爲祭致其誠也。父母之音容已杳。平時之聲氣難親。惟當此春露秋霜。始得動其悽愴之念。於此猶未能抒誠盡敬。尙何復有報恩之日。至忌日不樂。是君子終身之喪。想當年呼號辟踊。此日之慘怛何如。餘哀未忘。更有情難自禁者。其忍觀燈樂酒。賓友尋歡乎。至兄弟乃骨肉之親。如我手足皆父母一氣所生。父母之愛吾兄弟。猶父母之愛我。我愛兄弟。我愛父母之遺體也。我愛父母之遺體。卽我愛父母也。使父母存。我有以體父母之心

父母歿我更有以慰父母之心是友于兄弟即孝於父母也兄貴夫友弟貴夫恭

廣訓曰家有長子曰家督蓋長子主宗室主宗器不獨每事必讓即貧窮患難亦當力爲扶持不可妄聽婦言致疎骨肉爲孝子亦爲悌弟高堂而菽粟皆歡能事親亦能事兄一室而壎篪叶奏人倫中自多樂地即此景象可觀家道之祥

林氏家譜

林春澤。福建侯官縣人。登明正德甲戌進士。歷官刑部郎中。其子應亮。爲戶部侍郎。孫如楚。官工部侍郎。卒年百有四歲。其功名祿壽。盛於一門。人皆謂公之厚德載福。而不知公之先世。已有孝德焉。公之祖父太封翁名志剛。少失怙。生母岑氏。年逾五旬。連年病弱不起。庶母莊氏。無所出。親視湯藥。事嫡如姑。日不飽餐。夜不安寐。歷數年如一日。岑氏病篤。指志剛而囑莊氏曰。吾家丁微祚薄。祇此一塊血肉。爲祖宗一綫之存。汝卽有異志。須再撫養數年。然後嫁。莊泣曰。妾與大娘同事夫子。安樂與共卽患難與同今一門惟此藐孤賴延宗嗣倘棄孤不撫墜此香烟他日何以見先人於地下妾不惟不敢抑亦有所不忍也大娘不須慮吾斷不爲人面而獸心者岑氏聞言感激涕零再欲有言哽咽難宣指口而逝

岑氏所囑一字一淚慮付託之無人信莊氏之可靠其云汝卽有異志者特反言以決之非疑之也莊氏素有肝膽故一聞所囑直下承當亦語語從血性流出讀之令人淚下

岑氏歿後莊氏攔淚撫孤愛身以愛子以養以教不憚

辛勞志剛漸漸長成亦能善體庶母之心且有血性年僅十二歲一日由書塾歸偶檢箱篋見男女像兩軸之庶母曰此即爾爹娘遺像聞爾父曾贈貲畫工葬親故繪此爲報不意轉瞬駒光已爲故物能不悲哉志剛聞言忽動孝思潸焉出涕曰吾自少無知追想父母音容已不復記憶親娘死後泉台永隔聲影難尋何期今日得見親顏其奈何呼之不應言罷大哭莊氏多方勸解乃止遂將遺像供諸家堂事之如生鮮果時瓜必先薦而後食逢父母生辰必請庶母具酒漿致祭兩親忌日絶粒不食庶母憂之則泣而對曰吾聞之師曰君子

林氏家譜

有終身之喪忌日是也兒非不食食不下咽耳莊以其
孝出自天性倍愛之
莊氏擱淚遠慮卓識誠恐自己哭壞撫孤倍難不知
者以爲忘憂其知者以爲有養志剛披遺像而痛哭
平日不知多少慕思鬱而勃發如漢明帝謁光武原
觀太后鏡奩中物伏而悲泣左右皆莫敢仰視百官
憫其孝今志剛年少如此孝思尤爲懇切
越數年志剛成立娶妻汪氏甫入門即指雙親遺像而
謂妻言曰吾親早喪莫報劬勞供養此像稍盡孝思於
萬一汝當事之如生不可或忽又指庶母而謂妻曰此

庶母即吾生母也。雙親歿後。非庶母無以有今日。尤當加意奉養。不可有違。婦承夫囑。侍奉殷勤。馨膳潔饈。衾扇枕。無微不至。善得姑心。遺像供奉。問或有缺。志剛嘗責之。汪氏曰。遺像非真能飲食者。偶缺朝夕。翁姑何知。不過盡其心耳。志剛曰。爾既知盡心。必須事事檢點。刻刻留意。翁姑知如是。不知亦如是。且汝勿謂鬼神不知也。昔丁蘭刻木事親。其妻厭煩。陰以針刺其手及眼。丁蘭歸見兩眶流淚。指頭出血。詰妻。細詢得其實。即出之。可知人子之精神血氣。原與父母一脈相通。故人子之精誠感召。即親之靈魄所憑依。汝謂一飯或缺。翁姑何知。當以丁蘭之妻爲鑒。汪氏聞之悚然。以後事遺像如事庶姑。不敢不致敬盡禮。

召南采蘋之詩曰。于以奠之。宗室牖下。誰其尸之。有齋季女。禮記曰。祭必夫婦親之。今志剛供遺像以報親恩。且能化其妻。而盡誠敬。以視唐元宗之刈麥苑中。以薦宗廟。李鄘之親滌祭器。以享祖考。同此孝思

志剛自娶妻後。慮食指日繁。宜作謀生之計。對庶母曰。遠離則娘親懸望。猶能朝夕相依者。其醫乎。昔范文正公嘗曰。大丈夫不爲良相。卽爲良醫。以其皆能濟人也。兒當業此。遂習岐黃之術。凡兄弟戚屬。不受貲。貧者常

贈以藥。一年疫症大作。鄉鄰死者甚衆。惟志剛所到之處病者皆安。人皆謂其仁孝之念。可以通神。自是遠近皆延之。聲名漸播。家道賴以小康。時已堂前三子繞膝矣。長碧漢。次尚賢。次俊良。此即春澤封翁也。後俱成立。其長子與次子。皆娶於富商家。惟俊良則配農家金氏女。俊良年十六。尚讀書。適莊氏抱病。志剛恐庶母風燭之虞。急爲完娶。俾庶母見季孫媳一面。及迎娶日。適同邑隔江洪生。娶南城區氏女。相遇於途。風雨交作。兩家綵輿。俱奔入古廟。暫避。及暮。雨益甚。暴風大作。洪宅迎婦者曰。風狂浪惡。未可渡江。此處又難久駐。盍回女家猶尚可及言罷紛紛而走林家娶婦者亦相繼而奔志剛以風雨夜深正在焦燥聞新婦至急擁而入而羣僕皆已衣衫濕透矣婦歸房夫妻合巹後俊良見新婦金釵翠鈿不類農家女驚問得悉其情始知悞抬區氏女以歸急避席曰小姐悞入吾家今可無恙惟我家新婦不知如何耳區氏曰吾輿中聞說抬回女家想亦悞入吾父母家矣俊良曰果如是亦可無虞但今夕男女有別請小姐暫屈茅房詰朝當遣僕送歸尊府言罷趨出時方深夜未敢復驚父母秉燭中庭咏詩待旦中有句云燭剪通宵不憚勞滿庭風雨韻蕭騷焚香雅誦關雎

句一片氷心託兎毫

鵲本無心駕漢波○仙姬錯認渡銀河○藍橋路近凡咽

隔○敢喚天孫作月娥○

案有琴書伴寂寥○欲揮桐韻慰淸宵○相如亦解文君

曲○不是同音不肯調○

洞房燭影冷風天○兀坐深宵未肯眠○鸞鏡有花難解

語○無絃琴撫夜如禪○

及曉○稟知雙親○舉家驚異○志剛曰○昨夕何不告我○俊艮

曰○恐爹娘驚寢○且庶祖母病篤○聞之必有不安○志剛急

遣僕將區氏送歸洪家○卽使人到區宅訪確○迎歸夫妻

交拜。一家盡歡。載之鄉誌。以爲盛典。羣欽俊良之懿行焉。

妻非原聘。誤入吾家。珠翠盈頭。又勝已婦。況當洞房花燭。未免有情。他人處此。或將錯就錯。貪一夕之歡。貽終身之禍矣。俊良趨避於外。賦詩達旦。不愧秉燭通宵。又能安祖母之心。不驚雙親之寢。信乎德性堅定。少年老成。金玉君子也。

莊氏自娶孫媳後。不旬日而病愈。俊良十七歲遊庠。十八歲生子。其長子即林春澤先生也。時兩兄碧漢與尚賢。亦各有兒女。一家兄弟雍睦。妯娌和諧。裙釵互用。并忘乞假之名薪水通融但覺取攜之便寒與衣而飢與食母既不分誰是己兒依膝下而戀胸前兒亦不識誰爲己母歸宼可互託也梳洗可互爲也上下雍睦一室太和故能備致嘉祥延諸累葉莊氏初心原不圖有今日至是孫曾繞膝婦孺承歡扶杖含飴幾不知老之將至八十二歲無疾而卒

家庭之不和大都起於婦人之爭競婦人之爭競半由各袒護其兒女因兒女之鬥爭致妯娌之相失甚而貧富相形猜嫌莫解今林氏一門若此宜其厚德載福和氣致祥矣

志剛自庶母死後水漿不入口者三日服闋猶三載不食葷常於旦暮間述庶母撫己之苦與訓導之方絮絮言之流涕不已諸媳爲之感泣志剛後亘父子皆以壽終其孫春澤八歲就學十四歲能文大有儒風登正德甲戌進士歷官刑部郎中後以松江知府告歸時年已近百歲矣其子應亮戶部侍郎年亦七十孫如楚工部侍郎同乞歸侍養公嘗率兩侍郎赴田觀農穫稻俾知稼穡艱難鄉人立碑誌之一時以爲盛事自撰楹聯云四十登科甲戌還登甲戌榜五旬抱子長孫又抱長孫兒親見五代同堂卒年百有四歲

舜爲大孝。而位祿名壽之必得。尊富饗保之極隆。可知天眷有德。厚意栽培。由困而亨。後先同揆也。舜遇頑嚚而底豫。志剛遇庶母之慈祥。舜之孝養在生前。志剛之供養在遺像。大舜有英皇能佐甘旨。志剛有汪氏解薦果瓜。舜耕田以服勞。志剛爲醫濟世。境遇雖異。而其至情至性。則無不同。蓋天無印板之註脚。而有不爽之休徵。果其孝行克敦。性情懇摯。而不苦盡甘來。克昌厥後者。未之有也。後之覽者。亦將有感於斯夫。

宣講博聞錄　卷　第一條上

十三

第一條博聞錄

總論

世人非富則貧。非貴則賤。或壽或夭。忽盛忽衰。不獨宇宙之大。命運各有不齊。即一人之身。境遇亦隨時變易。所貴必自主持。窮達矣於所遇。家庭之內。惟當父慈子孝。兄友弟恭。夫義婦順。處常交相愛敬。處變共矢眞誠。即至困苦難堪。而大義綱常。維持愈力。至誠所感。否極泰來。所謂盡人可以勝天也。

聖諭廣訓曰。聖人之德。本於人倫。堯舜之道。不外孝弟。

可知聖賢事業首重倫常而有志於修身齊家者要在知所本也

孝友家風

元英宗時。江西南昌郡。有龔滏麗者。離城南五里外。白雲坡村居住。農業而貧。生二子。長可榮。次世榮。夫妻年逾五旬。次子世榮。甫九歲。先爲長子完娶。畢即分爨曰。今有薄田半畝。汝自耕鋤。努力猶不至凍餒。餘尚有田畝餘。我留耕管。爲爾弟敎養之貲。爾弟異日娶後。乃平分爲兩。可榮曰。兒娶有室。正當奉養堂前。敎養弱弟。兒夫妻當之。倘勞雙親耕苦。子媳奚安。不敢唯命。父曰。吾正慮爾子媳終貧。故將田先給爾耕管。及早猶或積創。若俟爾弟娶後。然後分居。恐累爾兄弟皆貧。吾老無倚矣。意已決。不從。是逆我矣。可榮無奈遵命。勉其妻曰。父母蓋欲觀吾之勤惰。且試吾孝順否耳。於是夫妻勉力操作。然每日猶使婦爲親執爨。及浣汲洒掃畢。然後歸治家事。妻李氏固孝。不憚勤勞。數年。果薄積貲產。世榮年僅十七。適年粟稔收。可榮即請於父爲弟完婚。老年愛少子。大都人之常情。余少時嘗見庭前雙燕。每飼兒必由少而長。始悟其大者毛羽將豐。高飛有日。竊慮小者難於長成耳。物猶如此。人情可知。故淦麗以少子未長。田特多留一畝。猶必親自教養。而後心安。又慮苦累長子。終貧。先給之田。使其趁此未有兒女。及早勤耕。尚易積創。父母愛子之心。無微不至。乃能善體此心。知吾親之所憂。而善解其憂。一一如其心之所願。家貧顯孝子。有子孝而苦境皆甘。昔人有言。不欲家有千金。富願有好子當門戶。斯語嚼之有味。

世榮娶後。塗麗乃召二子曰。今田畝可兄弟平分矣。惟吾二老。餬口無貲。須憑爾兄弟輪次以養。可榮曰。若是則苦弟所難矣。今弟婦初歸。操持未善。世榮尚少筋力猶不如人。且薄產無多。更令彼養親。則加苦矣。不若兒養兩親。兒弟拮据。世榮曰。養兒待老。理固當然。論子弟之分。爹娘皆弟奉養。免勞兄嫂。方盡子弟之道。所以父命不得不遵者。勢迫於貧耳。若偏勞兄嫂。兼養雙親。弟獨夫妻安享。兄盡孝養之情。弟獲不孝之罪。可乎。可榮曰。非兄陷弟不孝。以弟年輕。未諳操作。祇茲薄產自顧維艱。況養親乎。俟數年稍有積蓄。孝養未晚。世榮曰。人子事親。即菽水盡歡。必待積有餘貲。然後盡孝。恐報恩無日矣。兄弟互相辯論不已。其父謂世榮曰。兄既爲爾體恤。汝不須爭。吾兩老就憑爾兄暫養。汝異日稍有寸積。莫負兄嫂之恩。便是孝道。世榮以父母皆不肯從。無奈自耕自養。其妻周氏。遞年即舉一子。時可榮尚未有兒女。一家愛如掌珠。後兩年世榮又生一子。且薄置產業矣。彌月之日。一家盡歡。世榮曰。昔兒曾有言。今弟已積有薄產。爹娘當及弟養。言猶在耳。可無異詞。可榮曰。吾本不敢偏爭。惟弟現雖薄積有貲。又已多添兩口。且弟婦今非昔比。爲兩姪襁負哺養。家務漸繁。一力恐難獨任。須爹娘仍吾奉養。兩得方便。世榮曰。昔人有云。世人不解孝雙親。養子方知父母恩。若待生兒纔盡孝。老親難得百年人。弟今已生兒。猶不養親。究竟報恩於何日。兒知愛我。而我不能愛敬於親。弟亦生子何爲者。可榮曰。弟今三年兩子。將來兒女繁多。家用漸大。趁此尙未長成。宜勉力多積貲產。爲教養計。吾祇夫妻兩口。雙親並養無難。兄福薄。兒女尚帶不來。今弟善養兩姪。使父母膝下歡心。孝道卽在此矣。淦麗夫妻曰。可榮所言。不啻由吾肺腑中出。爾善養兩孫。如養我矣。世榮以父母兄嫂。皆不肯從。逼得如命。後數年。世榮已五男二女。終不得養其親。淦麗夫妻。連年繼逝。皆可榮籌畫以葬。然已盡將田業典揭。而世榮猶未知也。

世有争財争產。兄弟同室操戈。鮮聞争養其親。而弟不肯讓兄。兄終不肯讓弟者。一以孝義爲心。一以孝友爲念。其慇懃懇切。皆根於天性之自然。而愛敬之誠。絕不以貨財妻子之私。分其孝友。於以見仁人孝子之心。皆眞切也。

時可榮已生一女。後兩年復生一子。珍愛如珠。取名綿璣。不意可榮忽病兩月。懨懨不起。世榮衣物典盡。復將田典得十金。密與嫂曰。持此可急為兄調理。勿使兄知。李氏曰。叔素貧。今復累叔苦矣。世榮曰。家庭事皆兄一力支持。今病染沉痾。由平日勤勞過甚。兄能愈。傾產亦所甘心。請勿以此為念。嫂感泣。奈可榮連醫罔效。病日垂危。呼妻及弟並至牀前。執其手而泣曰。半生手足相親。此後恐難相見矣。淚沾衾枕。飲咽難言。世榮亦垂淚曰。哥哥吉人天相請勿憂傷。還須保養爲重可榮曰。死生有命。聽之自天。一死亦何足惜。但今生兄弟。再世難逢。况兄死後。勞弟獨力支持。且家計日繁。淸貧可慮。以後誰復相關痛癢者。世榮一聞此言。肝膽欲碎。恐觸兄悲。乃掩淚低聲曰。兄當自保其身。若更爲弟慮。則倍耗元神。雖服藥何益。可榮曰。光如殘燭。明滅無常。惟吾兒錦幾。尚在襁褓。望吾弟教誨成人。奉吾宗嗣。至女生外向。雖不能常聚家堂。然吾一生祇此　兒一女。猶望善爲保護。俾異日男婚女嫁。幽冥雖隔。吾當含笑於九原矣。世榮曰。哥哥篤愛恩情。今生恨難補報。有不以兄之

子猶子兄之女猶女者豈得爲人乎可榮又喚其妻與女遍囑一回數日而歿

大德之人必得其壽何乃孝友兼盡猶未得享遐齒未嘗不廢書三歎幾疑天道之無憑也雖然今日之孝行可稱而前因限之或命該絕嗣今日有子烏知非以福報歟抑命該夭折今不至於夭烏知非以壽報歟況知生前之死爲可惜而不知死後之報有甚榮天實濯濯有權人但夢夢莫解耳夫顏子淵卜子夏何嘗不死而死爲地下修文郎寇萊公何嘗不死而死爲陰司閻羅王陳希夷先生心相編曰光明正

大雖無子嗣死爲神可知古賢聖未有不死而浩然正氣朗如日星所以名垂萬代祀享千秋歷久彌光者雖死猶生耳人皆貪生而畏死然知畏死而猶不知及早回頭其心眞不可解

可榮死後舉家號泣李氏自其夫兩月臥病以來囊空如洗至是手足無措世榮與妻酌量盡將田園典掲以爲殯葬之費囑妻勿令嫂知免加悲苦葬後李氏日夕淚流世榮多方慰解使其妻每夜與嫂伴宿免使孤另且密囑其妻曰我家窮苦尚可夫妻籌謀嫂則伶落孀居憑何依倚且念兄昔日之愛我不能報之於嫂負嫂

卽負兄矣。負兄卽負父母矣。爾當密察嫂家。凡日用所需。視其家中所無者。必皆說知。俾得隨時供用。不致有缺。李氏得其叔如是慇勤。心亦稍慰。不料南昌郡連年大旱。兩載饑荒。舉目凄凉。哭聲遍地。龔世榮一家九口。百計圖維。稍有所得。猶先分與嫂。一日借得數金。僅糴米二斗。謂其妻曰。饑饉交迫。雖有戚屬。借貸維艱。恐再後所求。難得解囊而與者。此米可卽分半與嫂。恐以後束手無貲。欲相濟而不可得也。周氏時方浣衣。曰。爾盍自送去。我今未暇。何必偏勞我也。世榮曰。我送去。是叔敬嫂。孰若爾以嬸敬姆。則嫂嫂尤爲欣慰。蓋周氏本厚德。而世榮恐嫂疑婦人性多吝惜。故每有所與。必使其妻親力爲之。以慰嫂心。及其妻將米送去。而李氏知世榮艱難。此次偏不肯受。世榮乃夫妻熟商。自後饔飧請嫂姪同膳。免分爨。奈嫂又不肯來。世榮夫妻上前泣曰。時下粒貴如珠。又復一家兩爨。更難支持。故請嫂嫂早晩同餐。俟有秋收。然後分爨。何爲不可。今嫂不肯來。恐或小叔有時得罪。致嫂嫌疑。叔知罪矣。請嫂教訓。話畢。夫妻跪地痛哭。李氏曰。爾哥死後。藉叔周全。九泉有知。應亦冥感。今吾祇一家三口。雖苦猶易度日。而叔衆口嗷嗷。復爲我多添幾箸。苦上加苦矣。然吾若不肯就食。

叔叔又恐我生疑。但求撮米養命爲安。不必爲我加意。世榮見嫂肯來。夫妻乃起。於是每餐雖煮粥爲羹。必請嫂嫂同食。李氏先囑兒女曰。叔家口衆。自顧維艱。又多我母子幾人。不勝苦累。爾每飯必須慳口。讓他兒女飽餐爲是。於是母子每飯不敢多食。惟世榮子女成羣。日日抵餓。食則如羶附蟻。須臾鍋底皆空。李氏子母。有時祇得糜粥一甌。或畧食不飽。李氏食畢歸家。世榮屢將子女責罵。李氏聞之。心倍不安。

雁行折翼。家庭不幸之遭。乃將田典揭。兒得殯葬有貲。已則家計日急。又復連年饑饉。既經苦境。尤加苦境以備嘗。乃境愈逆而行愈敦。力愈窮而心愈篤。難兄難弟。千古其人。

又數月。世榮揭借無門。若行絕路。李氏察覺情形。淸夜自苦。無聊之想。欲將女賣。喚之起。且告之故。曰爾爹已死。惟叔是依。今叔力盡勢窮。吾等亦無所靠。不難一家餓死。欲將爾賣。先使爾投生。又可救活全家。但念爾一旦分別。任人使喚。欲割難離耳。女曰。娘親日日哭泣。兩目幾盲。若將女兒賣往別家。更何人侍奉左右。且一別已難相見。恐將來母親餓死。女亦不知也。言之淚落。其弟錦璣。亦被驚醒。聞之大哭。曰。娘親雖丐食。不可賣我姐姐李氏對着一雙兒女。觸動傷情。一家悲咽。世榮隔壁聞知。先使其妻到門前探聽。得知情由。即敲門入內曰。吾夫妻並無嫌隙。何故將女遠賣。且看他姊妹如許悲苦。不肯分離。伯娘問心何忍。世榮繼至。問知情節。乃曰。我哥臨死。所囑何詞。何忍一旦將女變賣。不知者皆以我為刻薄。至姪女無地自容。叔罪無可逃矣。況我五男二女。尚未肯賣。嫂僅一兒一女。忍發此念。究是何心。賣女以抵飢。何異割肉以為食。食有時而盡。女一賣而難回。雖悔莫追。請嫂細思。世榮夫妻。勸至天明而散。

　慈母一副柔腸。何忍將女兒遠賣。不過窮餓交迫。不忍重累其叔。計極無聊。遂作此無可如何之想耳可見世榮之愛嫂者深。嫂之愛叔愈切。夫饑荒幾載。天地即此磨鍊人心。當此或田地消磨。或家庭變易。世事人心。不知幾翻更易。乃一家親愛。歷生死貧窮災難。而矢志不移。可知皇天不負苦心人。到底自有圖全之策。

李氏聽世榮夫妻慰解。賣女不成。再歷半年。秋收有穫。李氏復求自變。不意李氏之田。其夫生時爲殯葬翁姑。密將按揭。日久未償。子母積欠。債主盡將田產過耕。李氏聞之。放聲大哭。世榮叩知其故。乃跪兄靈前泣曰。兄爲弟不顧田園。弟若不能保全嫂姪。奚以見兄於地下乎。而不知世榮之田。亦爲其兄調醫殯葬。密按與人。都因饑荒連年。虧欠至是。催迫均將田產離與人耕。世榮祇得種菜爲生。以養嫂姪。時若況已更難堪。一夕夢見其兄由林下來。世榮悲喜交集。上前揖曰。以爲兄死。今復生存。一家有幸矣。其兄曰。吾非人。實鬼耳。世榮曰。兄生既爲好人。今既有靈。須當默佑。將日前苦況。遍述。求兄指引通津。兄曰。福由天定。神鬼無權。兄亦何能作主。世榮曰。弟知命薄。福固未可虛邀。然兩家田宅。今已俱爲債主耕管。到底作何事業。日給可以支持。弟已計窮。

求兄指點。兄曰。不須妄求。待梅子岡頭熟。全家食不窮。言罷而去。世榮留挽不及。大呼而醒。方覺是夢。備述妻知。且將兩語反覆沉思。擬以日後或有好處。時當四月黃梅正熟。喜告妻曰。吾得之矣。此離梅子村三十里。莫非今年黃梅當貴。哥哥先來報兆。囑販梅子。藉此可發迹耶。於是借典衣物。得銀兩餘。詰朝到梅子村。盡買梅子以歸。待求昂價。豈知交易者少。迫得賤售之。梅子已完。貲本亦已食盡。更不勝其苦。適梅子村新建東嶽廟。卜八月中秋陞座。是夜鄉人同夢土地陞座。衣冠甚盛。肅整威儀。鄉人就前參拜。因問福神高姓尊名。何處人

氏請道其詳答曰吾乃本郡白雲坡人姓龔名可榮家
上帝殊恩謂生平孝友陞爲東嶽上地之職吾有一妻
一子一女現在家內困苦不堪並有弟名世榮同遭拮
据茲煩列位轉知吾家俾舍弟偕吾妻子到來明此因
果知吾一生孝友勤勉竟邀天眷亦以勉勵於將來也
鄉人醒後各夢均同共詫神靈顯赫有問功名者有問
子息者有問家宅風水者有問父母壽元者有問醫方
治病者種種祈求如響斯應自此遠近傳播香火甚盛
忽有人報知世榮舉家驚喜世榮遂偕嫂姪與妻並自
已一家兒女同赴新廟參拜畢即至上地案前叩拜見

土地神像。果與兄彷彿相似。忽動悲情。一家大哭。鄉人驚問。得知其故。皆愛敬之。即留與其飲。格外慇誠。來進香者。如蜜隊蜂羣。各贈衣衫冠履。且於廟右另闢新廊。延住於此。此時李氏以憂傷之故。兩目昏花。幾不能視。每晨當土地案前叅拜。禱請水以洗眼。未幾復明。年餘。世榮求歸。鄉人苦留。復住半載。遠近發貲者爭先恐後。厚贈以歸。及抵家。見堂構煥然。已非舊時故宅。蓋鄉人將此發貲。已先代爲營宅。且廣購田圖。始悟梅子岡頭熟。全家食不窮之句。却應兆於此。世榮乃爲子姪畢婚娶。廣營生。不十年。積貲十萬。富甲一鄉。居然名家巨宅矣。

從來享非常之福者。必其有非常之德。然可榮兄弟。不過草野農夫耳。乃可榮則慮弟之貧。父母之養一力當之。以愛子之心愛弟。世榮則感兄之義。嫂姪之養。一生任之。推事親之誠以事兄。且貧若俱忘。生死無間。家庭之地。惟知各盡其情。後來之福報如何。初何嘗計及。而卒能享尊榮於身後。施安樂於全家。書曰。皇天無親。惟德是輔。彼謂陰隲無憑者。必其躬行未有實德耳。

宣講博聞錄

第一條上

第一條博聞錄

總論

聖諭廣訓曰。人子欲報親恩於萬一。自當內盡其心。外竭其力。而世之薄於其親者。每諉以貧賤。謂心有餘而力不足。是未盡其心耳。若果愛親。心盡則力無不盡。不論富貴貧賤也。昔漢楊香、年十四。能撲虎以救父。使香斯時自計其力不能敵、則父死於虎。乃香知有親不知有身。眞性發則眞力鋭。置死生於度外。卒保親以免於難。至於飲食供奉之微。與香擒虎較之。其難易孰在。倘謂心有餘而力不足。則天性安在乎。蓋孝子之事親。如忠臣之事君。若家庭安樂。則承歡膝下。人倫樂地。以享天休。倘居貧窮患難。極至萬難措置之時。能歷磨折而不改。當萬苦而不辭。故此心可以感天地格神明。所以孝爲百行之原也。

夫妻賢孝

江蘇省邳縣有孝子陳錫九者。其父名子賢。博學高才。爲都名士。人皆謂翰苑才也。錫九承訓勤敏。文名甚著。鄉鄰咸器重之。且生姿純粹。事父盡孝。父固嚴於訓子。郎訓生徒。尤先品行而後文藝。錫九仰體父心。罔敢背逆。時同鄉有富翁周倫生一女。慕其才華聲望。意將顯達。託媒訂以長女配之。奈子賢才長運短。屢試不第。轉因功課過嚴。生徒日少。家計日絀。功名之念轉灰。適有友官陝西。求偕往游幕。不料一往數年。杳無音信。母子困苦非常。錫九嘗作憶父詩云。望雁無音斷尺書。燕雲

吳樹恨何如夢魂不憚長安遠幾度乘風問起居

昔人云家如夜月團圓少人似秋雲缺處多古今奇才多遭坎坷而庸庸者偏多厚福然不如此不足以見忠臣孝子之用心

錫九正在憂思岳家復屢次逼婚貧無以娶周倫因炎涼之輩欺婿母子孤零遽起絕婚之念謂長女曰汝翁去不歸婿家一寒至此終身焉託女曰女兒雖不讀書頗聞節義忠臣無二主烈女無二夫父旣憂女之身不如全女之節倫曰若是則汝終貧皆汝自愛郎他日嫁奩無長物勿以父爲情薄也女曰好女不論嫁衣裳

聽父所爲何敢竊怨周倫悻悻而出及次女許字王孝廉王少年得志富貴雙全原聘甫故即行續聘儀物豐厚夫馬豪雄倫甚爲歡喜每謂次女有福宜多與粧奩及次女婚期已近連使人催陳家先娶錫九辭以父出未歸周愈怒謂倘不能娶即當退婚免吾女待字無期老守閨閣且爾旣不能娶妻亦勿擱王家娶婦日遣媒妁催逼不休錫九母子束手無貲旦夕倉皇不得已多方借貸訂期迎娶倫見陳家果娶復生忌心即與妻商曰錫九一介寒酸不意其果能娶夫復何術以難之妻巫氏曰不妨但得我女不從則絶婚有詞矣謂女曰汝

妹如此榮華汝嫁此寒儒何以作活不如另選高門免終身一錯莫挽女曰爹娘當日以陳家爲高門今不過偶遭貧困似未可輕蛟龍於淺水夫婚姻大事作合自天退婚不祥女命鄙安敢異志以圖奢望母大怒然知其志不可移及嫁奩物極薄祇荊釵裙布以鄙賤之

婚姻論財夷虜之道既知愛女情深何不厚其資助則女安而婿不至獨苦且婿原好學安知不光及門楣乃夫妻一般鄙劣祇知重富欺貧是眞愚夫愚婦豈知女到陳家奉姑篤孝勉夫苦志讀書已則紡績佐之錫九因娶稱貧困苦更甚周固毫無憐恤且樂得而

甘心焉。未幾。次女亦嫁。奩極豐盛。人竊議其重富欺貧。炎涼太甚。周倫曰。汝等何知。不如此。豈能入富貴家乎。似陳家室大如斗。雖贈以厚奩。亦無地位置耳。聞者皆爲掩耳。一日倫妻巫氏。聞女苦境不堪。究竟愛情難割。使婢隨傭媪以餚餉女。甫入門。陳母詢何來。媪曰。我家老奶奶。使我來看姑娘。餓得若何。蓋媪向體主人之意。故敢以語輕薄。惟女恐姑聞生怒。即强笑以亂其詞。曰行此些須路。便入門呼餓耶。即出饈物、列姑前請先嘗。媪與婢出簷外私語曰。自姑娘入汝陳門。曾有何物饋入。復有何顏面嚼人物。陳母聞之。罵曰。何處奴婦。敢欺老身。前入門當面譏刺。吾已僞爲弗聞。今復敢褻言唾罵。是何體統。女更將媪婢怒罵。適錫九自外歸。詢得其情。益怒曰。吾家貲雖不及汝。主人究竟是詩。書。門。第。豈由爾等任意輕薄。吾母雖貧賤。爾姑娘入門。尙怡氣承顏。以盡媳道。汝不過爲媪婢。是何等人。敢辱吾母。罵畢。夫妻將媪婢逐去。

孝子孝婦。以愛敬爲心。應對則下氣柔聲。侍奉則和顏悅色。猶視於無形。聽於無聲。體親順親。尙恐致一時怫逆。媪婢敢以鄙薄之詞辱其母。推之至孝之情。何能忍受。然婢膝奴顏。惟知趨炎附勢。見人家稍形落寞。輒輕視之。偶拂其意。又從而誹謗之。甚至播弄是非。多生枝節。家庭中禍起蕭牆。多由於婢僕之讒口。

媪婢歸。揑造多詞。致倫大怒。翌日。即使人接女歸。女知父母憤激。婉辭不去。周率男婦十餘人。到門嗔論。如將尋鬬。陳母無奈。勸女歸以免生事。女順姑意。淚流滿面叩別。升輿而去。越數日。復使人來討離書。詈罵多端。且揑毆傷其婢。聲言搆訟。錫九怒曰。知岳家欺吾。卵石不敵。然陵藐太甚。豈眞目無法紀耶。母勸曰。今家計蕭條。貧不敵富。安敢與抗。媳固賢孝。諒始終不肯異志。不如寫離書與他。以免生禍。俟汝父歸來。自有理論。說完淚下。錫九恐母傷懷。立寫數字作離書。擲來人帶去。啞忍吞聲。日望父親音耗而已。後聞人說。鄉鄰有自陝西歸者。錫九郎往探訪。聽說其父子賢。在西安府已死半年矣。母子聞言。痛哭無望。豈知禍不單行。其母復因鬱成病。調醫罔效。不數月。母亦尋卒。錫九創地呼天。幾番昏倒。救而復活。幸鄉族憐其孝。為之極力湊辦喪具。始得完葬。

父母雙亡。妻子離異。一貧如洗。七尺徒存。諺語所謂漏屋更遭連夜雨。破船又遇打頭風。當此錯節盤根。鮮不謂天負好人。而不知玉成孝子老天別具主張。

錫九守制。子然一身。形影相弔。朝夕哭泣。每念母親歸土。惟父親客死他鄉。未能返骨。但不知葬在何方。如何尋覓。繼思誠孝可以格天。彼孟宗哭竹而筍生。王祥卧氷而鯉獲。古人孝德。眞誠自有奇逢。意外轉念海角天涯。苦無盤費。不若沿途丐乞。冀皇天默佑。遂買白布一幅。寫丐食尋親原委。帶些紙筆。以備不時之需。即叩稟宗祖。乞母親陰靈指點。灑淚而往。於是日走長途。夜宿破廟。崎嶇跋涉。艱苦備嘗。計將一年。已近陝西境界。不意錯走亂山中。並無出路。日已昏黑。山雨驟來。趨往石巖。以圖暫避。巖內草深沒脛。覺有一物蠕動股際。敲火照視。得二乳虎其母不知何往也。始意售以作貲計。亦甚得。繼念人有父母之性。物豈無母子之情。又虎常噬人。倘其母歸。豈不是將萬里之軀。白送虎口。猛然一醒。心火如焚。即跟蹌背遯。躑躅荒山。天明始得稍息。將到西安。忽大雪連天。須臾已下數尺。錫九敗絮棉衣。豈能禦冷。急不擇步。旋傾跌於雪窟之中。手足凍僵。懨懨一息。適前村有一長者。因事外出。見雪上羣鴉飛起。中臥一人。即呼人救出。飲以湯酒。方漸甦動。見背上白布所書。知爲孝子。留待雪散。贈以數金而去。

遍歷艱難。備嘗險阻。此心毫不怨悔。方信忠臣孝子。

鉄石心腸。而鬼神呵護之。靈每每逢凶化吉。百行孝爲先。世人視孝字爲平常。而宇宙得忠孝爲梁柱也。乞至西安。徧訪居人。或言數年前有一書生。死於逆旅。葬之東郊。今其塚已没。無從辨識。錫九無策。惟朝乞市廛。暮宿野寺。冀有知者。久之亦無踪迹。竊念日復一日。憑誰指認。何不夜眠叢葬處。精心默禱。或者夢魂來告。亦未可知。此蓋出於無可如何。故作此計。窮力竭之想。一夕祝畢方睡。忽遇數人横阻於路。喝取飯錢。錫九告以丐食尋親。從未赊欠。衆怒。共捽之仆地。以敗絮塞其口。聲氣欲絶。衆忽驚曰。官府來矣。閧然四散。俄聞車馬至前。喝問臥者何人。即有數人扶至車下。車中人曰。吁是吾兒也。孽鬼何放肆乃爾。可恐傳來。勿使漏脫。錫九覺有人去其塞口之絮。舉頭細認。眞其父也。大哭曰。我爲父骨良苦。今父親尙在人間耶。子賢曰。我非人。乃下界太行總管也。來此巡查鬼道。適遇吾兒。錫九哭益哀。父慰諭之。錫九泣述岳家離婚。母親抑鬱。繼逝言之哽咽。父曰。無憂。我自有理會。母念汝。切可往見之。遂與同車。疾馳如風雨。移時至一官署。下車入重門。則母在焉。錫九跪地抱母泣。曰。兒今得侍父母。不願歸矣。母曰。千辛萬苦而來。爲父骨耳。汝不歸。何能返父骨。且汝孝行已達天庭。賜汝黃金萬兩。夫妻安享不盡。胡不歸。父屢催起程。錫九哭至失聲。父怒曰。汝不歸來何爲也。錫九收聲。詢父葬所。父挽其手。至叢葬處。百餘步。有子母白榆樹。指之曰。掘此樹下可見。復挽之回署。有一僕拖馬待之。未別。母卽令上馬。復囑曰。汝回原處。卽有盤費可速治裝歸家。向岳索婦。僕扶下而醒。却是一夢。坐以待旦。忽覺股下有一物。如拳大。摸覩之。乃白金一錠。卽尋雙榆樹下。見斷碑半段。細辨無差。掘取父骨。布裹之而歸。

人有善願。天必從之。矧誠孝如錫九哉。勸孝文云。天地是孝經結成。日月是孝光發亮。又忠孝誥云。無不忠孝之神仙。無不忠孝之佛祖。是知忠孝之道。通於神明。孝經非虛言矣。錫九孝達天庭。賜金萬兩。是知行孝之日。即為受福之時。

葬父後。家徒四壁。衣食不敷。鄰里憐其孝。時周恤之。得無飢餓。初錫九之母死。意其事孝。必來奔喪。久之不來。知必為岳家禁止。時方倉皇失措。置之不論。忽憶父夢中之語。即欲往岳家索婦。有族兄陳十九。負不平願與偕往。入門。閽人阻之。十九善武。亦善辯。然素無賴。入門。以惡言臭罵。暴跳如雷。聲聞里巷。觀者塞戶。周倫畏其兒勸錫九歸願卽送女去○先是女之歸也○倫對之罵婿及母○女不語○但向壁涕零○陳母死○亦不使聞○得離書擲向女曰○陳家出汝矣○女曰○我不曾忤逆○出我何爲○欲歸質其故○又嚴閉之○後錫九往問安○又謂婿死○以絕女志○此事一傳○遂有杜中翰來議婚○竟許之○婚期迫近○女已先知○早數日絕粒不食○以被韜面○氣如遊絲○倫正無所爲計○忽聞錫九復至○發言不遜○倫意女必死○遂舁囘陳家○意待女死以圖洩恨○錫九歸○而送女者已至○猶恐錫九見病不納○甫入門○委之而去○鄰里代憂○共謀舁還○錫九不聽○置榻上○未幾氣絕○周氏聞之○猝兄弟持械入

捏其迫女致命。錫九逃匿不與辨。周苦搜之。鄉人共爲不平。十九糾十餘人銳身擊之。周氏兄弟皆被傷。始鼠竄而去。周益怒。訟於官。復賄差。即捕錫九十九等。錫九將行。以屍屬鄰嫗照應。意暫躲匿。忽聞榻上太息。就視之。女睛忽動。移時已能轉側。大喜。詣官自陳始末。宰怒周誣告。律應反坐。周懼。託王孝廉以金賂。始獲免。聞者皆快心。

會做快活人。凡事莫生事。會做快活人。省事莫惹事。

周倫幸而富厚。安享優游。何等安樂。祇爲嫌貧一念。生出無限憂愁。被打受傷。告官耗費。皆是自尋煩惱。

豈知害人害己。理所必然。抑亦枉作小人耳。

錫九歸。夫妻相見。悲喜交集。問妻原委。女歷訴絶粒奄卧。自分必死。忽有人捉起曰。我陳家人也。速從余去。夫妻可以相見。不然無及。不覺自己出門。兩人扶登肩輿。頃刻至家。恍如一夢。相與驚喜。由此夫妻相聚。但朝夕苦無以給。錫九遂於村中設童蒙帳。兼自攻苦。每私語妻曰。父言天賜黄金。今四壁空空。未曉何時發蹟。一日。自塾中歸。遇二人。問曰。君陳錫九耶。錫九應諾。二人卽出鉄索繫之。錫九不知其故。鄉人畢集。詰其情。始知羣盜所牽。衆憐其寃。醵錢賂役。以是途中得無苦。至郡見太守歷述家世。太守愕然。曰。此名士子。溫文爾雅。何屑爲盜。命脫索。令與衆人旁立。提盜至。謂之曰。汝供陳錫九。並無其人。汝曾認識否。盜言夥黨安有不識。太守問旁立數人。汝可認識否。盜言不識。太守怒。拍案嚴鞫之。盜始供爲周倫賄囑。太守詢錫九。汝與周倫何仇。錫九歷訴前由。太守益怒。立發差拘周。役去後。即延錫九至後堂。與論世好。蓋太守之父。曾爲郡邑宰。太守少年從父官邳時。曾受業於子賢先生。今見錫九。歷訴前後事。太守深嘉其孝。贈數百金。又以騾馬二匹代步。使常往論文。轉於各上官游揚其孝。自總制以下。皆有餽遺。錫九裘馬而歸。
格言云。暗箭射人者人不能防。天必還之以明箭。而
愈不能防。周倫前害婿。破去錢財。自應息念。又屬盜
以陷之。可謂心狠手辣矣。而不知小人之禍君子。正
以福君子。人雖巧於機謀。天更巧於報應。不然。太守
縱多情。亦何由庇及寒士哉。昔人有詩云。暗中自有
牽絲者。笑我徒爲傀儡人。洵不誣也。
周氏自夫到郡。泣不能食。正欲求神保結。忽見夫歸。喜
氣滿容。且得多金騾馬。錫九縷陳其故。夫妻欣慰。一日。
女母哭至。見女伏地不起。女駭問之。始知周倫以買盜

揑艮事發。被官捉去監之獄。將以議抵。女大哭。謂父既有財。何不命王孝廉行賄。安用求人。母哭自咎。女不得已。求婿詣郡救之。錫九大言曰。寒士被人欺。烏能救人。女哭哀甚。錫九無奈。從之往謁太守。備言翁雖不仁。婿不可以不義。求恕其罪。太守釋令自贖。罰穀一百石。批賜其女。及婿周貝遵歸。出倉穀雜糠粃而輦運之。錫九謂女曰。汝父以小人之心度君子。烏知我必受之而雜糠粃耶。固笑却之。

周倫平日安居廣廈。豈料困於監牢。幸得女念天倫。婿忘舊惡。不然。幾召殺身之禍。罰穀而雜以糠粃。究竟是陰惡小人現出本來面目。錫九雖小康，而垣牆陋敝。一夜羣盜入室，爲僕所覺，大號，祇竊兩騾而去。後半年餘，錫九方夜讀未輟，聞擊門聲。問之寂然。呼僕起共視之，門啟而兩騾躍入，則向所亡也。直奔櫪下，咻咻汗喘，各負革囊。解視則黃金盈盈。大異，不知所來。時適地方不靖，綠林之輩嘯聚猖狂。聞是夜大寇遠刼數家，周倫家更遭摟掠，盈裝而逸。防兵追急，寇騎騾捆載而走。寇跌皆被傷，騾認路跑歸故主，遂得歸也。錫九由是致富。周倫自獄放歸，又遭盜刼，惱病而卒。女夜夢其父披帶枷鎖而至，曰：吾生平所爲悔之無及。今遭冥譴。非汝家翁莫能解脫。爲我代求賢婿致書一函。求伊父恕宥。向太行焚之方可免罪。女醒泣告夫。錫九又欲一詣太行。冀有所夢。即具牲醴往酹祝之。夜露宿其處。終夜無所見。遂歸。自周死後。妻子漸貧仰給於次婿王孝廉。王補縣尹。以賍敗。舉家徙瀋陽。益無所歸。錫九時顧恤之。後錫九夫妻皆享高齡。兒孫林立。有出仕爲顯官者。

觀此而知禍福無門。惟人自召。善惡之報。如影隨形。子賢先生。以操守自高。品節自重。素行可合於神明。故生爲名師。歿作名神。錫九丐食尋親。妻能以死守節。千磨百折，卒享豐亨。惟周倫爲富不仁，致生被官刑死，遭冥罰。可見善者光昭於日月，惡者自陷於泥塗。由夫人之自取耳。

宣講博聞録　第一條上　三

博聞一集下

聖諭第一條下敦孝弟以重人倫

宣講博聞録　第一集下　一

傳聞錄第一條下

總論

天地之大。人猶有憾。人謂設官而無補於國。是天地間一大缺憾。吾謂養子而無益於父母。娶媳而無益於翁姑。更是天地間一大缺憾。其所以有缺憾者。皆未之思耳。

廣訓曰。人不知孝父母。獨不思父母愛子之心乎。人能思我身從何而來。自孩提以至成立。父母之辛苦劬勞。屈指可數。就是竭誠奉養。尚難比當日撫育之恩。而況漫不加意耶。夫樹欲靜而風不息。子欲養而親不在因循忽略以爲親年猶有待也一旦無常則抱恨終天粉身莫贖矣故孝思不匱及時爲貴但能盡一日之孝亦得一日之功積無量之功便獲無量之福詩曰萬般勞瘁有時休育子辛勤無盡頭能體親心行孝道彼蒼必定遂君求求名得名求利得利求壽得壽求子得子卽至出人意料之外者無不所求如願夜行萬里一事可取證矣

夜行萬里

洪武丁卯。山西解州鹽池縣下馮村。有于保者。家寒微。性純厚。以賣菜爲生。事親極孝。父母俱嗜酒。每賣菜歸。必沽酒以奉。有新出時物。亦必買奉親。嘗不計價之昂也。已體無完衣。而親所用之物。莫不常給。恆自誦曰。莫道形容似去年。今年親鬢已斑然。御愁前面無多路。及早承歡向膝前。里中有不孝者。其父母竊嘆且泣曰。何不看于保。其令人欽慕如此。

孝經曰。不愛其親而愛他人者。謂之悖德。不敬其親而敬他人者。謂之悖禮。敬與愛。孝行全矣。夫敬愛在於日常奉養之間。爲子當竭力營辦。務以悅親爲事。不可計家道之有無。然又須使其不知。奉養之勞苦。庶幾飲食得以心安。若于保者。無忝子職矣。

年二十一。始娶妻汪氏。性極柔順。凡女四書。女兒經。皆習熟。身體力行。眞淑女也。于歸後。朝夕服勞奉養。事雖小。無不留心體察。保之父好飯輭。而母則好爽。茶粥羹湯。父好熱。而母則好冷。汪氏各適其宜。未嘗一日。逢其怒也。至服用之整備。鞋履之乾溼。牀帳被席之光潔。與凡一切所用之物。安置有常處。不敢妄移。誠恐遺失毀壞。致傷年老之心。夫勤婦順。一室太和。雙親安享清福。

有富貴人所不及者、晚景優游、天堂樂事矣。王者合萬國之歡心、以事其先王。庶民亦當合一家之歡心、以事其父母。

不知天有不測之風雲、人有旦夕之禍福。時鄰有故家子商姓者、父歿母存、財頗饒裕、因不愼交游、常與一班歹友來往於花柳場中、歷數年、家資蕩盡、母與妻哭諫、置若罔聞。保見之怒、每謂其人面獸心也。後商某狎妓染毒、歸臭爛不可當、母與妻遷居避之。妻每送飯來、一手掩口鼻、一手執竹籃、遙遞與之、卽走避。晝夜呼號、求死不得。

不知保重自取其殃詩曰有種青樓妓女倚門百媚妖邪須知君子愛身家執玉一般恐怕彼自落花無主我終白璧蒙瑕破傷財物誤生涯染毒羅災禍大商一日忿甚俟妻送飯執毆幾死保聞之招其母來勸商並毆其母保大不平操棒擊之不知商已有病在先毆妻時又動怒加病保錯手擊中患處遂倒地而死商母轉怒爲悲保亦錯愕驚惶悔恨無及急走歸父母聞其子之招禍也捶胸憤怒汪氏失色自午至暮父母臥不起悲泣不食保跪牀前低頭哭亦不敢起汪氏無奈何亦同跪一處母見媳如此命二人起身然兩老喘喘

然擔憂終夕。不能成寐。汪氏入房亦規責保。保只低頭無語。坐以待旦。比及天明。商母聽人攛唆。稟官告保故殺。官簽差到保家鎖保去。鄰里勢如亂絲。保之父母哭追不及。隨入衙。被守門人逐出。勉強歸家。悲哭欲死。賴汪氏曲爲慰解。始進飲食。而汪氏不知流了多少淚痕矣。鄰里咸憐之。本鄉有一馮長者。倡言於衆曰。于保夫妻。純孝人所共知。今因義憤遭禍。我輩不代爲解救。何以勸善。商某如此忤逆。宜犯天誅。于保代天行道耳。諸君具有天良。豈容袖手旁觀。然救脫之計將何如。衆曰。何不聯名公保。馮曰。命案奚可亂保。但訴明商某如何忤逆。于保夫妻如何孝順。保見商某當堂毆母。一時激於義憤。錯手致命。與尋常人命不同。況亂臣賊子。人人得而誅之。或可格外恩釋。凡有名字者。老幼男女皆赴公堂。長跪以請。必得恩釋而後起。倘執法不肯從寬。我輩擡舁具被鋪入衙。朝夕叩懇。如申包胥之哭秦庭。務求事濟。一則見我等公義。一則可以勸後來之行孝者。公等萬勿畏避。是時一倡百和。馮長者作起一禀。率衆呈遞。

或問於葛繁曰。救人而財不能就。奈何。曰。救人不徒在財。如鄉里中有善人君子。被人連累。我表白其冤。

枉或身遭時困我能出口出力代救其危解釋紛爭保全良善以一倡衆皆是大功馮長者其有見於此乎

于保父母感衆人義舉亦命媳同往哭求衙內科役吏見百十人齊到公堂互相驚異急問故衆具白其事房差等見衆公憤不敢需索遂入白縣宰宰亦驚刻即升堂傳于保父母並許三五公正紳耆入堂問話其餘祗在儀門外候批不許喧嘩馮長者遂同數人入內跪稟官覽稟後逐一詳問衆逐一詳答保父母跪在階下亦哭訴實情官安慰之並贊衆人數語命暫歸家容細查

寬辦。而衆人欲即時放出于保同歸。官曰。事關人命。斷難苟且。情法兩字。不可偏廢。徇情壞法。不特本縣嚴參。即爾等亦有不便之處。爾等無多言。吾自有善法。斷不令好人屈死也。各人倘懇再三。都無如何。乃同保父母及汪氏歸家。靜探消息。縣官連訪數天。確知商某忤逆。死有餘辜。于保夫妻賢孝素著。且確是誤傷致命。幸原告商母。又迫於衆人義憤。不敢催呈。縣官乃據實善詳。求恩開釋。詎上司援例甚嚴。謂即非故意。亦按滅等充軍之罪。庶於情法兩得。縣官無奈何。照上司所擬批出。馮長者與衆人聞此消息。再呈公禀。縣官命往上司呈遞。衆人雖心仗義。未必盡如馮長者之懇切。終是畏首畏尾。故呈遞上司之禀不行。而于保充軍之案定矣。汪氏與翁姑。愁苦萬狀。靜候充發日期。縣官於起發時傳于保上堂。誡之曰。查得爾平日。雖肩挑貿易。孝行堪嘉。但質美而未學。故有此一翻刑辱。夫莫大之禍。皆起於一時之忿。若不謹慎。以危父母。是大不孝。孝經云。事親者居上不驕。爲下不亂。在醜不爭。居上而驕則亡。爲下而亂則刑。在醜而爭則兵。三者不除。雖日用三牲之養。猶爲不孝也。故人子欲得父母歡心。不徒在衣食奉養間也。惟恃守善心。循行天理。以慰父母。纔算得眞孝子爾今日招此大禍令父母驚心破膽廢寢忘餐即平日奉養服勞之功不能補此一過本縣感爾鄉人之義詳文格外代爾周旋故減等從充軍之律不然殺人塡命法所難逃今日是起解之期充發海南猶幸該處水土甚善不致傷生且爾能孝感鄉人豈不能孝感天地今雖離鄉別井或遇恩赦得歸亦未可定也于保哭曰小人未嘗讀書不明道理若早聽太爺金玉良言不致有此今已悔無及矣惟望太爺恩上加恩命解差帶小人回家得再見白髮一面囑付吾妻一言俾善事雙親然後起行則闔家沾恩靡既官曰此乃律例所禁念汝

孝行。姑準汝回家。一時切勿過於逗留。致干罪責。官乃將起解文書並路費交與解差。囑途中小心。善待孝子。勿難爲等語。于保叩謝出。想起父母無人事奉。不覺大哭起來。回到鄉中。男女老幼聚觀者皆泣下。及至家。父母一見。抱頭大哭。暈倒在地。于保哭跪地中。與妻同扶雙親安坐椅上。敬求父母責示。父母不出一言。二解差催速起程。汪氏出對差哭曰。遙遙萬里。父母妻子今日生離。即同死別。求恩與停待片時。待奴辦些酒飯與夫餞行。此是貴差莫大陰功。門外鄰里人等亦同聲齊懇。汪氏乃託人代辦酒飯。自己在家檢點行裝。正是流淚眼覰流淚眼。斷腸人對斷腸人。父母夫妻都是喉嚨哽咽莫能出聲。馮長者曰。有甚麽離情之話。早說多幾句。二差不能久待也。于翁曰。不肖子辱身及親。到此地位。我兩老祇有飲泣度日。殘命諒不久居人世。可憐賢媳婦年少無依。舉目凄涼。韶光怎過。但此事始終皆賴馮長者保全。趁此合家叩頭。以酬大德。乃率妻及子媳向馮長者叩拜。馮長者忙扶起。善言安慰。一翻酒飯已備。衆人皆退。馮長者又倡首科錢。俾資路費。汪氏擺設酒飯。扶翁姑居中。與于保侍坐兩旁。保囑妻曰。女子適人。原欲仰望終身。今我于保爲人不平。誤傷人命。身充海南想起堂上白髮老親憂懷莫解如風前之燭能有幾時既無兄弟相扶又值貧寒坐困欲不往則法難曲宥既承命則愁苦叢生往日則妻望我以終身今日則我藉妻而寄託服勞奉養之事專賴賢妻倘不幸遭大故還望殯葬無虧善存終始千斤擔重卿自承當保不能報於今生當必報於來世叮嚀致託卿其念之哭畢汪氏提杯先敬翁姑後再斟一杯向夫泣曰君囑託之言妾當牢記但君行色悤悤無以爲情敬奉一杯妾有幾句不盡之言君須切記奴入門未幾致夫慘遭寃抑諒奴命薄夫復何言但邊地多瘴氣君宜小心謹慎倘水

士有不利之處尤要保養調和起程之後宜寬懷過日切勿因愁致病累成不測奴想人遭困頓命裏安排縱怨天尤人終歸無益况吉人天相暫別何愁至若二老及一切家事有奴支持奴雖年輕幸無掛慮惟願早離苦海俾得歸家則白髮高堂庶慰倚門之望矣言罷二差頻催保跪辭父母涕泣而別馮長者將衆人所科之錢置于保囊中保向衆叩頭致謝而去別後汪氏事奉翁姑曲盡孝道可憐十餘歲的女子日間採柴刈草晚上績麻紡線或與人縫衣做鞋不惟使翁姑衣食不缺且人情物理務致周全每下米做飯時先撿起一撮至

朔望拿來換錢買香燭祈禱武帝廟願夫早赦得還禀
云信香一粒米客路萬里山一香一滴淚流恨入蕭關
到第八年馮長者之子馮暄連捷進士馮合家隨住於
京師
種蘭得香種粟得糧因人善惡降福降殃馮暄連捷
　南宮乃爻平日種福所致
是年解州大旱米價昂貴翁姑日用不敷汪氏遂將奩
具衣服首飾盡行當賣以資用度毫無怨心翁姑見之
不忍相與商量對汪氏曰兒又不同媳婦的嫁奩都賣
完矣想我二老終久不免一死不如媳婦另行改嫁尋

條生路。勝過大家同死也。此行權之義。媳婦其熟思焉。汪氏聽之。淚如雨下。低聲道。古云。養兒待老。積穀防饑。兒子不在家。媳婦就是兒子一般。況忠臣不事二主。烈女不嫁二夫。若當此饑荒之時。拋卻翁姑。另嫁他人。所謂孝者安在。節者安在。今又不知夫君生死存亡。若是在生。異日歸家。聞我改嫁。翁姑饑死。丈夫豈肯與我甘休。若是死了。他在陰間。也是不容我獨生的。縱丈夫容我。天地鬼神。又豈肯相容。生必遭五雷之誅。死必受三塗之苦。我想水性楊花的賤婦。貽萬世臭名。媳婦斷不肯爲。請翁姑各自保重。不必替媳婦耽心。縱到山窮水盡萬難措手之時。與翁姑同死一路。勝過不孝失節多矣。翁姑聽得汪氏一翻言詞。諒得暗託親戚。從中婉諭。而汪氏心如鐵石。堅執不從。汪氏又素知文墨。閒中作就一莫惱詞。日夕吟詠。自慰自解。詞云。莫要惱。莫要惱。煩惱之人容易老。世間萬事怎能全。可歎癡人愁不了。任爾富貴與王侯。年年處處埋芳草。放著快活不會享。何苦自己尋煩惱。莫要惱。莫要惱。明日陰晴實難保。雙親膝下具承歡。一家大小要和好。粗布衣。菜飯飽。這箇快活那裏討。榮華富貴眼前花。何苦自己尋煩惱。大凡處順不可喜。喜心一生。驕侈從此而起。處逆不可厭厭心一生怨尤從此而起動心忍性四字必耐久而後能安故格言云困苦而憂憂更苦處貧而樂樂忘憂程子云人當困窮抑鬱之時便要向順處安心汪氏誠有見於此乎

又說于保至海南日夕思親更兼水土不服未半月即得一病哭呼父母不置總戎憐其孝調治之釋其脚鐐使之牧羊如是八載一日上山牧羊見海浪層層雲烟拖地雪山疊疊霧漲迷空遠望慈闈五內欲裂自顧一身頭黃脚瘇日守羣羊夜眠草地使雙親見之不知怎樣傷心也尤可痛者高堂垂老生死未知妻室年輕去

留莫卜若莫苦於生離傷莫傷於遠別念昔日瞻依膝下夫婦承歡恍如隔世不覺痛哭欲絕昏迷倒地時日已西沉關聖帝君忽現金身呼曰于保休在夢中保驚醒見一人赤面長鬚跨駿馬立于其上保不知是何官長泣跪馬前祇是叩頭帝君曰汝思家否保泣應曰民陷此地已有八年父母未知存亡妻室未知留去焉得不思但路隔萬里如何得回帝曰我亦解州人也今將西歸帶爾一同回去何如保曰法律森嚴我若逃走異日拏獲罪在不赦將如之何帝曰隨我回去諒亦無妨于保思親念切遂不顧利害曰我願隨行帝曰我馬奔

馳甚快。爾可同坐馬上。雙手攏住馬韁。緊閉雙目。自易回家。保從之。祗見那馬騰空而起。疾行如飛。恍惚間祗聽風聲響亮。驚喜交集。不敢鬆手。俄頃聞帝曰。至矣。忽然人馬俱渺。保墜於下馮村東隴田中。驚疑定。望空叩謝。

左傳曰。神所憑依。將在德矣。書曰。惟德動天。無遠弗屆。

時天色微明。見田中有人。問曰。貴處是何地名。耕者曰。解州下馮村也。保驚訝曰。萬里程途。何一夜就能至此。遂望家尋路而歸。過關帝廟前。見一女子自廟出。倘帶淚痕。保認不眞。問曰。大嫂。此處有一于保。他的父母。今還在否。那女子見是異鄉人的聲口。不敢答應。問之再三。強應曰在。保遂急趨。行至門前。見二老在大門外石上坐。髮白如霜。于保心如箭穿。扯著二老的手。雙膝跪下。哭曰。父親母親。爾兒回來了。二老曰。爾是何處狂徒。敢來冐充吾兒。保曰。孩兒眞是于保。二老拭目細看。認得果是。不覺同聲大哭。于翁曰。兒出門已經八載。音書絕渺。形影空思。吾以汝爲死矣。豈期今日相逢。然兒罪未脫。何以得歸。言未竟。汪氏亦至。見翁姑扯住一人痛哭。郎上前忙問。姑曰。此郎我兒于保也。汝尚認得否。汪氏驚疑。以爲夢裏相逢。保揖曰鄙人于保在此。汪曰是耶非耶。何其忽然至此耶。皆哭不成聲。二老與鄰佑人等羣相歡勸。於是入內庭敘談衷曲。交稱汪氏節孝賢良。細陳始末。保曰孩兒不肖。累及雙親。今賴賢妻周全。時窮節見。雖古之烈女不是過也。遂收淚備述其異。相與破涕爲笑。同往關帝廟謝恩。從此復敘天倫之樂矣。書曰。惟天無親。克敬惟親。鬼神無常享。享於克誠。人果能誠孝力善。自感格於神明。無論何樣人。皆蒙庥報。

于保問及馮長者。于翁曰。其子已登進士。隨京就養。想

天代我報之矣汪氏曰夫歸係神遣官詣官稟明方免
逃軍之罪保卽稟官官不信命書吏記其事存案復羈
留保二老又生憂慮汪氏獨坦然若無事者再說海南
營官不見于保行文到解州查辦官見日期相符方信
帝君顯聖詳載囘文請人奏赦于保之罪
人體天必天從人願一誠默感故也
上宮詳刑部轉奏時馮暄爲刑部郎中充額外司員見
山西提奏于保一摺遂將于保夫妻平日孝行向堂官
詳說顚末堂官據實具奏時洪武開國十餘年正在以
孝治天下覽奏大加欣奬欽賜于保監生命該省巡撫

召于保晉京引見部文到日解州知州同鹽池縣奉撫憲傾文親到于保家鄉人驚歎羨慕不絕于口于翁喜出望外攜保跪接州縣州縣亦跪叩答禮具陳主上欣慕召見之意刻即勸駕爲晉京于翁曰恐村野鄙夫失儀見責州縣力代擔承帶謁巡撫護送晉京到禮部即晚學習朝儀面聖蒙恩欽賜內閣中書黃金二百兩以助養親之用同省京官爭來拜賀以得一識面爲榮

世有遠游而謀利出外而求名子自問非不肖在父母非不願也然而不能服勞奉養甚而病不能事終不能送名利之得失未可知罔極之劬勞無可補矣

何如家庭盡道名不求而自來利不求而自得視世之爭名奪利棄親不顧者賢否何如哉

及辭朝還鄉饋贐良厚路旁觀者交相指曰此孝子官也於是內閣于保名震一時父母拜謝皇恩所賜黃金捐出一半重新關帝廟聞商母一貧如洗別無倚賴留養終身如此厚德更人所難于保父母優養數年而終汪氏生二子以書香世其家夫妻并享高壽汪氏沒崇祀節孝祠云

一夜行萬里事屬創聞然誠孝所通人心即天心也汪氏平日賢孝取信於人厥後困苦備嘗又能

如此盡心竭力鄉人無一不望于保早赦還家俾汪氏得以安樂一時者而謂鬼神竟無矜憐乎卽于保初犯罪時聯禀呈堂一倡百和馮長者非有私於于保也亦以平昔孝行取信於人故患難當前自動旁觀之義氣能感格於人自可感格於天矣否則如商某者人所共憎天卽棄絕奉勸爲子者當學于保之孝義爲婦者當學汪氏之賢良縱使艱苦一時終必福貽數世孝敎一室名播千秋詩曰能體親心行孝道彼蒼必定遂君求故人想爲天下第一等人作天下第一等事享天下第一

等福。務須於

聖諭第一條處著力用功。

宣講博聞錄　第一條下　三十

博聞錄第一條下

總論

古詩云同氣連枝各自榮些須言語莫傷情一回相見一回老能得幾時爲弟兄又曰兄弟同居忍便安莫因毫末起爭端眼前生子又兄弟留與兒孫作樣看見得兄弟與己分形同氣皆爲父母所出猶樹之連枝如水之同源何等親切迨至枝上開枝派中衍派仍同一樣天然發出非由人事强爲試觀田氏分財荆花忽萎分而復合荆樹重生同根之氣原本相連未有盡伐旁枝而孤枝能成

美蔭者。何如衆枝競秀。花蕚相輝。將來嫩葉生上之時。又覩棠棣齊榮之樂。豈不休哉。於木亦然。至若手足骨肉之情。而忍以言語錢財。輒成爭訟者。眞草木之不如矣。

孝友格親

巴州王燦章三歲喪母父續娶後母李氏生弟煥章父歿後家頗裕李氏心偏欲將產業全歸己子由是百般磨折意燦章受苦不過必尋短見燦章知後母之意便欲自盡如晉太子申生之愚孝以曲慰後母之心轉思人子事親小杖則受大杖則逃我雖視死如歸但以家財之故逼死前兒後母不得無罪恐己死貽母以殺子之惡名大爲不孝是以李氏打駡他欣然領受從無頂撞一言幸弟煥章敬愛性成曲諫其母不聽反遭挫辱煥知母意不可轉惟有暗代兄勞每事迴護而已

家產豐饒。二子皆知孝順。爲母者優游安享。不啻天人。而乃偏執私見。自尋煩惱。雖前兒順受。自己也要費氣傷神。己子則如玉如金。前子則如泥如草。試問易地而處。人將己子作賤。九泉之下。能否甘心乎。

李氏見磨折燦章不死。另生一計。欲以酖酒毒之。煥章知之。走告燦章。燦章曰。我自有主意。因詐病嘔吐。李氏假作厚意。謂必感冒風寒。飲酒可愈。燦章曰。甚好。我試飲之。嚇得煥章心頭亂跳。急[illegible]附兄曰。嘔吐之症。未聞飲酒可痊。恐添病體。切不可飲。燦章曰。母命不妨。姑試。遂拿酒在手。又大作嘔吐。錯手傾酒於地。李氏大罵賤骨頭的東西。如此好酒。傾瀉可惜。燦章詐爲不聞。假作神倦而睡。

恃我强而陵彼弱。理恐非宜。食彼肉而益己身。心將安忍。禽獸尚當戒殺。况母子乎。而忍以錢財細故。毒殺孝子。此等婦人。眞同豺虎。

燦章左思右想。知李氏必欲殺己命而後已。與其終日提防。不如遠避他方。又恐弟不知已去處。致令找尋。因寫下一書。割破指頭。點些指血在上。收拾行李。悄悄開門而去。次早李氏起來。仍拿酒在手。假意憐惜。冀强飲以如願。詎尋至牀上。人已杳然。見桌上有書。又不識字。

卽尋煥章。令其細讀。煥章執書將拆。李氏罵曰。他今逃去。不顧娘親。將來必不准其回家。此書想是滿紙怨罵。我執此書便可以出其不孝矣。

並無得罪。不是寃仇。何故害之爲快。狠毒婦人。心如蛇蝎。燦章不走。豈能逃其毒手哉。世上亦有等賢婦。待前兒而加厚。視妾子若親生。眞令人聞風起敬。

煥章見書。泣下。知母逼走。大兄只得開書細讀。書云。不孝兒燦章泣淚叩禀。兒不幸嬰年失恃。幸蒙娘親垂慈撫育。以至成人。因兒不才。未能先意承志。致母譴責。不肖之人。理當服毒而死。李氏聽到此處。卽罵曰。誰人毒他捏母臭名罪將焉逭煥章柔聲曰母親未嘗折磨哥哥爲何體瘦面黃挑水擔榖不准他人替代未有毒害那瓶是甚麽的酒李氏曰我見他身子孱弱買些補氣血之酒以補之何有別意煥章曰既是補氣血酒待兒飲之也得補益言罷即欲取飲嚇得李氏面如土色忙曰孩血氣當旺豈宜飲此趕上將酒壺打潑煥章哭曰母親母親人之富貴貧賤皆由命定兒命該發財母親無半點田地也會白手興家兒命該貧窮即萬貫家財終須享受不起古語云與兒孫積不義之財即爲子孫留不測之禍無義錢財湯潑雪謀人田地水堆沙母親

欲兒全占哥哥産業。天地祖宗。豈肯容我。將來報應甚速。害人終害己。那時悔之晚矣。哭得傷心。李氏乃無言可答。似有愧悔。

燦章書內。開首數句。並無怨言。深得父母惡之。勞而不怨的道理。煥章截哭截言。固由敬愛之心而發。亦親之過大。不得不怨。幾諫之道。至誠易動也。

煥章再讀兒書云。兒聞爲子死孝。豈敢惜命。但念生母無後。祖德未揚。且貽累娘親以惡名。是以裝病傾酒。欺詐無狀。李氏曰。他今不打自招。詐病等情。尙說誠恐貽累於我。他有他死。於我何干。煥章曰。哥哥不服毒酒。非是怕死他怕公論難誣謂逼死前兒告到官司連累母親又使外人道母親不賢母親百般磨折哥哥哥哥尚這般憐念母親哥哥百般孝順母親何不憐惜一點幸喜得哥哥會想若不會想一旦服毒而死禍無了日矣哭罷再讀書云兒欲明言將田地總讓弟管又恐娘親不信兒志迫得逃往雲南學伯夷讓國餓死甘心李氏曰學甚麽伯夷煥章接口曰伯夷乃孤竹君之長子三子名叔齊孤竹君一心傳位叔齊叔齊以天倫爲重應讓兄長伯夷以父命爲尊欲順父志不得已逃往首陽山叔齊知之亦不肯登位也亦逃去兄弟遜讓餓死不

悔哥哥今日善體母心與伯夷讓國無異眞孝子賢兄也難道煥章就學不得叔齊麼說完卽向母作了一揖曰兒亦要往雲南從哥哥去了李氏慌忙扯住曰我今知汝哥哥好處且再讀我不將他難爲便了

古人之好處妙在能使後人取法今燦章之孝固不待言煥章之弟更屬難得難兄難弟古今人何嘗不相及哉

煥章見母親心腸將轉再讀下云父親與兒聘定周氏今已二十一歲兒此去生死未可知恐誤他終身今寫了退書望娘親交還周家煥章弟年已長成當早爲定

娶以廣嗣續。讀至此。煥章涕淚交流。說母親爲兒產業。使哥哥夫妻分散。兒若娶妻。焉能對得哥哥。今後再不要提起與兒娶妻之話。又讀至父親生母墳堂傾塌。務望賢弟加修。父親在日。常以功名爲重。吾弟當努力善承先志。封誥母親。兄今已矣。一髮千鈞。千祈保重。煥章哭曰。有兄有弟。拜掃先塋。何等欣幸。學問互相長益。善惡交相規勸。今哥哥遠去。剩我單手獨拳。祖父山墳將來難保矣。李氏曰。有用之田地。汝不曉要。無用之山墳。憂他甚麼。煥章曰。比如母親百年之後。亦有山墳。當他是有用。還是無用。試問子孫衆多。鳴鑼放炮。春秋拜掃

爲好抑或單門絕戶墳傾地陷無人拜掃被人挖擲爲好李默然無語自知愧悔

婦人淺見只顧眼前一步不思身後一層及踢醒數言方知已錯尚有一隙之明比將錯就錯任錯到底者較勝一籌

讀至尾云娘親身勞體弱加以逆兒不知順承致動惱怒望賢弟以愚兄爲戒善體親心勿因兄去傷心致生疾病以貽母憂兄雖死在天涯亦無所憾轉盼分離語無次序一字一淚尚祈垂聽不勝惶恐之至煥章讀畢說道看哥哥這封書句句都自己認錯無半句怨及母

親可云十分孝順母親若不著人趕回哥哥他作伯夷。我便要學叔齊。這是實話。了生爲不弟之人。死爲有罪之鬼。我無以立於人世也。李氏憮然汗顏。良心發現。暗想我百般毒害他。他未曾埋怨一句。反囑弟行孝。世間果難得此好人。如不著人趕回。我兒又要遠遁。縱謀得身家。交與何人。喜得前時謀害。尚無形迹。不致傳播鄉鄰。謂煥章曰。汝既如此愛兒。卽著人趕回便是。

聖人言至誠而不動者。未之有也。燦章誠於孝。煥章誠於弟。一誠有感。雖金剛怒目。終能拜至菩薩低眉。

李氏卽著人追尋。幸燦章有一姑母適鄰鄉某姓。燦章往拜別姑母。留住數天。適煥章尋至。跪地求歸。曲逹母意。姑母責其薄待兒長。煥章自引其罪。說出原委。及母親轉意等由。燦章感弟眞誠。歸見後母李氏痛悔前非。燦章倍加孝順。遂爲母子如初。視若親生。次第完娶。兩媳皆賢。燦章連生五子。煥章生一子。李氏得子孝媳賢。兒孫繞膝。皆由悔過之報也。謂煥章曰。趁我在生將父遺産均分。免人話我薄待前兒也。煥章曰。兒有五子。可作六股。庶分之後。兒不獨貧。我不獨富。母意以爲何如。李氏曰。吾意亦欲如此。但燦章好人。必不受也。燦章聞弟議。果不從。曰。張公藝九世同居。鄭公濂十代同爨。江州陳氏七百口共食何讓人專美乎勉學益力後煥章以翰林出身任粵東學政燦章官至廣西太守李氏亦壽終一門科甲數世榮華人皆謂孝友所致云

父母慈而子孝此家門之福亦人子之幸至不慈如李氏鮮不謂彼不仁我不義矣况非親生謀殺兒命何難禍起蕭牆燦章一紙血書煥章一片血誠遂化愁城爲樂地轉苦海爲亨衢皆由孝弟念重錢財念輕而天遂報以鵲起功名蟬聯甲第雖百鍊千磨畢竟好人好報彼圖眼前光景輕棄倫常枉爲名教罪人財產何嘗不散哉

宣講博聞録 第一條下 三

博聞錄第一條下

總論

從古至今五經四書之外。千書萬卷。所言不出孝之一字。孝道無量。及時爲貴。勿使親年日短而悔吾心之未盡。勿使子力日裕而傷吾親之不存。父母生子。大都三十二十。子能成立。亦須二三十歲。父母育子。至能養之時。大都年近五六十歲矣。譬如持短燭而行長路。奔趨投店。尚恐燭滅。況敢優游於中道哉。古語云。樹欲靜而風不息。子欲養而親不在。又曰。椎牛而祭墓。不如雞豚之逮存。倘生前不承有限之歡。死後空灑無窮之淚。卽使修齋設祭。戴孝舉哀。不過掩生人之耳目。演世俗之虛文。珍饈豈及於黃泉。榮辱何關乎白骨。當前錯過。抱憾終天。古今來。孝子事親。不敢游忽於生前者。實恐親年之易盡耳。

盲丐承歡

雲南城內菱角巷有姜孝子名成者數歲喪父既無叔伯終鮮兄弟家計蕭然母以針黹度日幸成讀書性頗慧悟十歲已通四書五經並涉諸史百家及羣書紀載事蹟母謂有子克家矣親戚鄉里亦無不羨之謂非久於貧賤者也不料事出意外十餘歲時一日雷雨大作成出門視之雷震一聲雙目俱閉由此日漸昏矇百醫不效而雙目失明矣母念單生一子守節撫孤甫得成人慘遭瞽目求神拜佛總難獲痊惟有朝夕含愁時聞歎息而已成懼母因憂成病慰母曰兒雖不幸喪明必

由數定。然塞翁失馬。難分禍福。總由皇天所降。母親切勿悲傷。母曰云何。成曰昔有一老翁。居塞上。家有良馬。愛如珍寶。一日失去。人咸慰之。翁曰。安知非福我乎。後馬背負一囊。跑歸。皆金銀也。人咸賀之。翁曰。安知非禍我乎。後其子果騎此馬。跌折一足。人又慰之。翁曰。安知非福我乎。後因世亂。官府抽選壯丁從軍。全軍失利。其子以折足得免。由此看來。禍福殊難逆料。兒今瞽目。安知非後日之福乎。總之順理行將去。隨天降下來而已。成本聰敏强記。凡母愁苦。必援引古今事以排解之。名句云。家如夜月團圓少。人似秋雲缺處多。有此佳子弟偏遭瞽目昏然長夜歲月悠悠可謂前生冤業矣幸成盲於目而不盲於心不以已之瞽目爲悲而恐親之傷心爲重多方勸解卻是有理之言所謂知多世事胸襟濶識透人情眼界寬凡事退一步想自然海濶天空耳

成旣瞽家又貧不得已遂習說詞唱歌爲謀生之計性素敏慧一二年間古今說部源源委委隨口唱之俱覺亹亹動聽日得百餘錢養母有餘母亦可免篝燈縫紉之苦成天性至孝每出聞有新鮮時果及甘旨適口之物皆買以奉母適有游泮謁祖者鼓樂喧天鄰人謂成

宣講博聞錄 第一條下 三七

母曰。汝子不盲當有此榮耀也。母聞言太息。成慰母曰。各有前因。勿羨人。國初時有一張某。專工刀筆唆訟興家。生一子。聰明絕世。十八歲即中解元。其友謂之曰。子生平以刀筆為生涯。視訟獄為兒戲。積財雖廣。積怨匪輕。誠恐惡業日多。敗亡可慮。今幸富貴如願。當改行善事。以答天庥。張某始善其言。即行改業。不料其子驟得眼患。漸至失明。詰其友曰。予本向皆順遂。則所作必合天心。子勸予改惡從善。理應日起有功。更臻美境。今子目旋盲。求功反過。是錯聽汝迂腐之言也。友亦無言可答。張即仍前作孽。竟遇良醫。子目復明。人皆謂天道無知矣不知父子濟惡名喋。一時後附吳三桂逆謀覆敗。父子繫獄。論斬。獄中自詠云。臨厓悔不早停鞭。冒險惟知猛向前。豈料懸岖高萬丈。跌來無復見青天。其二云。竟將七尺付幽囚。病體何堪復遇秋。往事已非難自說。對人無說只垂頭。由是觀之。功名不足喜。盲目不足憂。由人之修爲耳。又說古人許多忠孝節義之事。皆出於困苦艱難。後皆得成正果。苦在一時。樂在百世。寬解其毋而排遣之。或毋有傷感。則歌唱吹彈。以慰其心。如是者三四十年。孝愈篤。人皆知姜成多熟典。故或講其說。古或延其唱歌。且素知其孝。恒敬愛之。成由是出入富

貴家得錢比羣盲獨厚母漸不以兒盲爲戚反以兒孝爲安矣

盲目人尚能竭誠盡力以解親憂或說古談今或謹具甘旨使其母苦境反成樂境則盡孝何論富貴貧賤彼堂堂七尺耳目聰明不知父母之恩者反出盲人之下矣

成又念今生瞽目想是前世因由何不唱此勸化人心之詞說此警醒愚蒙之事或可稍贖前愆於是多買善書求人讀與己聽選其精警者記之有富翁何德謙娶媳張氏不孝翁姑悍妒無子夫畏不敢立妾何翁憂之

延姜孝子說書姜成說乾隆己酉十一月常熟東南任陽縣有一惡婦欲害其姑置毒於餅而自往他所避之其姑將食忽一乞人至求其餅姑勿肯與乞人袖出一綠綾衫與之換去適惡婦歸家姑喜以衫示婦婦奪之著身上忽仆地姑急扶之不能起變爲豬鄰里咸集觀之婦作人語曰我所以卽變畜生者因置毒於餅欲害吾姑耳言訖遂成豬叫獨其前脚猶似手也張媳謂成曰此無稽之談不足信也汝言惡婦變豬何以止聞他一人別人胡以不變成曰婦女深守閨門見聞甚少無怪不信變豬之事豈僅任陽縣之惡婦已哉山東定陶

縣。一農家婦素虐其姑。姑雙目瞽。欲飲糖湯。婦罵不絕口。乃以雞屎置湯中。姑弗覺也。忽雷電大作。霹靂一聲。婦變爲豬。入廁食糞。一時觀者數百人。嵗餘始死。張媳又謂成曰。汝言人變畜生。何以止聞變豬。別畜何以無聞。成曰。無憑之事。不敢亂言。然亦不止變豬。一欸陝西城固縣鄉民有不孝婦。平時虐其姑如奴婢。嘉慶庚辰正月初一日早起。婦忽向姑罵詈。喃喃不絕口。姑不理。往別家拜年。有頃。不孝婦入房關門而臥。久之不出。但聞房中有聲。如牛馬走。迨姑回。欲入房視之。不得。急呼他人踏門入。見婦臥於地。已變成驢矣。數月方死。此皆有憑有據天眼昭昭報應不爽者也張媳聞言恐懼改行孝道。何翁大喜。爲子立妾。媳亦不妬。次年生一孫。於是厚卹。妾成成得此餘貲。爲母備壽材衣衾等事。而妾子說書之名日著。

古詩云。畜生本是人來做。人畜輪迴古至今。不要披毛兼帶角。勸君休使畜生心。心爲一身之主。披毛作佛。莫不由他。婦人見聞不深。說理難明。說事易曉。妾孝子言能動聽。固由言教。亦由人知其孝。未始非身教易從。

有請成唱短歌者。成唱云。日食三餐。夜眠七尺。所求此外無他問人何事苦苦競繁華試想江南富貴笙歌與羅綺交加到頭來身亡家破妻妾委泥沙何如山林內茅茨不剪飲水衣麻亨清閒自在其樂無涯嘆息世人不悟認火宅爲家鬧烘烘爭强鬬勝又誰識眼前花又有請成唱長歌者成唱云孤衾獨擁睡思轉濃夢見登科第聖恩優寵霎時間官極品父母褒封錦衣歸故里瞻拜邱隴須臾驚醒依然紙帳枕焦桐只有窗外殘蟬噪古松世人碌碌都在夢中悲歡與離合壽夭與窮通都付與喔喔晨雞汪汪曉鐘誰知道夫妻與朋友兒女與弟兄也都是夢裏來相共急忙忙西復東亂紛紛辱

與榮虛飄飄一齊化作五更風百年渾在夢牢籠夢醒人何在只落得後來做夢的話遺踪賢愚大夢古今同我這裏卻睡魔驅臥虫靈光烱烱睜開巨眼運雙瞳看破了紅塵滾滾看破了世態匆匆看破了鬼神機關看破了天地始終纔見到一性縱橫五蘊皆空這其間始免得人笑哄說我在夢中說夢難道是提破他懵懂必須鑿破乾坤縫方信區區造化工唱得聲韻悠揚娓娓動聽人謂聽成唱歌文語皆醒世有益身心勝於聽淫詞豔曲男才女貌之詞生人淫念也

美成一盲人尚能使人感化可見善文之感人最易

人心本善。無所感發則善念不生。故世人或聽善言或聆善行。皆能油然感觸於不覺。古人座右銘即此意也。每見世俗。羣居談辨。議論風生。或笑人醜陋。或訐人是非。或裝點邪淫。或妄議閨閫。尖酸刻薄。口舌招尤。何不說些良言。使人警醒。口過口德。禍福判若天淵。至若世間借歌唱以謀生者。不知凡幾。多唱些孝弟忠信禮義廉恥之言。不用錢財。積德無量。何等便宜。況一世教人以口。百世教人以書。風流墨客好編輯情詞艷說。致壞人心。何不著些有關世教之言。使垂不朽之爲愈乎。當必有能辨之者乎。

姜成日中說古奉養老母本易度日不料咸豐七年回逆作亂攻圍滇省城中富足之家餓死萬數誰復有閒錢喚唱人歌唱者不得已出於乞丐鄰里知其孝或周卹而接濟之而成每日歌唱行乞如前所得冷飯殘羹母未食不敢食或乞得少則母食而己不食或終日號泣入門必得食奉母乃歸如是日久母之養無缺而成之心愈苦有呼姜成爲孝子者成卽叩頭於地曰無折殺我無折殺我夫孝是人生安身立命之本隨事隨遇眼前現在分所應行惟其間處富貴易處貧賤難事康健易事衰老難奉具慶易奉寡獨難於易事中自有安

全道理。於難事中自有深進心思。吾行乞辱親。罪過之大。無所逃於天地之間。若再有以孝稱眞。令我入地無門矣。況有自己謂能孝。而親不謂之孝者。有親謂之孝。而人不謂之孝者。有人謂之孝。而鬼神不謂之孝者。有一時謂之孝。而千古不謂之孝者。有庸衆謂之孝。而君子賢人不謂之孝者。豈得遂以孝稱之耶。人子之道須令吾親不生冷淡心。不生煩惱心。不生恐怖心。不生愁悶心。不生難言心。不生愧恨心。如是則人子庶可自問其心。如吾乞人。力不從心。虛生在世。其忝愧爲何如耶。其時成六十歲矣。母八十四矣。一日母無疾而逝。成盡哀盡禮。鄰里助之。葬於北門外荷葉嶺。成告鄰居爲看屋。守墓三日始歸。及三日未歸。鄰人往視。美成已於母墓側松樹上自縊身死。始知其以死從親。世所罕有。衆感其孝。各簽題得數十金。改成老屋。作美孝子祠。奉其父母及成木主焉。其讀書明理者。具公呈。呈兩學衙。據詳轉奏。以邀旌表。入祠之夕。董事者夢成衣冠致謝。雙目有光。不似生前瞽目矣。後人祈禱。祠中常著靈應云。

聰明之子。慘遭失明。貧窶之兒。復遭喪亂。歌唱轉而乞丐。成之命可謂至窮。然前生之孽報在天。今世之修爲在我。天能試我以境。不能限以心。數十年孝行無虧化人不覺用心良苦立志誠堅年已六旬尚然孺慕殉親墓上視死如歸人第見其畢生困苦未獲豐亨深爲成惜而不知古往今來寒暑推移少壯老死自達觀者視之一瞬息耳數窮則變德厚則悠忠孝完人雖死猶生前天地混沌日月晦蝕草本萎榮而至德所昭大孝所著歴千萬刼亦永存而不替又何疑衣冠拜謁殁後爲神成蓋厄於生前而顯於身後者哉

博聞錄第一條下

總論

世俗有老人病重。為子媳者畧請醫調治。病未愈。即有假曉事婦人謂曰。老人歸老。世理所當然。尚勉強醫愈。他即食子食孫矣。愚夫愚婦未聞此論之先。具有良心。尚曉得養兒待老。當父母有病。正人子盡職之時。雖典借艱難。猶欲勉強醫治。一聞此無稽之言。竊恐於己不利。頓喪天良。殊不念年少有病時。父母愛子如何調治。子呻吟而父母斷腸。子眠乾而父母就溼。拜佛求神。日夜祈懇。甚欲代以己身。以延宗嗣者。言念及此。子卽極盡孝道。尚莫能補救於萬一。況轉盼便爲人父母。子亦如此待我。則養子何爲。易地而觀。人所易曉。爲孝子者。凡煎藥調羹。必宜親手。禱天求壽。自願減年。必使誠可回天。於心始可自慰。豈可惑於逆理之言。而棄親不顧哉。

苦盡甘來

廣西鬱林州有劉其清者。處人所極難處之境。而能盡人所極難盡之道。歷人所不堪歷之苦。而能得人所未能得之樂。當其苦盡甘來。人皆羨之。而茹苦不計其甘也。惟其清耐之而已。清幼失怙。家赤貧。母撫孤紡績。稍長。聰慧過人。然四壁之外無長物。至十歲猶不能從師鄰居有課讀館。清常往聽人讀書。輒能成誦。然不識字每懇母求作鄰塾館僮。母從之。往求師收用。供灑掃事師憫其誠。許之。每講書。其清一一了悟。與生徒問難。無能出其右者。有富家子懶於誦讀。每課文。求其清代作。

師見文佳。輒加贊賞。富家子悅。饋貝厚。其倩持歸奉母。母詰所自來。其倩告以故。母曰。先生知情。必受夏楚。且誤人子弟。又使其子欺瞞父母。是啟人以不孝也。後勿再爲。倩受命。爲講。十二歲。出詩文。求師斧政。師視其用筆用意。雖積學者不能及也。每於燈前呼與講誨。未一年。文成法立。可以應試矣。

甘受和。白受采。其倩生質既美。又知好學。自無不成才之理。所難得者。十歲小童。而求供灑掃事。以冀得近書帷。聞母戒而不蹈前非。得師訓而居然有造。佳子弟自是不同。

師方欲助以費用使應考而毋忽得顛疾不能遠離進取之念由是而止惟日夜代營書鈔寫冊本得錢爲藥餌資但所入不過數十錢而已偶至南城外見算命卜卦者名蔡逢吉四川人日獲錢千餘求爲弟子每日黎明見師已刻即回師怪其懶問之乃知其母顛疾巳刻睡起不能離左右矣師重其孝盡其所學而教之清善悟不半年學已成蔡師年積數百金回家置產不復來清襲其業支帳於原地而招牌則易以己號凡卜筮算命擇日陰陽二宅數理之事推測有應每日得數百錢清樂曰吾養親藥餌甘旨可無顧慮矣

母得顛疾而左右難離事母謀生一心兩用竟能外籌醫藥內備甘旨自來孝行顯於家貧然非得師眞傳孝子從何設措方信天無絕人之路尤貴自立章程耳

乃入錢漸多而母病亦日甚或嬉笑怒罵或歌唱舞蹈其淸一一曲從之不敢稍違忽命買酒肉飽食一頓忽命取歌板唱舞一回忽而酣睡兩日忽而達旦不寐其淸侍候衣不解帶目不交睫一日母睡下淸曰母親好睡兒去購藥就回出未幾而母不知何往尋至十里外有古廟見其端坐廟前方度曲也負而歸又一日往市

買菜免鄰母照顧之顛母排闥而出謂我往瑤池耍樂不可令吾兒知也疾走如飛鄰母不能追及其淸歸即往尋之見街上羣兒圍繞戲笑其淸無纖毫怨嫌向羣兒作拱揖曰吾母承情照應顧各位將來大富大貴由是或十里八里凡母出不使其淸知恐其尋也街上羣兒見其子孺慕眞誠感其孝亦不戲其母或見其母遠去必來告其淸以是尋之較易久之羣兒皆感遇母所在則曰此劉孝子之母也吾輩何不送之歸免其尋討勞苦如是二十餘年孝如一日凡飲食起居洗衣做飯鋪床掃帳等事其淸皆以男子而兼婦人所爲斯眞難

得矣。

事康健之父母易。事衰老之父母難。至顛疾之母。則事之更難。孺慕性成。孩童亦爲之感化。敬人有禮。顛母常得於送還。我有親而知愛親。人人皆有親也。劉孝子之感人。亦誠能動物耳。

有謂其清何不娶婦生子。以代奉養。清曰恐婦嫌吾母或轉生口舌是非。不如吾自奉之得其歡心。又久之母病日減。時或言語明白。問其清曰。我見人家有孫子。何我獨無。時清年已四十餘矣。乃託媒徧訪賢淑女子。不嫌貌醜。明言母有宿疾。需人侍奉。不惜重聘。有鄰鄉周姚女眇一目麻子滿面年過二十未曾受聘人皆嫌其貌醜也有親戚知女賢使清聘之娶歸事姑惟謹雖當食而罵或臨睡而逃或毀爛器物或塗污衣服婦悉小心承順無絲毫怨嫌其清喜得內助占卜所入愈多踰年生一子眉清目秀甫週歲能笑語匍匐而行母見之大喜由此病漸愈或數日一發或數月一發其清見母抱孫而嬉其喜洋洋眞得人間之極樂而忘人世之極苦矣所謂五十而慕者吾於其清見之矣

看其清娶婦全爲母計雖醜不嫌其立心純孝匪人所及周氏貌醜心賢委曲盡孝不愧內助之稱無怪

早慶宜男興家有漸彼世之視父母顏如土妻子顏如玉老人有病置若罔聞賢不肖之相去奚啻霄壤乎哉。

不料所居近水咸豐七年連旬大雨高隰低原水澤已透洪水滔滔忽由山箐冲突而來河道消洩不及漲溢數丈近岸村莊俱爲淹沒居民以門板作筏遷避高阜有樓者遷於樓及水至板樓亦浮動傾倒凡磚牆石基穩重之家衝跌不知凡幾且大風驟發風水相激十圍八圍之大木無不波翻浪滾隨其勢而浮沉焉況房屋柱椽乎至次日其流漸平其清因與人卜墳他往幸免

淹浸及聞水患即回比見衆屋咸圯家門莫認方愁迫之際遥見一屋巍然獨存衆訝為異近覗之門閉而窗櫺皆在樓板依然認是己屋急入内觀之樓下無人登樓見婦背負姑懷抱子坐於檯上水過檯面身上衣溼其半三人如夢如寐清即唤醒灌以姜湯徐問之乃知水漲之時有力者皆已早行鄰婦呼周氏速逃而水已至門外尺餘矣姑顛疾初痊艱於走動婦背姑曳子登樓不知所措而水又至樓板追得抱姑坐檯上水過樓板姑懼因令姑伏其背而懷抱其子曰姑勿懼水漸退無礙也既而樓房搖搖若在舟中似篩似簸水又與檯

面等矣。婦懼哭呼神救。母哭則子哭。姑亦哭。漸皆暈去。昏憒不知人事。婦時見白髮老婆。以紫竹長竿揷於樓簷水中。餘無所見。如熟睡而已。

世人娶妻。多求美貌。好色之心重。則好德之念輕。孰有如其清重德不重色哉。夫妻名內助。關係匪輕。處常而婦道克成。處變而老親有賴。較之艷妻悅目。何補家庭。況薄命紅顏。比比皆是。豈易婦容婦德兩美兼收乎。然大劫臨頭。千家受禍。而觀音老母獨護孝子之門。皇天不負孝心人。果報昭然不爽矣。不然數椽老屋。曷能安於磐石哉。

人皆驚歎其清孝感格天爭就占卜每日得錢千餘乃爲母備壽材具衣衾居然稱小康之家又生一子長名能敬次名能讓長子眉目清秀次子地閣豐隆親友皆謂宜教長子讀書其清曰人貴知足吾當母得顛疾時子然一身謀生侍疾形影相弔凡二十寒暑今幸有妻有子母病獲痊但得衣食豐隆室家團聚一藝相依足以謀生則天倫之樂事無窮矣因使長子承其業次子出謀貨殖曰但願子有母而知孝以報母事姑之誠不尤愈於慕虛名遺實行耶若讀書明理足矣不敢復有奢望也老母自驚險後日益强健又因其清調養豐足

顛疾遂不復發母常聞從前諸多無狀每深愧恥其清戒家人親好不得言往日事長子至十六歲文理成就出筆過人師友勸其應試其清強從之是年入泮其清以母老早爲婚娶子貴媳賢一門歡樂越數年次子亦完娶婦皆賢母壽八十餘乃終其清爲母卜葬至一地水繞沙環城廓圓囷心竊喜動於村農農曰汝是姓劉方是他地否則不須問也其清曰我果姓劉請言其故農曰此地主陳姓尋得此地方欲卜葬夢神謂曰此劉孝子葬親地何得亂攙問孝子何名神指村前一塘而醒汝豈名一塘乎其清告以名農喜曰塘水甚清當是

汝矣。同往見陳。會相識也。陳曰。子非占卜之劉先生乎。領教多矣。昔時夥伴不仁。吞騙數目。意欲興訟。因往先生問卜。蒙指示云。訟則終凶。此財無虞損破。勿訟為吉。後果得貴人責令賠償。了結。不致告官。先生力也。愧無以報。今恰求此地名姓。孝行事事相符。願即相送。其清欲酬以値。陳不受。遂以葬母。葬後二子。連年生子孫十餘人。後福正未艾也。次子貿於外。成巨富。長子習詩書。兼承父業。其清優游杖履。壽七十餘。尙矍鑠也。一日偏謁親友。無疾而終。意者上界仙官。必求孝子。未可知也。

少年喪父。已大不幸。母患顚狂。復至廿年之久。劉子之命可謂爛矣卒能使母病獲痊甘從苦出遇水而神護其宅尋山而神示其名可知孝子必有神助此語殊非杜撰忠孝誥云無不忠孝之神仙無不忠孝之佛祖超凡入聖無非從倫紀做來則臨終而撒手了然想必名登天府至子孫昌熾吉地鍾靈一代積德數世蒙庥孝爲萬善之原宜乎皇天之厚報也已

總論

格言云。人間私語。天聞如雷。暗室虧心。神目如電。此言人或未信。只看以鏡向日中。便能取火。以鏡向月中。便能取水。一死物也。而能與天地相通。人心如鏡。一活物也。豈反不能與天地相通。蓋天屬氣。彌滿上下之間。吾一呼吸。氣即入於腹內。氣在。即天在。故吾一動念。腹內之氣已知。而四肢百體。咸知運動。無他。一氣相聯也。又一動念。而腹內之氣已通。而天地鬼神。即能相通。無他。亦一氣相聯也。惟人日在氣中。而不見氣。如魚日在水中。而不見水。遂以爲人與天隔。而敢於爲惡。豈知鬼神怒目相視矣。又况顯然不孝不弟不仁不義乎。鄉鄰耳目。官府廉明。尚不可瞞。而欲瞞天眼之昭昭乎。是盲者冀人不見。聾者意人不聞也。有是理哉。

石枷逆婦

東川縣離城二十里有蘿接村在亂山中村童數人牧羊於山見大石如人形狀一牧子戲曰此像爾姑娘也其年長者曰是我之姑娘爾等當來拜之衆乃羅拜以後呼爲石姑各童以布袋包飯作餉午之食遇食則先祭石姑或擇野果山蔬亦陳而祭之其旁有懸岩晴可避熱陰可避雨諸牧子多在其間依依若幼子之庇於慈母也

小兒天眞爛熳任天以遊愛敬之心眞誠無僞其足以感召憑依非無所自較之滿腔邀福之念滿口祝

禱之詞止拜神之貌而不拜神之心者迴別

一日羣牧放羊於青草綠樹之間或降阿或飲池或寢或訛人物各得其所俄然大風颯颯灰揚沙飛隔澗跳出斑斕白額猛虎衝羊匿入岩穴中羣牧懼甚乃大呼曰石姑救我石姑救我旋見石姑身後亂石飛出大石小石向猛虎擊落如雨虎懼而遁有片石鋒利如刃截落虎尾一節長七寸粗如臂毛勁如針虎去既遠羣兒乃以虎尾供石姑前相向拜謝曰非姑有靈人與羊俱爲倀倀矣今後請姑常到我家奉以殽酒是夕羣牧歸告村人皆感石姑之惠各具醴酒香燭到山上酬拜此

後凡牧童頭暈腹痛。無不有禱輒應焉。

夫法施於民則祀之。以死勤事則祀之。以勞定國則祀之。能禦大災則祀之。能捍大患則祀之。日月星辰民所瞻仰。山林川澤民所取材。皆在祀典。石姑塊然一石。感羣兒拜敬。遂顯神通。舉頭三尺有神明。特視之不見耳。世人謂虎有山神所管。不得亂噬好人。觀此益信。至驅猛獸保羣兒。即所謂能禦災捍患也。又何怪各家之香火供養哉。

有一無賴子周新。性素頑閒。此以爲荒謬。對衆曰。我不信石頭能顯靈如此。待我看來。到山上見石如人形。眞

果奇異惟既出大言遂指石姑曰爾如有靈能祐我發
一宗横財方爲顯赫不然卽取爾囘家作石山以爲玩
物話完下山舉足觸一小石痛不可忍歸卽發寒熱譫
語云我欲祐汝發財奈汝生平不孝父母不敬神明無
禮無義禍已將及敢望福耶汝言取囘作石山玩弄我
不請自來亦不去矣其家恐懼代求令其遷善改過復
再言曰倘能痛改前非將爲惡之心以爲善少年何可
限量罰令搬山上碎石塡泥濫路百丈何如家人許之
疾旋愈遂敬如神命不敢稍違由是石姑之靈益著
有一城隍廟聯云既見我何須問我且自卟了頭去

知道你不必問你各人帶著心來此對生氣勃勃讀之如對神明周新敢侮神靈以我之眼不見神而不知神之眼能見我也神不止見我我平日之善惡亦無不見焉方信在上在旁殊非虛語

其時村中人有汪姓婦悍妒非常每每陵虐其姑夫柔懦人也無如之何鄉鄰呼爲惡婦一日夫不在家姑方食婦罵姑不能做飯做菜只知坐食姑不答惟有淚涔涔下婦又罵姑不爲漿洗舂磨姑云吾年老筋力已衰何能任勞倘事事能做安用娶媳試看鄰婦姑病在牀何事非伊所做今已生子周歲仰事俯畜何有怨言婦

聞言愈怒。乃奪其姑手中飯碗。擲於地。曰。汝欲學人享福耶。我不能做飯與汝食也。姑畏其兇悍。走出門外。放聲大哭。適羣牧兒見之。問得其情。皆曰。我等扶汝老人家去。告之石姑。來打不孝婦。姑亦聞石姑之靈。頻年所受鬱氣。無所哭訴。遂從羣兒往。伏地痛哭不止。愈哭愈悲。羣兒勸之不止。哭久忽如熟睡。

爲人子者。忍令妻虐其母。而徒喚奈何。不知是何肺腑。行道之牧兒。尚知憐憫老人。代抱不平。欲詠不孝。況冥冥中之怒目以視者哉。

移時。聞遠遠有叫號聲。漸近。衆視之。逆婦也。詰有[illegible]其髮而行者。躃踴跳躍。身不自主亦不言語。扶至石姑旁。有立石高而多孔。將婦頭塞入孔中。僅能容頭。不知婦頭何以能入孔也。既枷婦進退轉側俱難。聞其異者。遠近爭覩。日恒數百人。皆曰逆婦現報。久之其姑出言曰。頃見石姑告我云。婆勿悲。吾當爲汝治逆婦。以警世之不孝者。即見捲袖而去。旋見石姑提婦髮而來。怒氣冲冲。枷婦於石。謂不顯治示人。即陰罰亦誰得見也。言已入石中去。衆聞姑言。毛髮森竪。咸知感化。

昔有詠擔枷詩云。擔枷之罪苦多端。頭向青松木裏鑽。日出乍看檯少脚。夜行不怕井無欄。濛鬆細雨衣難淫料峭東風頸不寒惟有一般堪歎處又時容易出時難石姑以石枷逆婦更爲新法想其罵姑時挺直腰伸長頸一張利嘴一雙辣手今則彎了腰減了頸口向下手向下無些惡氣矣噫安得石姑徧遊天下哉

其夫至山中羣唾其面皆罵其縱妻逆母願石姑同枷示爲快夫慚愧無地急跪扶母起後向石姑叩頭求赦婦罪俾令自新永行孝道拜畢命石匠相視鑿石以出其婦石匠審度云不鑿上石壓死愈速矣鑿旁石磔死更苦矣不敢動又欲在崖上頂取石至孔以出之

石匠云。由崖頂動鎚。碎石落下。亦必擊死。尸若大之崖井。數日不能取完。豈不餓死乎。此神罰非人所能爲也。竟三四日無一策可出其婦。而觀者亦多。莫不向石姑頂禮。以爲代天宣化。代雷霆示威也。於是祈禱者絡繹不絕。逆婦枷緊。食難入口。至八日乃死。死之後。其頭忽出石孔中。殊不可解。夫收婦屍。改行孝順。而仰石姑之聲靈者。遂鼎建廟宇焉。

新婦入門時。見翁姑如見至尊。故早晚請安。拜跪奉茶獻餅。禮意殷勤。何等賢孝。家家如是。顯係本份當爲。及至日久。而敢於忤逆。忘其初也。語云。敎婦初來最爲緊要。使時時照初來之禮行之。安至不孝。無如婦女無知。或恃寵生驕。或恃財傲物。或性成悍妒。或習慣縱橫。非果報昭然。豈能知懼。然世人又止知顯然之罰。而不知暗中折禄折壽折嗣。爲婦人之不孝而致丈夫之艱難者。不知凡幾矣。吁可畏哉。

第一條下博聞錄

總論

方正學愛日堂七古云。白日麗天。朝出扶桑暮虞淵。堂上有親雪滿顛。坐看白日心茫然。長繩不可繫。急景如流川。羲和羲和停爾鞭。高堂一日如千年。玩其詩詞。蓋以受恩深重。罔極難酬。無聊極思。反怨於日。謂其過而不留。弗為吾親增一日之壽。使吾缺一日奉養之誠。其以日為無情耳。世之為人子者。當親在日。有如持短燭行遠路。尚敢徘徊中道。而不亟趨至家耶。故得一日。即盡一日之

孝存一念即竭一念之誠非必履厚席豐啜菽飲水亦可盡歡如廣訓謂出於心之至誠竭其力之當盡便可爲孝子爲悌弟者矣

事母異聞記

四川陳姓兄弟二人長爾仁次爾義幼喪父母徐氏知命安貧撫孤守節有勸之改適者不色動力事女紅以哺二子境甚苦而心甚甘或問之對以前世欠修以至今生若此倘不豫修來世福將來不可問耳其立志堅定如此

徐氏深明從一而終之義觀其言辭矢志堅貞巾幗中具有鬚眉氣矣世有塊土未乾棄姑改嫁與若婦相較愧恥何如

鄉右嘗謂其二子曰汝母撫孤貧難唯兒是望兒弟須

認眞做人。無負劬勞之德也。義惟嬉笑而已。仁頗長聞之若有所感。故事事能悅母心。徐喜其孝順。勉力使之從師兩載而止。時年十五矣。一日謂母曰。兒已長。弟尚幼。母辛苦謀衣食如此。何不使兒出外傭工。少幫家用。徐氏初不肯。仁勸再三。徐喜其有志。適有人薦爲村中屠店司廚者。母囑其奮力經營。莫學懶惰。是卽所以報母而盡孝也。仁領母教。在店勤謹。早起遲眠。事無推諉。衆伴均悅。東主重其爲人。漸次陞用。兩年內店中買賣均經仁手。工食增多。悉以奉母。徐乃爲之權子母。充義會。欲積儲爲子受室計。里巷均喞喞謂有子若此。天之

所以報苦節也
福仁幼便孝心知母辛苦勞瘁愧無以代自思奮志
傭工幸而薦引有人生財得路勤其職業工價加增
鄉鄰稱其賢能老母解顏欲笑雖非讀書尚能顯親
矣
爾義年漸長仁思兄弟協力家乃興親乃慰惟是居行
不可兄弟同習遂予以貲本教其交易買賣日販海魚
爲業義欣然從之靡間寒暑獲利甚豐亦悉以呈母徐
喜長子能攜其弟次子悅從其兄且欣且慰無何屠店
歇業仁自爲販肉人樂其公平忠厚多與交易獲利滋

多而徐母娶長媳矣仁妻王氏事姑孝待叔誠家甚康樂越三載仁又爲弟娶婦何氏何知大義性直而烈孝姑敬伯妯娌不殊姊妹衆共稱之

兄弟友愛出於少年者多見於壯歲者少無他各有室家婦言是聽所謂衹緣花底鶯聲巧致使天邊雁影孤也今仁義友愛如常妯娌情文盡致家之將興纔克臻此非天也亦人事而已

迨仁義各有子女用度較常倍多覓利不無稍別兄弟義關情切本無異心奈徐母偶有所觸執合無不分之論著析箸爲二使各謀生以養家仁屢辭不必王氏怡

然告姑。曰兄弟妯娌無間言。請勿作離羣論。義又曰。人生兄弟幾何。分不得。母不允。轉以問何。何氏謂伯與大姆。論篤而情摯。懇從其言。且析則姑誰靠也。母不謂然。老人之事未畢。終不樂。爾等以從命爲孝。每月供我米幾斗。銀幾錢。使早晚得自如。行住從所好。吾甚樂矣。果不欲析。便無孝心。聲頗厲。四人强諾之。諏吉而析其家。分家每緣兄弟不和。婦孺偏見。徐母則不然。以爲暫雖和萃。難保其將來。必爾也。婦人淺見。妨人議其不善處事。大抵亦觀諸隔鄉別姓。爭產興訟。致天倫大變者歟。良有以也。惜未諒其子媳焉。

徐氏之家。非若素封世祿有土田樓屋臺重器厚貲婢僕之可分也。除數椽陋屋外。木石磚瓦而已。徐母乃對二子曰。家中大概已分。惟餘閣上祖傳爛缸三。仁爲長取其二。義爲次。取其一。理尚不符。牀下搭二。補之不爲虧。長櫈一。短櫈一。短者喫虧甚。當以小竹几補之。任其取也。昆仲妯娌皆啞然笑。仁曰。母親公且當。命敢不從。兒有所請。願垂聽。母曰諾。試言之。曰。母老矣。子媳是依。若月以錢米供養。此事不宜。蓋汲水浣衣。砍柴弄飯。非老年事。恐外人非議。子媳將何用。盡在兒家長住乎。義曰不可。老母非兄所獨有。弟亦得半焉。安得據爲己有。

也母曰二子且休余有法既不欲老人自便每輪一日何如王氏謂奔走太勞甚非子婦待親計不若住吾家爲便也母謂莫須爭每輪半月可乎何氏曰半月仍覺風塵那似合而爲一耶爭靡定聲溢於外鄰叟知其貧而和即析箸何所爭乃杖而前問何喧鬧仁義揖與語叟奇其爭之由古未有也笑對曰老夫見析箸分家者衆爭土田爭物業甚而檯櫈衣裳起釁告於族正於鄉理於官者有矣即公然受父母財不顧父母養者余亦見焉曾未見爭養老母喧盈一室者吁君子哉俗其將醕耶敢進一言以一月爲期周而復始可乎母亦云然

講始定。叟辭退逢人輒道之。君子無所爭。爭則成爲小人矣。小人不肯讓。讓則成爲君子矣。以爭讓而判小人君子未盡信也。若仁義爭財則爲小人。爭奉養其親則爲君子。當仁不讓。爭亦何妨。較世俗之分產受業。後輪養其親。兄弟計淸時日。錙銖各嗇。刻薄高堂。不恤兄弟貧苦者。何啻雲泥哉。

義見是月母從兄養。心中抱歉。乃卒然對兄曰。母交兄事。必須盡心。壯健勝常。可無庸議。如或養瘦則如何。仁曰。各盡其道。肥瘦何足計也。義曰。不然。以弟意當秤以示公。母曰。吾非豕。何必衡其輕重。義固執。王氏謂夫曰。渠恐我夫妻薄待。故作是語。吾豈慮其肌肉不充哉。患情之不真耳。仁笑諾。義持衆秤回。衆秤者。村中置以衡穀物。協公允。省爭端也。坐母於竹檨。穩繫以繩。二婦持竹竿肩之。衡得八十四觔。義乃誌於壁間曰。某月日母連皮八十四觔。平水。衆秤。交兒養。若輪養兩次不足原數之重者。永遠毋得爭養。例在必行。勿謂言之不先也。仁與妻請母回。日以豕肉分製爲饌。煲之。炒之。燉之。蒸之。日恆四膳。夫妻奉母如神。俄而一月光陰已滿。衡之溢四兩。義誌如前。請母到義家。夫妻常以海魚鮮美者爲膾爲脯爲鮓爲糜。巧其烹飪以奉。則母健勝常。動履爽快。義心竊以爲樂。何必更以爲榮。期滿請兄嫂來。仁目之頗爲怪。念弟何術致母之壯也。衛得八十七。勛義大喜。拾瓦而畫於牆。仁歸謀諸婦。曰母到吾家。彼此均能盡道。何不若弟之加重耶。必有因耳。盍加意乎。妻喜諾。

加意事親。導妻力孝。本無爭競私心。充其義理正道。

古詩謂御是屠沽。解報恩。思之思之。吾輩當愧死矣。

由是供備豐隆。胃口反輸平日。半月將來。每思瓜菜之羹以强飯。反厭席上嘉殽。漸而面色無光。漸而身體憊倦夫妻愁緒意必遜彼一籌偶而感冒風寒乞靈藥物可幸迍邅數日病忽然瘳鵠狀鶚形又將期滿義則攜來大秤仁則情歉於中徐母思子媳待奉甚恭理疾備餐甚摯忽輕似燕難慰彼心乃竊取石錘隱於懷中衡之則九十有餘仁反無以自明義亦默有所想謂此病痊肢體反加重於往常挾秤思疑猛然問曰弟聞屠行有灌水之弊兄或將母嘗試之乎母聞言譁笑一聲不覺石錘墮於地也義曰不灌水而搭石乎妯娌兄弟粲然詢之母白其衷曲始知兩子皆孝順鄰里畢集聞之無不絶倒則竊議其致病之由或言肉食久則胃寒凝

結進飯無從加以瓜菜羹湯倍其寒濕老人血氣不能擔此故脾洩而致痰也魚常𩟗則體壯胃開精神日進肉堅體健氣足聲雄曷若從此復合為一以奉高堂乎衆皆稱善鄰曉其母以理母亦首肯自是兄弟日以魚肉精英者相機而奉妯娌又以和顏悅色賂老人歡徐母以壽終有孫數人矣仁義厚[illegible]之改行生理未幾財如川至孫曾林立兄弟妯娌均享安康壽幾至百含飴有慶點頷堪歌天之報施孝弟善人當如是也聞其後裔今有進庠者豈止於富已耶撥管記此以媿天下之薄待其父母者

人子孝親實爲本分是不可以言福報也而蒼蒼者卽以報之如舜之大孝大德必得位祿名壽殆彰彰可攷矣天下之便宜奚有過於孝順父母哉陳氏忠孝節義出於一門勤於東主忠也爭養老母孝也立志撫孤節也妯娌相和兄弟分而復合豈非義歟壽幾百歲肖子如林財帛日增書香繼起詎彼蒼有私於其間實人倫重而天心眷耳

宣講博聞錄卷第一條

講

聖諭第二條篤宗族以昭雍睦

書曰以親九族。九族既睦。是帝堯首以睦族示教也。禮曰尊祖故敬宗。敬宗故收族。明人道必以睦族爲重也。夫家之有宗族。猶水之有分派。木之有分枝。雖遠近異勢。疎密異形。要其本源則一。故人之待其宗族也。必如身之有四肢百體。務使血脈相通而疴癢相關。周禮本此意以教民。著爲六行。曰孝曰友而繼曰睦。誠古今不易之常道也。我

聖祖仁皇帝既諭爾等以敦孝弟重人倫。即繼之曰篤宗族以昭雍睦。蓋宗族由人倫而推。雍睦未昭。即

孝弟有所未盡朕爲爾兵民詳訓之○大抵宗族所以不篤者○或富者多吝而無解推之德○或貧者多求○而生觖望之思○或以貴凌賤而勢利汩其天親○或以賤驕人而忿傲施於骨肉○或貨財相競不念袒免之情○或意見偶乖頓忘宗親之義○或偏聽妻孥之淺識○或誤中讒慝之虛詞○因而詬誶傾排○無所不至○非惟不知雍睦○抑且忘爲宗族矣○爾兵民獨不思子姓之衆○皆出祖宗一人之身○奈何以一人之身○分爲子姓○遂相視爲途人而不顧哉○昔張公藝九世同居○江州陳氏七百口共食○凡屬一姓

一姓。當念乃祖乃宗。寍厚無薄寍親勿疎長。以序相洽尊卑必以分相聯喜則相慶以結其綢繆。戚則相憐以通其緩急立家廟以薦烝嘗設家塾以課子弟置義田以贍貧乏修族譜以聯疎遠卽單姓寒門或有未逮亦各隨其力所能爲以自篤其親屬誠使一姓之中秉禮藹然父與父言慈子與子言孝兄與兄言友弟與弟言恭雍睦昭而孝弟之行愈敦有司表爲仁里君子稱爲義門天下推爲望族豈不美哉若以小故而隳宗支以微嫌而傷親愛以倨慢而違遜讓之風以偷薄而虧敦睦之義。古道之不存。卽爲國典所不恕。爾兵民其交相勸勵。共體祖宗慈愛之心。常切木本水源之念。將見親睦之俗。成於一鄉一邑。雍和之氣。達於薄海内外。諸福咸臻。太平有象。胥在是矣。可不勗歟。

博聞貳集

聖諭第二條篤宗族以昭雍睦

果報目錄

嗣子歸宗

苦節保孤

難弟難兄

宣講博聞録　第二條

二

第二條博聞錄

總論

孟子曰不孝有三無後爲大爲宗祖計也乃或老年無子不得已而入嗣他人則先親而後疏亦由其擇賢入繼而世有利其財而爭嗣者每致家庭雀角累訟延年枝葉傷殘[illegible]利[illegible]循先公在地之靈試問安樂否也世又有嫌其貧而不肯入嗣者水源木本任其源絕枝枯不肯憐他所謂以勢利而汩天親非所以上慰宗祖也若以入嗣而慮其貧已盍分之以財俾嗣子衣食有資先祖亦烝嘗

有賴。豈不兩得其情。爭有以入嗣爲名。欲據其財。以爲實。一子入嗣。羣子皆欲分其貲。於是婚姻嫁娶。託借貸以要求。不遂所求。互相陵競。是以財產爲重。幾不知有血脈之親矣。

廣訓曰。子姓之衆。皆出祖宗一人之身。又曰。凡屬一家一姓。當念乃祖乃宗。得祖宗安慰。自然後嗣蕃昌。得祖宗歡欣。而後子孫發達。

嗣子歸宗

江蘇吳縣有梁炯雄者無伯叔兄弟家清貧作銀匠以度活性篤厚精工作人爭僱之衣食賴安娶妻霍氏悍而妒四十尚無子雄以門冷丁零遂娶妾崔氏而妻猶未知也後被知覺常唾罵乃移妾歸與妻居霍氏益朝夕詬罵不堪妾皆忍受不與較年生一子名繼盛炯雄愛之如獲珍寶而霍氏益妒之其子甫兩歲忽瘧病不效適夫以事遠出霍氏禁不使醫迨病篤始延醫至已奄奄在牀矣藥不下咽兩日不食目不轉睛崔氏正倉皇失次霍氏曰氣已絕矣急使同村化子明九乘夜

坴之。九扛至岡邊覺肩動。啟視之兒已轉甦。欲負以還。見兒脚微露銀釧一雙。手銀鐲一副。滿貼黃金。利其物。盡脫之。方欲負之歸。轉思還他以兒。彼必索取原物。又慮歸而復死。倍費一翻功程。遂將兒抱至湖邊。正躊躇間。見有小船在岸。踏至水畔。將兒置船而去。意任其有命則生。無命則死耳。時蛋戶洪義杜妻黃氏。夫妻年逾四十。祇數女無子。適夜深睡醒。聞船頭嚶嚶小兒聲。月影微茫。夫妻起視。喜得男子。訝不知其何來。燒燭細辨。覺形質弱甚。憐而育之。作爲己子。後或親友見而驚問。則云買自船家。除明九以外。竟無知者。

妒婦無兒。其夫不難絶嗣。幸娶妾而生子。非即其子斃。乃病已弱。猶不使醫。氣甫絶。即令急瘞。妒婦之心。令人難測。故心之險者曰陰惡。猶瘡之險者曰陰毒。皆使人聞之可驚。若非有命自天。幾瘞之岡邊。未死而置於死矣。然雖活而不得歸。斯不死亦猶死耳。家有賢婦。轉禍爲祥。家有妒妻。則轉福爲禍。可不懼哉。

崔氏自兒棄後。暗自悲啼。恐觸嫡罵。惟啞忍吞聲。及夫自外歸。始知兒死。連日痛哭。不食。妾固知兒之死。嫡之忌也。然亦不敢洩與夫知。恐愈傷夫心。後連孕不育。迫烱雄年逾五旬。目視茫茫。不得已。歇工閑處。幸半生勤儉薄置山田數畝僅給饔飧惟門無三尺之童常顧影自憐夫妻失望一日時值清明唐詩所謂清明無客不思歸家烱雄偶步村邊見族內或遠出商賈者或在外僱工者或負笈從師者莫不歸來是日家家扶老攜幼登山省墓烱雄雖無子姪亦招昆弟粲先作伴爲其檢點香楮同赴山墳祭祀歸家後一家暢飲烱雄酒至半酣不覺興盡悲來對粲先言曰我今在日先祖塋猶賴我年年祭掃第我夫妻死後恐門庭冷落斷絕香烟他年此日此時不知墳頭薄酒三杯憑誰往奠耳言之淚落其妻崔氏曰丈夫與大娘將登花甲卽使瞑目眺

出世外。萬慮俱消。身後之慮。已屬渺渺。遺我煢煢隻影斷雁孤零。夫祇慮死無所憑。吾猶慮生無所倚也。言畢兩淚交飛。妻亦爲之悲咽。燦先曰。兄嫂徒悲無益。盍趁此年尚康强。視族中子弟有純良者。早擇之入嗣。以養以教。則螟蛉之子。雖不及親生。而究竟終身有依。祖宗可託。炯雄曰。吾久有是志。第世態炎涼。大都如是。果我家業豐盈。族內子弟俊秀者。不乏其人。彼捨其子而利我財。何難擇嗣。惟我家業無多。雖欲擇嗣於人。誰是相關痛癢者。燦先聽之。可憐不覺慷慨言曰。弟今有四子。如不以庸愚見棄。長子以下。任兄所擇。若何。炯雄曰。弟果垂憐固一家有福卽外么在地之靈應亦默鑒但吾家清貧恐生後悔燦先曰弟與兄原祖公一脈而來使吾兄嗣續無人先祖英魂不樂弟亦奚安兄果不嫌弟意已決烱雄曰弟雖待我已無異志然必商之弟婦而後可燦先曰家事吾皆自權何必聽命於婦烱諒吾妻亦必樂意相從烱雄曰弟以宗祖爲重我夫妻亦得終身有託族中情誼如弟者難再得其人再命妾煮酒加饌並招燦先之妻到飲燦先將情由細述妻亦欣然舉樽痛飲暢叙儼然一家燦先妻邱氏酒後卽對烱雄言曰今我家食指日繁幾饔飱莫給豚兒入嗣於伯爺藉

福多矣請擇何子取諏吉日送來烱雄曰此則異日復商燦先曰君子作事光明磊落與其游移於異日孰若立決於當時烱雄即召妻妾入後庭商之乃出曰弟偕弟婦若是殷殷今我夫妻熟商願擇第三郎入嗣如何燦先曰惟兄所願弟夫妻祇得唯命是夕聚話一堂雞鳴始散

老而無子曰獨文王發政施仁尚在矜恤之列以其衰老無靠情景堪憐已可想見況當淸明時節即景關懷凡有血氣者莫不感風木以興悲撫梧楸而致慨且無子之苦更別有隱憂難與人言者對此荒烟

蔓草滿目悲涼目前之情景堪傷身後之蕭條莫測當境者所以觸目傷心旁觀者不禁代爲憂戚一旦以其子而入嗣而不厭其貧未始非由一念之誠但一時慷慨言之小人亦可僞爲君子究未曉果出至情否耳

烱雄乃選吉日接燦先之第三子名大中入嗣到宅後即命更衣參拜先祖易名繼遠是日邀集族老房親皆來慶飲俾繼遠得與親族一敘以篤親情親族各亦舉觴稱賀烱雄自此如獲佳兒夫妻皆大欣慰奈繼遠甫十歲入門恆涕泣求歸父母家燦先夫妻常撫慰之曰

我家窮苦饑寒。不及繼父家煖衣飽食。汝當安之繼遠乃日久漸慰。燦先與燗雄因此情意倍加周洽。而燦先家素貧。以後家需不給。輒求燗雄照顧。燗雄雖自顧不暇。即多方籌策。亦緩急相通。迨燦先長子名大剛。年二十未娶。謀諸燗雄曰。諺云有子而無媳。養子亦何益。今長兒及冠之年。欲娶無貲。不知兄能爲我借箸一籌否。燗雄曰。三五金努力亦當相助。若多恐難爲計耳。燦先曰。三五之貲無濟於事。欲假兄之田。爲我質金五十。弟來年準可償債。斷不累兄。燗雄曰。兄非吝茲薄產。但質田以爲娶。恐債深累重。田歸債主。則蚌涸珠枯。弟貧而

宣講博聞錄　第二條　九

兒亦苦矣。燦先曰。弟自量力。斷不敢以債累兄。今兒子已入兄家。兄子亦猶吾子。縱不爲兄慮。肯不爲子計耶。烱雄固忠厚。以其言論篤實。遂許之。奈不敷需。烱雄猶力助十金以娶。未及週歲。燦先果向屬戚籌借以完前債。對烱雄曰。弟肯失信於兄否乎。烱雄喜其誠。次年又爲其子謀生理。復求借烱雄之田質百金以爲貲本。烱雄初猶未決。又以初次未嘗失信。復許之。此皆烱雄之忠厚待人也。不意燦先經營不遂。幾載負債不還。借質之田。子母相權。已將二百。債主催逼。竟割田抵欠。烱雄固藉此田作活。一旦被累割業。餬口無貲。遂催燦先償債還田以爲口食。燦先因貲本盡缺。正在皇皇。又見烱雄屢爲催促。不覺憤激。曰兄如不能相容。必要勒我還田。兄當還我以子。烱雄曰。汝之子當初情願入嗣。並非暫借爲兒。親族皆知。何還之有。我之田言明借質。今被割抵欠。當計策償債。以還我田。何得強詞奪理。以兒子爲口實。藉此刁難。燦先曰。吾能大義相許。捨其子以讓兄。而兄不能捨此田以容我。兄既吝財。吾當吝子。如兄必以我之子爲嗣。則借田質欠之數。應作爲我買子之金。烱雄聞之不服。然亦不能與辯。幸族老之排解。皆責燦先曰。汝子經入嗣多年。何得因烱雄追爾借質之田遥勒還子。假詞挾掣。於理不公。使炯雄果家業豐腴。則念彼繼嗣之情。似亦不必追究。惟炯雄老弱清貧。一家藉此為食。何能枵腹仗義。燦先現難償債還田。則當割自己之田。交炯雄養口。方不辜負。衆皆以為然。遂令燦先即割村邊田兩畝。交炯雄暫抵。燦先以衆口難鉗。勉强從勸。然實不足以抵所欠。炯雄無奈受虧。亦從衆勸。燦先回家。悻悻不樂。即勸令其子歸家。不肯入嗣。

朋友有通財之義。況一本之親。又得分其子以入嗣。更當緩急相濟。惟長貧難顧。況自顧不暇。何能舍己以衛人。乃藉端挾嫌。即不使其子入嗣。世情翻覆。變詐難防大抵世上愛極讐生多是因財失義未通財則情義相親既通財反怨讐相報古人有言曰交義莫交財交財仁義絶能輕財而重義者世上眞難得其人

燗雄始知燦先品行反覆無常即伊子入繼我家將來亦必多生枝節故自繼遠歸去之後亦絶不與較惟其妻霍氏曰繼遠自入吾家教養業經數載任其自去不特受虧能不令人竊笑燗雄曰燦先既存心變詐若必與之爭論反致不睦尤令人譏彈惟自怨不謹其所始以致有今日耳霍氏曰燦先逼其子歸家蓋欲絶我之

嗣則所割與我之田意日後終歸他有機亦巧矣何不再擇人入嗣免被他欺烱雄曰人心莫測爍先已鑒前車一誤豈容再誤乎崔氏曰兒子繼盛若存今已成立大娘當日若肯醫理不致於死何至今日求人之難烱雄聞言驚異再三詰問崔氏祇得將當日兒子病弱時霍氏禁不使醫致兒於死畧述情由烱雄聞之將妻詬罵且責其妾曰吾外歸來時初胡不告我妾曰恐傷夫心且恐大娘挾恨也烱雄復指其妻罵曰絕先祖嗣皆汝之愆老而不死是爲賊汝之謂矣崔氏曰死生有命已過之事不必追怨免鄰里知反爲門庭羞也霍氏聞

言不覺良心發現酸徹肝脾惟有相對欷歔而已妾復慰霍氏曰請大娘以妾忍耐之心爲心前事祗付之流水不必念及若慮老耄無人奉養則妾能左右周旋當視妾猶子耳霍氏聞之倍覺羞慚無詞可答燗雄欲再啟齒崔氏勸令勿言

燗雄一生忠厚能受人欺斯爲厚德載福之基崔氏怨怒不形涵養渾厚故能居然生子非由燗雄有是德斯能有是妾歟奈霍氏性妒心狠本家庭樂地處順安常反致冷落淒零且多生事故使非其容人之量不難因嗣子而禍害無窮幸崔氏祥和終能保聚

所以見崔氏之德亦以見崔氏之福也
惟繼遠自歸家後炯雄夫妻見其常過門前絕不顧望
已知其性情澆薄斷難承家果於數年後近狎小人流
爲匪黨有同族梁靖時者以貿易興創繼遠勾黨夜刦
其家幸黨鄰齊出窮追而散繼遠被鄉人炮傷左脇負
痛難走就近順跑歸家燦先察其情形已知其爲盜而
不敢言未逾時而卒燦先恐事洩轉生巧計到靖時家
謂其子追賊被傷致斃反勒百金以埜適有一匪賴十
三是夜亦被炮傷走至鄰村被鄉人拿獲縛交靖時即
解邑宰宰以盜刦必有內宄嚴刑細鞫始供繼遠串引

行刼宰即核其作線擒拿役至其家知繼遠已被炮傷身死矣覆宰不信猶追尸檢驗始免究淸時至是始知繼遠實引匪行刼致被炮傷命斃所被燦先勒銀百兩限日追回烱雄之妻霍氏曰繼遠如不歸去此場大禍已在吾家矣烱雄曰不然禍福無門惟人自召使繼遠而在我家斷不至爲盜而烱雄自見繼遠死後心念俱空轉以無子之累爲快不意其妾年逾四旬忽舉一子夫妻大喜名曰繼達霍氏珍愛之朝夕保抱一刻不離彌月之日族親皆來慶飲酒後明九求食於門外烱雄命妾酒饌有餘者多施之明九感激食畢入門稱謝曰

翁尚欲見長郎繼盛乎。霍氏罵其狂。明九曰。焉敢妄言。貴長郎實尚在人間也。死塟之夜。吾扛至岡邊。覺動。啟視已甦。即欲抱之還。吾一念不仁。利其手足銀物。而盡脫之。歸來恐責我物。故行至江濱。置蛋戶洪義材船艙而走。義材得而養育之。名曰正嘉。今已娶妻生子矣。自義材死。貴長郎即投營效力。遼東之役。得邊安奏績。三年內拔陞蘇州參府。吾以。外此事別無知者。梁翁盍見之。他父母之恩。未必肯忘也。炯雄曰。他未知生初之因。恐以我為誣。則反辱矣。明九曰。吾能為證。且蛋母尚在可稽也。炯雄曰。子果能證。盍為先容乃可。明九唯而退。

越旬日。九至蘇州。請叩見參府。兵丁以流丐呵逐之。明九以有機密對。纔通知。參府乃召入。參府迸左右。詰其詞。九以來由備述。參府曰。吾自有父母。敢以妄言誑我耶。九曰。本是大人雙親。與小丐何涉。不過以大人身居參府。已報君恩。而不能報親恩。不忍陷大人於不孝之愆。用敢相告。參府沉思良久。曰。然則有據乎。九曰。請密質之太夫人。大人果其親生。抑或得之自船上者。況聞滴血可立辨。請大人試之。如敢誑言。甘自抵罪。參府正聞人言。鄙其蛋戶出身微賤。竊以爲恥。今聞有父母在。喜之而信疑未決。命明九暫住。卽入內。叩其母。曰。兒聞人道及兒本不知其來母偶於船上得之以養是耶否耶果爾則古人有言曰大德之子必異其生兒所以有今日也母黄氏聞言喜而直告參府曰今聞兒父母尚在欲接以俱來俾同安樂方不負恩母意奚若黄氏曰旣知父母所在卽當知恩報恩何必禀命參府出復謂明九曰如敢誑我罪所難容九曰殺身所甘受也參府乃密備舟車卽令明九帶引歸家迎接來署以辨眞僞及抵家燗雄喜動眉宇鄰里皆驚異爰辭别鄉族易衣履偕妻妾以往入門相見參府覺自己形貌體格與燗雄相同旁人一見而知其爲父子者乃細細究出情由

悲喜交集。參府即肅衣冠參拜。時已有子。名秉鈞。即命妻子出堂參見。並養母黃氏俱來。相與一堂慶話。郎收明九爲捕兵。烱雖如在夢中。驚喜對妻妾子媳言曰。吾以爲自了一生而已。不意猶能食福也。後參府請旨准復原姓。挈眷榮歸。謁祖。始得與族老子弟聚會。不啻再世重逢。更爲之創祠宇。修祖墳。設義學。恤孤寡。燦先愧絕。閉戶不敢出。小人枉作小人焉。

不肖之子。已入嗣其家。幾至有玷家聲。爲家庭之不幸。乃既來而復去。幸中有不幸。不幸中還有幸。獨惜日暮途窮。情傷似續。未免夫妻酸楚耳。不謂枯楊生穉。弄璋再慶。並已死者忽而復生。且官居顯貴。祿食全家。耀祖榮宗。休祥疊逐。可見夫以忠厚居心。妾以婉順爲正。當憂疑之境。已定其爲福厚之家。所以作孽者之非其子。而食福乃其子也。任受機詐。天故厚於報施。冥冥中豈無主歟。

第二條博聞錄

總論

聖諭廣訓曰。夫家之有宗族。猶水之有分派木之有分枝。雖遠近異勢。疎密異形。要其本源則一。可知宗族之大。或富或貴。或貧或賤。強弱更有難齊。而皆一脈相聯。富貴者不得以貧賤而欺之。即強盛者不得以微弱而凌之。何也先祖之愛無差等。何有厚薄之分。彼既弱而反虐之。地下之靈。能安焉否也。況椒蕃瓜瓞。祥發有時。應運而興。惟有德者能鍾其秀。又安知賤者弱者。不可以丕振家聲也。夫勢之微者。莫如孤寡。當其門庭冷落。撫境凄零。皆以爲傾覆之可慮。忽而微者反盛。弱者反强。家運崛興。人文蔚起。不特光昭于祖考。且崇族藉以分榮。觀者莫不另眼驚奇。以爲自天祐之。而不知實由人事以維持之。乃信修德獲報之不可量也。

苦節保孤

廣東廣州府香山縣。有節婦陳氏。乃處士何天祐之妻。原富家女。年十八而字。甫歸門。見無翁姑叔伯姉娌。且鮮期功親族。知是丁稀。心竊憂之。不敢豔妝以蕩夫志。衣履裙釵。皆樸儉自處。朝夕勤操作。夙興夜寐。事必親爲。不遣婢僕。不輕言笑。夫嫌其簡默。竊問之曰。富家兒女。不識饑寒。性應風流瀟灑。賢妻何淡漠若是。陳氏曰。風流者妖孽之媒。姆訓嘗言之。從來促夫之壽。絕夫之嗣。敗夫之德。玷夫之門。由於風流孽婦之慾敗度。縱敗禮也。郎君衣食豐裕。而家祚寒微。正當勤儉修持。乃爲保家之本倘欲流于奢侈豈家庭之福歟其夫天祐聞言感服自此相敬如賓陳氏至二十歲忽舉一子名純甫夫妻視若掌珠奈嬰年多病經氣絕數次夫妻徬徨時有房姪何玖歷佃其田踞耕拖租積欠租銀百餘兩約期某日交租銀二十爲醫子之需復逾數期天祐以兒子病亟需銀調理着婢往討何玖酒後狂暴謂婢逆言干犯將婢痛毆血流天祐聞知夫妻奔前勸解玖反誣其庇婢毆姪逕將天祐推倒再舉棒欲毆陳氏攔阻並被傷額衆畏其兇不敢救阻有族老何廷贊喝族人執至族祠責其以卑毆尊之罪天祐尚爲之庇護婉詞

求恕廷贊曰姪毆叔嬸不可爲訓若猶姑息何以杜效尤遂以家法懲責之而何玖尤加忿恨朝夕詈罵天祐扃門以避廷贊聞之復欲以官法懲治天祐曰妄人若當空之火還須聽其自滅如激之生變必讐恨彌深是猶栽荆棘於門庭耳廷贊乃止

祚薄丁微門庭落寞雖有貲產未足爲歎幸獲賢婦勤儉操持且深明大義居然生子喜卜昌熾之有基不謂以卑陵尊忽遭横逆非和能忍辱不難禍起蕭牆可知處邦族之內比處世爲尤難而不知正爲其難乃見善人之用情忠厚也

迨何天祐之子。至三歲。病始痊愈。夫妻稍慰。不意天祐忽然一病。沉疴屢醫罔效。霎時氣塞。妻倉皇失次。跪地呼號。頃刻復甦。謂妻曰。奄奄至此。恐旦暮即要分離。然大丈夫視死如歸。雖死何惜。賢妻節義堅貞。吾可無顧慮。惟望善撫孤孩。俾宗祀有賴。九原當默佑汝也。陳氏曰。呱呱小兒。自當苦心撫養。但慮惡姪貪婪。郎君在日。彼尚欺陵。況寡婦孤兒。何能禦侮。當必有所託。方保無虞。天祐曰。族叔廷贊。正直可靠。即爲我請之來。吾當附託。庶可無虞。乃遣婢邀廷贊至。一見天祐。驚曰。旬日不見。何形體若是。天祐曰。今日晤談。此後恐難相見。故請叔父到來一訣。並欲有所託耳。言至此。暗淚偷彈。廷贊曰。賢姪心腹之處。吾亦洞悉。幽衷不妨剖說。時陳氏亦抱其子在旁。天祐指其子。對廷贊言曰。寒門單薄。遺此煢煢。叔父以爲可憐否。言之哽咽。欲語難宣。陳氏亦泣曰。心中事。趁此直陳。悲咽何益。天祐曰。房惡縱橫。叔所知也。尤恐將來狠肆鯨吞。不能不慮。今欲將產業所有租項。求叔父交出族內。託管理。代收其租銀。族占五分之一。餘五分之四。交回家內。爲日用之需。若我兒成立。至娶親後。則將田產歸回我兒自行掌管。未知族中肯爲我代勞否。廷贊曰。若此則房惡不能强佔。族人亦藉此沾益以增嘗祭之項。兩獲便宜。諒族人未有不喜諾。吾必盡心爲賢姪料理。不必憂疑。天祐乃將田莊租項逐一指明。翌日而逝。陳氏年二十二。純甫僅三歲。殯葬之後。朝夕哭泣。廢寢忘餐。其子忽而復病。何玖聞其已將田租總交族中掌管。心愈忿激。遂對房親唆攛。謂陳氏以廷贊爲託孤之重。反將吾等親房兄弟陌路相看。然彼所恃者有兒在耳。若能斃其子。則彼遺產業可悉歸吾等房屬之親矣。衆聞亦忿。知其子復病。已延某醫師調理。遂各要於路。見醫生至。謂其子純甫已死。使不必來。醫生以爲然。即回去。次日陳氏以醫生不至子病

愈急望切雲霓遣婢催請並屬與偕來迨醫生至陳氏問來何遲醫生告之故婦始知房惡狠心欲置其子於死地將以謀其產也

夫死孤幼而多病房親不爲之愛護反欲速其死絕其嗣而肆其虎噬之貪用心亦險矣婦遭此慘毒如若境復加以危境使操心慮患無一息之可安非真有堅定之操應亦萬難處此

幸純甫病愈陳氏尤恐陰謀竊害禁之不使出入而貪暴者又屢使人暗奪其志陳氏以正言拒之然慮羣小不靖則禍患終無止期思所以杜之乃竊計房內各家

子弟。稍有聰明材質者。先後各邀其父母到屋。密囑之曰。汝子固英明。不栽培深爲可惜。即授以書金。使教之讀。曰。俟吾子純甫長成。即附貲與汝子合謀生理。然勿洩人知。免生妒忌也。或邀其兄來。私告之曰。汝弟生成渾厚。吾鍾愛之。將欲爲吾子之託。須多教數年。每年脩金吾代爲支理。待吾子長大。附以貲本。俾攜帶吾子營生。然慎勿使人知。族中子姪固多。吾不能一一加意。以待也。又及年節。察其家果窘急者。陰以相恤。皆令勿洩。各受其情者。皆以爲陳氏獨厚於己。久之貪暴者漸忘形迹。和愛相親。而陳氏每年動費多金。更自衣敝衣。日

餐蔬糲使人有所觀感人以其儉已以施人尤加愧服時何玖雖欲挑唆串害而附和者無人陳氏至此始得密弭其患

少年寡婦當此羣惡欺侮肆志侵陵若虎視之眈如蠶食之漸其財其子不啻危巢之卵勢難保其萬全乃密濟房親使各沾其惠在陳氏以爲弭患彌縫之術而不知睦族之道不外乎此故得潛移默感而忿戾漸銷然用心亦良苦矣

陳氏以親房貪暴稍定每歲田租藉廷贊代理家事稍安不謂廷贊數年後忽病而死陳氏哀痛失臂助貲以

若節保孤

塋。幸其子時已長成。至十七歲。爲娶婦鍾氏。婦入門孝順。甚得姑歡。陳氏以爲安樂。正欲取回族中所代管田租。交兒子經理。又恐少不更事。故猶未決。豈知娶甫一年。其子純甫暴隕。陳氏與媳慟哭失聲。一日昏倒數次。祇得備棺殯塋。塟後姑媳靈臺相對。淚不停流。晚各歸房。偷聲飲泣。竟連日晨昏顛倒。不知晝夜。鍾氏乍覺形神彷彿。腹裏空虛。始悟家姑陳氏已數日不食。至此必然饑渴。乃勉強起來。覺樵樓四鼓。潛步出厨。將欲弄飯。又恐家姑哽咽難吞。乃並炊粥兩甌。請家姑起食。行近房門。聞家姑猶暗裏悲啼。聲聲兒子。連鍾氏淚隨聲下。

然無奈隱忍喊姑啟門覺其頭鬢蓬飛衣襟淚濕鍾氏曰婆婆太苦悲矣粥飯早已炊熟請婆婆強飯加餐須飽食以保元氣陳氏曰吾食難下咽不必強我鍾氏跪地哀乞陳氏始肯將一粥一飯强喫小匙食已鍾氏站近榻前多方慰解且告孕將五月或藉祖德之靈猶冀香烟有賴耳鍾氏一向羞不敢言姑至是聞之喜懼交形以後稍有憂悲姑媳互相慰解及遺腹果生一子相破涕為歡乃命孤子名世睿僅兩歲鍾氏又一病不起婦自知不濟請姑至身邊與之訣曰媳婦只望兒子成人相與堂前侍奉不意孫兒福薄反累婆婆保抱提攜

但望小心撫育恕媳婦不孝未能報德願他日世睿長成以報罔極深恩耳正言之下聞其子在外啼聲鍾氏更感動悲情泣曰求婆婆抱世睿前來俾媳婦得見兒子一面死獲心安其姑曰抱伊前來反動汝悲感不若待媳婦病愈之後然後旦暮懷抱未遲也鍾氏苦苦必求一見陳氏不忍卻乃抱其孫至身前鍾氏以手摩挲滴淚而言曰我兒從今一見此後難逢汝娘命薄不能撫汝成立他日成人必當報恩於祖母兒經生成耳鼻自當知我言也言罷大哭忽而兩眼睁開氣塞欲絕陳氏叫苦呼天手足無措乃抱兩歲孫兒教其伏地哭送

而逝旁觀者莫不淚流陳氏頓足搥胸忽然倒地救以湯藥逾時始甦醒來觸覺孫兒復放聲大哭又恐孫兒驚着祇得忍淚將媳婦早行殯葬

十餘載維持調護業產圖全危苦備嘗撫養成立此中孤苦零丁艱難萬狀不堪回首不謂娶婦後子媳輪亡徒遺孕子嬰兒無母形影堪憐其撫境之淒涼比囊日之苦爲尤甚陳氏之百端磨折由于家祚之替零必使危而能持顛而能扶所以厲其堅貞之節耳

陳氏自媳婦歿後每聞孫兒渧泣嚶嚶喚母之聲慘如

刀刺。旦暮必親自提攜。不敢稍離。惟自子媳婦婚姻喪葬。連日破耗多貲。又自廷贊死後。族中所代理田租。復被拖欠。家需漸急。自顧皇皇。房親之貧窮者。不暇周恤。所望出貲與其子經營者。已皆失望。世情冷煖。至此漸疎。貪鄙之流。又復囂集。有欲甕其孫而利其產者。有欲懸其田而噬其業者。陳氏察得其情。時刻兢惕。一夕青燈寂對。孫方啼泣。瞥見人影自房門而入。小婢亦見之。疑是賊矣。燃火搜尋。杳無迹影。心甚驚異。次夕亦如之。陳氏忽悟曰。得毋兒媳歸來耶。卽到靈前炷香祝之曰。兒媳果靈魄歸來。冥冥有知。當護汝家。佑汝子也。泣次

夕意其靈影復來焚香以俟忽雄雞頻唱時更籌二鼓
新月初沉連數夕皆然粵俗諺云入夜雞鳴聲太早一
更防火二更盜故陳氏心倍驚疑因撫孤孫每夜子時
必焚香禱天以祈神佑又越一夕婦剛跪在天塀炷香
祈禱忽聞戶外敲門甚急婦問是誰外答曰請嫂開門
有事相告婦認得是族内兄弟何榮在鄉當防夜巡丁
者遂啟扉以入即問何事何榮曰是嫂嫂深夜參神將
香枝遍插街衢否婦曰現亦參神但炷香於家並無出
外何榮曰然則必夜盜謀刼汝家把香枝先由街衢閘
邊插至汝街門首此賊匪暗記也然事急矣嫂嫂即當

迴避吾等亦預備提防也婦出視之果見巷內一路香枝插至自家門前而止不覺神魄俱喪不顧財物恐人擄孫索勒先抱世睿由後門奔出村後密林以避俄聞鳴鑼喊賊陳氏又恐追賊至心膽都碎直跑出江邊忽失足下水自謂必死不期如有物附得乘以濟湧過小河幸而不死然已衣裙盡濕矣遂乘夜奔至母家將衣裳轉換備述來由忽見家內兩犬全身已濕婦始悟得湧以渡河者藉雙犬之力翌日其母遣人喚其婢來說家內財物被盜盡掠盜猶問安人及小相公何在吾委言不知盜尚遍尋小相公不見乃祇刼物而去陳氏聽

知復捶心痛泣

靈魄出現。雄雞妄啼。劫盜之來。神鬼早已達其情。不啻吉神擁護。余陳氏醒之未早耳。不有雙犬。雖免兕殘之險。難逃滅頂之凶。犬之大義豈淺鮮哉。然陳氏有是節。宜犬有是義。物雖異類。儼若德居有鄰。將興者必有禎祥。余謂義犬卽其兆。

後聞結盜夜劫者由族惡某勾引。實欲乘此奪其孫。將以圖其産也。陳氏聞知。不敢[illegible]案。亦不敢歸家。就依母家潛住。後數年。族惡某終以盜案定罪。黨皆被獲。婦始敢攜孤孫還家。顧出佃之田。多被瞞悪租無所獲。並田

苦節保孤

宜夢萄昂枝

無所歸。陳氏問之。言謂已被水沖缺。蓋香山海外沙田。多桑滄變易。彼耕者藉此影射。欲將陳氏田畝瞞吞。陳氏不服。而何玖歷年霸耕之田。居然視爲己物。陳氏歸家後。田產被懸。日給難支。且有稅無田錢糧催急。迫得求官復產。至是辛勞艱苦。十倍于前。無可如何。夜則明燈和淚。教孤孫誦讀。日則隨時傳訊。奔走公庭。歷十五載。始得復還產業。孤孫世睿。以垂髫補弟子員。飄搖稍定。巢卵得完。陳氏年九十餘。曾孫述忠。述瓚皆舉孝廉。述鉉郡庠生。陳猶康健。述鉉之子吾騶。萬歷己未進士。翰林院編修。官至文淵閣大學士。

天地之道。剝極必復。否極必泰。乃循環之理。即自然之機也。然當剝極否極之際。培根養節。正任斯時。宜盡人事以補天。順天時以俟命。不觀諸木之有本乎。當嚴寒冷落。折其枝。敗其葉。又加冰霜風雪以鍊其精華。而不知嚴寒之凋剝。正爲春陽萌發之機。夫栽植者正宜于冰霜風雪時。而加意培養。迨元陽暖復。茂發倍盛于前。鑒諸十年之樹木。百年之樹德可知矣。陳氏以一少孀兩代撫孤。頻年守節。歷强徒之刼害。任貪暴之欺陵。境愈苦而節愈堅。勢愈危而心愈固。終得身歷康强。遐齡壽考。椒蕃衍慶。綿世澤于簪纓。蘭桂騰芳樹家聲於台鼎故天之生物。必因其材而篤焉。方信修德之必獲報也。

第二條博聞錄

總論

翁志琦過田氏紫荆里詩云田氏荆花沒草萊春風猶見紫荆開願攜當日連枝種分向人間處處栽其意竊歎晚近世情不明古道安得八萬四千廣長舌逢人而勸導之使均爲好兄弟也不得已而借喩於草木焉其寄托甚深其用意亦良苦矣兄弟不和交友無益推而至於宗族何莫不然

廣訓曰雍睦未昭卽孝弟有所未盡是則須明其一本九族使之一脈相親卽有口角微嫌讒言虛語均

宜捐卻而勿聽。毋以貴陵賤。毋以富欺貧。遇輕薄族人。讓他一著。遇強橫兄弟。饒彼幾分。一則可以省鬬爭。一則可以昭雍睦。庶無傷乃祖之心。自無遺父母之憾矣。

難兄難弟

道光年間龍門縣葉瑞賢少失父母妻陳氏家貧作小生理謀生其弟應賢年尚幼靠兄嫂爲活瑞賢友愛備至并屬妻善視之曰吾親已往至親者惟有弱弟必使其身體光潔食息均安纔可慰父母於九泉盡兄嫂之道也自是教養數年適生意獲利甚微家口漸多支敷不給應賢知之告兄曰弟性愚功名無分且家貧讀書費財累兄不安瑞賢曰吾非不知但多讀兩年覓食較易本非爲功名也今不讀意欲何爲曰兄店中招一外人爲伴必須飯食工錢弟當是役非兩便歟瑞賢喜其

有志允之從此兄弟協力同心生涯頗好應賢知兄艱苦無不認眞數年來餘溢數十金乃娶弟婦甘氏因房屋隘小別賃居之且曰弟今長成有用吾心始稍安耳應賢感激不勝而甘氏連舉子女數人常勸夫竭力以養家並酬兄嫂恩德

欺陵弱弟覇占家貲自己境遇亨通兄弟窮途莫訴不爲一顧反存冰炭之心宇宙中何止恆河沙數葉公則克敦友愛念父母之遺留誘迪其妻天倫共篤以養以教勉力維持授之室家稱爲分內俗謂長兄當父長嫂如母若瑞賢夫婦者誠不謬焉

無奈世事變遷。天心難問。適而瑞賢一病不起。醫藥無靈。應賢服事殷勤。不離左右。瑞賢反覺過意不去。曰。弟雖愛我。惟生涯一家所靠。照管爲重。幸勿以余爲念。應賢對曰。錢財失卻。可以復得。兄無憂。生意輒前更勝。顯安心調養焉。其實店已歇業。生借無門矣。并囑嫂不宜以現前情境告兄。恐兄憂而添病。己則憂心如焚。自思生意雖無。吾兄尚在。則可互相勉力。倘財盡而兄不瘳。債將何償。況衆口嗷嗷。不覺潸然淚下。甘氏詢得其情。慰之曰。君無憂。吾有首飾衣物。典之可供藥費。且兄弟妯娌結在生前。非有大因。何能遇合。況汝兄嫂如此好人若遇難料之事妾與君努力任之倘更支持不來順天聽命而已斷不忍自安飽煖膜視姆姪饑寒也應賢躍然起曰賢妻深明大義吾何憂焉即持各物而去

甘氏深明大義侃侃數言血性中流出也方以類聚物以羣趨有其兄則有其弟有其夫則有其婦上行下效草偃風行殆亦濡染於平時者耶昔人謂祇緣花底鶯聲巧至使天邊雁影孤若甘氏者不足爲其誦矣

瑞賢見病久傷財醫費甚鉅不悉弟自何處籌來暗詰其女曰叔終日何爲常在店否其女名英已十歲對曰

叔竟日奔馳店已掩閉久矣瑞賢嘆息曰吾知弟顧義不顧財前言慰我也亡何應賢返甘氏亦來適討債者大聲呼應兄此項如何著落奚付罔聞瑞應賢出婉辭以對甘氏惟恐伯聞倍憂別辭欲亂之頃而應賢入坐牀隅撫兄問安否兄曰今又增一種心痛料難於人世矣忙問之惟長呼不答應賢會其意曰適友人詢我要銀否我約以尙可撑持毋勞念及其友謂如果要用不妨告我緣見爾兄好人事必須勉力調治特爲汝謀他時有則還我息可不必計也兄何慮哉瑞賢搖首不答淚溼枕邊夫妻知所以安慰百端陳又復多方譬解二

子一女。復啼哭不休。病者倍增重矣。瑞賢自知不免。執弟手哽咽語之曰。弟之道已盡。我死可無憾。但爲兄待爾未盡分毫。從茲離別。無日相逢。或俟來生報答弟夫婦大德也。然弟一生能於倫理盡道。誠恐我往後嫂姪累爾。心何安。乃垂淚語其妻曰。我死後。汝極貧無累二叔也。因其人食衆多。自顧不暇。加以累之。兩家恐成餓殍。況病時步金藥費。諒其搜索一空。拖欠不少。安能再爲護持汝其勤力女工。或賣此女度日可也。陳泣咽無以對。子女立牀前。求父勿死。瑞賢目之。心倍悽惻。訓其二子曰。二叔爲父費盡苦心。汝父不能再留人世。以酬其勞汝兄弟成人富貴憂樂與叔嬸共之見叔如見我待叔如待我也兩子尚嬉笑父前其女略識人事泣下兩行瑞賢與家皆哭頃而瑞賢死矣應賢號呌欲絶其嫂哭慰曰叔待兒可云至極渠死諒不恨但家徒四壁爲今之計究竟如何於是叔嬸夫妻茫無主意鄰有見聞者亦爲酸鼻

應賢以義爲重以財爲輕雖得委曲周旋欲兄常在辛勞不顧念切同胞瑞賢則感弟深情屬妻自顧誨子以義聊盡厥心惜乎天限以年腸真似割死如有知必長懷報弟之忱也是弟是兄亦宇宙人倫之鑑

豈待唐主以魏徵爲鑑哉。

應賢對曰。嫂勿悲慮。兄弟之情。當盡於今日也。必竭力打算。以慰兄心。遂歸密與妻商量。奈屢思無計。既而泣然謂妻曰。并無生路。不如將己女阿顏。接與富家。得銀理兄身後事。賢妻以爲可否。甘氏不答。又曰。舍此再無別策。況嫂姪數口。亦靠於吾。去一人。省一口累。且女生外向。或入了富室。將來婚配。勝在我家。未可料也。雖然骨肉分離。我亦不忍。但事勢至此。無可奈何。報兄之恩。獨此而已。何躊躇不決耶。妻泣曰。君以大義責妾。於理誠然。但此女安能舍得。應賢多方譬解。且曰。事不宜遲。

并不可使汝姆知知之必不安也乃將女攜至村頭洪
富翁家洪翁者生平樂善好施素重應賢兄弟之爲人
問之詳細贊美不勝有意周其困急乃曰汝因楚兄鬻
女未審妻果從否應賢謂夫妻均已商妥翁勿疑翁曰
不然必汝妻來始可交銀立劵也賢喚妻至翁舉其夫
意告之問允否甘氏泣對曰我夫兄弟怡怡今因無錢
楚兄乃出此舉妾何敢有他願格外施恩多賜幾兩使
伯安於泉壤則一家感戴翁聞之仰天嘆曰世間婦人
大都利重義輕唆夫薄兄弟者吾始意汝夫友愛不期
婦人亦如此其難得也然則援二十金足乎應賢曰求

方便四十金乃可翁曰用何奢應賢曰想兄既死以後不能再見即他日其子發達亦祇封誥之不能再起而厚葬之也不於此時略爲從厚則萬世抱憾焉所以棺衾需二十金山地各費亦二十金如是尚不能以對吾兄敢更薄乎願勉相就翁曰愛兄情重吾慰汝心竟與四十兩收其女爲婢夫妻攜銀返與嫂備辦各事旣葬嫂問何處得金應賢權詞以對嫂亦信之後乃聞街上人言應賢賣女葬兄千古罕有其妻毫無悔恨亦算絕頂好人唧唧稱賞

有非常人然後有非常事有非常事然後彼蒼乃𠠘

以非常之福○竭力埄兄○世情或有○不賣姪女而賣己女○并不使嫂知○夫妻同心○雖則庸行之常○亦算奇人奇事○

其嫂陳氏聞之○詢甘氏曰○姪女阿顏○今往何處○甘氏泫然飾詞以對○謂連日事繁○著其往外婆處○陳氏曰非也○汝實賣女○辦喪○令我安能過意○甘氏曰○嫻何出此言○陳大哭○甘亦哭○陳女英亦哭○陳諭女曰○嬸將汝妹顏賣與洪翁埄若父○汝爲親女○反安然在家○當愧死矣○相對悲啼○適應賢到○安慰再三○嫂反大哭不已○賢不悉何意○謂姪女曰○汝母何哭○豈爲少柴缺米乎○有叔在○可以無憂○

英曰。非也。祇因阿叔賣阿顏。塟我父。親自愧母女非人。累叔及妹。是以哭耳。嫂亦對曰。叔爲我家累至十分窮苦。至若賣女。不與吾知。一片苦心。愧無以報。令我安能止淚耶。應賢自知難瞞。乃曰。兄猶父也。古人有賣身塟父者矣。況賣女乎。嫂勿置懷。倘哭壞嫂身。反使叔擔憂不淺。若果報我。且勿悲愁。勉力撫孤。使吾兄安於泉下。是即報我也。乃各止淚而退。是夜陳氏與女婉商。謂使不以英易同阿顏。難以對叔。嬸且無以對顏妹。母女同心。恩義兼盡。次早往見洪翁。願以英易顏。翁方驚異。而應賢又到。謂嫂曰。姪女可以幫作女工。相依爲命。吾女幼而無識。得人富家。十分欣幸。無容易也。陳氏曰。吾求因我夫拮据已極。又累汝女。不惟我不安。先夫九原諒難瞑目。叔又胡爲阻者。彼此相推。久而未決。時翁之婦在旁。爲之下淚。勸翁曰。世間兄弟。祇有相爭財產。世間婦人。祇有薄待叔伯。今彼一家兄弟叔嫂嬸姆夫妻。知有義不知有財。知有兄不知有己。實曠古難尋。世間少有。翁何不成全其志。使二女俱還。亦算一場陰功也。洪翁欣然從之。乃出其女。焚其券。謂之曰。汝嫂汝妻。均屬難得。我實喜而憐之。亟攜女去。不索汝值。汝家孝義如此。無憂長貧也。應賢尚躊躇。卻立旁人皆曰。翁富而好必無須推讓速謝之賢乃稽首攜女而去。洪富翁夫婦爲應賢叔嫂感動。亦緣平素惻隱爲心。故一觸難禁。若守財之虜。刻薄吝惜。任爾苦哭悲啼。反遭斥駡。安有慨然焚券。使之攜女而返哉。自是陳氏母女勉力女紅。不勞二叔照顧。但一家四口。時或衣食不足。應賢常饋與之。嫂每不受。一日買米五斗。屬甘氏曰。每送與大姆不受。或疑汝有異志。汝當親自送去。甘氏欣然而往。陳氏曰。汝家人食太多。小小生涯。難敷日給。何必强爲。吾尚堪自顧。無勞費心也。甘氏曰。吾家男子打算還易。阿姆婦人不宜固卻。卒不受。置之而去陳氏着子女挑回以後彼此暗安無奈禍不單行陳氏屈抑傷肝竟盲兩目應賢多方醫理不獲見功勸嫂萬事拋空有叔在堂大家扶持日時為照護嫂亦無可如何雖欲守夫遺言不可得矣應賢夫婦日夜辛勤幾難度活兼而紅匪肆擾薪桂米珠饘粥不繼尚恐其嫂悲愁勉籌升斗致送嫂曰我雖盲於目而不盲於心當此災殃叔已自顧不暇安能給米於余嫂姪命際其窮雖餓死亦平常事無勞記念我等也應賢曰要死大家同死安忍嫂姪獨當不受米同往吃粥如何嫂仍欲卻爭奈子女啼饑勉從之日以為常有時粒米維艱共

食不能共飽。夫妻豫為商酌。令嫂姪先食。有餘始及己與子女也。嫂至詐云已食。陳以為然。奈小子肚饑。見粥欲食。夫妻暗駡其子。為嫂竊聞。謂汝一家未食、謊我先飽。於心何安。必大家同饑飽。否則甯可餓死耳。夫妻百口辨之。終不信。嫂去後。復責其子女。以後不許高聲喊餓。子女哭應之。翌日復邀嫂啜粥。嫂力卻。再三請之。嫂乃密屬子女曰。要知二叔艱難。人口多衆。他常減食。與我等充饑。祗可食其半飽。英宜監責諸弟焉。英唯唯。扶老母攜幼弟而往。陳氏曰。須副前言。大家齊食。應賢勉從。而其子女常為父母所限。此日偶得伯母司權。樂不可勝各持盌如長鯨吸川彼誇曰我食得快此詡曰我食得多十盌亦能食之或有以箸擊盌或有以指敲檯應賢聞之不勝煩惱竊謂小子不知覓食之艱忿然欲責甘氏止之曰幼孩不識若遽責必傷姆心雖則先言教他轉眼何能記憶細想豐衣足食之家未饑先飯飽亦強之我家貧苦如斯捱饑屢屢無怪忽然得食歡笑開眉於兒女何尤實爾我命運所招而已言已暗哭不敢張聲陳氏子女謹記母言半飽即云已足歸後女告母曰叔嬸背地偷啼其言如是陳氏流淚默默轉訴於家堂香火曰叔如此待我夫豈無知何竟弗爲默助此

無聊之極愚婦人之常態耳而應賢日坐窮鄉嗷嗷數口不獲生財之道又無避債之臺凍餒淒涼窮愁孰訴乃向堂前而祝曰兄長生則英明死當不滅今嫂與姪度日如年了無長進惟願指條活路一見神通毋令餓死全家香烟斷絶言已悲聲驟發妻亦淚垂一而再再而三非一日矣書曰誠無不格又曰惟祐善人一夕應賢困卧牀中神遊夢境忽見一人峩冠博帶氣象森嚴緩步而來手撫其背視之兄也驚喜若狂反不能語兄曰弟夫婦盡道爲天所欽嫂姪艱難多方設法已則捱饑受苦心存寡婦孤兒鬼神相在爾室欽羡久矣豈獨

兄感激己哉。應賢轉喜爲悲曰。頃見兄服飾務常喜不可遏。今始覺兄己爲神也。但盡道乃弟之本分。惟今嫂姪艱難。弟遭絶路。兄忍膜視耶。兄曰。我來正爲此也。彼蒼謂余生前正直友愛。可風。授爲清遠城隍。弟之夫婦又能人所難。弟道盡到人極。若終窮困。難厲衆心。故著致言予弟。大福須記。於鄰宅廢園東南隅地有石板爲誌者。荷鋤掘之。富堪奕世矣。此財乃紅匪蓋藏。鮮人知者。上天留以福善人也。得財後。宜誨子姪讀書。當不止富貴延綿。更相逢於天上。言已。猛拍其背。疾呼而醒。告之其妻。尚在游移未決。侵早而姪女扶嫂至矣。互言夜夢之奇。大略相同。決意往發。忽見黃白纍纍。其數莫測。鄉人亦不忍分之。或有略占分毫者。即病。復之。乃瘳。由是置田園。建大廈。持銀謝洪翁。翁不受。相與爲忘年交。富甲一鄉。嫂日復明。未幾。子姪均進庠。遠近交稱友愛。各爲娶媳。媳之賢孝。各肖其姑。應賢叔嫂。夫妻老而康健。日受子媳之孝養。怡然若處天堂。念前日之艱難。今荷天恩之寵眷。無可酬答。乃力倡義舉。周急濟貧。爲善益力。而後嗣彌昌。今存三代五十餘丁。雍睦一堂。尊卑秩序。龍門縣中推爲望族。行人傳頌。今猶景仰不置焉。

兄友弟恭。夫義婦順。處順境則易。處逆境則難。而葉公則艱苦備嘗。不變其志。殆造物磨礪英雄。鍊成大器。或亦試其眞僞耶。乃兄也撫弟心勞。愛弟情篤。死作城隍。不快樂於生前。卒榮華於死後。天之待友愛者。亦云重矣。而弟也愛兄情摯。敬嫂義深。暫厄困窮之境。終膺富貴雙全。誥封而福壽康强。克家而媳賢子孝。螽斯蟄蟄。麟趾振振。彼蒼之厚報。亦重其倫常盡道耳。

廣訓曰。諸福咸臻。太平有象。胥在是矣。可不勗歟。引而證之。信有徵也。

宣講博聞録 第二條

聖諭第三條和鄉黨以息爭訟

古者五族爲黨五州爲鄉睦婣任恤之教由來尚矣顧鄉黨中生齒日繁比閭相接睚眦小失狎昵微嫌一或不誠凌競以起遂至屈辱公庭委身法吏負者自覺無顔勝者人皆側目以里巷之近而舉動相猜報復相尋何以爲安生業長子孫之計哉

聖祖仁皇帝憫人心之好競思化理之貴湻特布訓於鄉黨曰和所以息爭訟於未萌也朕欲咸和萬民用是申告爾等以敦和之道焉詩曰民之失德乾

餘以忿言不和之漸起於細微也易訟之象曰君子以作事謀始言息訟貴絕其端也是故人有親疏概接之以溫厚事無大小皆處之以謙冲毋恃富以侮貧毋挾貴以凌賤毋飾智以欺愚毋倚強以凌弱談言可以解紛施德不必望報人有不及當以情恕非意相干當以理遣此旣有包容之度彼必生愧悔之心一朝能忍鄉里稱爲善良小忿不爭閭黨推其長厚鄉黨之和其益大矣古云非宅是卜惟鄰是卜緩急可恃者莫如鄉黨務使一鄉之中父老子弟聯爲一體安樂憂患視同一家

農商相資工賈相讓則民與民和訓練相習汛守相助則兵與兵和兵出力以衛民民務養其力民出財以贍兵兵務恤其財則兵與民交相和由是而簞食豆羹爭端不起鼠牙雀角速訟無因豈至結怨耗財廢時失業甚至破產流離以身殉法而不悟哉若夫巨室耆年鄉黨之望膠庠髦士鄉黨之英宜以和輯之風爲一方表率而奸頑好事之徒或詭計挑唆或橫行嚇詐或貌爲洽比以煽誘或假託公言而把持有一於此里閈靡寧鄉論不容國法具在爾兵民所當謹凜者也夫天下者鄉

黨之積也爾等誠遵
聖祖之懿訓。尚親睦之淸風。孝弟因此而益敦。宗族因此而益篤。里仁爲美。比戸可封。訟息人安。延及世世。協和遍於萬邦。太和烝於宇宙。朕與爾兵民永
嘉賴焉。

博聞叁集

聖諭第三條和鄉黨以息爭訟

第三條博聞錄

總論

人生天地之間天地即與以自然之福田園廬舍樂土以居之父母妻子家室以聚之士農工賈事業以安之布帛菽粟衣食以享之人得一地以居安一家以叙樂得一藝一業以自處一飽一煖以自娛能隨時守分通塞安於所遇富貴待之以時則食德飲和敦仁安土何地而非樂境

聖諭廣訓曰由是而簞食豆羹爭端不起鼠牙雀角速訟無因豈至結怨耗財廢時失業甚至破家流離

以身殉法而不悟哉。乃無端而作非非分之想。求非分之謀。智者用術。勢者弄權。霸者用力。或陰謀詭詐。或暴戾強橫。欲以奪天地之權。獲眼前之福。卒致弄成顛倒。身敗家傾。是自舍吉以趨凶。求福以反禍。所謂天下本無事。庸人自擾之。何爲不思之甚。

構訟終凶

南宋朱夫子名熹字元晦婺源人貧而篤學著述爲一代名儒乾道四年歲不登民艱于食乃請郡守得常平米六百石爲社倉於鄉賑濟貧民鄉鄰賴以存活者幾千人及爲浙江台州推官有政聲民皆瞻仰時有小民姓易名立中者性奸詐善鑽營慣陰算詭謀愚弱者每隨其衙貿易于外家亦小康結納勢豪小貲不吝每自外歸祗到殷戶大家談坐市上有奇巧異物隨時饋贈巧于奉承迫浹洽情殷漸求借貸每以人爲魚肉人不及察輒受其愚

宣講博聞錄　卷一　第三條　五

小人用術無他。必外託懇誠。心懷詭詐。與人相遇。即改換一翻面目。令人難測肝腸。或曲意投歡。或假情結納。以求其所欲。不如所欲。則抛珠引玉。垂餌求魚。機幻百端。必遂營求之念。漸而交結權貴。藉聲勢以相依。暗算陰謀。強橫霸佔。小人之機械。如水火之難防。然水火明知其能害。猶先得而禦之。機械難窺其陰。密人不得而避之也。

有同鄉寡婦繆氏。原與立中之妻。親房姊妹。婦孀守無子。與立中妻時相往來。婦嘗被族人欺凌。姊妹相見。輒泣訴。立中知其夫在日。積有微貲。乃謂妻曰。汝姨無子。

老將何依且被族欺不若將其夫所存貲交我附入生
理猶能出息不致坐食終貧且免族人窺伺蓋爲孀婦
遠慮之謀初未嘗有歹意也其妻遂對彼媍說知繆氏
以爲心腹之託將銀二百交立中合夥經營不使族人
知覺立中更藉貲充本生理日興歷年撥本均息初孀
婦有媍姪陸可基少失怙恃早已出外傭工迨年二十
孀婦爲助貲娶婦且以其性情謹厚轉薦在立中店裏
傭工且囑曰吾惟汝至親將來多少家貲吾身後終歸
汝有汝能視予猶母予即視汝猶兒可基唯唯然附本
二百之貲猶不使知也可基固英明到店後事事檢點

不遺立中忌其才絕不使關涉數目越二年孀婦繆氏忽病可基聞之急歸家夫妻晝夜憂勞親侍湯藥迨病篤繆氏對可基夫妻言曰堂前香火憑汝夫妻事奉箧內存銀百餘兩吾殁後將以殯葬餘須薄置產業以為祭掃之貲吾向有銀二伯兩交與易立中合夥經營初不與汝知者恐汝性情未定未可遽信也此後總歸于汝須勤慎守成勿負汝叔勤儉所積也時立中妻亦在旁乃囑曰妹丈遠出不能當面致詞吾妹為我說知吾家業盡歸嫡姪前所合本生理亦交彼撐持妹夫相與營謀諸務務求訓誨然吾姊妹一生來往殷勤至此休

矣言罷而泣其妹亦爲之悲咽曰所囑之詞必不敢負我姊可以安心繆氏翌日而逝可基夫妻痛哭殯葬後可基回店將繆氏所囑生理情節對立中説知立中遽起無良立意吞噬曰吾雖曾與汝嬸借銀二百早已歸還尚何有銀合本此不過臨死夢譫之言未可遽以爲實可基曰尊內在旁嬸娘經當面囑託若吾嬸無銀合本何囑託之曰尊內並無異詞立中曰店事惟吾支理吾姊何知乃堅不肯認可基不服歸家邀鄉族理處直謂立中欺死瞞生立中則謂可基憑空圖賴各執一説辯論紛然但無無據可憑鄉族難爲分辨況鄉中貴勢之

家素與立中往來情密。即有知者皆緘默而不肯言。終莫排解。可基憤激。欲訟於官。其妻曰。鄉族不能爲爾辨。雖訟何益。不若置之不較。依然在店傭工。猶可度活。得失有命。何必爭意外之財。與人構訟。可基感悟。詰朝到立中家謝罪。且曰。孀娘臨死亂性糊言。吾誤以爲眞。請勿怪責。叔父如弗我棄。尙求依舊栽培。立中曰。汝孀既有二百之金。與人貿易。汝當訪知此店。便作東家。何必身爲人役。可基知立中不肯相容。迫得另投別店。

向爲寡婦握算經營。原憐其無夫無子。又被族欺凌。念瓜葛之親。相關休戚。其初本無異心。及至寡婦既死憑據無存突起一念之貪遂至天良頓喪皆由其平日立心詭詐縱能一時矯飾到底現出原形如虎自爲虎已有噬人之念雖未張口難保其終不食人從來貪財昧理人心狠似虎交可暫而不久人可近而不可親若辨之不早辨必終受其害所謂知人則哲自古維難也

立中竟將孀婦本銀並噬陸可基莫奈他何他更與鄉中貴勢之家交遊周密聲勢日大愈自心高氣揚忽作富貴之想聞有地師至立中邀其遍看祖墳並無可發跡者乃求其另尋吉穴無奈踏破嶺雲一無所得一日

同至山前。忽見一地。山迴水繞。佳氣葱葱。地師左右顧盼。乍喜乍驚。曰。此眞吉地也。不獨富致萬金。二十年內必連發科甲。但恐非多金難購耳。立中聞之。寸心欲癢。訪知乃同鄉胡朝鼎地。蓋欲將以葬其母者。立中知不可謀。而心愈急。晝夜設想。無計可施。乃先於山脚一派購地爲園。多栽竹木。園籬外與吉地逼近。以爲蠶食漸入之計。且僞鐫古碑。由籬內鑿地而入。偷出園外。將碑侵入吉地之下。埋之。遲數年。忽將朝鼎吉地栽植新木。朝鼎驚異。與之辯論。立中認爲先世所遺。反控朝鼎。冒認。朝鼎不能與辯。乃訟之邑宰。而立中亦訴詞。時朱文公爲縣令遂傳兩家到堂訊問兩家俱有舊券爲憑文公一時難辨眞僞翌日親詣踏勘繪圖而歸復傳兩造覆訊文公曰據汝兩家俱有舊券究竟眞僞難稽但契券之外兩家更有實據否朝鼎稟曰向是小民原地鄉里皆知立中稟曰此地實小民先世所遺不獨梓里可質且先祖尙存舊冊一本所有祖墳山地詳註冊內今此地所誌地下有碑石可稽文公曰汝先祖既藏有碑誌若搜無碑石便非汝地可不必爭立中稟曰恐碑石日久廢壞還乞原情文公曰石非竹木且埋藏地下不受風雨飄零何由廢壞若搜無石碑斷非汝地不容強

爭立中叩首遵示文公即核其帶引差役前往搜尋立中故意指非藏石之所搜無碑石再指兩處細搜俱無文公拍案罵曰汝說祖冊註明此地原藏碑石則有碑方是汝地無碑是汝誤認姑念誤認罪本無心本縣亦爲汝恕此後地歸原主不必構訟以敦鄉誼如再敢爭佔是有意刁橫本縣祇有按法治罪立中稟曰小民雖藉冊誌爲憑實未知確藏何所乞再容遍搜文公以所稟近理再搜果有石碑古字摩挲可認文公乃傳朝鼎慰諭曰本縣前經細認汝兩家各有地券均屬難憑惟地券之外汝無別據可稽他有石碑可證可知世遠年

湮汝實誤認今應判歸立中汝不須爭蓋鄉黨以相和爲貴人生以無事爲福若逞强累訟廢時失業惹出幾多事誤却多少功程易經所謂訟終凶卽此是凶也況一片之土所値幾何古詩有云一派靑山景色幽前人田土後人收後人收得休歡喜還有收人在後頭卽此可以看破不觀古今天地之大滄海成桑田桑田復變滄海百年前後多少變更汝沾沾爭此片土能保長守乎世界如電光泡影轉眼成空人生如大夢蜉蝣死猶燈滅古人有言人無百歲壽枉作千年計昔曹操銅雀臺高今日祇歸烏有秦帝石城萬里于今又屬他人唐

進士呂祖萬空歌有云。南來北往走西東。勘破人間悉是空。天也空。地也空。人生渺渺路其中。日也空。月也空。來來往往為誰功。田也空。地也空。換了多少主人翁。金也空。銀也空。死後何曾在手中。妻也空。妾也空。黃泉路上不相逢。大藏經中空是色。般若經中色是空。朝走西兮暮走東。人生恰似採花蜂。采得花歸成蜜後。到頭辛苦一場空。夜深聽了三更鼓。翻身不覺五更鐘。從來子細思量盡。都是南柯一夢中。本縣知汝兩人雖久已苦。姑恩汝暫坐堦前。本縣將此詞當堂錄出。汝回家玩味。則萬慮俱消。此後不必致訟。胡朝鼎性本篤厚。聽文公諄諄教諭。一片父母慈懷、不覺感悟、稟曰、蒙父台訓誨、小民性非草木。焉敢梗頑。即將此地明讓與伊、小民亦不敢搆怨結訟。於是叩頭願立具遵結。文公喜曰。若此方是良民。復諭立中曰。汝須照碑誌管業。不宜多佔。致生事端。立中亦叩頭感謝、然中心赧然、不覺愧形於色。朱縣令退堂、兩家各自歸去。

君子可欺以其方。猶象能欺舜。校人能欺子産耳。朝鼎讓而不怨。可見文公之德教如何。然畢竟欺人是禍。饒人是福。陳希夷先生曰。風水人間不可無。全憑陰騭兩相扶。富貴若從風水得。世間郭璞也難圖。昧理者。祇溺於風水之說。欲以先人之枯骨。博子孫之富貴。強爭狡訟。藐法欺天。勢必奪之以圖後來發跡。不知地理皆憑天理。逆天者亡。天將亡之。而地獨能昌之乎。蓋地之於天。猶臣之於君。婦之於夫也。若任其逞才弄巧。得此地便可以世代昌榮。是地獨主之。不問是非善惡。而吉凶禍福。皆聽地之所為。豈非臣奪君權。婦主夫柄。雖君為臣綱。夫為妻綱。亦屬無權。祇受制于強臣悍婦之手。彼蒼者天。自有主宰。而謂糊塗若是耶。

易立中歸家後。不數月。竟將父骨移葬於此。用石培砌。

廣闊墳堂巍巍然高立石碑使衆皆觸目以杜爭佔並
將新栽竹木刪去居然局勢堂皇人皆知其詭計覇爭
莫不煩言嘖嘖惟自葬後立中之境日興月盛不數載
家貲復增數千鄉里不平者多謂蒼天無眼朱文公去
任後隔十餘年因事重遊此地忽見沙水迴環山清水
秀一點靈氣所鍾築有高墳於此遂到墳前顧盼徘徊
依依不舍盡朱文公素諳地理宋理宗朝爲建陵寢廷
議紛紛不一文公特出議狀折盡諸家僞說獨標眞詮
因此地前到勘踏時却爲申理民情並無心于風水今
偶然見此吉地刮目驚心已忘乎日前所經判者忽有

老翁鬚眉皓白荷笠而來曰先生在此顧盼自高如別有會心者知必留心于風水請問此地吉乎朱文公曰一脉來龍盡結于此老翁曰然則富貴可許乎文公曰富貴大地得此福地必是福人老翁驚曰如先生所言是逆天者昌矣文公駭然曰老翁語何唐突得毋有不平之憾否老翁曰此原胡朝鼎地易立中謊計預僞石碑暗藏地下前任朱縣令被其蒙蔽竟將此地徧斷與他葬後居然致富夫謀人之財猶謂之盜法所當誅若謀人之地反得其昌天道豈非顛倒朱文公爽然悔悟曰前任朱令居官若何老翁曰朱邑宰清正廉明眞是

片言折獄惟此案則廉而不明甚於明而弗廉矣文公曰縣令不能明察秋毫一時爲易立中所蔽然鄉黨自有公評紳等何不到堂爲朝鼎一秉公道老翁曰世態炎涼皆以勢利相倚易立中素與權貴之家飲食往來受其情者雖明知立中不仁此時皆守口如瓶孰肯破除情面文公曰鄉紳縱不肯出頭老翁爲鄉黨耆成自當爲朝鼎聯名公辦免彼受屈難伸老翁曰鄉有紳而邑有宰尚皆任其所爲我等草野庸愚何能爲力文公乃命從人取出筆墨大書十六字於碑石曰此地不發是無地理此地若發是無天理老翁見之反覆再誦曰

先生此話眞當頭一棒筆可驚天能不令人悚髮請留姓名文公曰姓朱字元晦老翁曰前任邑宰與先生名姓相同昔者若得先生來宰是邑則高堂有明鏡此地不致易立中任作傀儡矣文公轉問老翁姓氏對以前村方氏說罷相揖而去是夕忽狂風暴作一聲雷响震地皆驚及早傳說易立中父塚昨夜雷震成潭棺木飛出山邊骸骨擲亂人爭往看見碑上十六字如電火燒成有謂天神書者有謂雷神顯報者及方老翁到見之大驚將昨日所遇斯人詳述一遍道及姓名究其年貌識者曰此即前任朱邑宰也昨聞因有事過此鄉人聞

之莫不駭異至今黃巖縣尚有雷震墳穴古蹟猶留物固有主如農夫妄作本非其田而誤栽以粟非其地而誤種以麻主人見之以其用其地栽非其苗種非其種將必薅其種拔其苗恐彼冒認已田以爲他有勢必然也況福人福地得之者惟大德之家天地主之鬼神守之豈由智術者奪天地之權隙鬼神之察乎然使文公不復來十六字不書則天地鬼神豈不任其瞞過不知文公之重來究問老翁之盡訐緣由烏知非鬼神使之乎天不能諄諄然說與人曰吾將震雷以聲其罪故特借文公之筆以發其奸使人

恐懼脩省雖知地理爲重究竟須循天理也

易立中見父墳已雷擊成潭乃收拾亂骨別葬荒山自覺赧顏羞歸故里此後長在外邊貿易有事輒夜歸來不意鄰店不戒於火立中之店亦被殃連一時手足徬徨着夥伴將貨物數本亂搬至故友樓房以避適孀婦之姪陸可基在友店傭工知其將孀娘繆氏本銀一吞而盡久已吞聲忍恨遂搜其舊部恰得一本孀娘當日附本合夥之數歷歷可指可基竊喜曰天理難昧天故攝其魂奪其魄留此以待我也密藏之火後易立中脩理舊店又復開張然一星之火已銷滅本銀數千矣陸

可基乃執簿勒追舊數易立中反惡言强辯可基訟於官立中尙恃財賄賂終被拘禁半載破耗多金無從抵賴逼得遵斷照數簿歷算繳交陸可基銀一千二百餘兩始得釋放還家自此惡名愈播市上絕與交易往來家漸替零生理歇業前所結納貴勢之家皆白眼相視不數年貲產蕩盡忽暴疾而亡其子無賴丐食於鄉人皆羞恥

物之取巧者成之易敗之亦易機之取巧者得之奇失之愈奇況福有定命申之自天非一物一機之可比豈由弄巧者可施其術歟天固安排有分人徒詭

詐妄爲。一旦起吞噬之心。財皆其有。百計圖風水之便。福立能移。以爲能奪天地造化之機。能弄鬼神莫測之術。而不知天能震之以雷。劫之以火。牢獄禁鎖。復能威之以刑。不數年吉地成空。財難終守。卒使銷磨家業。身敗而子亦流亡。報應之慘。非天更巧於佈施乎。

第三條博聞錄

總論

上古雍睦渻風。出入相友。守望相助。疾病相扶持。何有於爭。何有於訟。是故安土敦仁。飲和食德。爲鄉黨之至樂。實由鄉黨之至和也。嘗觀天氣祥和。則有景星慶雲以應。地氣祥和。則有嘉禾瑞麥以應。鄉黨祥和。則有人材傑出。功名崛起以應。然則居鄉黨之中。必以和氣相孚。不可以戾氣相結也明甚。乃自人心好勝。爭訟不休。至於亡身破家者無論矣。更因結此戾氣。感召天災。或瘟疫流行。或水旱迭見或凶煞照臨種種不祥皆由自召故欲圖安居於久遠必先和睦於鄉鄰有紛宜解有難宜排有貧困宜賙恤從此修德行仁雖處凶煞之塲不特遇災而無害且逕天眷之獨隆富貴功名操券而獲孟子曰禍福無不自己求之者益信此理之非爽矣

鬪煞

雲間張以成之父張封翁家清貧樂善好施捨而限於財然有益事必踴躍爭先使富者樂勸成美每得財必欲爲一善而後及私家致家屢空不暇計及遇疾苦窮急者或不能以貲贍常分餐以食解衣以衣人竊笑其愚彼則曰吾飽而彼獨饑雖飽非甘吾煖而彼獨寒雖煖非樂夫草木枯槁猶欲得而滋灌之況與我同類者而忍坐視其苦歟識者曰其愚不可及也嘗値歲暮窘急典衣以爲度歲之貲歸遇行者泣於道詰其情則曰適借鄰衣典以易米一家特食俱待我歸不意偶失典

貲。全家將受厄陳之苦。憐有母在。故悲耳。封翁爲之慘然。盡將典貲以贈。迨歸家。其妻太夫人曰。債主先已臨門久候。吾約待君歸。衣既典。復貲幾何。宜先分半償債。封翁乃將路贈泣者之情。以告其妻。曰。吾家度歲無貲。猶可緩策。第已約債主。將必復至。其若之何。翁曰。家尚有畜。可救燃眉。遂將雞犬攜市上。盡沽得貲濟急。翁一生樂善不倦。即此可見其心。故鄉人多敬重之。

曲禮曰。貧者不以貨財爲禮。況濟人之急。救人之難。責之貧者。不亦難乎。然世之吝於財者。分文不肯。及人祇以貧爲推諉。即非貧者。亦假以貧辭。鄉族中若此類者不乏其人而不知卽人情之厚薄可覘風俗之美惡焉惟樂善忘貧如張封翁者何啻人間生佛偶值秋旱田苗將枯鄉人憂之翁三日不食祈禱於神不雨復連日不食苦求甘澍且祝曰國以民爲本民以食爲天再五日不雨則遍壤皆赤何以聊生如謂氓該受殃請先以身代死情詞懇切鄉人皆感其誠竟五日內忽大雨傾注溝洫皆盈人皆歡喜惟鄰鄉滴涸不及而鄉外田溝與鄰村神廟之嘗田迫近亦微濡不及人以爲奇而鄰村以此田爲鄉廟祀典所關議開水道求讓溝水引灌嘗田以甦苗涸求之封翁翁許之歸告鄉

人皆弗肯翁曰天災流行國家代有天既被我以澤我不能以一升之水益及鄰家撥諸天理爲不仁揆諸鄉情爲不義逆人心即逆天道神其吐之倘天轉禍予惡知我不轉求於彼也翁反覆勸言鄉人亦弗肯恤鄰村竟因此挾恨謬罪封翁之鄉以覇佔官溝漲詞控縣鄰村本俗悍人强翁之鄉勢莫與敵獨封翁正大之名聲聞邑宰鄉人乃求封翁聯名赴訴翁曰曩信吾言何致構訟今被控而復求吾名以結怨吾雖不能爲一鄉善士亦不肯爲互鄉小人遂置之不理鄉人怒曰吾衆豈眞藉汝耶咸謂翁袒護鄰村交相惡怒欲將翁逐出鄉

并凡鄉事不與焉。翁素與族和。故族抱不平。為翁爭控。鄉人亦莫奈翁何。迨訟事既明。田溝不致被鄰村爭奪。鄉人愈恃勢惱翁。且立分畛域。晝出張族。自為一家。使道路不通往來。封翁請罪求情。善言排解。鄉人反以翁為譎詐。

孟子曰。雖有惡人。齊戒沐浴。則可以祀上帝。況封翁義可感神。故數日不食。一禱而甘霖滿注。豈非天福善人。縱若謂雨之降偶然耳。原非封翁精誠所感格。然何以雨不降於封翁未禱之先。而竟降於封翁誠禱之日。且鄉鄰豈無禱者。皆不得雨。而翁獨得之。天非有意於其間乎。雖曰適逢其會。仍謂天意特顯其靈。將以彰善誠惡可也。乃鄉人以吝水不與搆怨。致訟。又以搆訟不輔。移恨於翁。從來互鄉難與言。雖有善者。亦孤掌難鳴。不能與惡人紛辨。不知人雖欲自絶。善人正於此以顯其眞也。

鄉人與張族自分畛域之後。適鄰村新建一廟。翁之鄉多夭殤者。繼而强壯者。亦漸多惡疾致死。惟翁族無恙。鄉人驚異。偶有地師至。謂鄰村新廟不利於此鄉。能禁彼鐘鼓。使不動。煞猶或免害。否則財破丁亡。鄉無安日矣。鄉人聞之悚然。議鄉中人與鄰村有姻婭之親者到彼討情求其廟内不鳴鐘鼓俾脣齒相安鄰村正因訟屈於理搆怨彌深反訴之曰曩乞暫讓洫間之水託張族求情所仰波及者不過溝洫之餘且不肯恤反以張族視同寇讐欲求脣齒相安其若是所爲乎鄉人語塞歸以情實告曰求彼相就非張族不能鄉人恐翁負氣不前乃遣人密探其情翁曰曩者鄉人欲絕於我耳吾何有釁隙之見存哉有益於鄉者吾樂爲之衆何疑焉但鄰村旣挾恨不允當平其恨或如所請鄉人喜翁願往僉曰翁果能說詞由其善爲處此翁乃赴鄰村許以時逢旱涸願讓田溝之水以灌祀廟嘗田即求新建之

廟永禁鐘鼓以免傷害鄰村感翁忠厚遂許之翁歸白鄉人初猶不允繼慮風水之礙不敢不從自兩鄉忘釁翁之鄉無夭殤之患閭里皆安遞年天時復旱鄰人引溝水救涸鄰村亦導溝水以灌廟田翁之鄉人不服曰昔雖有言然必吾田灌滿之後乃能餘及於汝非由汝村視吾溝爲己有者鄰村謂其背約請封翁爲質詞翁出勸鄉人曰前約若遇旱天即讓彼灌溉然聞之古人耕者讓畔茲不過溝中之水況約之在先乎食言而肥欺彼何忍吾鄉數百畝之腴每分一滴之潤可滋彼一畝之肥奚屑吝此衆反怒翁偏袒竟將鄰人追逐鄰愈

怒歸糾鄉人。持械來鄉尋鬬。翁苦勸乃止。

風水之說。儒經所不載。而吉凶禍福。未始無根。然迪吉逆凶。則福者自福。風水因而福之。禍者自禍。風水亦從而禍之。地理皆憑天理也。不然何以封翁之族處之無礙。鄉人獨受其凶歟。夫翁雖貧賤。一生所作皆以修己安人爲心。翁固藹藹吉人也。一善而百凶消。煞雖凶。星善人所在。則不忍犯。鄉人與翁同處。使相習於善。則凶化爲吉。乃因 滴不讓。始終卒起恨端。是自求禍也。煞豈無端而致。

鄰村以翁之鄉人違約。將新廟之鐘鼓復鳴。翁之鄉復多夭殤。疾病死亡者。鄉人恨之。使竊其鼓。而投其鐘於河。鄉人復設。彼復率人盜之。不知鄰鄉人早伏械以俟之來。執解邑宰。鄉人愈忿。率衆燬其廟櫺。碎其屏瓦。鄉人以盜鐘毀廟控諸縣。縣懲其罪。且勸彼將廟修復。翁之鄉人讐忿愈深。議必報復。乃邀地師至。指其於村外亦建一廟。與彼煞相敵。則煞可制。且彼村立見敗亡矣。鄉人乃鼓舞。簽貲大興土木。逾月而廟成。初衆强翁出力。翁固不肯。理亦不助。貲衆責翁抗衆護鄰。欺壓倍甚於前。鄉衆有井。禁之不與食。翁乃出汲諸河。鄰村自翁之鄉廟成。知必兩煞相敵。爰更高大其廟。晝夜鳴鐘鼓不輟。以禍之。漸而兩鄉少壯者。皆死殤相繼。即富戶之家。亦財多傾敗。翁目擊心傷。對其妻太夫人曰。兩鄉結讐至此。禍無止期矣。然聞之良鳥擇木而棲。人不善擇所居。非習也。遂與妻謀。將移居以避。族人聞之。皆悄然。曰如彼去吾等如蔦蘿無依矣。於是父老子弟。或男或女。皆泣涕挽留。翁不忍離而止。時翁有子名以成。已讀書。雖少年能以品節自高。慰族人曰。伯叔兄弟。不須悲。吾異日成名。必當首除此弊。衆皆以大器期之。後夜讀書於舊祠。房壁與破園相近。夜方深諸友皆甜睡。忽風雨交作。逾時始晴。以成猶兀坐觀書。乍聞破園內。如人聲唧唧。細聽之。一人曰。破壁礙路。推之可乎。又一人曰。狀元翁在。未可驚。他聲遂寂。以成竊思之。雨後更深。未必有問柳尋花到野亭者。得毋鬼乎。疑猶未決。又聞曰。破壁眞礙路。不如推之。一曰。汝眞不怕狀元翁耶。一曰。陰陽各類。怕他何爲。俄聞轟然震響。園内隤垣倒塌聲。以成知爲鬼。但不知彼謂狀元翁者。蓋指何人。轉思士不可量。豈狀元翁卽我歟。不覺壯志勃然。欲試問之。乃步至園門罵之曰。汝等擅將園垣推壓。不畏法耶。言畢閉門潛聲以聽。久之。聞細語曰。吾固知狀元翁未睡。不可妄驚。今討詬駡何益。以成聞之。喜不自禁。詰勅告之館友人皆驚異漸而斯語播揚諸外鄉人惱翁者見以成即呼之曰狀元翁蓋調謔之實欺侮之也迨萬歷辛丑年以成果大魁天下歸諭兩鄉必將兩廟毀拆遷建他方使兩不相害如把持刁阻者必將鳴官律以法衆畏其勢然亦服其誠彼此將廟立毀兩鄉遂和好如初昔竇禹鈞喜周恤而五子齊榮范文正樂齊施而父子爲相此皆富而積德天故厚其報施惟封翁所作仞無大善驚人惟其家自貧而濟人之貧境自苦而恤人之苦比富家之樂所爲而能爲其功何止百千萬億也更忘飢禱雨不自以爲功救災恤鄰任夫人

之怨。其品則正大光明。其心則仁慈隱惻。由鄉人欺之侮之逐之罵之而不校。彼無知者以爲强弱之勢不可敵。翁固隱忍自甘耳。及其子魁榜登榮名揚天下。莫不謂藉龍門之聲價。得吐氣於鄉愚。乃必公以待人。且舊惡不念。反維持調護。使鄉人積恨皆消。復歸於好。此蓋厚福人。能幹厚福事。故有是父。卽有是子。鬼神早已先知也。

第三條博聞錄

總論

王文成公警爭訟詩云。些少爭端莫若休。不須經縣與經州。衙門府裏陪茶酒。贏得貓兒賣了牛。訟則終凶。爭乃危事。即有睚眦小失。雀角微嫌。須念鄉鄰梓里之情。勿逞錢財勢力之惡。稍一放縱。而不警其凶危。鮮不貽悔。後來得不償失。故智者於爭鬬將起時。思前想後。揆之以理。恕之以情。於官訟將興時。透底思量。諒己之財。度吾之力。輸則怎樣。贏又如何。則除不得已外。必不敢亂攖紙筆之鋒矣。況鄰里鄉黨。世代親姻。彼若不仁。都要諒他無識。渠原擾事。惟須大量包容。人非草木。豈不生愧悔之心耶。此不特可息爭訟。并可以徵福澤。而保身家。

廣訓曰。人有親疏。概接之以温厚。事無大小。皆處之以謙冲。職是意歟。

能屈能伸

常熟竹林鄉呂坤萬歷甲戌進士其鄉向未發科至公乃破天荒者公天性和厚處世謙虛能忍能饒可模可範嘗曰我恭可以平人之怒我讓可以省人之爭浮生若夢何苦結怨結讎世事如雲不必論長論短和厚則終身安樂爭鬭則自取憂愁以故未第時羣服其量推爲族正卻之再三其奈族人屢推終不能辭乃曰列位伯叔兄弟子姪舉坤爲族正但學劣才庸性情柔懦本不堪以任事既不獲見諒焉敢決辭以逆衆心惟所謂正者族之望也膺是職自當正以立心姦淫邪盗不爲

險詐强梁不事正以處事貪財悖義者恥之唆訟偏幫者戒之甯已喫虧一着原他錯誤幾分稍出乎此則越分越分則徇私願諸君勤攻吾短無事私阿若諸君誤涉於邪偶爲不正坤當正焉幸勿議坤爲無情爲好事必也言聽計從勿事執拗使坤有所措手則竭其駑駘之材或者不虛厥職也列君高明其見如否衆皆曰無不聽命

呂坤一篇正論自律甚嚴族人一意公推古風未泯讀書人盡如公之立心行事又何憂不爲鄉族矜式後生典型哉其奈俗所謂某正者取其名而棄其實

攻其僞以混其眞是耶非耶未免爲風俗太息由是坤爲族正立規條議族法榜示祠門所有一切不正非爲者均有罰初犯則薄懲再犯則重責老少無不警惕貼服奈族內貧功名少人丁亦微不過數百而已村頭龐姓丁口幾千富者林立人豪族大强暴恒多其中豈無哲人第無賴之徒逞勢陵欺目衆故呂族子弟常爲所侮或佔田基或覇樹林或基址時被侵過行路爭先或叙談都要大聲侮謗氣勢一日坤之姪發買猪首於市業已交銀適而龐老健來語屠者曰此猪首宜拜與我屠者曰已賣與呂發兄明日請留君罷龐老健

呵呵大笑曰此何難汝真怕事有我老龐擔戴何物呂發敢與爭衡我買剩纔許他買也彼族小丁稀安能敵我幾千人哉稍有半句不然吾當飽以老拳也乃持猪首而去途遇呂發舉猪首而嬉笑駡曰老發汝與屠買下此物吾適要用汝又未曾先問老哥買否膽敢爭先至令老哥生氣汝不宜得罪屠兒激怒老哥也言已掉頭搖臂而去呂發怒氣騰騰回與屠兒抵論屠某惟以直告發亦無可如何忿怒塡胸歸告其叔

洞天福地無非歡喜祥和火宅衆生不外逞强角勝自尋煩惱好擾爭鋒使人忍氣吞聲彼則自鳴得意

不知得意乃憂愁之胎息苦惱之根株也人不可諒水不可量有時弱或轉强强能至弱同鄉共井不宜故作欺陵大夢浮生何苦留餘禍孽智者長持歡喜凡事留情愚人恆作風波力趨苦海矣

呂坤聞之心中惴曰罹之欺吾非今日矣不過常爲調處幸而子姪遵循仍或滿胸積忿倘吾怒形於色忿發於言子姪定多變指況逞强好鬭難與爭鋒一日生端千年讎恨矣乃曉其姪曰小不忍則亂大謀古人謂我欺人是禍人欺我是福不觀韓信爲少年所欺蒙正爲屠子所辱卒成大器受屈能伸所謂忍一時之氣免後

日之災。增一翻折挫。長一翻見識。受一分欺陵。添一分福澤。今罹之欺。吾乃彼之禍。吾之福也。姪曰。叔言誠是。但日居內地。時被侵陵。今日忍之。明日更爲放恣。禍無底止。究將何以處之。叔曰。然則汝欲何爲。曰。不如起人與他鬬過。決勝負於崇朝。見雌雄於此日。況叔兄弟姪久矣切齒咬牙。惟所欠者叔一言耳。一人奮勇。萬夫莫當。幾百子弟。又何畏彼幾千人哉。叔當傳集各房。授以主意。自可反弱爲强。不至常作魚肉。坤聽猶未了。拍案怒曰。糊塗混鬧。福猶未至。禍欲先招。不思修德行仁以圖昌大。反欲逞强惹禍。自取滅亡。彼族豈乏好人。凶何以數輩強橫便欲小題大作得無欲藉爭鬭為肥己抑欲憑衆力以報一己之私。如此行為。自宜責罰。諒爾年少不識。姑且饒之。再作是言。以激衆心。重責不貸。姪唯唯而退。

謂其懦弱。何以有拍案厲言。謂其剛烈。何以教人忍耐。大抵其稔知利害禍福。應怒不怒。如無是非本心。可饒則饒。具有容人卓識。聽其教姪數語。由婉而剛。是何等器量。姪亦默為俯首。其及人威德。養於平素可知。

光陰轉軸。歲月如流。忍氣吞聲。類如此者不知凡幾矣。

幸而呂坤多方設法暗裏調停。豈知人所屈者。天必伸之時值大科。衆父老齊勸坤曰。以子度量。必非久困青衿。以子明賢。自可飛騰碧漢。大比之期已屆。自當磨礪以須。倘能平地一聲。祖宗光耀。禹門三級。子姪叨榮。凡百可讓。鰲頭不可以讓人獨占也。坤曰。攜科籃而赴考。每每隨人。名場利藪中。意淡心灰久矣。安有塵封書案。倘能奪幟文壇者哉。衆望杳耳。父老曰。場中不論文。全憑陰騭。子之陰騭浩大。今科必賀喜也。坤笑諾。旋赴考。無聊極思。用慰衆心而已。忽而朱衣點額。幸中高魁。報人飛跑如烟。族衆鳴鑼放炮。幾多踴躍。無限誇張。龐族聞之無賴頗爲膽落忽一劣紳曰彼雖中舉何必矜持我族有五名秀才彼族一名憨舉人數不能增廣財帛又不如吾何必畏彼更當先以示威使其知我不懼也密授無賴以計曰有事吾力肩之羣相跳躍而去

名爲紳士不講和氣致祥以約束子弟反爲挑唆子弟故作猖狂以霸占示威多行不義以勢力行險立意兇殘毒之曰劣紳尚未足以彰其恥而誅其名何與呂坤判如天淵水火也吁

原來呂族有石路一條乃開田通行之道其石板浮凸泥面易以遷移龐族無賴等領劣紳之言一夜將其石

移砌己行之路。及早呂族鼓噪。查礮知之。有不平而與論。者反為所辱。或曰。族運當衰。石猶飛去。此處當旺。石自飛來。此天功非人力也。或曰。就使遷去。其奈之何。況公同出入之區。汝亦有分。豈愜於家廟乎。欲想遷回。人命倒地。不懼汝新科舉人也。呂族紳耆素忍耐。約束子姪。不可與爭。即書函馳至呂坤。呂坤即回鄉以理喻眾。自捐銀兩修復其路。事遂寢。而眾心益忿矣。鄰邑有呂樹動。曾任知州者。聞其事忿激不堪。致書責坤。謂其委靡不振。任事無威。業已教猱升木。尋將縱虎噬人。現有舉人。不逞威福。百年後族人何所恃而能安耶。忝在同宗莫嫌饒舌苟有用我者當竭力爲汝族洗羞書不盡言曷勝翹企坤得書付諸火曰此是外人未透此中利害有一分勢便欲逞十分豪者當婉詞以謝之復其書曰

足下責僕義正詞嚴念切同宗欲爲匡輔此足下推同源共本之心發感慨激昂之語豈止敝族之幸亦見宗人好義之誠第龐族欺吾非自今日實諒不足與敵勢難與爭故凡事隱忍欲以情理化之度量感之終不爲感化者以妄人目之忿思難焉或曰不能與爭鬬豈不能理於官乎是則更不敢矣緣僕好覽

宜壽尊聞錄　能屈能伸　三

叢書因有所觸不忖冒昧順陳於長者願垂聽焉戰國時易水之濱值冬月有蚌朝陽出曝適一鷸飛鳴四顧見蚌之露白如銀也思其肉而啄之蚌作合而箝其口鷸曰今天弗雨明天弗雨蚌其死矣蚌曰此口不出明日不出鷸其生乎兩結不休兩纏不解恰漁父過拾取而兩得之鷸與蚌均無所用其力後人作詩以譏其愚曰老蚌親陽出淺灘野禽何事漫相干身離水底珠胎損腳傍溪頭翠羽殘開口不如緘口穩入頭方見出頭難早知盡落漁人手雲水飛潛各自安有警斯言故云不敢況有千年鄉鄰無百年

科甲足下其諒之乎恕語不莊容圖領罪
樹動得書搖首歎曰粹然儒者之言大哉哲人之識吾
愧不如當拭目以俟鵬程九萬也轉瞬春闈得意呂坤
之前作舉人今為進士矣是年甲戌科也龐族閧然集
祠共知悔過父兄責其子弟昔太無情子姪忤其紳耆
都緣包庇他日尋仇報復何以止之當年逞勢欺人如
今隱憂或有欲逃異地恐枷鎖之臨身或有哭訴人前
怨紳耆之拖累紛紛議論喞喞無謀族有龐正元者端
人也語衆曰不聽吾言至有今之患分屬鄉鄰梓里安
可故作欺陵此日方知胡不當初勿恃如老健與劣紳

某某等已遠竄他方。拋別妻兒。父母。逞一時勢。貽後日憂。昔之日。人笑我痴。今之日。我笑人拙也。衆皆曰。都是當初之錯。願老人家。不記前嫌。急爲調處。則闔族幸甚。正元曰。各人果知悔乎。曰悔矣。曰是不難。前有覇占侵漁者。均設法而復之。即石路一款。籌銀倍而造。復想呂進士雅度汪汪。不同我輩夜郎自大也。觀於捐貲復路而息爭。致書大紳而免訟。豈屑屑不容者哉。衆問何以致書息訟。正元詳晰言之。聞者愧生於心。聽者慚見於色。僉曰。我輩非人。難得彼之大量包涵也。卒如正所教呂族爲之暫納。以待坤歸。迨坤旋。或有大言輕薄者。或有誇張氣燄者坤悉諭之復親到麗姓拜謁以息其疑麗族紳耆見坤情深義重莫不喜出望外相愛相親舊怨不題新恩飫洽麗族中有感激流涕者越兩載天災下降只在村頭麗姓之平昔逞勢力唆是非行覇占起爭鬭如劣紳老健等均墮於瘟疫刼矣至今三百餘年其鄉鮮有爭訟兩姓人丁富貴相與埒焉說者謂呂坤有以致之也

量大福亦大呂坤捷得科甲徵而信焉機深禍亦深麗族刼遭瘟疫不其然乎到頭好醜自分明勿謂彼蒼蒼夢夢也

廣訓曰。此既有包容之度。彼必生愧悔之心。撫而思其
論篤而信。

重農桑以足衣食

朕聞養民之本在於衣食。農桑者衣食所由出也。一夫不耕或受之饑。一女不織或受之寒。古者天子親耕。后親桑。躬爲至尊不憚勤勞。爲天下倡。凡爲兆姓圖其本也。夫衣食之道。生於地。長於時。而聚於力。本務所在。稍不自力。坐受其困。故勤則男有餘粟。女有餘帛。不勤則仰不足事父母。俯不足畜妻子。其理然也。彼南北地土。雖有高下燥濕之殊。然高燥者宜黍稷。下濕者宜秔稻。食之所出不同。其爲農事一也。樹桑養蠶。除江浙四川湖北外餘省多不相宜然植麻種棉或績或紡衣之所出不同其事與樹桑一也願吾民盡力農桑勿好逸惡勞勿始勤終惰勿因天時偶歉而輕棄田園勿慕奇贏倍利而輒改故業苟能重本務雖一歲所入公私輸用而外羨餘無幾而日積月累以至身家饒裕子孫世守則利賴無窮不然而捨本逐末豈能若是之縣遠乎至爾兵隸在戎伍不事農桑試思月有分給之餉倉有支放之米皆百姓輸納以散給爾等各贍身家一絲一粒莫不出自農桑爾等既享其利當彼此相安多方扞衛使農桑俱

得盡力爾輩衣食永遠不匱則亦重有賴焉若地方文武官僚俱有勸課之責勿奪民時勿妨民事浮惰者懲之勤苦者勞之務使野無曠土邑無游民農無捨其耒耜婦無休其蠶績卽至山澤園圃之利雞豚狗彘之畜亦皆養之有道取之有時以佐農桑之不逮庶幾克勤本業而衣食之源溥矣所慮年穀豐登或忽於儲蓄布帛充贍或侈於費用不儉之弊與不勤等甚且貴金玉而忽菽粟工文繡而廢蠶桑相率爲紛華靡麗之習尤爾兵民所當深戒者也自古盛王之世老者衣帛食肉黎

民不饑不寒享庶富之盛而致教化之興其道胥由乎此我
聖祖仁皇帝念切民依嘗刋耕織圖頒行中外所以敦本阜民者甚至朕仰維
聖諭念民事之至重廣爲詮解勸爾等力於本務余一人衣租食稅願與天下共飽煖也

傳聞四集

聖諭第四條重農桑以足衣食

果報目錄

宣講博聞録　第四條　三

第四條傳聞錄

總論

衣食足而後禮義興。然衣食之興。又在生財之有本。

聖諭廣訓曰。衣食之道。生於地。長於時。而聚於力。力也者。一生之計在於勤。一年之計在於春。一日之計在於寅。家無閒人。生之者衆。即或時有不齊。地失其利。能使三年耕而有一年之食。九年耕而有三年之食。則凶災有備。饑饉無憂。縱滄海桑田變更靡定。旱災水患。豐歉無常。然天下之大利。必歸於

耕讀漁樵

農在人力之能自計耳。況力之所在。不可以一境限人。桑麻雞犬之間。川澤山林之利。斧斤網罟。以佃以漁。桑宅茅廬。可耕可讀。人能安貧樂義。何在而非樂機也。

耕讀漁樵

江南蘇州府太湖地面有江蘊綸者頗知書義有古風無父母室家泛宅以漁爲業偶停舟深淵垂釣磯邊聞山坡樹林深處隱隱有讀書聲聽之甚樂以後夜間必泊釣于此每聞咿唔與會誦至暢快淋漓他亦樂難自禁即歌唐詩中罷釣歸來不繫船江村月落正堪眠縱然一夜風吹去祇在蘆花淺水邊漁翁夜傍西巖宿曉汲清湘燃楚竹烟銷日出不見人欸乃一聲山水綠之句孤音自賞別有樂機一夕釣至更深慵懶欲睡見風清月白轉覺爽然舍舟登岸穩步林間覺茅屋數椽竹

環簷外燈光掩映從窗隙窺之見一少年葛衣草履品格丰標端坐燈前朗誦百回不倦心竊欽慕及深夜復窺之巍坐勤讀如故微窺見桌上有感懷詩數首中有句云一閱繁華眼界眞是非從此識風塵桃源有地埋芳跡未許漁人到問津讀之驚曰此少年高士也倍敬之詰朝攜小鱸以贈少年以素未謀面反驚異以不食爲辭漁人曰吾業漁于此慕先生高雅每聞誦讀之聲能使塵懷頓滌神交半載未獲談歡昨夜偶得鮮鱸願分甘以敬斯文耳少年乃感謝詢其姓名曰吾江蘊綸也少曾讀父書奈雙親蚤世棄儒就賈業賈不就而妻

又死焉轉念茫茫塵俗世態炎涼遂托跡江湖幸無妻子之累不若先生隱居求志將爲霖雨蒼生願聞姓字請達其詳將來谷澗留名亦山川生色少年日吾嚴姓名崇厚本郡人父初業農喜予好讀書不憚勤耕以教奈前載雙親繼逝兩年饑饉薄產銷磨家計蕭然年二十三貧猶未娶賴有弟傭于農家一簞之飽猶月能供給今隱讀于此歲月蹉跎無以慰先君泉下之懷衾影自愧耳江蘊綸曰父死猶體親心家貧不缺兄養孝子弟弟不愧讀書之家于是共道寒暄兩情投浹以後三兩日輒一來江每得魚必分以食

山林川澤之間囂塵不雜泉石風高無勢利之私無炎涼之態無是非之擾無防險之驚不識繁華茅蓬自逸祇甘淡薄藜藿皆香此中别有樂機比聲色貨利之場不啻火坑中跳出淸涼世界所以兩情投合各適其眞有眞品格乃有眞性情世之抱璞守眞者每在烟雲草野中活藏眞跡

有蘇景良者以采薪度活原與江蘊綸素性相投一日荷擔方歸渴甚息肩林下掬飲淸泉適江蘊綸自崇厚廬中出見之曰蘇兄眞渴者甘飲耶此卽吾嚴友書齋盍到一談可調新茗以解渴乃與俱入各道姓名蘊綸

乃指景良對崇厚言曰。此吾愛友也。家祗有母。實苦貧。然自食粗蔬。每日必爲吾市魚以供母。其孝行人所敬服。崇厚聞之。欣然起敬。藴綸將掃葉以烹茶。景良曰。吾有薪在。乃將所采盡挑以入。曰初見無以爲贄。祗此聊供數日之炊。崇厚感其誠。稱謝不已。三人談笑甚歡。黄昏始散。自此或魚或薪。兩友互相分給。一日三人晤話間。其弟適負薪米瓜蔬至。崇厚曰。此即吾弟崇治也。饔飧之計。皆藉彼支持。蘇景良曰。嚴兄有弟若此。眞人倫樂地。彼手足而畛域者。雖富貴何如。乃謂崇治曰。君兄爨薪之用。彼澤梁無禁。吾自能供。此後可無煩君力。江蘊綸沉思曰令弟爲人傭工入息無幾憑伊奉養畢竟勉强支持吾尚有涸田半畝附近山邊吾可釣而不可耕如負贅疣多此亦復無益卽送與先生爲助讀之資令弟力能耕之猶可資數月之餬崇厚曰君推骨肉之情以愛我弟荷德如山矣惟舍弟崇治已傭工於人力難兼作吾素未分五穀不善耕耘弟非敢矯情爲廉掩君大義無如力不能濟敢以辭蘇景良曰江兄能助以田吾豈不能相助以力田疇事吾自當之並無勞令弟操作也崇厚曰君亦出作而入息者尚何忍以愛我者以累君景良曰聞之舜耕歷山時象且爲之耕鳥亦爲

之種豈人不如物乎崇厚兄弟倍加感激蕴綸遂將附近山澗田托景亘代爲耕種

朋友之饋世有贈肉食贈錦衣贈珠玉寶珍未聞有贈田産者不知贈衣食珠寶者雖窮奢極侈祇以富貴相交不若贈田産者爲貧窮相濟嚴崇厚空山窮谷一介貧儒素未有富貴者青眼相關而漁子樵夫反傾心相愛孔子曰十室之邑有忠信彼二人者可稱三代斯民

嚴崇治本在周作饒家傭工雖得江蕴綸半畝之田蘇景亘代爲耕作然所穫無多故豆蔬膏鹽之屬猶必每

月親送不憚奔勞一日田間偶得江藴綸書讀之不覺淚下即求田主歸見哥兄周作饒曰值春作之候田事正忙汝歸則田務吾將安托崇治不得歸及食不下咽竟終夜悲啼田主驚問之曰傭於人者縱有事而不得歸亦常耳作此婦人之態何爲崇治泣訴曰偶得友書報吾兄有病吾日間未即說明者既不許徒說無益耳惟兄貧未娶侍奉無人彼山谷誦讀不慣風寒一旦病苦無聊吾手足之情何能自禁言罷潸然淚滴周作饒爲之動憐曰汝兄讀書者耶崇治曰雙親繼逝兄隱讀于山林幸漁人江藴綸薄贍以田樵夫蘇景良代耕以

力傭支數月之糧外此皆藉吾力以爲食周作饒曰汝能盡力以事兄彼二人能盡情以待友吾不如矣即贈以金曰可急爲兄醫理崇治感謝即乘夜歸麥時蘊綸與景良皆在告其兄已卧病數日矣崇治親侍湯藥不旬日而愈已知周作饒贈以醫理之金令崇治回去爲之道謝而周作饒知其兄弟親愛自是亦另眼相看適作饒因事與崇治偶過山前借到書齋探訪崇厚相見欣然情談未及適蘊綸以柳穿江魚自掩柴扉而入與周作饒道及姓名喜動眉宇未幾蘇景良忽荷薪至相見盡歡于是江水煎茶烹鱗煨酒共飲于白石松陰之

下不覺酒至半酣夕陽西下。綠陰掩映。籟送清來。嚴崇厚曰。耕讀漁樵。今日適逢其會。百年後有聞之者。必以我輩作畫中看矣。三生石上。相寄何緣。得與諸君暢叙于此。但茅廬雖陋。願諸君密相往來。則柴門流水。又增無限清幽矣。周作饒曰。聞君一席話。有感于古人書矣。古人義結桃園。誓同生死。我等漁樵耕讀。盍聯四友爲一家。尤爲千秋盛典。江蘊綸曰。周兄不以貧寒見棄。則今日之會。正是夙有前因。遂相序以齒。周作饒居長。江蘊綸次之。蘇景良又次之。嚴崇厚最少。是夕興盡而散。自是倍加親愛。骨肉同情。

聯異姓爲一家近日世風所尚然非聲勢相倚則貨財相交到底勢盡則情疎財竭則義斷豈若此樂山樂水性機各具天眞或讀或耕貧富自忘形迹其意氣之相洽在德義不在炎涼相處之境雖不同然不啻志道同方營道同術

周作饒本田家殷戶知江蘊綸妻歿已久嚴崇厚蘇景亘皆未娶不兩年皆爲之娶婦又慮其食指難支將田分與之耕春作秋收互相力助家或不給者則緩急相通蘇景亘乃廣闢荒山多栽竹木十餘年積產千金江蘊綸亦家資豐厚惟嚴崇厚之弟崇治亦早已歸家耕

作娶婦後夫妻力于蠶桑女織男耕至是家日以裕奈其兄富有才華不以功名爲念祗餬口四方時周作饒僅有一子名國賓乃邀崇厚到家教之讀並招江藴綸之子名智機蘇景良之子名用材俱來同館俾相切磋國賓固穎悟十二歲能文十五歲居然筆墨超脫人皆大器期之越年其父使出就外塾及歲暮負笈歸行李俱空察之始知其已迷入賭場衣衫盡典作饒呵責之次年就讀囑塾師密嚴防閑及郡考名列前矛不意其賭蕩花消衣履復一典而盡復假父名多借貸以爲博資戚友覺之羣抵其家討債作饒總算債逾百金憤激

欲絕。曰他若歸。必置之死地而後止。國賓聞之。不敢歸。竟年餘莫知所踪

破敗之子。多是英明强幹之流。蓋不知稼穡艱難。每自恃其才。昂頭天外。以狂蕩爲曠達。以放肆爲大方。徒慕高遠。實心無主持。自謂遠大前程。將來不可限量。不知其心已先縱。一錯足而莫回。所謂聰明反被聰明誤。遂至終身傾陷。皆由於一念之差。可不危哉

是年周國賓已十九歲。作饒以獨生一子。欲爲之娶婦。托人遍訪無迹。心倍燥急。不意忽至姨母家。姨母固寡婦。急勸之歸。國賓曰。吾所以久淹於外者。恐親責耳。姨

母曰汝能痛改吾當爲汝求寛乃與之歸跪父前泣曰兒知罪矣若敢蹈前愆當刎頸以自戮周作饒曰若是則更不孝矣吾夫妻倚以待老惟汝一人不思奮志覲光反自流于卑下徒以一死塞責而遺父母惡名儒冠儒服有玷斯文汝即不死而偷生亦名教中之罪人耳乃垂撻之人力勸乃免爰擇吉爲之娶豈知娶媳後周作饒忽病篤不起江蘊綸蘇景良嚴崇厚等念結義之情皆日與周旋左右周作饒自知不濟乃遍囑家人後獨先招嚴崇厚至榻前洒涕而言曰與君等義結茅茹愛同手足奈沉痾莫拯永訣在旦暮間矣但吾兒不良

知子固莫若父，然知弟亦莫若師。吾歿後，料他故態復萌。向有銀四百，貯吾友莫如德家，憑券可以收取。如小兒謹慎守成，請原璧歸之；若賭蕩如故，則多此亦敗，適以益其過耳，君則自受之，以爲日後教子之資。吾兒頑不可教，令郎他日能讀書振作，吾九泉亦藉分光也。」嚴崇厚曰：「車笠同盟，兒子猶吾子耳，有不傾心以輔者，何以見兒于地下乎？」復招江蘊綸、蘇景良，囑曰：「兒弟不能久聚，皆吾福薄。但小兒不肖，望君等善教之。」江與蘇曰：「吾等全家皆藉提拔，安敢負德作饒？」復喚其子再三致囑，瞑目而逝。

仗義分田忠厚待友宜有厚福之基不應有是子而猶有是子者所謂欲知前世因今生受者是或前生寃孽人莫知其故耳然能教子復能知子能待人復能知人其光明磊落品行之奇究能超出尋常萬萬

周作饒殁後其子國賓痛哭不已江蘊綸等皆慟切徬徨傷同失臂殯葬後嚴崇厚曰吾等向所倚恃者周大哥在耳今已死吾等不能振奮恐家計不永矣今智機與用材俱能握算盍凑貲合營生理吾猶能出貲以附之嚴崇厚乃備金四百江蘊綸蘇景良亦各凑百金崇厚乃使弟崇治江使其子智機蘇使其子用材同貿易

於市。惟周國賓自父死後。其母不能約束。漸漸復蹈前非。嚴崇厚等。交相勸諭。弗從。不十載。家產消磨。時已兒女繞膝矣。其母與妻子。非養於嚴崇厚家。則在江與蘇之家就食。周國賓流離失所。無所棲依。饑火中燒。親友皆情冷相看。求一飯而不可得。崇厚察得其情。使人勸之使來曰。得毋饑乎。國賓曰。不食已兩日矣。崇厚曰。書中有金玉。不足爲子珍。學祿在其中。不足爲子願。乃日從事于賭博之場。以爲汝在賭博場中。上可以博功名。下可以博衣食。卒至家業蕩盡。妻子無依。少年可畏之才。甘於自棄。不早回頭。恐自禍其身。不止饑渴之害者。

乃與之餐不及箸以手掬食既飽崇厚曰寒落至此心自息乎曰得借一枝以餬口終身不復賭矣崇厚代謀蒙館使之教數月舊惡復作衣篋空然一去不返未幾路絕途窮崇厚使人訪之歸責之曰蟻溺猶知登岸汝眞欲自求死耶國賓曰吾知詩書非我緣願改業於商耳崇厚曰商賈貨財往來尤非汝能操守乃使到江蘊綸家學耕欲苦磨以堅其志不意其並驅耕犢以逃半載不知聲影嚴崇厚使人跡之已雜爲流丐及歲暮風蕭寒氣切骨或見其破笠短褐行乞於途歸告崇厚厚曰蕩子痴心不到山窮水盡時未肯回頭也置之不問

有責崇厚爲薄情者。忽大雪風狂。苦雨交作。江蘊綸與蘇景良冒雨而來。曰一寒至此。國賓不知死所矣。崇厚曰。吾已知其所在。曩僞爲不聞者。欲挫磨之。使知自悔耳。遂與偕往。相見於荒山破廟中。饑寒欲絕。枯槁形骸。見崇厚等來。叩頭泣曰。姪自取罪孽。萬死甘受。如叔父不棄。卽歸作犬馬。不敢辭勞。三人亦爲之動憐。扶之歸。爲之易衣履。小與之食。國賓求終倚崇厚。曰。汝欲終身溫飽。何以自求凍餒。前謂甘作犬馬者。欲求食耳。今志欲何爲。汝若不能自明。吾亦不能與汝飽。周國賓曰。願學耕圃。求一地以給饔飧。嚴崇厚曰。耕苦非汝所能忍

宣講博聞錄 卷之 第四條 十四

性須扃門誦讀三載不出窺園國賓曰謹唯命崇厚乃使其母與妻子出見皆泣責之國賓跪母前請罪且告以悔崇厚使扃門以讀衣以紅衣使不得出甫年餘自愧請易服崇厚知其能自恥易紅衣猶衣以敝絮復一年深知愧悔衣敗絮而甘心焉復一年見崇厚跪而泣曰昔伊尹放太甲于桐三年而處仁遷義今叔父以伊尹放太甲之心教姪今得知自悔微叔父之功不及此崇厚知其改悟且經三載琢磨文思銳進使之考連捷鄉薦而若於貧崇厚乃出前所貸易之貲至是已積千金以還之曰汝父將死知汝必敗囑我以四百之金吾

慮不能保全。先將以貿易。今得倍其利者。皆蘇江兩姪持籌之力也。此後當愼守之。國貧乃跪地泣謝江智機蘇用材至是始知其用意之深。相爲感服。後周國賓官至刺史。崇厚不肯以文章售世。抱道自高。終老林泉。卒年九十有五。其後代亦科名不絕焉。

大器之才。幾終身流爲卑下。其父雖有知子之明。若弗得其人以相託。不幾以圭玉毀於泥塗哉。然當其共聯臂指。亦祇謂相期永矢。結逸趣于林泉。乃能生死不忘。不特以友輔仁。且持危扶顛。竭信義以顯其品節。然終身不事王侯。高尚其志。獨金石之託。則極力維持。然後知德高道古者。其品行與人特異。

西樵歷史文化文獻叢書

宣講博聞録（二）

西樵雲泉仙館　編

廣西師範大學出版社
GUANGXI NORMAL UNIVERSITY PRESS
·桂林·

宣講博聞錄第四條

總論

妻財子祿皆前定○其中窮通壽天○莫非命裏生成○不能與造化爭衡也○故有妻而不能必其有子○有子而不能必其有財○即有妻有子有祿有財○而妻不能終聚○子不能終養○財不能終守○皆冥冥中已有主宰○或言風水可培○鬼神可保○此不過夢夢人作夢夢想耳○曾見世間人○每泥於風水○若反爲風水所敗○溺於鬼神者○反爲鬼神所笑○非風水不能培人○鬼神不能祐人也○夫心地之不修○徒求福地

心靈而自昧。枉乞神靈。故必以積善積福爲根基。雖或出身寒賤。而妻子安其素。財祿不妄求。惟抱拙守愚。自甘勤苦。忽而獲奇福。得安樂。驚開俗眼。人祇謂其際遇之奇。豈知此間別有陰隲也。

義農一子承雙嗣

潮州豐順縣有連汝芬者家赤貧世農業少無父母兄弟爲人牧牛雖不讀書而性情卓異常念身家寒苦非陰騭培補難免災厄故自少不犯飛禽不傷虫蟻不呵風罵風不怨暑嗟寒每牽牛過神壇社廟前輒跪地以拜人笑其痴彼則曰吾藉父母生身無由報德今幸此身安飽朝夕過此一拜聊以謝天地神明默庇之恩耳及長稅田以自耕遇橋路偏仄則脩補之貧農老弱無子媳可依者春代爲之栽秋代爲之穫常過田間見有衣笠器物知必其人所遺拾而歸之或拾遺于道後知

其所失者。雖久必還之。惟已逾冠年。猶未娶婦。自計門庭蕭索。一身孑然。不娶婦生男。何以爲祖宗繼嗣。遂勤儉自守。自己耕種之暇。復爲人傭工。求多升斗之貲。以爲家計。年將三十而後娶婦。婦王氏。品格純良。汝芬喜得内助。

品行性情。即以儆人。福澤以少年貧苦。能知勤儉持家。斯猶未足爲異。惟心未陷。聖賢之理。口未讀孔孟之書。能知敬天地。禮神明。利不苟貪。生不妄害。渾然至性。皆出天理之本眞。此即三代斯民。何必讀書然後爲學。

惟自娶婦之後。婦連孕不育。迨汝芬年逾四十。婦並不妊。心甚憂之。時汝芬僅置得薄產半畝。婦勸其賣產買妾。汝芬曰。吾夫妻半生血汗積蓄。片壤賣之。則短數月之糧。而又增一人之食。如負贅疣矣。若命果無兒。是前脩未到。娶妾何爲。妻以爲然。不意五十三歲。王氏忽舉一子。汝芬大喜。如獲老蚌之珠。名其子曰學善。翁好善。卽以善命名。蓋欲其習於善也。但近老年。性情愛之過僻。終日保抱。稍離之。心便不安。及五六歲。一貌清標。居然福相。汝芬必偕墟期趁市。必攜子以往。舖上見之。人人珍愛。或啖以物。或與以錢。汝芬以其子。人皆喜愛。彼更視若寶珍。遇鄰近墟場賽會。必攜之往看。妻屢阻之不從。適鬧市觀燈。汝芬屬其妻曰。市上元宵佳景連夕燈火輝煌。明旦須早爲學善梳洗。吾攜之往市一遊看看繁華景象。王氏諫曰。出外莫帶小。一防風雨。二防水火虛驚。三則飲食出入。提防未便。況鬧熱場中。四方雲集。倘有意外。自顧之不暇。何能顧子耶。汝芬聞妻之言心轉狐疑。莫決。其子學善聽知。哭求其父同去。汝芬不忍拂子之情。詰朝。恐妻阻攔。親爲學善梳洗。更衣而後告妻曰。吾今與學善往市上觀燈。賢妻昨夕所言。吾自必小心。無礙。妻不能阻留。遂攜子以往。

老年愛少子人所同情但貴愛之有道禮曰君子之愛人也以德小人之愛人也以姑息兒稺子之性情未定縱其心之所欲即開其嗜好之端雖曰父道主

夫慈未免失之一偏之爲害

及到市上一見街道張燈結綵掛綠鋪紅汝芬先到友店坐談片時即與子出街遍遊而後回店及晚上遍燃燈燭慶賀元宵汝芬復攜其子前往遊觀又見燦爛輝光天如不夜轉上大巷人跡擠擁不覺笙簧徹耳鼓樂喧聲有耍獅子者舞龍燈者簇簇而來十分慶鬧忽聞喊聲大震十餘人手持利刃追擁前來有言打架者有

言捕盜者一時人聲鬨雜如蝶亂蜂飛或失冠巾或失衣履連汝芬雜在眾人之中一身不能轉動時兒子已推在後邊相隔不能見面惟有緊執其手俄而人蹤漸散背後一人大聲呼曰老伯爾執吾手何爲連汝芬曰吾以爲爾是吾子其人曰誰是汝子今認眞否汝芬曰然則吾兒奚往其人曰誰爲汝管兒子者其人脫手而去汝芬不見其子心自驚慌遍市尋訪無踪歸店告知其友友即著店夥各處找尋杳無聲影汝芬捱至天曉仍四路訪尋一遍無奈回家行至門前不敢入室立在門外探影聽聲測其子有回家否妻方欲出汲迫得踏

腳入門，妻問曰：「歸來何速，奚不見學善同回？」汝芬欲語難言，祗暗淚偷彈。妻覺之，驚曰：「得毋學善有意外否？」他不得不將實情以告。王氏捶胸大哭曰：「昨苦誡之詞，言猶在耳，今悔何追？」汝芬低頭無語。

繁華鬧熱，轉眼成空。世人每于賽會神遊，必欲窮極其樂，動費百千萬金而不顧惜。引集四方士女，如蟻隊蜂羣，或失衣物寶財，或失婢僕子女，甚至風火盜賊，性命交關。慶鬧場中，實煩惱之地。彼踴躍倡先者，以爲福首，而不知實爲罪魁也。道光年間，朱公桂楨任廣東巡撫，當時有朱青天之頌。去任，民不忍離公

宣講博聞錄 第四條 二十

留吟別詩數首。中有云。粤東自昔號繁華。都士年來競自誇。到底此風留不得。還將勤儉作人家。四語可爲金石。

連汝芬自失其子。日日禱佛求神。托人查訪無跡。夫妻悲泣。廢寢忘餐。汝芬祇望其妻復生。奈楊不復穌。積久漸慰。一日家已無糧。妻催其往市糴米。汝芬曰。盡早告知。今兩手空空。急難籌策。奈何。妻轉入房復出曰。現有銀一兩。久已藏貯。以待不時之需。將此糴米之外。覩家中所無者。便市以歸。汝芬攜銀往市。行至中途。見一婦人。年逾四十。頭鬢蓬飛。手提竹籃。背一小兒。丐食。汝芬觸目酸心。以手探腰囊。欲施小惠。婦人知其欲有所施。站在路邊以俟汝芬。奈銀包之外。空無一錢。又見其背上小孩。形骸枯瘠。心甚不安。隨問之曰。嫂嫂背著是兒子否。何瘠弱至此。婦泣曰。夫死後。祇留此背後小兒。奈四壁蕭然。不能不乞食以養。汝芬曰。近山則樵。猶堪度日。何必行乞。婦人曰。孩兒多病。難冒山間暑寒。若留彼在家。慮饑渴之爲害。迫得負之以乞。汝芬憐其節義。將銀包取出。碎銀外。祇有銀錢一員。全與之。已又不敷所需。旋見婦人衣衫襤褸。蔽體難完。轉念自己雖貧。不在此一金致富。乃以銀錢一員與之曰。女流衣不蔽體。何以遮羞可將此銀先買衣一件餘此藏在身邊有時風霜雨雪欲丐無門則將以買米婦請問姓名待孩兒長成必當報德汝芬曰汝見長大而報我恩吾就木矣語曰施恩不求報何必問姓名婦曰愧不能報答仁恩吾爲孩兒多叩幾頭以謝大德婦跪地連叩幾頭汝芬倉皇失次手足俱忙又逢見路上趁墟者逐隊而來乃曰嫂嫂請便免路人見之又多一翻驚悶婦感激而去一時慷慨鳴高小人亦可僞爲君子然究非本然之心即孟子所謂好名之人能讓千乘之國苟非其人簞食豆羹見於色連汝芬家中絕粒乞假無從祇得

婦人所藏一金以繼爨中之火乃哀矜惻隱轉以施人其仁慈本自性眞非沽名釣譽者所能僞汝芬行至墟塲自計尚有小貲可救近急遂到店中買米二斗及摸腰間所剩碎銀數錢遍搜不見心自驚疑知是忙中失去遂求此店暫賒而店家不肯遂轉至店間求借又相信者無人竊念自己濟人則易而求人則難不覺悶火中燒歸家再圖別計及抵家已黃昏後妻曰鄰烟四起久待子歸連汝芬施捨之事不使妻知祇認銀已遺失妻曰吾知汝自失了兒子之後神魂彷彿心絮離離但半生僅此一子經失去無歸今祇此銀爲

養命之貲。又復遺失。作事動多類此。將來終身大計。何以維持。王氏無奈。與鄰家借米二升。分餐以食。詰朝膳後。妻曰。不早爲之計。今夕爨火虛矣。汝芬使其妻往鄰家暫借銀多少。爲糴米之貲。妻到各家求借不得。又到富戶家借貸。奈竟無憐恤范窮者。祇素手而回。汝芬曰。吾當親往。若已假得銀。則順赴市買米以返。遂過鄰村。訪友求貸不遇。怏怏然歸。不覺重經舊路。忽悟曰。昨至此解銀與婦。餘銀豈遺漏在此乎。細思與其求人之難。或幸而得回。庶免多方乞貸。遂搜尋一回。心猶不服。復由此一路跟尋。直至墟口方回。此蓋窮迫無聊。希冀得回。不過無聊之想。時已形神疲倦。兩目昏花。歸至中途。横眼望見山坑裏一派松陰。卽轉身步入。豁開在松林暫歇。偶見有黑布袋。啟視之。有銀二百。另有大小幾包中有數簿。知必過路遺此。喜出望外。負之以歸。妻曰。久去不回。糴米幾許。公曰。此後可不憂貧矣。遂將所拾遺金盡出以示妻。見大喜。相謀營產。爲長久計。公低頭細思曰。聞之無故得多金。非福則禍。吾夫妻養成一子。尙且失去。福薄可知。況分非我有。而能受此奇福歟。且袋中有數簿。知必收賬遺者。失者若是店夥。則無以歸見東家。使本錢微弱。則血本盡傾。不難歇業。吾昨所失去

宣講博聞錄　卷一　羲農　一子承雙嗣　二十二

不過一兩之貲。尚且艱苦躊躇。況彼失此多金。又何難累及性命。吾得之以為喜。轉慮失者之為憂也。妻曰然。則將何以處此。公曰。吾路上拾物。向必還人。今豈可為貪惡者。必當還之。遂將銀放在房中。屬妻勿動。復到林間以俟失者來訪。

為禍積福。由本心一念之微。蓋家已絕食。極計無聊。偶獲奇財。鮮不以為奇福。乃始念本得之喜。轉念而為失者憂。故必欲歸之原主而後安。積德積福。即在此一念。然財利最足動人心。由其平日有定守。斯能有定見也。

連汝芬獨坐松陰候至紅日將沉尚未見人訪到欲回家又恐不遇迫得忍耐俄見一人年逾五十手持雨傘倉皇四顧而來步入豁間見汝芬在坐心若有所驚乃坐近松邊猶東瞧西顧汝芬知失銀者是他但彼未先言己亦未可輕問恐他冒認猶耐坐片刻汝芬思得計以試之先請問其姓名彼答姓王名樹琦他轉問公名姓連汝芬亦白姓名以對且問王何往王答將僱舟歸澄海連設危言試之曰相君之貌近日早暮行藏宜愼王驚問何故連誑言曰以翁氣色邇日不犯災危疾病必主破財王曰既破財可免疾病災危否連曰既破財

或保無礙。王曰老翁相人眞神術矣。今日吾正因舊病致失二百餘貫。吾昨收賬得銀。將銀置腰裏間。今早趕路登舟。因舊有酒風脚病。不覺忽然作痛。叫苦難行。遂取出裏裏之銀。置之黑小袋。將小袋衣物。轉放裏裏。使腰輕易于舉步。豈知行未里許。脚疼愈不可忍。只暫坐路旁。又恐人見之。因財施害。吾約略記憶。曾步入此谿歇息。不覺昏睡。醒時覺脚疾略愈。急趁此安步趕急登程。將近墟場。始覺遺失布袋。以爲銀子尚在腰間。用手一探。方悟銀兩先已轉放袋間。袋失則銀亦失。故復趕回尋找不見。今逢翁旣說不犯災病。必主破財。今財經破去。倘得免災危。亦慰矣。連聽之。知此銀是彼遺失。乃留之曰。日之夕矣。敝廬不遠。請到舍歇宿一宵。若何。王辭曰。不敢驚擾。連苦留之。王以連性格忠厚。情不忍卻。故隨之歸。連妻王氏。忽見客到。烹茶後。即謂夫曰。家貧己客到。今夕之糧。尚待郎歸而後算。度今若之何。連屬其復往鄰家借米數升。殺小雞以款客。對酒略談衷曲。及夕。攜客出小園中。有茅廬設榻安寢。且慰之曰。敝處風俗雖鄙。然凡拾遺物。知必還之。君所失銀。吾且為君查訪。倘是鄉人拾得。可原璧送還。說罷辭出。王心緒離亂。夜未安枕。及曉。告別連曰。君之銀果是族人拾得。請君認明是否。乃將小袋攜出。王先將袋裏銀兩數簿念。明啟視相符。連曰。族人說既是翁物。請即收回。王曰。貴族有此好人。請必一見。連曰。實吾拾之。昨延翁賓舍。實欲細詢的確。將以還君耳。王驚曰。君誠高義。然昨蒙指示。不破財則受災險。吾既福薄遺失。翁拾得則應受之。望賜回數簿足矣。連曰。吾實未知相法。昨因聽候已久。翁尚未肯自認失銀。吾言之。又恐冒認。故設言以試君耳。請原銀收復。王曰。君能以大義歸我。我亦未可全貪。願分半以謝。連固辭曰。吾若貪財。盡全得之。君未知也。奚至今始受其半。夫物各有主。君必迫吾分受其半。是强我爲半小人矣。王曰然則分十金爲謝敬之貲。翁如再卻是翁樂得爲廉潔君子。然吾亦未肯爲忘義小人。若十金不受。吾亦原金不復收。連無奈祇領十金。王樹琦再告曰。吾實福建人。自少隨父販茶來粤。向寄居省城西門外。今再赴澄海。及惠州收賬後。即返省垣。請翁到省。須到舍下敘談數月。明年吾或有遠志。欲會無期也。言罷揖別而去。

曲禮曰。臨財毋苟得。第貧窮艱苦。意外忽得多金。非人與之。實天與之也。然所得不過二百餘貲。即以爲己有。祇食此二百之福。至底用盡則止。福祇如斯。乃必尋還故主能人之所不能天地鬼神應亦爲之驚異彼世之揮金似土浪費無端每自謂能把財字看得破此是好破亦非看破財也能看破財如連汝芬者乃爲丈夫眞氣骨

連汝芬自王樹琦去後兩不相逢遲四五年連已六十餘歲筋力漸弱祇憑妻耕作彼在村邊擺賣菜菓以資日給偶一夜夢見王樹琦到相見甚歡翌日就接得王樹琦來書約其到省相會連驚異之對妻言曰王某一別四五年從無音問昨晚忽然夢中相見今日即接他書莫非與他別有奇緣吾向無交遊縱迹未到省地今

老矣不若借此一遊觀覽省城風景亦不虛此一生遂趁舟到省一路尋問至西門外訪至其家見新建大宅一所局面輝煌連到門前不敢遽入僕爲通名入內王樹琦殷勤出迎攜手以入相會之下王如喜見天日共道寒暄王曰吾自別後候翁不至翌年販運出洋爲利藪所羈竟昨年底然後返省卽欲請翁到來面晤以新建房舍尚未停當今已落成特請來一叙但連翁年來好境若何連以王情意殷殷遂將家事略談衷曲轉問王曰君壯志遠遊當大暢所欲王曰外國淹留數載亦獲十餘萬金前蒙還我之貲至今難忘高義向以天南

地北。音問難通。今請君到來一會。此後時常來往不失舊情。王乃盛設酒筵。集諸友到來陪酌。迨諸友到座。見連汝芬衣履不文。簡弗爲禮。王不悅。及飲。王請連坐首席。客皆驚異。始通姓名。酒至數巡。王曰。今夕邀諸君枉駕到來。欲諸君與連恩兄相見一面。諸君能識他是甚麼人物否。衆尤驚異。不敢致詞。王曰。吾自少至今交遊者。富貴功名。不勝屈指。推連恩兄爲第一人。客聽此言。皆魄動神驚。惟側耳以聽。王將失銀二百。藉連某恰得留至家歇宿。原銀歸還之事。盡情以告。且曰。唐詩有云。世人結交須黃金。不是黃金交不深。可知世情冷煖非財不親。以漠不相識之人。能以二百餘金相讓。古今能有幾人。聞者莫不敬服。王又曰。吾久欲報答。無由。故請諸君到來。爲我敬上一杯。以酬大義。席上皆舉杯相敬。正在獻酬交錯。忽家僕來報曰。少爺今始回來。蓋王樹琦有一子名喜駒。年十一二歲。已出就外傅。王特著家僮接其回來。與連汝芬相會。至是始回。王急命其出堂相見。俄而兩僮隨之出。王指連屬之曰。此位是連汝芬恩伯。卽上前叩頭。喜駒從容行近席邊。跪下叩首。連汝芬忙忙回禮。家僮已斟滿一盅。喜駒起來雙手舉杯奉上曰。小姪歸遲。禮多簡褻。請恩伯歡飲一盅。連亦手執一盅回敬曰世姪多禮今始相逢兩家齊飲兩人舉杯相讓席上諸客有言連翁尊長應先飲有言汝芬翁是客飲應先不必多讓喜駒手舉杯盞定睛細望低聲問曰恩伯相貌似像吾父親因何至此連曰世姪何妄出此言喜駒曰吾乃學善初見面時已認得父親相貌恐人有相似不敢妄言後聞父親潮州土音又聞各位稱父親姓名故知的確連曰汝果學善緣何至此答曰元宵之夜被人冲散吾大聲叫哭有一人曰吾攜汝見父親遂抱我下舟不意拐我至此言罷跪地掩泣連曰今日始得見面累我久尋苦矣相抱大哭衆皆愕然王樹

琦驚訝。詢問緣由。連曰。吾兒六歲時。攜其往市觀燈。致人冲散。尋訪無跡。不知緣何得來。尊府王曰。吾命薄。並無兒女。更因少年。放蕩性好宿娼。致身體損壞。雖一妻三妾。知難生養。故六七年前。有人攜他來。賣用二十金。買以爲兒。既是恩兄令郎。卽當奉還。何必悲苦。連曰。吾祚薄家貧。有兒不足喜。無兒不足憂。今兒得依高門。終身安享。歸告拙妻。應亦轉憂爲喜。吾斷不敢帶回。王曰。君說家貧。正望兒子堂前孝養。必不可辭。連又堅辭不受。兩人推讓。論說紛紛。席中一客曰。兩君爾讓我辭。令少君反無着落。不若兩君不必言。憑座上衆人。以公道秉公論如公道應歸連家連翁不必卻公論歸王家王翁不必辭諸君以爲然否衆皆言此論公當一人曰既言公當則兩君不准講話請高明秉以公論一客曰以愚鄙見昔王翁遺失銀子連翁原物交還今連公失去兒子王翁理當讓回以德報德方見至理無偏連曰王翁富厚家貲他日守成全靠此子吾帶之回去家業付誰天地生成此子在吾家是人在彼家亦是人耳何必定歸我家一客曰旣連翁襟懷廣大則王翁卻之反矯夫情不若核彼夫妻皆來府上同享安樂情兩無憾王曰君知論情而弗論理且陷我于不義也蓋理無兩是

處必當理使此子有所定歸以情理論之吾前既受他之銀今復佔他之子情理非公吾斷不遵命惟與彼同享安樂當唯命是聽耳一客曰前言憑衆公論不必兩君說詞而兩君依舊各執一詞若由於旁人立論不能中彼心竅之情皆未的當兩君故復有詞耳不若兩翁不必言吾衆人亦不必爲他分論憑舉一最公道之人發最公道之論則情理俱眞矣諸君以爲然否衆請言之彼客曰由彼少君自己情允他如願歸生父家則連翁不能卻父子之情他如願在養父家則王翁不能拘一己之見諸君以爲若何衆皆曰善遂謂學善曰何去

何從須剖腹直說乃扶學善立正中堂衆皆傾耳靜聽學善曰生我養我者連家今養我教我者王家生我者深恩罔極養我者亦恩德難忘小子無知請世伯列公教訓衆客聽之反無從評論一人曰世兄此話雖似屬通套而已心有主意不敢直說故婉言之由衆人代白耳以吾管見他開口說出生我者連家此話由父子天親血性中吐出其意欲歸生父而又不敢忘養父之恩故說養我者亦恩德難忘此句是他忠厚之詞耳其詞中義分輕重隱然已見於言外據所說則世兄應歸連翁連翁不能矯情再却連曰不然他說兩邊俱有恩則

養父依然生父我養而不能教王翁以養以教其恩豈淺鮮哉衆人聞之又不能決忽一客曰吾熟思之他兩翁皆憑此一子歸之連翁則王翁無子留之王家則連家絕嗣不若將此子分爲兩邊則兩得其平兩翁亦必心慰衆問何能分爲兩邊彼客曰將此子每家各娶室妻如連翁之媳有子則爲連家子孫王翁之媳有兒則爲王家子嗣豈不盡善盡美至於家貲均是一人承受彼此何分衆皆稱善是夕盡歡而散王樹琦即投連汝芬之妻王氏並到省同居一家相見大喜迨學善長成另建房屋一間先爲連家娶媳明氏王乃娶媳梁氏其

家貲分而爲兩。後兩家皆子孫昌盛。富貴雙全。蓋厚德之報也。

人生得失有命。貧富由天。連汝芬一生貧寒。僅一子而散失。尚望富厚之福歟。乃與王樹琦各處一方。一則有子而無財。一則有財而無子。天地早已安排。使得其子者失銀二百。傳其子者得之以爲酬子之貲。天心本至平也。惟能存心守義。歸人之財而不貪人亦感恩仗義。還之以子。而不受。終得福澤與其不受子者同有其子。不貪財者。均享其財。儼然天湊之緣。實由自修其福。天能限人以命。而不能限人以德。造命自天。蓋修命自我也。

宣講博聞録　卷六　第四條　三十三

第四條博聞錄

總論

廣訓曰。一夫不耕或受之饑。一女不織或受之寒。本務不重則饑寒立致矣。然農民之家。貧苦者多。素封者少。貧民欲耕無田。勢不得不向素封有業之家。佃其田以爲衣食計。而素封者每年按其常例。只知管業收租。所難堪者。或當水旱之年。荒歉無收。而必按常例以徵租。稍短分毫。不肯收納。稍緩時日。不肯姑寬。致令貧民挖肉醫瘡。無從措辦。更或鬻女償租。典屋抵欠。在收之者。計爲得矣。可憐佃戸之拮据營爲。其苦有不堪言者。所以寛待農民。實積無限陰德。豐收之年。佃民或遇身體疾病。訟獄喪葬。意外之事。破費諸多。猶宜諒情。寛限加意體恤。況當荒歉。終歲勤劬。既無入息。而又重以催租之迫。豈情理哉。而佃戸之待業主。亦當知言行相顧。有始有終。勿徒有所藉口。致失賓主之情也。

加惠農人

柳封翁號潛齋湖廣人家鉅富有桑數千株田數頃族人耕足以外擇其親戚之貧者與之耕租之多寡不與較然人感其盛德亦未有拖欠租者或遇兄弟親戚婚姻喪祭與及病患災厄之事不取租外另爲多方周恤受其惠者不可勝計家居儉於自奉妻妾不飾金珠不被羅綺惟日以濟人利物爲事年四十餘一妻二妾尚未有子里人謂之曰公之多財惠及宗族親戚將以求福於子孫耶抑實知子孫不能享故爲疏財仗義以干名譽耶公曰非爲子孫計亦非干名邀譽計但見兄弟

親戚貧苦難度，不知不覺動其惻隱之心耳。兒孫自有兒孫福，盡吾分量。災祥禍福，聽命於天。虛名爲造物所忌，行吾實德，名譽亦何用干求。公蓋達於處世而深於見道者也。

有所爲而爲善，其心恐未眞誠；無所爲而爲善，其誠乃得確切。然世風日下，求其有所爲而爲者亦不可多得，此封翁所以善積於無量而福亦積於無量也。

一日，封翁靜坐，想起年將半百，膝下無兒，未免十分惆悵。或勸之曰：公有一妻二妾，不能生育，盍亦訪有無夫之婦年少而多生養者娶之。男子不禁重婚，婦人不禁再醮爲後嗣起見此亦行權之道也公曰吾再娶數矣何患無資娶再醮婦喪人之節吾不忍也或曰誠然名節固千古所重或其人迫於勢之莫可如何者再醮之婦非盡無良又或自己命裹所招不發之於現娶妻妾而發之於再醮之房但求品性純良情願來嫁者於義何害公曰姑爲訪之

娶再醮婦非出封翁本意但其人一場爲己分憂以後嗣爲計不忍面卻姑爲權詞以應耳

隔柳家十數里有一唐姓婦林氏夫死姑老而盲遺下三子長十歲次六歲幼三歲家極貧鄰佑勸之曰如此

拮据孰若改嫁俗云池塘無水魚難養此亦人事之常也林氏曰是何言歟男子所重者綱常婦人所重者節義餓死事極小失節事極大况上有家姑老而無目下有幼子少而誰依一旦舍而去之何以見先夫於地下斷不爲此喪節之事也

看得節義重自然看得性命輕維持婦道千載後猶凜凜有生氣世之夫死未久別抱琵琶者對此能不愧死

如是者年守一年無奈時遇饑荒親戚難濟縱十指辛勤晝夜不辭勞瘁而一人操作安能供數口之糧林氏

日夕焦思嫁則有失婦道遺下家姑兒子倚靠誰人不嫁則并無活路姑子恐難保全始則以飯奉姑母子食粥繼則奉姑以粥母子粥亦不足矣一室蕭然形影相弔淒涼萬狀孰與矜憐

天欲磨鍊人心每於極艱難苦楚中勘出眞情眞性故曰是個人被天地磨成不是個人被天地磨壞當此理欲境界生死關頭切宜認得眞拏得定耐得苦方爲宇宙完人

一日有媒媼到門謂林氏曰隔莊柳財翁一妻二妾未有兒子欲尋生養之婦以娘子年不滿三十而子眾多

丈夫去世家道貧難何不向彼投生且得嫁資以養姑子一舉而兩得也林氏素聞柳翁好善遠近交稱心生一計遂求媒媪說合訂明身價銀三十兩約於某日擕銀來卽過門矣臨行林謂媪曰姑老兒幼不能揚明改嫁也附耳密囑數言媪會意而去到期媪密擕銀至交與林氏乃入稟家姑言母家有事今要歸甯且囑鄰佑關照兒子一兩日可回不自言其改嫁也

林氏孝婦豈眞愛惜餘生致此中途改節但念姑老兒幼使無權宜之計則全家餓死更難爲情看者當諒其苦心焉

及到翁門既夕林氏面牆而泣翁曰娘子之來出自情願何以泣爲林氏斂衽曰今荷老爺矜恤置身高樓大廈不憂饑寒爲萬幸矣但念丈夫今夜泊在河邊一葉扁舟風霜雨雪淒楚誰憐不覺悲從中來耳翁曰據媒所言汝已守寡數載今云有夫在得無被媒所誤乎然則爾夫爲蛋戶耶抑爲漁人耶胡爲夜泊河邊也林氏曰我丈夫行爲言之十分痛心對老爺言更形慚愧但事至如此不得不直稟知我丈夫平日安分耕種之人祗因一時錯誤身染痳瘋醫至窮極賣屋營生別租人家屋住連賣屋銀亦已醫了屋主見其形骸臭腐急催

出屋。無處可依。迫得將妾發賣。得銀以置小艇。泊在蘆汀柳港。念平日夫妻恩情最篤。妾得安樂。彼受淒涼。故此悲動於中耳。翁曰。爾夫爲瘋疾人。爾亦瘋疾。婦噫媒之誤我不淺矣。幸爾說出情由。不然。縱得後嗣。瘋疾傳染一家。雖多亦何所用。娘子請回。勿相擾也。林氏曰。今到老爺處。便是老爺家人。況丈夫得此銀。置艇還債。隨手用去。何能奉璧歸趙。且扁舟一葉。祇容丈夫一身。妾若回歸。更無安身之地。望老爺始終周全。世世生生。不忘大德。翁曰。無論殘疾之人。雖抱衾枕。卽使一身清白。而有丈夫在。吾甯此生無後。不忍奪人之妻。以爲之妾。

惟是爲人須爲到底。爾恐歸無安身處。吾再贈銀十兩。或租屋。或蓋蓬。由爾方便。明日著人送爾回。遂拂袖而出。

林氏所爲。似近串騙。然用心苦。則機關出。使不廸變行權。則姑子之存亡。有難逆料。亦俟日後之圖報而已。乃或從而議之曰。媒與林氏之言。兩不相對。何難尋覓媒媪。質證是非。而林氏有此奇智。料其出門時。會與媒媪關說。著其預爲引避。且逆料柳翁忠厚。縱事後訪知其僞。亦能曲諒苦衷。是林氏不特以節孝見重。而且以才智見長矣。

翼日柳翁著人送林氏。林氏先回母家。備說情由。母亦爲之酸鼻。乃將銀數兩奉母。以備緩急。及歸。教其長子興仁曰。我爲一家窮餓。萬不得已。行此權宜。感受柳翁厚恩。無可酬答。今命汝往爲他家僮。汝須盡心盡力。倘東主與以酬勞。汝當說吾家不急支用。暫貯東家。待扣足四十兩外。乃可領取。目下少有資本。加以女紅補助。力爲撙節。即數載不支工金。儘可撑持家用。無憂饑寒也。興仁自小識性。受教聞母言。唯唯聽命。林氏乃訪柳翁之戚友素相厚者。竟薦興仁入爲家僮。專事顧務。大爲柳翁賞識。竟藉柳翁提攜。興家立業。此是後話。

命子入爲家僮酬翁大德方見林氏不虛受恩處毋旣節孝子亦賢能亦由其家將興有此賢孝萃於一門

光陰遞邅柳翁不覺五十歲矣歷算妻妾之命俱云無子乃於樓上供奉　呂仙朝夕虔心祈禱所謂人有誠心神有感應一夕翁夢鶴駕光臨異香滿室翁乃至誠叩拜　呂仙乃挽起而謂之曰汝前生豪富惟喜殺生故今生富而無子幸歷年加惠農夫廣行善事　上帝欽賞錫以令嗣增壽延年問現娶妻妾可生養否曰須再立妾問立妾向何方　呂仙袖出一詩命他存記

他日有驗。詩曰。五木相逢結子多。身遭殘疾苦奔波。一朝得遇神靈救。恍似金鱗脫網羅。讀畢。呂仙駕鶴而去。翁乍驚醒。詩記了了。而茫然莫解其意。乃誌於壁上。以待後驗。

一飲一啄。莫非前定。況妻財子祿乎。然定命由天。立命由我。加惠農人。力行善事。此即所以立命也。書曰。禍福無不自己求之者。觀此益信。

柳翁自思。天下那有五木之姓。亦安有五木之字。曰夜尋思。了無端緒。姑為置之。再講林氏有一姨妹名曰三松。自小跛足。母老而多病。無兄無弟。祇有大姊嫁與唐家貧而寡彼此不能相濟。三松自小知孝順。每日跑街乞食以養母。每得酒肉與飯不敢自私。必帶回奉母。有餘而後自食。早夜勤勞。母未起先備粥茶。待母洗臉後殷勤敬奉。日以爲常。母悅甚。并忘其貧且乞也。鄰里稱其孝。每多施與。三松每思今生廢疾。料得前世無修。然前世無修。今生折墮。倘今世無修。來生更不堪苦惱矣但貧而且乞。乞而且跛。欲修從何修法。因見同行乞輩每唱豔曲彈詞。無關勸戒。乃自作成一歌。按腔合拍。令人觸發天良。其詞曰。

歌一曲。勸人首重孝雙親。親恩廣大如天地。服事時時要認真。要認真。莫辭貧。清茶淡飯多恭敬。勝過珍饈百味陳。

歌再唱。勸人兄弟要相和。他人結義猶親愛。何況同胞弟與哥。弟與哥。不易多。能仁能讓家興起。聽信妻言骨肉疏。

歌三疊。勸人須立好心田。不奸不詐行方便。盡力修行聽自然。聽自然。感上天。註福註財兼註壽。更加代代子孫賢。

歌四曲。勸人守分莫貪求。富貴貧窮天註定。能依本分力營謀。力營謀。永無憂。一勤一儉爲根本。足食豐

衣在後頭

歌五轉勸人婦女要純良閨門禮法須當習四德三從靜酌量靜酌量要端莊是非勿理閑人事百忍成金是妙方

共歌詞雖甚俚俗而日日沿門演唱感化回心者甚多

按林女一跛丐耳無權無勢無財無力尚肯奮志修行積善補過則世之有權勢財力者有心爲善不更易耶乃不以權勢財力而積功反藉權勢財力而作惡誠恐孽報臨頭悔之莫及願與大眾一齊猛醒

一日林女在大街之上遇一道士紅顏白髮飄飄欲仙

近前而問之曰娘子何爲坐於地上而不行路以求乞乎女曰道長有所不知乞兒自小胎生腳寸步不能行故跑街以丐食耳道士曰爾命甚苦爾心甚好以爾好心自可改爲好命矣垂拂而下命其雙手緊握極力抽扯不覺骨節輕鬆腳能立矣又命其學行數步果能舉步爽快行動如常人矣街上之人無不驚異女亦不知道士何等神通立能起此廢疾也因問道長寓居何處待乞兒親到叩謝道士曰我在隔莊柳家樓上住爾到彼處問兩口道人自行人指點矣說罷拂袖而去

神仙荒渺難稽人每託爲誕妄不知神道設教正當

衆目共見之地，特顯神奇。如王祥之卧冰求鯉，孟宗之哭竹生筍，事屬偶然，不外一誠感格，以林女孝行之專篤，心地之純良，其默契於神明者固已久矣，豈一朝一夕之故哉。

自是里巷之衆，百口喧傳，有謂其道士是觀音顯化者，有謂其跛女以孝行感格者，有謂其唱歌勸善，皇天終不負好人者。遠近傳揚，哄然滿巷。其母聞之，出頭外望，見其女快步而回，喜極，立而不能言。少間，問女所遇，女具以對。鄰里悉爲之喜，各助資財，勸其備禮以酬道士。翼日，母女薄具禮儀，同詣柳家，問可聞者跡道士所在答曰吾家老爺平生好善而僧尼道士素少交遊安有道士在此常厲女言不差數求傳說司閽者厭其煩緒不顧而去適翁自內出問其故母以實對翁亦言無之彼此錯諤莫審端倪適其甥放學回聞其故乃啟翁曰樓上常安奉者此位非道士耶翁頓悟因問女昨見道士曾問他姓名否女曰彼但云兩口道人未有說出姓名也翁暗想曰兩口疊成呂字莫非　祖師顯應救他殘疾乎遂命僕婦一齊引至樓上林女一見座上莊嚴供奉與昨日所遇婉然恰肖乃炷香炳燭陳設禮物母女下跪百叩致謝而起

忠孝誥曰。天上無不忠不孝之神仙。道書曰。神仙不外盡人倫。然則人欲登仙證果。不必長素出家。不必燒丹鍊汞。但於倫常之內。子臣弟友各盡其分。所當爲。諸惡莫作。衆善奉行。功滿行成。自然上證天堂地位。有志修行者。愼無舍其倫常實行。而求之荒渺難行也。如林氏女者。貧至乞。安能感格神仙。而 呂仙之感。亦感其一點眞孝耳。孝經曰。孝弟之道。通於神明。信乎。

翁聞躍而喜曰。吾奉 祖師多年。未見眞身顯應。今爾乞者也。乃能感 祖師顯身垂救。爾之誠孝勝我多矣

然　祖師能救爾之疾。我獨不能濟爾之貧乎。可即回家。檢點衣物遷來。我莊內多等閒房。共享安閒歲月也。母女欣然領諾。遂遷入柳家莊而居焉。住下三兩月。而翁猶未悟到前詩之意也。是日翁與媒商。欲再立妾。適三松之母彭氏在側。暗自思曰。此女得遇神靈拯救。又得柳翁周全之恩。無以報答。均是柳翁意欲立妾。三松又未許配於人。何不將女送他為妾。以報厚恩。豈不兩全其美。記在於心。尚未說出。一日彭氏在花園灑掃。翁偶遊玩到園彭氏乘間問之曰。母女二人。承老爺周全厚恩。無以報答。今欲將小女三松送與老爺為妾。未知嫌其醜拙否。翁曰女名三從。非取三從四德之義乎。彭氏曰小女彌月之日。其父在門口拜神。適有荷三株松而過門者。因名三松。問其夫何姓。曰姓林。翁恍然大悟始知　祖師前示之詩。機緣伏在此也。林字二木加三松非五木乎。跑地丐食。非遭殘疾乎。遇　祖師拯救還至此居正。金鱗脫網時也。顯係　祖師前時批定。默指我立爲妾矣。因對彭氏曰。此段姻緣　祖師默定。旣承雅意。擇吉成禮可也。擇定正月十八成親。是年翁五十一矣。

林氏備嘗艱苦。始有此日。如出地獄而登天堂。所以世人立心要堅。觀於林氏女者。可以感發而興起矣。翁以聘金二百。送與彭氏。彭氏以家無叔伯兄弟。無以安置。辭而不受。問有外戚可得力否。曰有三外孫尚幼。其長者。現在爲公家傭。興仁是也。翁曰何不將此與之。他日置家立室。有所憑藉。無以我。暫存貯代爲出息。乃待興仁爲至戚。另眼相看。興仁善體母心。五年之內。不受工金分毫。問其故。不明言。以心報之而已。後來三兄弟各立室家。各興家業。俱藉柳翁提攜。

林氏姊妹。節孝自天成。故其後均能發達。而論福澤。則其姊尤大。亦由翁之大德。有以蔭之歟。

翁自與林氏成親。五年之內。連産三子。舉家大喜。自此
爲善益力。遇饑荒賑粥賑米。農人無資本者。助以資本。
後三子皆有名庠序。娶三媳。共十三孫。是年封翁九十
七矣。一妻三妾。白髮齊眉。長孫點翰林回鄉祖祝壽。戚
友之富貴者。車馬紛臨。農人之感恩者。禮儀豐厚。翁乃
顧而喜曰。五十年前。求一子而不得。五十年後。得三子。
於願足矣。加以十三孫。天之待吾何其厚耶。得三秀才。
於願已足。加以舉人進士翰林。天之待吾何更厚耶。吾
將何修。上答天恩之罔極耶。戚友齊聲賀曰。積小善者。
享小福。積大善者。享大福。公以歷年加惠農人。修德行

宣講摘錄　加惠農人　四六

善四夫人誠孝格神。天緣湊合。將來功名富貴。福壽康強。未有艾也。乃互稱觴上壽。觥酬交錯。相與盡歡而罷。農桑爲衣食之本。翁雖不事農桑。而能溥農桑之利。可謂善培本矣。加以修德行仁。歲饑賑濟。保全唐婦之節。善成林女之孝。此等功德。動地驚天。宜乎子孫蕃衍。福壽雙全。垂諸永久。食報於無窮也。書曰。爲善降之百祥。又曰。皇天無親。惟德是輔。奉勸世人。當效柳翁之懋德。何患其福之不加崇哉。

第五條尚節儉以惜財用

生人不能一日而無用。卽不可一日而無財。然必留有餘之財。而後可供不時之用。故節儉尚焉。夫財猶水也。節儉猶水之蓄也。水之流不蓄。則一洩無餘。而水立涸矣。財之流不節。則用之無度。而財立匱矣。我

聖祖仁皇帝。躬行節儉。爲天下先。休養生息。海內殷富。猶兢兢以惜財用示訓。蓋自古民風。皆貴乎勤儉。然勤而不儉。則十夫之力。不足供一夫之用。積歲所藏。不足供一日之需。其害爲更甚也。夫兵丁錢

糧。有一定之數。乃不知撙節。衣好鮮麗。食求甘美。一日費數月之糧。甚至稱貸以遂其欲。子母相權。日復一日。債深累重。饑寒不免。農民當豐收之年。倉箱充實。本可積蓄。乃酬酢往來。奢多浮費。遂至空虛。夫豐年尚至空虛。荒歉必至困窮。亦其勢然也。似此之人。國家未嘗減其一日之糧。天地未嘗不與以自然之利。究至啼饑號寒。困苦無告者。皆不節儉所致。更或祖宗勤苦儉約。日積月累。以致充裕。子孫承其遺業。不知物力艱難。任意奢侈。誇耀里黨。稍不如人。即以爲恥。曾不轉盼。遺産立盡。

無以自存。求如貧者之子孫。並不可得。於是寡廉鮮恥。靡所不至。弱者餓殍溝壑。強者作慝犯刑。不儉之害。一至於此。易曰。不節若。則嗟若。蓋言始不節儉。必至嗟悔也。爾兵民當懍遵

聖訓。繹思不忘。爲兵者。知月糧有定。與其至不足。而貸格外之賞。孰若留有餘以待可繼之糧。爲民者。知豐歉無常。與其但顧朝夕。致貧窶之可憂。孰若留貯將來。爲水旱之有備。大抵儉爲美德。當以固陋貽譏。禮貴得中。勿以驕盈致敗。衣服不可過華。飲食不可無節。冠婚喪祭。各安本分。房屋器具。務取

素樸。即歲時伏臘。斗酒娛賓。從俗從宜。歸於約省。爲天地惜物力。爲朝廷惜恩膏。爲祖宗惜往日之勤勞。爲子孫惜後來之福澤。自此富者不至於貧。貧者可至於富。安居樂業。含哺鼓腹。以副朕阜俗誠民之至意。孝經有曰。謹身節用。以養父母。此庶人之孝也。爾兵民其身體而力行之。

博聞五集

聖諭第五條尚節儉以惜財用

果報目錄

貧苦興家

順毋橋

乞兒奮志

宣講博聞録　第五條　三

第五條博聞錄

總論

人惟知安樂而不知憂患。則憂患必至。人惟顧目前而不顧後來。則後來必窮。每見世人蕩盡產業。依然奢侈。家風受盡饑寒。半屬膏粱子弟。雖曰富貴無常。亦自奉太豐者階之厲也。夫粗衣淡飯可過一生。異味珍饈。不外一飽。乃費其一。子費其十。何以垂範而遺後人。日計似少。月計實多。何不留餘以保終歲。雖然。華堂高廈。美妾驕妻。乘堅策肥。衣錦食肉。樂固樂矣。乃忽然傾敗者。皆自安樂中取之也。然有朝不慮夕。四壁蕭然。儉以養廉。終身淡薄。苦似苦矣。乃突然創興者。皆自勤儉中得之也。

聖諭廣訓曰。儉爲美德。盜以固陋貽譏。禮貴得中。勿以驕盈致敗。能法則之。則富可保富。貧不終貧矣。

貧苦興家

石佐圖浙江温州府人。母早逝。自少隨父教讀餬口。性聰明。十四歲經書頗熟。奈父抱病忽亡。一身孑然。家徒四壁。爲戚屬薦至連仰清家服役。連家貲數十萬。富甲一鄉。石佐圖甫入門。見第宅堂皇。器用金翠。每食必珍饈。穿必錦帛。如入神仙之府。自念雖爲人役。不無福澤何修。今得居處飲食於此。日間灑掃之外。已無餘事。每入廚見白飯滿地。殘漿剩饌。羅列廚間。一一收之。及鹽薪油醬之屬。必檢點周密。連仰清見而厭之曰。此挑剔之事。非汝所兼。佐圖唯唯而出。迨每日入廚見食物亂擲。踐踏如故。屢然不樂。弗憚煩瑣。皆檢拾收藏。連仰清故意跡之。曰廳堂間爲汝職事。偏留心于瑣屑。胡爲吾家月費千金。何必爲我惜此。石佐圖曰。吾少讀父書。見有太公對武王三耗。十盜之說。曰倉蓋漏溼。鼠雀亂食。爲一耗。收種失時。二耗。抛撒米穀穢賤。三耗。吾今見爾不忍。故檢點之。仰清曰。汝既云十盜。又如何。石佐圖曰。太公曰。將熟不收。爲一盜。收積不滿。爲二盜。無事燃燈寢睡。爲三盜。慵懶不耕。四盜。不施工力。五盜。專行竊害。六盜。養畜太多。七盜。晝眠懶起。八盜。貪酒嗜慾。九盜。强行嫉妒。十盜。連仰清曰。噫。此拘迂之論。祗爲貧民小家說法耳。吾富家大戶。不必拘拘于此。石佐圖曰。月有千金之費。此東翁之福。能消受之。吾福薄。聞此三耗十盜之說。猶見物而不知惜物。則罪在吾耳。連御清服其論而心不以爲然。然以其品行謹厚。故連年用之。

富家一頓飯。貧家一月糧。每剩饌餘饈。勝貧民款客之具。饜飫之餘。由僮僕任意拋擲。鼠雀啄嚙。不知富家有餘饌。世上有饑人。與其珍饈百味。飽外而厭其餘。孰若略省膏腴。推所餘以周貧乏。劉子翬曰。惜一物。而物之所留者無窮。施一人。而人之所受惠者不少。

廣訓曰。爲天地惜物力。爲朝廷惜恩膏。皆言食福須惜福。能惜福。乃能積福耳。彼奢侈繁華者。未經艱苦。又烏知物力艱難。氣滿者心必驕。未可與言善。

石佐圖性本慈祥。每殘羹冷飯。輒分與流丐。時有兩乞丐。其大者年約十一二。小者年約八九歲。常來討食。石佐圖憐其年少。有飯必與之。一早方啟扉。又見兩丐已來。俟諸門外。石佐圖曰。爾兩人盍往四方乞討。尚多一飽。何獨托鉢于此耶。丐曰。吾少無父母。祇攜弱弟乞食。嘗聞人說。吾姊自少賣人此門爲婢。久欲問而不敢言。與弟常至此者。欲見吾姊一面耳。石佐圖曰。汝何姓名汝姊年貌若何詔曰姓蔡名義吾弟蔡二姊最長自少分離年貌無從記憶聞姊原名巧兒未知果在此爲婢否敢求爲我訪察佐圖曰汝里居何處且汝父何名小丐曰吾父名興仁乃本邑鳳凰山人石佐圖曰吾訪知果有此婢他日當爲汝告知説罷而入小丐自朝至暮竟依戀不去石佐圖見之曰汝兩人猶未去耶小丐曰欲候以見吾姊耳石佐圖曰富家婢僕盈庭欲問不能唐突當徐徐訪知乃告汝二丐唯而退佐圖入適有老媪在問之曰宅中有蔡氏婢否媪曰有蔡貞玉者年方十六然前月隨往探親未回惟兩小丐隔日一來石佐圖

善言慰諭之兩丐跪地泣曰吾姊歸請必爲我達佐圖曰宅中雖有蔡婢外出未返但是否汝姊猶未知也汝姑俟之及夜石佐圖偶入薪房覺羣蟻屯聚密不容足知濕氣所凝乃將積薪移之南舍以避濕偶於壁底得小鐵盒藏珠二顆大如指頭知必婢僕竊其主久而失所藏者欲歸之主人而不知所主不歸無以自潔白之恐反致生疑婢僕受累籌思良久仍藏原處以觀其隱旬月跡之還在道出門見兩小丐又已俟諸門外熟思之曰是可以救小丐矣夫匹夫無罪懷璧其罪然與其歸之原主爲繼富孰若以之周急爲濟貧也乃出以與

小丐曰蔡婢猶未歸即歸而果爾婢恐亦難爲汝顧此珠二顆可收爲不時之需第愼勿使人知也兩丐叩謝請問姓名石佐圖曰吾弗欲人知我贈何必令汝知我名小丐感激不已

偶得意外之財鮮不以爲得意乃漠不動心轉施之流丐其品節之高潔奚如然嘗見富厚之家欲求其捐貲成美則計較錙銖以爲陰隲無憑修德無益不知盜賊反得而劫之婢僕或得而竊之子孫或得而敗之固守亦復何益能修德以保其財則財之福無量不修德以守其財斯財爲惹禍之胎夫明欲守

[illegible] 貧苦興家

之而陰已失之即此可悟天地循環之機矣

小丐得珠兩顆猶未知珠之所值幾何知有蔡婢在而未獲一見究不自安每日到門依依不去石佐圖知其骨肉情眞倍爲之哀憐迨月餘蔡貞玉忽至石佐圖以蔡義尋訪之情備述貞玉曰此吾弟也賣我之日吾父猶存三弟猶在襁褓不意寒落至此也哽咽而出忽見兩丐襤褸衣衫形骸枯瘠睹自淒悲乃忍淚試之曰汝眞蔡與仁之子蔡義蔡三耶父母尚存否當詳言始末吾爲訪知汝姊不難也小丐曰吾姊未賣母已先亡今父死已兩年兄弟無依相攜丐食貞玉曰汝兄弟年方

幾何小丐曰吾年十二弟始九歲貞玉曰十姨不肯爲爾恤耶小丐曰父死之後十姨亦死表兄視同陌路久絶往來矣貞玉曰汝姊何名小丐曰名巧兒貞玉曰吾即汝姊也執兩弟手頂踵摩挲相攜大哭曰父死而不知喪弟苦而不能恤汝姊枉生人世其如賤命何蔡義曰姐姐得此安身可憐吾兄弟流離丐食望姐姐哀憐遂相抱而哭適主人連仰清與其子名贊嘉正在廳堂飲酒聞門外哭聲出見婢貞玉在責之曰汝與小丐哭泣何爲石佐圖代白其故贊嘉罵曰此非汝宅能由汝聚族而哭於斯耶立撻婢將小丐逐之出貞玉乃掩淚

入石佐圖爲之請曰兩丐少無怙恃情實堪憐彼孺子尙可教倘用爲僮僕猶可以供使役則姊妹不致離散彼亦免於饑寒此卽眼前陰隲伊雙親在地之靈亦爲之感德矣連仰淸醉駡曰此汝親故耶佐圖曰否否仰淸拍案駡曰非汝親故痛癢於汝何關吾高大門閭豈容流丐爲吾僕復指貞玉駡曰此後當絕跡不可使來免辱吾戶佐圖懾懼不敢言貞玉亦洒淚而退惟蔡義兄弟猶每日盤桓於外貞玉常以飮食偷飼之蔡義嘗出石佐圖所贈珠以告貞玉曰此珍珠也顆値百金當歸家密藏之以爲他日貿易貲本貞玉自是深感石佐

圖之義一日佐圖自外歸見蔡義兄弟沾襜下立佐圖曰汝勿驚主人吾當告知汝姊佐圖入以告貞玉解錢二百託佐圖代與之適主人察知其情重撻之貞玉跪地呼號叩頭乞免蔡義聞姊哭泣聲慘如刀刺在外捶胸痛哭佐圖勸之去自此不敢復來

惻隱之心仁也易曰仁爲元善元者善之長也故物之有核而甘者不曰核而別之曰仁如桃仁[illegible]仁瓜仁杏仁種德猶種木皆由此一核之小發無限之生機能栽培灌溉之則漸而葉漸而枝漸而花漸而子則爲果陰騭之果則曰因果曰功果曰善果不特終

宣講博聞錄　卷　貧苦興家　十

身食報即子孫世世亦食福無疆故百行之修皆本此慈悲之一念而存心刻薄者徒知一身安飽絶不知世上饑寒其仁心已失即天理全亡孟子曰不仁者可與言哉雖目前食福居安猶枝葉未害而本實先撥矣能保其長守乎

越年有富家子李守珍讀書性慈厚以百金聘蔡貞玉爲妾纔過門貞玉即悲泣不已李守珍驚問之曰妾家親死兩弟乞丐流離妾已身鬻於人骨肉不能相顧幸石佐圖憐兩弟孤苦嘗仗義周恤之妾感其義欲將終身事之以報德奈心已許而不能言者限於權難自主

也今妾得事貴人雖衣食有賴然負初心而背大義不可以問本心君能爲我報恩於彼妾亦甘心低首以事君否則輕煖肥甘皆非所願惟甘一死以報義夫耳李守珍驚曰石佐圖固吾恩師石大猷之子也其父吾嘗受業三年師弟之情恩同君父汝巾幗中猶知報人以義吾不能報師以恩豈丈夫哉所費百金吾何足惜即將汝歸事佐圖若何蔡貞玉跪地叩泣曰果若是則君恩如再造矣妾雖今生不能事君子來生當効犬馬之勞以圖報李守珍曰男女有別請嫂嫂閉門安寢來日爲嫂嫂圖之遂拱手而出寢於別室以避嫌翌日邀石

佐圖到家備述讓妾之故。石佐圖固辭。李守珍曰。吾之所以厚待於君者。待師耳。君若必辭。是掩吾報師之義。且誓必字君者。蔡貞玉也。君若矯情。是彼能盡義而背義惟君矣。石佐圖又以貧爲慮。李守珍曰。天下無餓死之義女子。亦無餓死之義丈夫。即餓死而得爲義婦義夫。雖死亦何憾。石佐圖以李守珍詞嚴義正。理無可辭。遂攜蔡貞玉歸家。李守珍贈之十金。以濟饔飧之急。

不貪富貴而配貧賤。能讓美妾以爲人妻。世上有此奇女子。亦有此奇丈夫。然其所以超羣拔萃者。皆以德義相尚。披肝瀝膽。做出大義綱常。非矯揉造作釣

譽沽名徒炫一時之耳目也塵俗好矜奇使忽有挾
奇技奇術而來者衆必另眼觀之彼義夫義婦皆奇
品奇行天地能勿加意待之耶如市上忽得奇器奇
物無非弄一時之機巧人必多金以市之況奇珍奇
寶尤不惜金玉以博之彼奇丈夫奇女子不愧精金
美玉天地能不以厚福報之耶夫陰騭不爽報應無
差世每有白手興家一朝榮貴羣目驚視皆以爲風
水發跡而不知有離奇之福必其有離奇之德也
石佐圖感貞玉以大義而成夫婦綢繆恩愛如夙世之
緣不覺旬日後方同違仰清家仰清以歸遲怪責佐圖

以李守珍讓妾爲妻之事直告之連仰淸責曰爾父雖嘗爲彼師未必能讓妾以報汝與蔡貞玉必先有私者淫穢之夫尚苟容於此於吾家爲不祥即逐之出初連仰淸家嘗有婢與家僕夾帶私逃者故憤以石佐圖爲前車之鑒杯影生疑佐圖無奈歸家夫妻旦夕躊躇另圖活計李守珍聞得其情登門相訪曰吾與嫂嫂反以大義累君矣石佐圖曰蒙君高義而弟向固辭者恐以貪色敗名耳今果以莫須有不白之寃見逐罪所難甘李守珍曰彼以小人之心測君子之行而不知衆人所不識正所以爲君子夫淸白在吾何關榮辱然彼能棄

君吾豈不能用君耶遂出千金使合營生理佐圖夫妻再三感激貞玉使人訪其兩弟到家使出所藏珠易金三百石佐圖相攜到店經營二子固英明況經艱苦備嘗尤加意勤慎佐圖存心忠厚人爭信之自是生理日興家計日裕然竊念出身寒微度每年之所入留半以備不虞截半以爲家費家中約定月用之費每月猶祇用其半仍留其半以爲意外之需故能推有餘以周貧乏以恤親鄰人皆欽慕之不十載家稱富厚

屈極而後伸否極而後泰造化消長之機也以忠厚廉潔之人被不白之名求一温一飽之微亦置身無

地幾將路絕途窮乃徧有大義相許者能救於窮途末路中使得意經營居然致富天蓋絕其崎嶇之路使投空潤之區也小人禍君子適以福君子惡人辱好人適以榮好人不然石佐圖郎終身爲人服役亦池中物耳能十年興創耶然財爲有用之寶惟善用者得之乃富不忘貧必儉用以節其流推有餘以濟貧乏其用財有道克當天心忽然積創雖人事爲之實天心與之也

惟連仰清擁貲十萬酒色貪歡年未四旬連娶八妾年逾五十猶留五婢以爲娛暮之歡嘗於宅後另闢園池

每月夜風宵使羣妾翠袖羅衣宴飲於池中水月亭以作月下嫦娥會然祇知妻妾爲樂而不喜與親友往來其子贊嘉則喜交結年未字常與鶯朋燕友醉宿青樓不意其父未六十而亡出葬之日鋪排鼓樂翠袖華幡窮極繁華以爲出色及守制僅及期年穿羅衣錦卽於宅外又新闢臺池亭榭坐費萬金一時樓閣輝煌袞馬而來者翩翩不絕諸友以其堂前器物不尚時趨贊嘉更多購奇珍玩器新巧爭奇不數日燈綵縣桌又復煥然一新常招歌妓宴樂其間日如富貴長春夕則通宵不夜家庭酣樂猶不足以盡歡常引類呼羣笙歌畫舫

非花樓醉月則花地尋春其父在日雖然奢侈不過月費千金贊嘉更月逾數倍父死未久竟家業全空所新建亭榭臺池轉眼已更新主窮極無以爲計輒尋親友憐恤而前所與往來者始猶見面間或相周繼則杜門不納久則冷面相覷四顧無門只得學吳市吹簫沿門丐食

父奢侈子必繁華父風流子必放蕩書曰欲敗度縱敗禮敗之機也況兩代縱慾荒淫子更甚於其父家風已壞家業能保其勿毀敗夫祖宗之福如點燈隨點隨滅子孫之福如添油愈添愈明既不能勤愼守

成反多端浪費。

聖諭廣訓曰。夫財猶水也。水之流不畜。則一洩無餘。而水立涸矣。好用財者。盡鑒諸水。

然李守珍三十歲以前。屢試不售。功名之念。轉灰。至三十三歲。入勸之赴考。得進邑庠。復連科不第。迨四十歲。方入科場。忽抱病。已無志於功名。偶見題。得石佐圖之父。即其師石大猷。生前當作舊交。姑全錄之。竟以是科獲領鄉薦。次年登進士。人皆以爲贈妾之報。時石佐圖與蔡義蔡三。皆已積貲巨萬。忽值苦雨連旬。風寒雪冷。乞丐臨門。討食者皆破衣盡濕。石佐圖觸目傷心。乃指乞丐對蔡義蔡三言曰。爾弟曾經此苦。猶憶門前待姊時乎。遂與李守珍商酌。四人先各捐助千金。倡健丐棲所。俾流丐得所棲止。值風雨天寒。約給衣食。病則施藥。爲之醫。遠近聞之者。莫不樂助殷殷。更爲之廣設義倉。以防饑饉。迨丐棲所既成。有流丐到石佐圖家。叩首謝罪曰。吾等皆感深恩矣。君大德之人。吾前時父子薄情。致多褻瀆。福人福量。求乞垂憐。石佐圖以爲感。反驚問姓名。曰吾連卿清之子。連贊嘉也。自言其父死後。產業蕩然。苦訴哀情。言之淚落。石佐圖念故主之情。與以十金。其妻蔡氏亦以金相贈。連贊嘉叩謝而去。後石佐圖之子名敬承。年二十發解。官至雲南觀察。李守珍官至江西巡撫。

兒孫勝過我。要錢做甚麼。兒孫不如我。要錢做甚麼。家有餘貲。不知以現在之錢。修後來之福。一旦子孫傾敗。則一洗無餘。連贊嘉錦衣美食。時喝婢呼奴。烏知今日轉乞於婢僕之門也。以婢僕當日周旋左右。進籩執箸。日奔走於庭幃几席間。久安知我今日之所安。即其他日之所享。可知天道無私。惟德是輔。善則庶人之子爲公卿。不善則公卿之子爲庶人。所謂富者固不可恃。貧者尤未可欺也。

第五條傳聞錄

總論

聖諭廣訓曰。更或祖宗勤苦儉約。日積月累。以致充給。子孫承其遺業、不知物力艱難。任意奢侈。誇耀里黨。稍不如人。輒以爲恥。曾不轉盼。遺產立盡。無以自存。求如貧者之子孫。並不可得。由是觀之。創業難。守成更難。彼奢華浪費者。固可惜矣。更有破產亡家。尤足敗名喪節者。莫若賭之爲害。以高堂華屋之子。雜與宵小無賴之流。爲伍。同塲角勝。我負而彼得之。彼不見我之惠。彼輸而我贏之。我更累彼之貧。究之勝負無常。痴迷顛倒。不至傾家不止。不難鬻妻易女。致子散妻離。夫既不良。妻亦不順。家道替。零將有慘不堪言者。每由賭之自速其禍。若忽得賢婦盡孝盡節盡義。使家道復能振作。且令夫忽焉感悟。而復歸於正。非家道之祥。不易有此婦。然惟有此婦。而後有此家道之祥也。

順母橋

省城西關有順母橋。訛傳謂一孝子。因其母每夜間涉水以就奸夫。孝子覺之。遂填石橋。使母得安步以渡。不致涉水之苦。人故名之曰順母橋云。噫。此即孟子所謂齊東野人之語。彼無知者之妄傳。無怪矣。可惜有識者。亦嘖嘖口實。信以爲然。謬甚妄甚。試思既是孝子。知其母有穢行。自當幾諫。豈有陷親不義。反造石橋以重母之過。揚父之羞。其父有靈。九泉且爲飲恨。尚得爲人子乎。稍有血性者。未必若是之愚。然相傳之訛。未始無因。若不詳言之。則孝子抱百世莫白之冤矣。元末明初時有伊猷卓者。原瓊州人。家頗裕。而三歲喪父。無伯叔兄弟。其母以兩代孤獨。倍珍愛之。每鄰里有孩童到。必與之以食。留其與子耍樂。以慰孤寂。漸而鄰之遠近者相援引而來。終日團聚。婦更喜。更多買餳糕菓餅之類。以俟其至。有時更食以飯。童輩或來或去。若有常期。久而漸加親愛。儼若一家。及其子與孩童俱漸長成。相習耍牌抹骰以爲戲。母正喜得羣童與兒消遣。故聽之自娛。不知其子已習於賭癖。其母猶未覺。迨其子十歲出就外傅。塾中猶月哄母貲以博賭。母亦爲其所愚。十七歲不肯讀。家中復集稱交諸友。以賭爲樂。母猶以爲閒常作劇弗以爲介漸而鄰村裘馬子弟呼儕引類僮僮往來日則呼盧夜則喝雉堂內茶鑪酒廚不斷烟毋至是始斥責之伊猷卓曰塲中勝負諸友借此以娛逸輿耳至日間所需是博勝者議抽貲以爲酒食之助兒固無損於財竊計之尙亦有利毋親何必爲憂其毋信之不爲之禁

與不善人交如入鮑魚之肆久而弗聞其臭如近墨者黑勢所必然然由其毋姑息之愛致其子日習於惡而不知語曰教婦初來教子嬰孩爲父母者不可不愼

伊猷卓年甫十八，母爲娶婦姜氏。花燭之夕，諸友見婦一貌如花，莫不稱羨。時有單坤成者，原富家子，與伊猷卓鄰村居住，向亦常在猷卓家中賭博。自新婦初歸，曾見姜氏一面，神飛魄動，心竊慕之，求欲再見而不可得。嘗夜間賭至黎明，收場友皆熟睡，單坤成聞內室灑掃，又聞姜氏喚婢烹茶聲，單坤成知新婦蚤起，心猿跳躍，從廳壁門縫直窺入內，冀一見新婦，以慰渴懷。奈繡闥重扃，徒勞望想。適小鬟執燭啟扉出，單問何爲，婢答尋鑪煮茗。單又問姜氏起來否，婢答奶奶每黎明即起，事必親爲。單又問奶奶曾梳洗否，今日穿甚衣裙，臉上有

塗脂抹粉否。小鬟雖少。知其調謔。滿臉紅羞。並茶鑪不
尋。即轉身閉門入內。姜氏責其何不取鑪。鬟述單坤成
調謔之語。以告姜氏。問識其人否。婢答鄰鄉單相公名
坤成。常在此賭博者。姜氏性本貞靜。自歸來半載。聞廳
內爭勝決負聲。心久不悅。奈以初歸避嫌。不敢妄說。及
聞小鬟之語。于心戚然。迨姑起。姜氏直對家姑說曰。有
婆婆在。家庭事。媳婦本不敢輕舌。若姑不以輕妄見責。
媳婦始敢剖腹陳言。姑問何事。姜氏曰。家庭之地。內外
理宜嚴肅。今廳堂上燕友鶯朋。羣居聚賭。彼遊蕩之輩。
心未可稽。少年敗德喪名。多由此始。願婆婆思之。其姑

曰。媳言甚是。第諸友是吾兒總角之交。餘皆富家良善之子。媳婦勿庸過慮。姜氏述單坤成調謔之語以告姑。聞之驚異。即訶其子。且責其立止諸友不可復來。其子不服。曰單坤成翩翩介胄。家中美妾嬌妻。從未嘗見及婦女耶。蓋俗情喜覩新娘。彼見小嬸。不過偶爾。詢及戲謔之語。實本無心。遽因此爲疑。是無容人之量也。其子卒不聽。婦亦諫無可入。又一日。小嬸在廳外堦前掃葉。聞單坤成對友私語曰。姜氏新婦果嬌姿莫匹。若再得美麗如姜婦。吾千金所不惜。獨惜沉魚落雁。難復覩芳容爲恨耳。一友曰。盍潛步後園。或得一見。單曰。吾經每日到園偷探其如神女不遇何小鬟竊聞之密告姜氏姜氏心愈不安夜間苦諫其夫說留此輩於家將必爲患其夫又不聽姜氏遂將坤成私語密訴於姑且諫曰堂與内寢前後相連任其往來何異窠藏蛇蝎且日近比匪不特破敗可慮不難禍起蕭牆悔追莫及矣言罷低首而泣姑怒即喚猷卓訓責之且曰如復聚惡輩於家吾將與媳俱死不忍見汝敗亡也猷卓唯唯而去忽聞小鬟號泣聲囂猷卓聞母述小鬟聽坤成之語反惱小鬟搖舌尋至鞭撻之婦聞婢號泣奔前援救伊猷卓並將妻推倒揮鞭並撻婦撲地呼救母奔出舉棒敲其

宣講博聞録　第五條　三十

子諸友在外聞喧詢諸僕得知情節諸友責單曰聚賭于斯亦吾等不是然窺探內室致人夫妻母子而起嗔端害由君也單坤成怒曰吾宅內尙有亭臺足供娛玩何必戀戀于斯遂拂袖而去是日諸友皆散同至單坤成家見園內一所深院臨近小池比猷卓之宅尤爲雅靜衆復集賭其間

嚴分內外男女有別此治家之要乃常集損友聚賭於家敗度敗禮禍之階也婦經屢諫其夫猶不知機當局者迷耳常見富家大戶不分晝夜男女混雜聚賭一室此淫盜所由倡彼猶以爲大方世俗如伊猷

卓者不少不深可慨哉

伊猷卓自諸友散後漸與妻反目連跑到單坤成家日夕以賭爲事單知其家有玉石餅罇一副值二百餘金久欲得之誘之狂賭旬日間猷卓負債纍纍單許借二百金即以餅罇爲質自此日漸昏迷不數載家業銷磨易破屋以住家内玉石餅罇古書古器卒屬坤成物矣時已有兒女艱苦不堪幸妾氏日暮辛勤以供口食猷卓猶日在坤成家裏聽賭場呼喚或扇爐烹茗或傳火燒菸夜間賣酒殺雞洗杯抹箸殷勤奔走人亦不鄙厭之或與以衣巾或與以袴履不致饑寒然絶迹不敢歸

家。歸則竊物而出。一日回家。正欲竊一物以爲博貲。妻覺之罵曰。不良子。家業蕩盡。致母凄悲。復屢歸竊物。何顏爲人丈夫乎。猷卓曰。因汝唆弄。致諸友逃散。迫我至剝家賭蕩。致産業盡傾。未始非汝爲厲之階。說罷執妻亂毆。母午睡驚醒。猷卓見母出。跪地請罪。母執薪木敲其腦。悞中門牙。猷卓負痛而走。母追逐之。猷卓復奔回單坤成家。諸友方環坐抹牌。猷卓站在桌邊偷看。友聞其鼻息喘喘。汗氣蒸騰。斥之。他復走過鄰桌。看人擲骰。友覺復斥之。單坤成曰。心中技癢。盍下場一決雌雄。徒餓眼看人何益。伊曰。苦無貲耳。單戲之曰。以妻爲質。則百金可得何患無資猷卓正與妻嗔鬧彼母追毆而回心猶悻悻聞坤成斯言明知其戲不覺憤激曰果能出百金即立賣亦可況以爲質乎單曰吾即與汝百金如退縮若何伊猷卓曰不必多言君立能備金吾即立能揮劵單入內捧百金出曰劵何在卓即索紙筆方欲揮單訂曰妻可賣而不可質然亦不能擅賣當以賣妻醫母爲詞猷卓撊管而就單曰以半句爲期如博勝能歸我金吾亦不忍奪君之婦倘逾限而金不能歸吾即迎婦歸門其勿悔猷卓曰大丈夫一言既出駟馬難追負金而不捨婦豈丈夫哉乃捧金下場初猶輸贏未定不

兩日兩手全空神魄若失單曰吾再多贈十金若不能勝妻當讓我不得復有異詞猷卓曰如蒙再捨十金而不能贏是吾與妻無緣雖藍橋拆斷所甘心也單遲復與十金猷卓一戰而敗離席長嘆一聲隱几而卧及期單促之曰期至矣百金若何如不能償可歸告汝妻吾詰朝肩輿到接猷卓聞言若有難色單曰前說一言既出駟馬難追何今無男子氣耶及晚單復促之行猷卓無奈歸家一路尋思母及兒女向憑妻養今無辜拆散一家食指何依念及此不覺寸衷欲斷徐步歸屋已屬更深妻尚挑燈夜織叩門而入妻見之惱即攜燈入房

羞與覩面。猷卓獨坐庭間。俯首淚滴。其女見之。低聲告母曰。爹爹不知何爲灑淚。姜氏曰。他或苦饑耳。然吾惱他汝不能惱他。當問其曾食飯否。猷卓聞之。觸動恩愛心情。淚下如雨。適其女來問曰。娘親說爹爹曾食飯否。猷卓愈加感觸。哽咽不能成聲。惟點頭而已。妻竊窺其狀。不覺酸心。出捫其首而撫其背曰。腹得毋饑乎。抑寒風致疾乎。抑負賭債而爲強梁毆迫乎。猷卓皆搖首曰。不是。妻復曰。抑或窮途悔悟。觸境傷悲。然往事不堪回首矣。如能知悔。夫妻勤儉。猶可支持。何必悲苦。猷卓仰天歎曰。今而後始知朋友中炎涼世態。究竟夫婦眞情吾過矣。言之淚湧。妻問何故。猷卓將悮聽單坤成之言。輸去百金。已將妻賣與彼爲妾。明日即要過門之話直說。姜氏聞之。如旱地驚雷。魂飛天外。指夫罵曰。吾自入門。已知斯人心懷不軌。竟有今日之患。爾汝能捨妻兒女。不能一日無母。婆婆尤不能一日無媳。汝既忍心盡將全家性命置之死地。言罷捶胸痛泣。其母聞之大驚。兒女皆相嚮而哭。

家有餘貲。惜福者終身食福不盡。若能爲子孫種福。更積福無疆。乃悮結不義之朋。而至破家賣婦。可見飲吹嫖賭。心有一癖。甚於邪魔。日迷而不知返。損友

陷之也是故君子必慎交先謹其所始

翌日單遣媼隨輿而至迎姜氏過門姜氏指媼罵曰單某與我丈夫百金非為吾家仰事俯畜不過賭場機局欲我雉罹于羅耳試問分人之妻彼得為妾於心安乎吾雖巾幗女流甯捨數尺之軀斷不肯為二夫之婦媼無奈歸告單單怒曰潑婦意欲逞刁圖脫耳汝須對婦說吾有書券可憑如不即日到門吾將謂其夫妻串騙當必鳴官以治勢不肯依媼復到伊家以單言直告姜氏曰彼誘吾夫日在賭場致傾家敗產復陷吾夫妻分散吾下有兒女上有家姑餬口之貲憑予兩手彼必欲

迫我以勢我亦不受其愚問彼立劵時吾姑在塲否旣婆婆不知是謂私債妻子無抵債之例彼謂鳴官官憑理處官卽不能爲我處惟知一死以自潔斷不肯失身於彼也言罷而哭媪對其姑言曰汝媳不嫁强迫難從第汝子經得人財除是還他人之金他亦不能妄奪汝媳如不還銀又不交婦徒以言詞抵賴彼又加汝子媳之罪何患無詞况弱不敵强貧難敵富恐事終無了日其姑曰現家徒四壁何能原璧歸主今有孫女七歲願交他爲婢作質媳婦之身以完此債雖孫女不值百金仰仗汝善爲說詞舍此已無別策求復爲我一行媪祗

得同去將伊母之言直告單艷然曰吾志在姜氏耳受他之女何爲媪曰姜婦甯死不來其若之何一友曰吾挾之有術矣盍使人到彼家謂伊猷卓串妻騙財縛以鳴官彼母固慈心恐其子官刑受苦必勸媳過門何須與他舌鋒爭辯單乃約無賴十餘人皆虎狼之輩到伊家蜂擁而入一見伊猷卓齊聲舉手執之以出母突然驚嚇面如灰土拚命阻攔問執彼何事衆揚言曰彼哄騙單某百金恃妻刁詞抵賴今執以鳴官伊猷卓大喊救命緊執母手不行衆友或推或扯故意弄拳擦掌以示其威其母更魂魄俱飛慘如刀刺跪地求饒曰事容

緩籌何必造次。衆曰。祇求汝媳過門。餘無庸議。其母曰。請釋吾子。吾當勸媳過門。衆乃止。婦對媳涕泣而言曰。子雖不良。然兩世孤獨。祇存此子。若到官門。單某險惡狠心。不難陷吾子于死地。媳素孝順。當知婦去可以娶回。子死不能再有。爲我委曲盡義。吾生則感情。死當祐汝也。姜氏素孝。心以姑命不可逆。遂立定主意。叩別家姑。遍囑丈夫。及兒女方欲登輿。兒女曳裾牽衣。痛泣而別。及到單家。衆皆誇功。以爲得挾姜氏以歸。皆彼等之力。及媼開轎簾。見姜氏臉額頸背俱傷。鮮血點點。按之鼻色已絶。幸手足尚温。單坤成見之大驚。彷徨失次。衆孰商曰宜急交回伊家即賠藥貲醫理猶冀生還遲則人命干連吾等且延累非輕矣畢乃托人先到伊猷卓家報知相議賠湯藥金數十兩以爲調治及抬姜氏回家姑與其夫見之魂膽俱銷一家哭泣即延醫下藥醫令寢門密閉免觸惡風姜氏至夜深無人密告姑曰婆婆不須悲吾皮肉雖傷内實無恙因念玉潔氷淸之體至其家必至失節故先已立志與中將顔容割破僞爲死者以爲脱身之計今獲一家團聚破鏡重圓如天之福也舉家竊喜惟單坤成終夕秉燭憂煎達旦不寐乘夜使人密探消息忽報姜氏將死忽報姜氏已死單尤

焦急豈知姜氏原未甚傷旬日已愈單知之羞爲婦人所算憤恨不平求友設計遽以伊猷卓夫妻串謀騙財復裝傷嚇詐僞詞控縣宰飭差拘訊姜爲夫躲避已親身到堂悲詞曲達泣訴原由宰訊得真情爲之動憐責單坤成放債漁賭謀佔人妻姜氏雖是自傷實由威迫喝將單坤成重責一千交差押候宰仍飭差勒拘伊猷卓到堂將治以不該因賭賣妻之罪姜氏歸家告知及縣役臨門伊猷卓已先躲匿惟單坤成羈押月餘病死於獄

單坤成以債餌賭戀色貪淫其機巧之深若非姜氏

拚死守貞，幾陷奸人之網，其罪大惡極，實無可逃。囚死于獄中，是王法所未施，先遭天譴。單坤成死後，其妻賴氏挾恨不服，聽惡黨唆擺，誣詞控縣，謂伊猷卓原先誘其夫到彼家窩賭，實彼夫妻串謀騙其夫銀百兩，今復刁猾抵賴，陷其夫死于獄。如謂其夫有罪當死，則伊猷卓豈得無罪？幸復催差拘伊猷卓到案。賴氏重賄衙役，屬必獲伊猷卓來縣，並控郡牒縣勒拘，以洩夫恨。衙役臨門，終日搔擾。適有諸生洛然茂是姜氏之母姨子，赴省科考，姜氏屬夫隨洛到省以避，並與銀數兩，俾在省謀小生理，以爲羈身，俟訟事寢息方可歸來也。猷卓到省。先在洛然茂試館。為人僕役。迨揭榜後。洛已不第。旋里。伊時僱工無人。憑引權在街邊日則擺賣檳榔。夜宿旅店。不期數月間。忽沾瘧疾。貲本用盡。店主逐之。時舉目無親。無奈沿門托缽。值雪夜霜寒。衣不蔽體。饑寒交迫。滿目凄凉。每念每及妻兒。終夜號流。一日在太平門見有過客遺小包於地。伊認得是太平街綢綾店者。追還之。蓋包內有人參一枝。其人得回甚喜。而伊亦實不知包裹有貴重藥物。及夜沿街叫食。店主見之。感其還物之義。與以飯。復與以錢。且詢之曰。汝固忠厚。然相君之貌不凡。何至丐食。究竟是甚姓

名何處人氏伊曰翁究我姓氏里居得毋有所培護耶
店主曰汝且實言之或能薦汝伊竊喜然以訟事未了
又不敢直認姓名將伊字折之以爲姓名告之曰吾姓
尹名人夔州人向賣檳子小生理因病本貲用盡欲歸
不得不得不學吳市吹簫耳店東曰然則汝因生理中
人然已入丐流現難爲汝薦拔惟長壽里現僱守關者
吾有一店在憑吾書以往可暫羈身伊謝曰果若是則
荷德深矣遂求掃書一函翌日到長壽藏更管關月得
銅錢三千餘僅支早晚伊得一枝爲安樂之借立志以
勤儉自持然念終難奮飛饔飧祇食蔬粥冀月積小貲

以爲家計。

諺曰。事非經過不知難。人當盛暑時。居廣廈猶覺其熱。一出曠野。酷氣蒸騰。得一松陰。以爲淸爽。當嚴寒時。處密室猶覺其冷。一出荒外。風雪交侵。暫息破窰以爲溫煖。伊獻卓當富境而不知福。及流離乞食。備嘗艱苦。今得一區。寄足而以爲安。早知猛醒回頭。何至自投苦海也。

一夜。聞門已闔。忽一人扣門。伊向嚴謹。不敢擅開。其人愈扣愈急。伊從疎隙窺之。見一道士。年逾七十。古貌飄飄。敬重之。啟以入。且曰。阻老道長久候。乞恕怠慢。道士以其謙恭。略酬以錢。不受。多與之。更不受。相通姓名。道士自謂姓譚。號悟元。以後道士每叩關。必開。道士亦愛敬之。後以有事。從洞神坊過。有道士呼之。即悟元也。相揖而入。出茶糕。以客禮待。相話殷然。伊見其地方閑雅。別有清幽。不覺塵心頓空。求為門下。道士以婉詞卻之。自是旬日外一至。到即求拜為師。道士以其懇切。奇之。問曰。汝有家室否。不妨直訴衷情。伊將改名匿姓之故。底細瀝陳。自謂知悔。故求借地修行。以補前愆。道士曰。吾已無妻子之累。故獨假此地以偷安。子有妻兒。且有母在。正宜盡孝盡義盡慈。乃為修行根本。既知悔悟。當以陰騭補之。隨地可以修行。不必拘拘來此。伊曰。囊橐常空。陰騭欲修而不可得。奈何。道士曰。陰騭不拘貧富。貧而能修。此心愈篤。到富時自能廣行方便。遂即教以朝夕誦。文昌陰騭經。太上感應篇。爲修心之法。並行功過格。如行一善事。即捨一字。施一茶。除一當途瓦石。亦每作一功。如淫貪刻詐。偶犯小惡。即爲一過。每日記之。習慣自然。則無善不可爲。聖賢仙佛。不外此善念修來。伊聽之。不禁爽然。回去後。依此修持。未一載。此心豁悟。回頭一顧。覺前事皆非。遲數年。譚悟元以其眞實。收以爲徒。臨死時。將觀內所存二百金。使在長壽里營小生理。惟其妻姜氏。自夫去後。衙役猶日日追拘其夫赴案。無奈將破屋賣了。以供差費。在村外蓋茅廬以居。迨洛然茂由省赴科歸。知其夫在省擺賣檳子。後兒女漸長。一家數口。難以支持。己與女操作女工。日使其子行乞。每得酒肴歸。出以供姑。每飯使子女侍立姑側。暑則搖扇。寒則燒竹爲爐。蓋恐姑不飽。務令姑先飽而後及子女也。每見姑愁慘。即婉言慰解。恕姑得病。朝夕榻前侍奉。寸步不離。及夜方深。有一女子在門外呼曰。大嫂明日得閒否。姜氏曰。何爲。外答曰。明早爲我往六松岡簪花大松樹邊挑肥泥五担。須黑色者良。姜氏問挑至何處。答曰。挑至隔村七家巷。錢宅花園。姜氏諾之。及早。姑猶病。不敢離左右。使子女往挑。告之曰。六松之下。聞有大蛇。能死人。見之不可犯。其旁花大松樹。間犯之輒病。病者須以花紅謝罪而後愈。汝到彼取泥。勿犯松樹。其子女直至六松邊。見大松樹下。果旁有花紅。並有燒殘香燭及紙楮灰燼。人跡罕到。其心悚然。祗在大松外鋤土。並無黑者。漸鋤漸入。略近大松左邊。忽見黑泥。其姊先取兩擔。命兩弟挑去。後其姊復鋤。忽見白金。不敢動。俄而兩弟將黑泥兩擔。轉曰。前村並沒七家巷錢宅花園。祗有箇家花園。又非七家巷。曾將泥挑往他。不取故挑回姊以土掩金。歸告母。母驚異。其姑曰此吾媳之福。昨喊挑泥者。或山神也。不然。何以此地常見蛇而松若有靈。使人不敢犯。使吾家獨得而見之。今夕試取以歸。若病則還之。如無病。即吾家之福。迨夜深。姜氏與兒女俱往。鋤見黃白纍纍。盡扛以歸。得貲十餘萬。貯以罈數日。內連得夫書。說藉道上與以貲本。營生著求洛然茂帶其囬。及妻子來省。居住。姜氏得書。渙洛然茂先到省。知會其夫。歸來。僱舟同運至省。將所獲貲在省廣行陰騭。更營生理。後積貲數十萬。宅後建園。使母在此安享。以娛暮年。故名晚景園。濠有木橋。母從樓上窺見行人傾跌。命易以石。故名順母橋。今晚景園街戶。原伊猷卓故宅。故街名。仍曰晚景園。當時單坤成。惡黨雖欲施害。而勢不能與敵。忮之故。揑言順母橋。謂創爲其母往就奸夫者。此小人陰惡之術。如毒蛇不能咬人。猶欲噴毒以傷人。小人斯爲小人也。

家成巨富。其命原有福根。乃因悞入賭痴。而至賣妻敗產。非賢婦節孝兼備。安望振興有日哉。故松下藏貯多金。不知歷數百春秋。人皆不得而知。至姜氏乃實受其福。然猶經歷幾翻磨折。以試其貞操。所謂天將降福。必先以微禍儆之。若禍之實以福之也。

第五條博聞錄

總論

重農桑教民尚勤惜財用教民尚儉

廣訓曰然勤而不儉則十夫之力不足供一夫之用積歲所藏不足供一日之需其害爲更甚也故勸以營之必儉以守之然世間大靡網則爲賭飲烟嫖溺此而破家者比比然矣知四者所以破家所以損德所以傷身所以誤事則當回頭猛醒從此一刀斬斷一概不沾克勤克儉營謀正業又何患家道之不振興哉

宣講博聞錄　第五條　三

乞兒奮志

南海蕭均時者。富翁也。開紙行於禪山。貲本鉅萬。翁非司事。一月一至。或月數至。或數月弗至者。適一次偶爾來禪。而新躭地學。性好尋龍。乃躑躅獨行。徘徊瞻眺。頃而陰雲四合。大雨將來。返步狂奔。雨從後及。瞥見茶亭一座。遂憩焉。視亭中則乞人七八輩。席地而坐。似家於是者。乃別坐石欖。微嫌箕畢之留人。然亦順其天而已。忽聞一丐微吟曰。寒雨西風逐客愁。數椽亭北小勾留。如何踏鐵鞋磨盡。一枕黃粱尚未休。翁曰。好詩。亦算窮快活。餓風騷耳。翁聽畢。忖曰。風塵流丐中。竟有能詩者。

天地之大。眞是無所不有也。

蕭公履厚席豐。無多閱歷。以爲流丐貧賤。由祖父相傳而至。量其讀書無幾。安能脫口成詩。究不知此輩原非生長貧寒。本屬膏粱子弟。父兄去世。無所約束。始由懶惰。繼涉荒唐。爲姦淫。則福澤削除。爲賭心。則品行已壞。沉迷孽海。墮落火坑。或於花柳場中。追歡買笑。或於煙雲榻上。悅意怡情。一擲千金。迷魂賭局。一石五斗。日在醉鄉。漸而田土銷磨。春衣典盡。漸而樓房輸卻。夏屋無依。欲借親朋之貲助。而品行已壞。焉能取信於親朋。欲藉工藝以營生。而昔慣疏慵。焉肯專心於工藝饑寒迫切不得不托鉢沿門故乞丐流中由少而貧賤無依者居其大半而平日有家敗於烟嫖賭飲由大難而至無賴者世間亦多等也頃聞一丐曰秋雨淋漓西風浩蕩吟詩縱難合衆不如大放厥詞各陳所欲不勝於咿唔呫嗶哉皆曰善一丐謂吾無他想惟欲得數金足矣藹公瞻恤他窮數兩之資使如其願得無奮志營謀而不甘爲乞丐乎姑聽其何若也一丐詢其得金何爲曰夙昔曾戀一妓某姑者有聲有色誓海盟山其奈囊頭金盡中道分離今雖歲月略多猶存風韻日前曾見反覺消魂果得數金不負

潯陽風月死當不恨矣

散盡家財未醒心偶逢寃鬼倘沈吟不圖覺岸翻身

出返向迷津墜碧潯此丐因戀妓至此墮落倘不知

悔可謂死而不變矣傷哉

一丐曰嫖之一事惹疾耗財況汝因彼散家何倘迷途

不悟可見色關爲難打破妖妓最易迷人若輩狼虎其

心蛇蝎其體與之相處鮮不受害非吾所願矣吾若得

數金則更有會心處也翁器其所言專聽其所欲繼問

老丐問曾心何處對曰某酒樓欺人太甚其堂上尤驕

吾偶欲立於斯彼則呼叱立至欲購數文菜脚大言不

閒逐往街心不許在酒店舖若持數枚白物居然踏上層樓喝他茶到酒來要彼目語眉聽復其聲價飽我肚腸心可暢而恨可消耳翁笑之又憐其不自量也乃舉首竊覽見一側眠於地骨立形枯與眾丐殊者對一小燈蛋殼爲蓋手持短竹長幾及尺鑲一小孔瓦礡知爲鴉片錘焉心竊嘆其自取沈迷窮途不悟轉瞬見其持竹起坐閉乃目咽乃津窄乃喉摇乃首曰花酒兩途僕久無緣於此矣欲得數兩沈油舊貨勝食火爐之餘則氣爽神清可供數月較勝於轉眼成空之花酒也誰作多情鮑叔哉一人摇手瞪目疾呼曰數項終非所好怎

如我獲數金斷窮根矣烟丐睨之微笑問何能斷窮根
者曰不聞大食無回頭賭錢有來去耶果得數金挾往
博塲自有制勝術幾錢銀子日可得之呼所欠者本耳
一丐忿然曰汝謂數兩本資立能致富何以生涯輸卻
妻女賣完昔之日豈止數金已乎大言不慚令人難耐
兩相抵觸幾至磨拳一壯者解之曰因兩聞談皆非實
事彼此不能如願何必相爭較不若余之願爲易適也
問何如曰大雨滂沱數時未歇若得銅錢二百市犬肉
沽美酒與諸君等席地圍爐猜三道兩所謂對酒當歌
人生幾何不易於夢中得數金哉或曰子之銅錢安在耶

惟有詩可哦耳。輩爲綏然。翁聽畢。心甚非之。念其今作乞兒。每因烟嫖賭飲而至。何竟不知奮志勤勞。前非痛改。是眞甘爲乞丐者也。

四大塵綱。均能取敗。實爲乞丐楷梯。立身創志者。不宜沾染也。卽使誤溺於前。必當省覺於後。不爲所困。纔是英雄。跳出火坑。乃爲豪傑。若彼窮途絕路。搖尾乞憐。徇戀戀其中。不爲擺脫。眞長睡漢哉。

舉目間。見一少年。鶉衣百結。顔色悽慘。別坐一隅不言不笑。翁戲曰。汝欲何爲。背少年起對曰。彼所言吾卻厚非。蓋吾輩爲乞兒。迫於不得已。詎欲老於是乎。翁曰。汝解作此語何爲至此。少年泫然曰。非欲爲此。緣父母早喪。片瓦無存。不乞食何以聊生。迫得暫依斯道。果得官錢數百。爲小小生涯。便撥雲霧而睹青天矣。翁心悅而器之。探囊取白金一枚與之。曰滿願乎。須奮志謀生。脫離苦海。少年頓首謝領。問姓名里居。庶他時得以報復。翁曰不必。少年苦請。乃告以某紙行蕭姓者。少年再三留記。冒雨而去。後翁回店。適有函著回鄉。未詳其事。況以富翁而偶行小惠。隨過隨忘。而少年即持此銀往菜欄。交主欄者。接取銅錢三百。往理其髮。去其舊染。手足面目之汚。并買便小販器具。翌早買菜數十斤。沿街沽發。公平交易生意漸多。每日除食用外餘錢交欄代貯。又恐其不肯爲已積儲。乃侵早卽往幫忙。不辭肩膊辛苦。以致欄中上中下人役。無不喜他。遇有新到貴重品物。決然留與。且權衡中較各販倍另眼焉。有時伴少貨多。彼則幫忙鎮日。漸更洽浹。早晚二膳著其不必回家。不憶其曾爲乞丐。原自無家可歸也。一日欄主謂之曰。各伴屢稱汝能。汝當宿此欄中。毋至東食而西宿也。每早幫忙後往作兩市生涯。獲利多寡。吾爲汝權而出息。少年謙謝。從此安於是。

事在人爲。志由自立。想其與欄主素非熟識。使非十

分勤懇豈易得人容留然以少年謙虚不惜氣力處
到人人喜悦亦何地可棲身
數月以來獲利豐支用少竟積二十餘金然其當賣菜
時常念蕭翁恩愧無以報遇行時新出瓜菜馳送該行
初行中人不知其故繼問之對以奉蕭翁命者與以錢
不受而去各伴以為東主姻親追又見其數數送來轉
疑掛賬再詢則笑而不答乃姑待而詳問東人余蕭翁
所到亦不常或鴻爪雪泥又忘置喙已而適來饋物追
悔善忘一件曰幾翻失覺不若大書其事糊向壁間使
觸目誌懷無憂忘過叹諾之一日翁復到行詢者紛如

蓋觸壁中字也。翁行々思索不得。對以不識是人者。律更奇之。或曰俟其來見翁。詢其實。鑿疑始得釋耳。俄而少年攜菜來。語之曰。翁渴念。欲見子。少年附隨之。見翁揖而立。翁愕然。佇陳所以。翁猶不憶其爲誰。詢其若此胡爲者。少年恭對曰。翁不記某月日遇雨茶亭。惠一金於丐乎。雖然君子施恩不責報。愚小人何日忘懷。聊盡乃心耳。翁撫思良久。爽然曰。汝卽前丐耶。何形狀今昔大異也。少年詳告之。翁讚賞不勝。著其不宜再爾也。揮之去。各問其情。翁詳述之。有云小子不忘恩。終能振作。有云如此立心奮志。亦曾奇人。少年知翁在。饋物倍常。

翁念其誠且篤，欲用彼於行中司事，各件俱肯竟用之。少年勤慎可嘉，謙恭遜以，君善喜其所爲，教以書算，越兩載，陞任之。不改其度，後遷爲帮理，數日工金甚奢。一日翁謂之曰：子已長，無所親，作計連茶，欄積儲之項數百金矣，盍謀娶乎？羣相慫惥，竟建屋娶周氏，氏亦賢，漸積資。翁復與合夥，不廿年，有子二人，家資鉅萬，蕭翁均時常與溯前事，互相解頤。此道光年間事，誰謂乞兒無發跡歟？惟視其立志何如耳。長者傳爲口實，余則確訪其人，聞諸南海耆老曰：此由乞兒奮起，而至富，乃四保李秀賢也，曾親見云。

老不足惜可惜是老而無成貧不足憂可憂是貧而無志此格言也有志事竟成但恐人不能立耳然志亦有邪正之分均是丐也一志於烟嫖賭飲迷津未思返棹遇窮途不肯回車凍餒淒涼卑污苟賤倘戀戀而不忘躭躭而罔覺其志可謂堅且定矣何足取焉惟立意於正如李秀賢者則吉無不利往無不通至其饋菜報恩尤見忠厚宜其創業興家安享晚福凡人生天地間可不奮其志於正途而獨讓美於乞丐哉

宣講博聞錄　第五條　四

隆學校以端士習

古者家有塾。黨有庠。州有序。國有學。固無人不在所教之中。專其督率之地。董以師儒之官。所以成人材而厚風俗。合秀頑强懦。使之歸於一致也。我聖祖仁皇帝壽考作人。特隆學校。凡所以養士之恩。教士之法。無不備至。蓋以士爲四民之首。人之所以待士者重。則士之所以自待者益不可輕。士習端而後鄉黨視爲儀型。風俗由之表率。務令以孝弟爲本。材能爲末。器識爲先。文藝爲後。所讀者皆正書。所交者皆正士。確然於禮義之可守。惕然於廉聰之當存惟恐立身一敗致玷宮牆惟恐名譽雖成負慚衾影如是斯可以為士否或躁競功利干犯名教習乎異端曲學而不知大道鶩乎放言高行而不事躬行問其名則是考其實則非矣昔胡瑗為教授學者濟濟有成文翁治蜀中子弟由是大化故廣文一官朕特飭吏部悉以孝廉明經補用凡以為興賢育才化民成俗計也然學校之隆固在司教者有整齊嚴肅之規尤在為士者有愛惜身名之意士品果端而後發為文章非空虛之論見之施為非浮薄之行在野不愧名儒在國

即爲良臣所係顧不重哉。至於爾兵民恐不知學校之爲重。且以爲與爾等無與。不知身雖不列於庠序。性豈自外於倫常。孟子曰。謹庠序之教。申之以孝弟之義。又曰。人倫明於上。小民親於下。則學校不獨所以教士。兼所以教民。若黌宮之中。文武並列。雖經義韜略。所習者不同。而入孝出弟。人人所當共由也。士農不異業。力田者悉能敦本務實。則農亦士也。兵民無異學。即戎者皆知敬長愛親。則兵亦士也。然則庠序者。非爾兵民所當隆重者乎。端人正士者。非爾兵民所當則傚者乎。孰不有君臣父子之倫。孰不有仁義禮智之性。勿謂學校之設。止以爲士。各宜以善相勸。以過相規。向風慕義。勉爲良善。則氓之蚩蚩。亦可以禮義爲耕耘。赳赳武。夫亦可以詩書爲甲冑。一道同風之盛。將復見於今日矣。

傳聞六集

聖諭第六條隆學校以端士習

宣講博聞録　第六條　全　三

第六條博聞錄

總論

聖諭廣訓曰士爲庶民之首人之所以待士者重則士之所以自待者益不可輕蓋讀書未仕如處女要畏人出仕如媳婦要養人退處林下如阿婆要教人而一生淑身淑世之資見於朝乾夕惕時先定其操持須知名教綱常之地無品節不可以立德無經濟不可以立功要之施諸經濟者爲猶後而見諸品節爲尤先何哉蓋無品節則經濟皆虛也當事未至而談節義人人可作純儒境未遇而論

堅貞。在在皆爲義士。不知安常則易。處變則難。一旦事變紛投。危疑迭至。使無卓識堅操素具於平時者。徒知貪生畏死。每事苟且圖全。艱苦弗能勝。飢餓弗能忍。遂將平生所懷抱。至是而頓易其操。品節隳。斯倫紀廢矣。惟當傾覆流連之際。猶能守之以經。達之以權。而奇德奇行。世俗所難能者。獨以大義行之。而不畏其難。遂得成孝子節婦之名。俯仰天地而無憾。

孝義廉節

明景泰間陝西西安府有詹輔才者世業儒曾祖父三代邑庠至輔才而文章不售古風自尚教讀餬口妻已死生三子長詹琦次詹惠次詹仁琦與惠皆娶於農家女亦課徒爲業仁尚隨父讀年將及冠亦爲之擇耦有儒生汪如霖者無子祇一女名月壺貌美如花父恐其紅顏薄命自少教讀使明理以厚其性情月壺性靈慧未十六詩賦能文好讀鑑史家庭中常對父談論古今國家成敗興亡事蹟如霖曰可惜汝巾幗女兒知此亦無益月壺曰父親何輕視女子武王亂臣十人猶有邑

姜以備臣數。夫女子爲一家內助。所係匪輕。一入夫門。
能使內外和睦。庭戶整然。否則堂上翁姑不樂。骨肉乖
離。太公曰。賢婦和六親。佞婦破六親。又曰。賢婦令夫貴。
惡婦令夫賤。家有賢妻。夫無橫禍。可知一家成敗禍福
皆在婦人一身。不特此也。當家庭安樂。未足以顯其貞
操。設或遭家不造。拆散鸞鳳。子幼親老。家貧。當此境者。
不啻國家柱石之臣。寄命託孤之重。一死不足以塞責。
徒束手閨中。坐視夫家危亡。顛倒。不知苦心堅節。維持
調護於憂患之中。以保萬全之策。則家庭何賴有此婦。
故女子職爲內助。設遇家庭變故。如中流之砥柱。危可

使安。亡可使存。有時反重於男子也。父深服其論。美貌如花。蛾眉螓首。祗知效顰東里。嬌爭花國之名。乞巧天孫。豔鬬香閨之錦。乃能深明大義。於綱常倫紀之大。經權常變之間。胸中具有主持。巍然特立。世之僞儒。施施然。博帶峩冠。聞之能勿愧死。然女子有此聰明。若不納于正。而納于邪。淫妒驕奢。不難喪家敗德。其父必教之。讀是教養之有方也。

由是汪月壺才色之名。聞於都邑。一時慕其名者。欲一見而不可得。富家大戶。爭以千金爲聘。霖謝曰。吾女薄命。不可以事高門。祗可配貧賤之家。俾知貧苦艱難。或可修心補命。若令錦衣美食。奢麗以蕩其心。適足以促其壽耳。凡有富貴求聘者。皆力拒之。適詹輔才爲其子詹仁擇婦。媒到汪家。問及霖。以詹家數代儒風。欣然曰。是可以配吾女矣。許之。娶于歸後。一家夙慕月壺才德。莫不加愛。月壺事翁甚孝。事兩姆如姑。寡言語。慎起居。一家和悅。景泰五年大饑。草甲茅根。爭食殆盡。時學士周文襄奉廷命開倉賑濟。公旣至。見滿地凄涼。目不忍覩。吟詩二首寄同僚曰。蕭蕭行馬過長安。滿目凄涼不忍看。十里路埋千百塚。一家人哭兩三般。犬啣骸骨形將朽。雀啄骷髏血未乾。寄語當朝諸宰輔。鐵人聞著也心酸。又曰鵲形菜色不勝悲遠近人民總受飢五日不燒三日火十家關閉九家籬隻鵝瓶換三升穀斗米能求八歲兒更有兩般淒慘處野無青草樹無皮

左傳曰天災流行國家代有然古人有言安樂須防患難時當勤儉積蓄于其先以爲思患預防之計然天地之災異有時非人力所能維持者惟修德以養天和爲善以銷災刼耳易曰洊雷震君子以恐懼脩省或庶幾以免禍耳若天降之災而猶不知儆省恐災害並至禍更甚於凶荒也

嘗輔才一介貧儒父子以硯田爲業至是皆舌耕無地

素無積蓄迫得典衣爲食數米而炊漸至兩頓粥改爲一頓一頓粥改爲一甌久則研米爲羹半甌作飽更久則粒米皆絕爨火都虛淚眼相看束手無策更可憐者孫男孫女苦叫悲啼輔才仰天歎曰嘗讀孔子在陳之章今日竟身歷其境耶長子詹琦曰昔孔子不過七日絕糧猶有楚王解厄今遍地荒涼雖有一二親友可以相周誰肯憐范叔者輔才曰有學生李繩祖者在生之日師弟亦甚情殷他死後其子李如平亦嘗來往吾欲明日一行求借擔石或能救急詹琦曰如此兒等可以代勞不須父親親往輔才曰世情紙薄人無三代相親

吾親到其家彼動故舊之情猶或相鑑如汝等去恐隔膜相視耳詰旦輔才蚤起扶杖而行詹埼曰恐父親飢餓難行必小兒相隨乃可輔才曰不可彼不知者疑吾父子登門求食便失大雅之名于是踽踽獨行未及半途飢火中燒苦不可忍路不過八里之遥捱至日將近午始到李家在門前坐歇片時然後入內不意李如平是勢利之徒因值歲饑凡貧親皆杜門不見輔才素性節烈羞爲俗子所侮不覺奮激急掉步而回僅出村邊兩眼昏花忽然跌倒片刻方醒勉強扒起一手扶杖一手扶膝蟻步而行路上連跌十餘回始近村前已是夜

後遍體疼倦。力不能支。復昏倒橋邊。困極不起。村外有人見之者。奔報其家。初詹琦兄弟。終日在村前等候。迨日暮不見父回。以爲必在李家留宿。候至夜深。方欲分粥各膳。月壺曰。人情莫測。翁之留與不留。殆未可逆料。須留粥以待其歸。不意忽聞報。及舉家大驚。同到橋邊。見父親頭面跌損。顔色如灰。疑其已死。子媳跪地大哭。輔才雖未能言。而心頭頗醒。乃舉手兩搖。示子媳不必哀泣之意。詹琦兄弟知其尚甦。負之歸。月壺曰。公公因腹中餒甚。故氣息奄奄欲絶耳。吾謂須留粥以待其歸者。正慮此也。遂灌以粥。徐徐吞下。乃舉目四顧。對家人曰今早已方絶粒。何由得米而炊。詹琦曰。意父親到李家。必留住數天。想籌借得銀。亦鞭長不及馬腹。廹得將大門一對。換得粗糲一升。以濟目前之急。第不知如平昔借多少。想父親親到。諒不至空空。輔才以不肯會面告之。仰天歎曰。以親故之情。尚不能相顧。將此大門食了。又將何以充飢。不難餓死。然讀書人。生死置之度外。可憐一家大小男女。同登鬼籙。祖宗之香火何依。言至此喉頭哽咽。話不成聲。俯首淚落。家人聞之。亦皆潸然。朋友親故。於平時往來。莫不言心腹相交。肝膽相照。貧窮相顧。患難相扶。一經患難貧窮。昔所謂心腹肝膽者皆冷面相看。視同陌路。卽世情之冷暖。可以見人心之日偷。然非此無以見小人之用心。亦無以見君子之品節。

詹琦聽父親之言。乃黯然曰。室如懸罄。全家性命堪虞。然子媳等死何足惜。惟父親當老耄之年。爲子媳者忍坐視而不救。難逃不孝之愆。盍將兒婦賣了。以救父飢。父親以爲若何。輔才曰。餓死不可分妻。若爲我一人。致爾夫妻離散。爾子道雖能盡孝。吾揆之父道。則已失慈。撫心安忍。詹琦曰。古人殺身成仁。舍生取義。况舍一婦人以救父命。且以救全家。於理何害。若以舍一人爲失慈則全家必至餓死度亦慈雖兩盡不若嫁之即以生之且全家可活慈道反得兩全請父親思之次子詹惠曰與其全家斂手待死不若舍一婦以救全家哥哥所言甚合情理第長嫂即母哥嫂斷未可分離應賣吾婦以救全家性命之急請父親不用思疑時琦與惠已有子女聞賣其母皆掩淚而泣囁才倍加傷心季子詹仁曰長嫂固不可賣而二嫂亦已有子女依依膝下更不可使母子分離應賣吾婦一無所礙乃問其妻曰一家性命都在賢妻身上保全賢妻勿以爲憾汪月壺曰女本無二夫然盡得夫婦之情又沒了父子翁媳之義道

貴達權通變。大義所在。雖死所不能辭。何憾之有。言罷淚濕重衿。舉家爲之感泣。詹惠曰。聞汪親翁雖千金重聘。不肯嫁女於華門。乃不棄寒微。偏以女配吾弟者。以吾家讀書數代。不失忠厚家風耳。今以窮餓之故而賣其女。其何以見汪親翁乎。詹仁曰。如兄言。是使弟知有妻父而不知有親父矣。爲子之道。自問身從何來。即割全體以養親。亦以體還親耳。況賣一婦以救親乎。兄不必爲弟過慮。兄弟正在辯論。父曰。汝兄弟不必紛辯。尚有一升之水。可救鮒魚。弟不知彼肯作莊生否。昔汝祖父由秀士食廩餼。教讀四十餘年。僅存銀壹百兩。欲置

薄產以為世代書田有施中立之祖父施建安時猶未
興家與汝祖心腹之好知汝祖有銀欲謀置產他專函
馳來求暫借一月之久便如數清還汝祖以大義信之
豈知事出意外竟至數載未還迨死之日猶囑其子作
時曰他日必還售宅之數勿失信義汝祖見建安死後
其家計尚困念故交之誼猶未討及迨其子作時家事
漸興汝祖追及前債豈知作時昧心之輩不念其父
往日交誼不肯認債直謂其父當日已經還畢汝祖是
忠厚人念與伊父親故之情不忍爭辯免失故交體面
汝祖臨死之日始以此事告予並出建安原書以示予

曰此卽施建安當日求子借貸之函也卽此是據然後其子肯與則取否則聽其本心愼勿因此興訟致失前代交情所謂故者無失其爲故君子樂得爲君子也以汝祖生時此債猶不能討汝祖没後吾卽欲追討雖與之理論反傷前人故舊之情後作時以狡猾興家猶不肯爲父還債卒夭折而死其子施中立花消散蕩讀書適以敗名此卽其父狡猾興家之報然他之目前報應吾亦不必理他惟汝等旣欲賣媳以救命盍往施中立家求爲其祖還我父債並將原書帶往察驗或者良心發見獲此債可以救飢他卽不能原璧全還卽收多少

亦作完了此數但切勿與之嘖論致因財失義也詹仁曰若是兩兄不須往弟翌日可以一行

孟子曰知好色則慕少艾有妻子則慕妻子大抵自妻子之情重即父母之情輕乃當飢苦交迫已在危亡生死之間猶能義重敦倫爭舍妻以養父祇知子盡其孝兄盡其友弟盡其恭而妻子之私不暇計及士到窮時見性情不愧讀書真種子

翌日詹仁稟知其父即到施家中立尚念詹仁之父與其祖建安世交之情殷勤留膳略道寒暄詹仁未識中立係外誠內詐之小人以爲懇誠可靠乃欣然將特來

討債情由婉詞以告且出其祖當日求借原函以示中立曰據所存書吾祖父雖曾與令祖借貸然自先父積創十餘年奚絶不追討迨父死既久至今始來討債顯然此數塡還已久債還而書尚存令尊世伯誤執遺書意欲尋風捕影耳蓋中立是輕薄之人明知伊父此債未償藉詞推諉詹仁再求其略還多少亦作完債中立惟强辯不肯順情詹仁知中立之債不能收不能不賣妻以爲食但事在急切托媒恐致擔擱且事屬張揚適中立之妻已死一年尚未續娶詹仁即欲將妻賣與中立先婉言以動之曰聞兄舊歲鼓盆之歎不知破鏡重

圓否中立曰正欲斷絃再續但托媒訪擇至今未得良緣詹仁曰弟爲兄執柯若何中立曰兄肯爲作冰人自當叩謝詹仁曰世間女子優於貌者每短於德兄取優於德者抑優於貌者中立曰宜品貌俱佳者爲上詹仁曰有德如汪月壺者女雖再醮兄肯娶否中立曰果有德貌如月壺他肯作文君弟何妨效相如也詹仁曰卽以汪月壺嫁君能以百金爲聘否中立曰果得月壺爲配雖聘金二百亦所甘心詹仁曰請卽立券中立曰兄祇作冰人耳至藍橋肯渡否猶當質之汪女兄何能遽然作主詹仁曰月壺卽弟荆室兄忘之耶施中立本知

汪氏已嫁詹仁。一日聞月壺之名。遂得意忘言。並詹仁已是月壺之夫。都皆忘卻。至是乃大驚失色。急起謝罪曰。弟過矣。前言褻瀆高雅。弟當負荊請罪。詹仁曰。弟非戲言。遂將一家飢餓幾死。欲鬻妻以救父之情告之。中立曰。兄妻吾本不忍娶。惟兄以養親爲重。且一家之性命交關。不敢阻兄敦倫之義。遂命詹仁立劵。卽交銀二百與仁帶歸。且訂明吉期。某日卽來迎娶。

父債子還。分所當然。乃施作時不肯爲父還債。其子中立亦不肯爲其祖還債。父旣狡滑。子亦奸頑。且甘重貲以娶人妻。而不甘出貲以歸人債。子之忍心殆過於其父。然非其父。何以有若子之奸。然非其子又無以彰其父之惡。書曰。惡不積。不足以滅身。作時有是子。所以重其罪而速其禍耳。

詹仁攜銀歸家。即以賣婦之事稟知其父。輔才愕然曰。何不稟命而後行。仁曰。兒本不敢擅為。然竊思再行稟命。不獨狐疑莫決。而兩兄又必爭賣其嫂。事反游移。則一家之性命難保矣。父曰。雖然。汝當擇忠厚之家。不當賣與中立。失身於輕薄之輩。汝知而為是。不仁。失之不察。是不智。其奚以對媳婦。仁曰。兒渴不擇泉。一時造次兒知罪矣。請父親息怒。輔才俯首淚滴。一家相對慘然月壺聞之兩日不食迨中立肩輿已至輔才與琦惠見之慘如刀刺詹仁忍淚入房見汪氏曰愚丈夫堂堂男子不能仰事俯畜致賢妻失身於人以救全家皆吾之罪也今肩輿已至請出登輿但從此以後不啻死別生離復有何詞請盡情以告汪氏曰父親謂吾紅顏薄命以爲得事禮義之門可保百年好合不意事出意外竟難過此薄命關頭也然夫妻離合莫非注定郎君祇作我短命已死斬斷情根勿以爲念吾奩篋尚存遺物及繡巾一幅詩句數首否聞寂寞時見物如見我矣但須守身爲重莫損元神他日宜及早再配良緣以爲後計

更當黽勉早圖上進。以振家聲。能不負斯言。即如妾當在左右矣。詹仁曰。愚夫當銘諸肺腑。如衾枕常聞斯語。夫妻痛哭一回。汪氏徐步出堂。灶上明香。叩別先祖。向家翁跪地叩頭曰。恕媳婦不能侍奉身前。望老年時加保重。輔才曰。吾家庭不能振作。今累媳離別之苦。自念不可以爲人矣。汪氏向兩伯叩別之後。復揖別兩姆。拭淚而言曰。家堂樂叙。一旦相離。公公與兩伯。萬望代爲奉事。恕不能代勞也。兩姆曰。吾兩人得與一家常聚。虧孀娘遠別他鄉。從前細雨挑燈話。此後商量少一人。從此相離。難期再會。惟望雁字常通。俾得知消息。則見書如見孀娘矣。時姪男姪女。皆環繞膝前。呱呱痛泣。汪氏撫手摩挲曰。吾姪不須悲。異日長大奮志成人。吾孀亦心慰。言罷。舉家悲咽。汪氏大哭失聲。以袖掩面登輿而去。

古今薄命。半屬紅顏。以汪月壺品節。幽貞猶難免一翻磨折。然正爲磨折。乃見堅貞也。不識者以爲改節則生。守節則死。以免死投生爲幸事。不知汪月壺之苦衷難訴。不啻彈琶別主。涕泗窮途。非世俗可知其隱也。

惟汪月壺在輿中。猶頓足捶胸。悲聲苦哭。至半途時。方近晚始潛聲止淚。轎夫趕路。發腳忙奔。不及里許。肩輿忽倒壓歸左。轎夫曰。請奶奶穩坐。免轎子歪倒難行。汪氏不動。歪倒如故。轎夫心中發惱。故意用左肩極力一兜。汪氏復倒壓歸右。轎夫曰。先奶奶登輿時。頓足狂跳。令我等難扛。已備極辛苦。今復兩邊歪倒。我更苦難堪矣。汪氏寂然不動。仍歪坐一邊。轎夫疑其使氣。不敢復言。久覺肩頭愈重。將夜始到施家。施中立是富家子弟。是日雖娶繼室。戚友依然慶賀。聞新娘至。素聞月壺之名者。莫不爭擁來看。及開轎簾。見月壺以帶勒頸。緊掛轎樑。自縊而死。施中立大驚失色。即遣人奔報詹家。輔才聞之。舉家悲慘。施中立時已徬徨無主。欲將汪氏擡回詹輔才家。有謂施中立曰。人命事大。非將尸首擡回可以了局。恐被告發反誣汝逼勒致死。則不獨身家難保。且性命堪虞矣。須稟請地方官驗明。知係汪氏自家縊死。方免牽累。施中立聽其言。卽赴邑稟縣請驗。其詞曰。

爲未歸先死叩乞驗明免受牽累事。切童生施中立妻亡一載。有同邑詹仁因饑荒家食不給。情願賣妻養父。自來問及。明言身價銀一百兩。賣與童生納爲繼室。卽日身價交足。立券爲憑。于本月某日迎接歸

門豈意汪氏不知緣何輿中自盡敢得稟請驗明免
受冤累哀懇上告
有刑房典吏乃詹輔才戚屬見施中立已稟官即賫書
達知輔才輔才得書愕然父子商酌其子詹仁曰吾門
數代讀書不涉訟事然中立既已稟官請驗吾家若不
當官訴明將來責我迫妻改嫁致妻自縊則受屈難伸
且敗家聲矣輔才無奈亦遣子詹仁赴邑訴詞曰
爲賣婦養父婦死不明乞恩審察事切仁父子儒業
家貧兩載饑荒餬口無地父餓幾死坐視不忍竊念
妻可再娶父難再有逼得賣婦養親自知賣婦不義

而父死不孝然甯爲不義夫莫爲不孝子遂立券與施中立爲繼室不意本月某日中立迎接過門之後來報身死情實難明不敢不瀝情訴明叩乞青天審察

初施中立之父作時會託媒求月壺爲媳汪如霖以其刻薄成家立心奸詐其子中立自幼已生成輕薄焉肯相與訂婚奚聞其女自縊身死查因其壻到施中立家討債不獲反將其女賣與他爲繼室迎接過門輿中縊死如霖不勝憤激曰施中立不還祖債反逼娶我女詹仁不該擅將我女失節於輕薄之家致我女於死地今

中立復敢嗚官請驗。使我女死後猶抛露體面於官役
書吏之前。是速我訟也。如霖素性梗直。終夜羞憤不睡。
詰早亦赴邑嗚官。其詞曰。
爲逼嫁逼死。兩罪難逃。叩乞分别輕重究治事。童生
汪如霖。憑媒將女汪氏嫁與詹仁爲妻。向瑟琴好合。
因饑年絶食。婿赴施中立家討債。不與。中立素慕生
女。求聘未遂。乘機挑攊庸婿。將生女賣與伊爲繼室。
婿性愚昧。祇知求財養命爲重。受其機陷。生女不嫁
逆夫。嫁則失節。義難兩盡。過門之日。縊死中途。庸婿
謀生不智。狡徒中立貪色不仁。致生女自盡。死於無

辜童生祇此一女視女猶男叩乞憫死懲生分別究治望天上告

中庸曰故大德必得其壽德行如汪氏者雖不能致大福當以考終餘年方見報應不爽而猶死於非命似天心不可問矣然汪氏之死是其深明大義盡節輕生非夭夭之也其私心自計不嫁則不孝嫁則失節躊躇滿志惟一死可以無憾節孝兩全非匹婦溝瀆之諒徒死與草木同腐也其從容就義視死如歸可謂義精仁熟有爲有守矣雖古之聖賢何以異是非汪如霖不能有是女然非詹輔才不能有是媳非

詹仁不能有是妻也

縣主偏聞呈詞傳集三家赴案先傳汪如霖問曰據汝呈詞則控施詹兩家將汝女逼嫁逼死倘汝女汪氏如果遵翁夫之命情甘賣身救難知節孝不能兩全以一死全之是汝女兒深明大義於汝有榮與彼兩人無干汝讀書以忠厚存心教節教孝是汝平日家訓不可以一時私見故入人罪致失汝半生教女之心如霖訴曰婿到施家討債中立如肯還錢婿可不必賣婦乃存心機械故意不肯填還絕其救生之路然後挑其賣妻小女不甘失節以致於死小女之死似與施中立無干究

其顛末。實中立有意陷之也。縣主曰。汝控婿謀生不智。他是賣妻養父。孝行堪嘉。汪如霖曰。生女素好讀書。以節義自重。庸婿並未與妻商酌。於其先擅將小女改配與輕薄之輩。小女不甘。以致於死。夫婦義重人倫。庸婿造次失察之愆。實罪無可免。縣主乃傳仁問曰。汝到施中立家。專爲討債。抑專賣婦。詹仁曰。初原爲討債。奈中立抵賴不還。逼得賣婦。以爲一家活命之計。縣主再覽詹仁訴詞。已知其賣妻苦況。乃再問曰。恐汝妻不肯出嫁。汝逼他失節。則逼嫁之條。罪所難恕。詹仁訴曰。童生夫妻素讀詩書。頗知孝義。當婦出門之日。遺下情詩。略無怨憾若婦不甘改嫁則不甘出門自當死於蕭生家裏何至出門之後然後自盡伏乞明察詹仁將汪氏情詩呈上縣主一覽覺恩愛纏綿一幅真情活現紙上讀之慘然因遞與汪如霖看曰此是汝女筆跡否如霖曰是縣主曰讀汝女遺詩汝女情甘賣身盡義罪在施中立狡詐陰謀並非汝婿強逼改嫁至汝婿不暇細擇擅將汝女賣與施家斯時蓋救急情重知有父而不知有妻血性出自天理不能歸罪於彼汝翁婿須和好如初切勿以此狹恨入婿罪名反致汝女九原不安也說罷退堂翌日即到施中立家驗尸縣主一到來看者如蟻

隊蜂羣。及開公案。汪如霖跪地叩禀曰。小女讀書十年。素以節義操守。冰潔自持。相驗時。請勿使玉體抛露。致玷水肌。縣主會意。乃將一概雜人。驅逐遠避。喚老媪展開轎簾。縣主親自督驗。汪氏顏色如生。大爲驚異。遂命老媪檢看手足。有無受傷別情否。媪見汪氏手執素紙一張。中有小字。即呈縣主。其文曰。奴不嫁。翁餓死。奴再嫁。離夫子。既嫁而死。節孝全。負財失義。虧銀主。奴含一命。乞青天。給價二百還施主。蓋汪氏雖自盡以全節。然得了施家身價。未免失義。知死後必禀官檢驗。故預作情文。求縣主代填身價。以免滋訟。可見月壺之才智周密不特品節過人也縣主一則命詹家領回汪氏尸體回署印集三家訊斷指施中立罵曰汝不肯償債逼詹仁貴婦致汪氏自縊汝不償債則當償命初中立猶欲狡卸被縣主重責無從抵賴祗得遵斷縣主以詹仁數代讀書忠厚且憐汪氏死節加意恩恤復罵中立曰債經日久本息當子母相對勿負貧寒中立不敢不遵願繳銀二百完欠縣主曰汪氏身死求本縣給回汝買女身價銀二百兩此銀應給與汝惟汪氏之死究竟因汝負債致他死命應將此銀轉給詹家以爲殯葬之費汝甘心遵否中立亦不敢抗斷縣主共將銀四百兩面給與

詹仁並傳汪如霖到堂。翁婿勸諭一回。令詹仁領汪氏尸體回家殯埜。縣主申詳上憲。請旨以孝義廉節爲汪氏建坊旌表。惟詹仁因念其妻。兩年未肯續娶。日夕悲泣。弱體懨懨。一家驚恐。一夕忽見汪氏鳳冠玉珮而來。執詹仁手曰。郎君爲一婦人而憂思致病。不愼其身。弗孝甚矣。然不須悲。吾已名列仙班。不日在崑山聖母駕前受職。吾家本福薄。難享高官。現代功名未發。上蒼憐吾夫妻節孝。君須苦讀三年。後不失科第也。言罷而去。詹仁驚醒。卻是一夢。後娶倫氏爲婦。詹仁果三年登第。後以知縣出仕。有政聲。歷官至江西布政。倫氏生三子。皆

榮貴而施中立畢竟終身輕蕩未四十無子而終方見善惡之報不爽

自朝廷開甲第之科功名所以待士也然幸而蜚聲翰苑聲價龍門亦不過榮耀一時人死而名皆湮沒忽而子孫敗德適足以玷厥家聲榮之甚者辱之深虛名何足重也詹輔才讀書數代雖前代膠庠之列不失微名獨至其身而徒守儒風文章不售一旦凶年饑饉而書中金玉不能救目前之飢殘疑讀書無益矣有孝子孝媳于窮苦危亡之際能曲全孝義捐軀以為孝養且捨生以成節義之名忽然子貴家榮

一介寒微初念不及此矣至死者德成不朽身列瑤池其行足以驚天地其名足以炳古今與偶然徼幸榮名徒顯赫於當時者相去何啻天壤也

附汪節婦遺詩十首

薄命紅顏自古然特辭華廡選高賢不圖數定終遭厄愁煞凶荒殞少年

身如玉潔比冰清節重翻教性命輕底事彩輿禍再結紅羅三尺了餘生

豈爲天公促茂齡舍生取義出肫誠素衷已盡無餘憾活得全家死亦榮

辛勤泣別拜高堂井臼難操妾自傷珍重老年須强飯
他朝鵠起望兒郎
百結愁腸訴我郎晨昏須善慰高堂愧奴命薄虛中饋
還望殷勤進酒漿
辜負恩情數載深香閨竟作斷絃琴多情縱有求凰調
莫羨文君載好音
青雲奮志在男兒莫爲鸞分祇自悲翰墨有靈掄甲第
金釵十二選蛾眉
羅幃從此斷恩情魂夢相逢在杳冥半世未償兒女債
卿須憐我我憐卿

恨煞豪門太不仁吝財貪色喪天眞憐貧若肯償前負何至鴛鴦兩地分

第六條博聞錄

總論

聖諭廣訓曰士品果端而後發爲文章非空虛之論見之施爲非浮薄之行在野不媿名儒在國卽爲碩輔此卽孟子所謂窮則獨善其身達則兼善天下也故古人渭釣莘耕一出而爲國家柱石由其淑身有具而後淑世有方然通塞之遭境則有幸有不幸幸而際會明良則出爲民望不幸而遭逢偃蹇則隱勵貞修顧恐世變事遷無品節者則操持無定如

廣訓所謂習乎異端曲學而不知大道黜焉夫放言高論而不事躬行問其名則是考其實則非矣惟抱道自重者如太璞常完身可仕而可逸業可讀而可耕志不在功名而名垂後世學不求位祿而品獨尊隆生而爲神鬼所欽死不愧仙神同列求斯文於三代後難得其人

漁仙隱蹟

南京。即今之江南省。古之金陵是也。元末順帝時。四方遭亂。韓本兒據中原。陳友諒據湖廣。方國珍據浙東。張士誠據蘇松。明玉珍據四川。陳友定據福建。何眞據廣東。劉益據遼陽。田豐據山東。惟明太祖姓朱。名元璋。字國瑞。乃濠州人。即今江南鳳陽府是也。則據江南。太祖以布衣出身。滅元踐祚。改元洪武。建都江南。號爲南京。至其子永樂王。始遷燕京。即北京直隸。順天府是也。其時元末明初。兵戈擾攘。百姓逃難。濠州地面。有一水名葫蘆溪。地産葫蘆。映水而生者。其大如斗。自兵燹之後。

其種遂絕。溪環二十餘里。形若葫蘆。一派茂林。其地甚僻。村民避亂多匿蹟其間。後聞兵驚恐。百姓投其水而死者甚衆。自洪武定鼎之後。冤魂猶聚。往往鬼哭天陰則聞。鳳陽知府。親以祝文祭之。其哭聲始息。然冤氣猶未盡消。每有鬼魅夜間。無敢近者。其水甚多魚。別有甘味。美若嘉鱸。而人不敢取。

水火兵戈。此天地之劫氣也。使人皆安分。則天地好生爲德。何忍遽降災殃。乃食德飲和。不自知其福。奸淫邪盜。昧理喪良。詭詐貪殘。陰謀肆毒。自小人之道長。而君子之道消。以小人而罔君子。罪惡所不勝誅更有僞君子者爲眞小人。王法所不能及。天地不得不兵戈水火災害以屠之。如和風甘雨之下。忽加以凜烈冰霜。使虫蟻草稗爲民物之害者。皆得而殺之。使嘉種得以安然生長。刼氣之降。天地豈無故哉。然在刼者難逃。惟善人能恐懼修省於平時。斯能遇災無害耳。

有吳志人者。亦濠州人。好讀書。以古風自尚。素有仁慈。不食牛犬。人多鄙薄之。初以硯田餬口。因老年無子。而妻亦淪亡。翁以世道日非。預知亂之將至。遂駕一葉扁舟。如張志和泛宅浮家。以漁爲業。然心常知足。每得魚換米即罷釣收竿多一不取人問之曰子然一身無妻子之累溫飽之外皆餘物何必多傷物命耶其忠厚廉潔有如此者生平饔飧兩膳雖粗糲蔬具必敬天地宗祖而後食及釣魚之日亦如之每飲則先奠江邊人每笑其痴迨四方氛擾人民多死于難惟吳志人隨波遠逸烽火無驚與雲水俱閒飄然世外至老不禁風浪時已洪武初年干戈平定然後返棹歸來復釣于葫蘆溪裏當時此水已多鬼祟自翁到後遂漸息焉然翁初到之夜魚甚多翁乃擇其腹脹者知有孕還之江小者憐其未長悉不取次夜倍多亦如之連夜愈多翁乃作祭

魚文以諭之曰我生不辰魚濟吾貧我時不逹魚育吾身匪魚何食舍魚何親孕不敢殺弗翦其倫小不敢滅弗傷其生吾知愛汝魚當自珍勿貪吾餌勿赴吾綸生者自樂死者轉輪知靈不昧各有性眞來格來饗願鑒我文讀罷以疏文焚之於水

托跡於漁潔身避亂尙且物不濫取常存慈愛之心非哲士仁人何能有此操守昔韓文公祭鱷爲民除害公之祭魚爲物存生一則仁心以衞民一則推仁以及物其用情雖異而究其存心則一也

吳翁自以疏文祭魚之後一夕風淸月白獨睡船頭夢

見一鬼來告曰先生君子人也吾素溺於酒色卒因酒後殞命長溪自知夙世之冤致今生遭折蒙先生每飲必奠酒一杯一月以來多蒙厚惠特來稱謝且來賀喜翁問何喜鬼告曰此溪自遭兵之後冤氣常凝故來此者多遭鬼魅先生善人鬼不敢犯耳吳翁曰何以知吾爲善人鬼曰惡人心地汚濁濁氣流形善人心地清明靈光發見先生初到之夕見頂上一點紅光透發故知爲善人然猶未信先生果誠善否吾等將羣魚逐至舟邊以試先生心術豈知先生毫不多貪吾等莫不敬服及每飯必敬天地鬼神而後食知先生幽獨之地敬心

常存日後當膺厚福不知祭魚之疏已達天庭昨城隍發論到來示知吾等先生已為本溪司土諭吾等必須欽伏今先生在此鬼已不敢作祟矣吳翁曰吾有何德得為司土之神勿以斯言為戲鬼曰先生正大光明吾等畏服更曷敢戲言褻瀆自取罪愆吳翁問鬼姓名鬼曰吾亦濠州人姓范名家詩吳翁曰汝一見便能知人善惡心中自有明機須知此次兵戈之變本溪溺陷多人皆因惡氣積成孽瘴致遭此翻災刼今欲脫離苦海須當安分以俟超生范鬼曰敬遵教諭言罷求別而去吳翁醒來卻是一夢心奇之自知死後即為此地土神

君子所居則化醜惡潛消由其正大光明羣魔早已先服固不待司土之職與以伏鬼之權也然身猶未死先已爲神天地且尊崇之鬼神敢不畏服之

不數月范鬼復來告曰小鬼沉淪已久明日得人替身當脫難矣翁問何人范鬼曰明日有金氏孕婦身穿藍布衣者午後來溺于此以替吾難翁問此人何罪致遭此厄鬼曰此城隍主意非吾小鬼所能知翁已爲本溪司土特來稟知免爺爺罪我耳言罷叩頭而去及醒又是一夢翌日午候果有藍衣孕婦行近水邊翁知其必死救之恐逆天意不救則坐視弗忍正在忙急豈知此

婦行近溪邊。俯首沉思。若有所念。翁情難自禁。以石投水。厲聲喝曰。嫂嫂不畏死耶。婦猛然驚醒。不敢行前。暗淚欲滴。吳翁曰。嫂嫂臉上五黑入竅。死難臨期。今至此何爲。不妨直說。婦曰。同巷某婦與吾嘖論。欺吾太甚。故欲投死以累他。轉念有婆婆在。我死則無依。故自悲耳。吳翁曰。汝等婦人。每口角相爭。動輒以死累人。不知此心陰險。先已爲鬼所使。昨夕夢中曾經鬼來告知。甚爲汝惜。幸汝尚有一點孝心。故得轉機。以存性命。未始非轉禍爲福也。此後回家。須當忍讓。婦感悟而去。及夜夢中鬼復來曰。上司老爺。今日救一婦命。陰德無疆矣。第婦離于難。吾則難脫。何時。吳翁曰。見其生不忍見其死。故一時良心發見。知有彼而不知有君。吾之罪也。范鬼笑曰。前言戲之耳。爺爺既有善念。吾豈獨無良心。因憐其有孕。一命而兩命關焉。故見之不忍耳。不然。吾能死之。翁豈能生之耶。吳翁曰。此念可達神明。蒼天當不負汝。鬼復叩別而去。

死生有命。雖婦人之不死。鬼實饒之。不知鬼之能饒此卽婦人之福。然非一念孝心。何能忽有轉機。而致鬼之能饒他命也。

後半月。鬼復夢中來告曰。明日復得人替我矣。翁問何人鬼曰明早有童兒到水邊捕魚者是也翁早起以待未幾果有童兒數輩譃近溪邊忽見有巨魚在藻有一童子方欲下水以捕翁又以石投水魚頓潛匿童兒驚走而逸夜間復夢鬼來告曰爺爺屢知救人吾不復望有超生矣吳翁若有悔心赧不能言范鬼曰爺爺不須憂童險死而復生亦吾固憐之耳吾見童子形容枯瘠知是貧家子爲彼父母思之既家貧而復喪其子於心奚安吳曰君有仁心來生必有厚福范鬼曰吾自爺爺來此早晚得瞻矩範受益殊深言罷而去遲兩月又夢鬼來告別曰明日巨艰沉舟有一人死于水者是替吾

身。非翁所能救彼矣。吳翁醒來驚異。于翌日候至申刻。果風雨交作。巨浪奔騰。有小貨船飄入溪。心將覆而轉定。舟人急飛纜登岸。牽泊溪邊。頃刻風定。復啟棹而去。吳翁竟不見舟人溺死。是夜鬼不復來。心自狐疑。旬日後。夢見一官長緋衣玉帶。投刺請謁。翁倉皇失次。官長已立候船邊。翁拭目觀之。蓋范家詩也。相揖而入。翁曰。旬日不見。以爲貴體投生去矣。范曰。前風雨之日。舟沒將覆。內有一人是替吾身者。吾見舟中商客滿座。恐全舟覆沒。財命相連。故率衆鬼擁護其舟。得復穩棹而去。即夕城隍諭到。謂玉帝以吾慈心。即召到龍虎山天師

府頒劄授城隍職即到本郡補缺今即赴任特來告別但王命不能久延後晤有日耳言罷匆匆揖別吳翁喜告鄉人莫不驚異

菩薩心腸不外慈悲爲念范家詩一轉念爲善即能捨己以救人然其先後均一鬼耳自親近君子則爲君子終得脫出鬼籙受萬民血食馨香天之報應甚速也受刼之鬼尚能自超脫人見善不爲豈不可惜

吳志人以范家詩一旦職受城隍篤信陰騭之有據後數年翁已七十四矣忽風月之夕睡入甜鄉有二差來請曰郡主城隍有命請公入見翁隨之往及至見一所

衙署上書濠州府城隍五字翁入至堦前覺氣象森嚴心中惶悚座上城隍喜相接曰已隔數年今復得晤何瑟縮乃爾翁略視之即范也翁跪地叩首范亦回拜分次而坐略道衷情城隍曰前任郡主以葫蘆溪寃鬼爲災會授先生爲是溪土神之職俾羣邪知所畏憚今當親蒞本任翁問何期范告以七月十一日從此冥間有事得先生相助可以常親教益矣叙話間忽役報解犯魂到案范延翁暫坐即出外堂審訊范拍案罵曰汝生平勾娼窩賭罪惡貫盈死後難逃陰律今恨鄉紳馬守仁申約禁賭陰窺鄰巷郭錦同之妹有姿色可以漁利

潛其妹與馬守仁私通郭錦同誤聽汝言卽導妹以醉賣與汝爲娼汝藉此謀財且洩私忿敗人名節莫此爲甚汝自以爲曖昧無知豈知人可瞞而天不可瞞耶卽喝鬼卒將犯魂以鐵針刺其舌犯魂叫苦吳志人潛出窺之得悉情節郭錦同是其戚屬知其妹受奇冤但不識犯魂爲何人及范退堂翁問之范曰此先生鄉鄉丁順江也吳志人恐城隍復有公事告別而歸醒來又是一夢及早起來奔到郭錦同家備言夢中所見誡其勿聽丁順江之言陷妹於汚濁之場且謂先來一訣郭驚問翁以赴任土神之職詳告而別郭自聽吳翁之語于

心悚然及訪知丁順江喉舌忽生腫毒一飯難沾惟吞粥水以充饑渴始知其在人間受病早已冥府遭刑身雖未亡而已生坐地獄也吳志人自知及期必死每得魚攜至村間高歌以賣曰好食葫蘆溪上魚鵲渡銀河不見予漁人去後枉相思人問之翁曰將爲葫蘆司主不復作漁翁矣人笑其狂及期翁醉後衣冠獨坐遺詩而逝詩曰輕舟長傍水雲眠許我蘆溪別號仙風雨一竿人去後好從明月認江天翌日人尚未知其死有至溪上求翁市魚者見翁衣冠踞坐顏色如生讀所遺詩始知其果爲神方信前言非謬郭錦同聞之急來奔視

述其夢後來告之語。鄉人于溪上立廟祀之。瘞其尸於
廟側建坊額曰漁仙隱蹟。鬼魅於是盡息焉。
陳希夷心相編曰。公平正直雖無子息死爲神以昊
志人一介寒儒。終身孤獨而不知其古心古處歷兵
戈危難。始終不易初心。雖不得名揚于大庭。終能尊
榮于身後。誰曰不宜至善人死後爲神之說。好善未
眞者。每以爲渺。試觀廟堂之上所饗受千秋俎豆者。
非皆忠孝節義之士歟。瓊山邱先生曰韓擒虎寇萊
公死作陰司閻羅王。顏子淵卜子夏死爲地下脩文
郎。古人凜凜可風。彰彰可考。蓋善人正氣不磨。宜其

精魂不滅也。

宣講博聞錄第六條

總論

廣訓曰。所讀皆正書。所交皆正士。確然於禮義之可守。惕然於廉恥之當存。士人以治心爲首務。心一鬆散。萬事不可收拾。心一執着。萬事不得自然。心一疏忽。萬事不入耳目。然意馬收之甚難。心猿降之匪易。必藉詩書之力。變化陶融。勤探經史之腴。育才益智。而後理可明。事可知矣。更宜多交益友。借助他山。善勸惡規。沛然日進。其品端學純。有不期然而然者。如是在野。不愧爲名士。在國。卽可爲良臣所繫固不重哉。倘嗜淫書小說。濫交惡友。邪思素質。悲污白圭。易玷大則誤國。小則誤家。殊有不堪設想者矣。古詩云。富無仁義風中燭。貴不公平水上漚。天眼自然明若鏡。人心枉用曲如鈎。然則果報之理。又何分貴賤哉。

死裏逃生

咸豐五年。長毛賊擾亂雲南。焚屠戮殺。慘不堪言。時有楚雄秀才二人。周成禮。王郁文。相約逃難來省。時安寧州羅次縣已爲賊據。乃繞道由富民縣小路而行。一夜宿破屋中。以土罐盛米。檢壞椽腐草而煮飯。將熟。忽有二人推門入。黑夜無燈。柴火照之。美婦也。泣告曰。我南城外絨線鋪妯娌也。隨家中男子逃出。遇賊失散。不知何往。我二人藏隔籬茅厠得免。不得食已四日矣。今聞飯味香溢。故尋食而至。生死所關。瓜李之嫌。亦不敢避。如蒙分食。今夕惟命。周因憐生愛心。怦怦然不言不動王見之。呼周速火熟飯。周低首。王以柴輕擊之。周亦不覺。

美色當前。魔燈變相。誤盡多少英雄。觀夫周某飽讀儒書。曾游泮水。顏子四勿。敢說未聞。餓婦未必傾城。書生幾乎敗檢。皆由色心常熾。品學未純。遂至理欲交爭。邪正起滅也。所以欲戒淫先戒心。欲戒心先戒目。

王見周懞然耽視此婦。乃以柴火繞周。而周怪而呼。王謂不關痛楚。恐君不醒也。吾二人千辛萬苦。忍饑忍渴。跋涉奔波。足傷荊棘而行不敢止。身冒雨溼而卧不敢

貪遥見樹影則驚疑不敢前偶聞風聲則畏懼不敢後豈容易至此君何生於憂患乃欲死於安樂乎

周某邪念忽興猛然難制倘無端直之友捷智挽回勢必因愛生憐孽緣頓結矣古云得一知己可以無憾吾謂獲一益友可保無危

周聞王言始頓悟忽然改念謂二婦曰瓜李豈可不避我日間在縣城換銀一兩尚存千餘錢願分一半相送明早速往富民縣城中或遇親友當有生路所煮之飯我二人今早已食雖餓可忍並送儘飽一餐勿留餘也舍生取義願各自愛於是二婦感泣不已攜罐與錢仍

回草屋自宿。

周生本有善根。所以一呼便醒。究竟儒士胸中。素明禮義。前此之念。不過偶有所蔽耳。世有徇欲忘軀。沈淪不返。將錯就錯。遂至貽誤一生。殊堪浩歎。乃觀其對二婦之言。及送錢送飯。當饑寒患難之際。是能人所不能者。迨空中鬼神。共聞共見之矣。

周與王。次早行矣。豈意離城八里之地。爲游賊十餘所獲。執送賊目。問何來。曰。本城人。逃回城中。一賊云。此非本城人聲音。想是探事細作。拉往前面田中開發去。開發者。賊言斬首也。二賊持二生髮辮。餘盜見樹林外有四五人行去仝往追趕。一賊拔刀將殺二人。刀鞘緊不能出。極力扯之。不意刀出鞘急。尖鋒抹旁賊之手。呼痛血流。旁賊怒。互相扭鬬。二生乘空逃脫。遂得入城。驚定魂還。乃相謂曰。不料一夕之悔。死裏逃生。誰謂蒼蒼者果夢夢哉。如二生者險矣。自驚此後。益自防檢。所有一切非禮非義。固不敢作於事。尤不敢萌於心。常以聖賢道理自範。更以聖賢道理教人。周王二生。歲年連捷。

古詩云。現眼酬償固可驚。更防倘奪在功名。休貪紅粉三春夢。免誤青雲萬里程。片刻歡娛原有限。畢生性命豈非輕。何如看破須臾惑。保守終身大顯榮。此可爲二生誦之。更可爲天下士人誦之。

義烈好逑

李杏友山西平陽諸生也性高潔品端方少喪父母採芹後娶薄氏數年亦死零仃孤苦孑然一身每風雨蕭窗祇有孤形弔影鬱結難舒乃吟曰天地無心賦此軀盡將悲恨付寒儒問天天亦無言者試問牀頭數卷書一年館於邑富家美婢出入無所忌常至館送茶送飯有婢小蓮性妖冶夜奔李眉目送情語言挑動却之不去李叱曰女重名節男勵廉隅何自甘禽獸而又陷人也婢愧而去李哦曰風清月白夜窗虛有女來窺笑讀書欲把琴心通一語十年前已薄相如不圖身歷其境

也。

色卽是空。人人曉講女色宜遠。個個能言。但有時遠不能遠。而心中空有未空。則當將　文帝戒淫文默誦一遍。迷心自醒。否則想到自己死後。無知白骨。有甚相思。又或想到彼婦死去。蛆蟲遍體。臭腐難聞。有何美貌。此時色心或化。若不化。則當痛自撾責。使肉痛而心知。心知而覺悟。倘仍不悟。想到淫人妻女。妻女淫人。無不奮然悔悟矣。張三丰云。勸君莫借風流債。借得來時還得快。家中自有代還人。爾若賴時他不賴。讀此豈不猛醒哉。

次年鄉試復折翅乃售居得數十金思欲赴京覓一館地兼可應順天鄉試遂束裝就道騎驢出門行數日至陵川時咸豐五年六月初也忽聞前途有長毛賊充塞道路乃策驢尋小路避於山僻村中次日聞賊已往平陽府城李平陽人驚聞故鄉苦況不知何狀念若非遠出則死生未卜矣仍尋路而行歧路之中又有歧焉約三十餘里將至大道忽聞路旁草間有呻吟聲繫驢於樹撥草視之橫臥女子年已及笄肌膚潔白眉目端倩問何至此女泣曰吾爲賊傷氣息不接難以備言生身帶有七釐散令女喫少許以餘擦傷破處旋復呻吟轉

動聲嘶。乃謂女曰。男女不親授受。禮也。溺而援之以手。權也。今欲行權。送汝到有人家處。以安置汝。肯乎。女點首。

兵燹之世。盜賊橫行。有誰介眼窮途。慈心陌路。況此虎狼餘肉。將死病人。棄而不問者。多矣。李生慈悲。當得美報。

乃扶女於驢背。依傍而行。恐其復傾跌也。行數里。睹炊烟一縷。知是山村。見棠梨數十百株。儼成行列。土絕肥膏。種躑躅。大如斗。入一深谷中。有數十人家。碧溪傍蒔屋菴數間。老尼喜。閉門而不見客。往往過者。不復知有菴。是日將夕。問投宿處。村人指菴可寄寓。將入菴門。尼復拒戶不令客入。呼溪南村媼。隔籬與尼語云。此是避難之人。求慈悲容納。尼乃啓門。

老尼拒戶不見客。足見戒律精嚴。及聞避難。始開門。可想慈悲廣大。世有冒名尼姑。假裝淸淨。藉此藏汚納垢。醜穢難聞。敗俗傷風。莫此爲甚。比老尼之眞修靜養。相判何啻天淵。

既入。扶女下驢。至小屋。臥牛衣中。向尼取粥飯食之。睡片時。女漸能言。呼尼引至佛殿。拜哭於地。久之。起坐蒲團。指生告尼曰。吾非遇此君子。則葬狠虎腹中。吾姓劉澤州人聞毛賊屠戮隨母與六歲幼弟偕僕婢逃避昨晨遇賊母弟等衝散不知何往賊擄我負於背行至高嶺心念爲賊辱死不如殺賊而死爲烈也乃拔頭上金簪出欲刺賊喉不料金鈍賊回首祇傷其皮賊大怒擲我於懸崖下意必跌碎矣而我夢魂悠悠大痛忘痛飄蕩頃刻有若睡去

劉女奮欲殺賊全貞不屑含汚苟活此等襟懷浩浩堪與日月爭光及至被投崖下必有神物扶持雖其自問必不能生而天心默相必不致死

忽有扯吾臂者微睜目視之乃大狼銜臂衣斯時一身

無力任其拖去及草深處聞有鈴聲狼乃驚退蒙生救拔又給以妙藥乃知鈴是驢帶不知狼何以畏驢也今幸我佛慈悲顯靈垂救願求老尼披剃皈依法門生生世世不忘大德矣村姥與老尼聞其委曲皆羨女子貞烈又見其貌麗年輕皆曰賢女子不死於賊不死於岩不死於獸得狼拖至路旁遇生極救此乃天緣狼爲之媒也因共問生有家室否李曰吾斷絃已久孑然一身無父母兄弟故欲往京求名爲避賊繞道適與女遇憐而救之如出無心也衆問女如何女曰師不收爲徒望郎君救徹底耳李曰吾家平陽城外現遭蹂躪料難遠

歸。乃出十金交老尼曰。願以饘粥相累。吾名成否。半年必來。尼問姓名。曰吾李杏友。又問女。曰吾字露桃。尼曰。桃杏固是一家也。惟願春風得意得歸。程生遂辭去。到京應試。又復鎩羽。欲就館住京。恐負女約。然顏面無光。囊復羞澁。惟是信不可失。乃勉強訪菴。女悲迎曰。知君折翅。無足介懷也。自君出菴。遣人尋母弟。知幼弟被掠去。母哀子女已死而葬矣。吾先君老宿儒。教妾樂器詩書。處此亂世。仕宦最難。即捷南宮。不過榜下一知縣耳。何如一邱一壑。寬閒於天地。爲自得乎。

知足不辱。知止不殆。人生飽煖。便是清福。倘膠擾太

過。挺兒走險。終須有日艱危。婦人有此淸高愧煞奔
競之輩。
李曰吾鄕賊亂。無家可歸也。女云君無足憂。吾逃難時。
暗藏金葉三十兩。今尙在此。地風俗頗醕厚。君可持去
易銀。在左近買林泉田畝。每年所入以自贍。君讀妻織。
可以自樂。伯鸞德曜之事。業未嘗禁後人不得爲也。李
大喜過望。酬謝老尼。邀請鄕鄰擇期合巹。次年李亦領
鄕薦。陵川縣有數子聘李設帳。內一幼童質頗聰明眉
目如畫。取名記功。李問命名之義。官曰此子於平賊時。
向賊窟攜回。知爲被捉者。見其髫秀。乃教之讀。記功猶

能自記。乃澤州劉姓子云。李疑是妻弟。問其父母姊妹。兒能道。恍惚李語知官。攜兒見劉氏。姊弟相見。默視片刻。遂抱頭大哭。李向官備訴顛末。官送回歸。而骨肉乃得團聚云。此事乃咸豐九年七月儋州知州李亦子所說。亦子是否友族叔。故言之親切有味也。

李孝廉心懷慈善。品行端方。李劉氏節操清高。全貞潔烈。二人皆足千古。而天固佑之。使之死裏能生。否極而泰。負榮名享豔福。夫妻和順。骨肉團圓。知天地無私。鬼神有眼也。倘無端正節烈之心。亦與草木同腐耳。安得名流後世哉。

黜異端以崇正學

朕惟欲厚風俗。先正人心。欲正人心。先端學術。夫人受天地之中以生。惟此倫常日用之道。爲智愚之所共由。索隱行怪。聖賢不取。易言蒙以養正聖功以之。書言無偏無頗。無反無側。王道以之。聖功王道。悉本正學。至於非聖之書。不經之典。驚世駭俗。紛紛藉藉。起而爲民物之蠹者。皆爲異端。所宜屏絕。凡爾兵民。愿謹純樸者。固多。問或迷於他歧。以無知而罹罪戾。朕甚憫之。自古三教流傳。儒宗而外。厥有仙釋。朱子曰。釋氏之教。都不管天地四方只是理會一個心老氏之教只是要存得一個神氣此朱子持平之言可知釋道之本指矣自游食無賴之輩陰竊其名以壞其術大率假災祥禍福之事以售其誕幻無稽之談始則誘取貲財以圖肥己漸至男女混淆聚處爲燒香之會農工廢業相逢多語怪之人又其甚者奸回邪慝竄伏其中樹黨結盟夜聚曉散干名犯義惑世誣民及一旦發覺徵捕株連身陷囹圄累及妻子教主已爲罪魁福緣且爲禍本如白蓮聞香等教皆前車之鑒也又如西洋教宗天主亦屬不經因其人通曉

愿。數故國家用之。爾等不可不知也。夫左道惑衆。律所不宥。師巫邪術。邦有常刑。朝廷立法之意。無非禁民爲非。導民爲善。黜邪崇正。去危就安。爾兵民以父母之身。生太平無事之日。衣食有賴。俯仰無憂。而顧昧恆性。而即匪彝。犯王章而干國憲。不亦愚之甚哉。

聖祖仁皇帝漸民以仁。摩民以義。藝極陳常。煌煌大訓。所以爲世道人心計者至深遠矣。爾兵民等宜仰體

聖心。祇遵

聖教。擯斥異端。直如盜賊水火。且水火盜賊。害止及身。異端之害。害及人心。心之本體。有正無邪。苟有主持。自然不惑。將見品行端方。諸邪不能勝正。家庭和順。遇難可以成祥。事親孝。事君忠。盡人事者。即足以集天休。不求非分。不作非爲。敦本業者。即可以迓神慶。爾服爾耕。爾講爾武。安布帛菽粟之常。遵蕩平正直之化。則異端不待驅而自息矣。

博聞七集

聖諭第七條黜異端以崇正學

果報目錄

孝子成佛

正吉邪凶

正氣誅邪

河伯娶婦

正道

邪術

第七條博聞錄

總論

理本正而無邪。邪處便非天理。心本善而無惡。惡念便非人心。人能認得此心。則爲聖爲賢。成仙成佛。皆本此眞誠之一念。以造乎其極。便能超凡入聖。高出尋常。書曰。人心惟危。道心惟微。但恐心無主持。則釐毫之差。即千里之謬。雖有聰明才智。此心已入於禽獸。是舍大道而入迷津。舍天堂而墮地獄。卻自失其本體而不自知。所謂失足眞成千古恨。回頭人已百年身。悔何及矣。夫人雖七尺之軀。能與天地並立爲三才。卽不能爲聖爲賢爭光日月。然必不可自暴自棄。誤了生平。呂新吾詩曰。輪迴不易轉人身。既得人身。要認眞。七尺堂堂翻作孽。空留天地。枉爲人。人不知及時猛醒。爲惡則易。爲善則難。一旦流爲匪辟。自作禍殃。雖欲爲人。且不可得矣。

孝子成佛（此六祖事詳註循環鑑畧序於此以備下篇參考）

唐朝有六祖佛原姓盧名惠能廣東韶州府新興縣下盧村人生于唐貞觀十二年二月初八日子時生時異香滿室其父名行瑫奇之佛祖少失怙貧而事母李氏甚孝賣薪度活日以酒肉奉母自食粗蔬每秋涼擕母衣被到市易新棉花已衣敝絮夏折松毛覆屋瓦恐母受暑有地師數宿其家感其孝篤一夜方深猶聞其爲母搥骨母睡熟始出與談地師曰子誠孝行吾嘗覔吉地非大福者不敢授君孝德可當之遂引至山頭指之曰此可發富貴又引至龍山曰此地可出佛佛祖曰富

貴子孫受福耳吾聞一人成佛九代超昇夫富貴易爲惡不難陷宗祖於地獄若得長與父母宗祖天堂安樂于心慰矣富貴何爲哉地師曰此念可成佛矣况得吉地哉遂指以葬法而去後葬祖父於此地今新興縣龍山寺傍墳是也葬後佛祖性頴悟及母死守墓流血三年子然一身悟破紅塵聞湖北蘄州黃梅縣東禪寺五祖忍大師在彼主化遂往黃梅謁五祖乞收爲徒五祖初使作務以試其誠佛祖日日舂米不憚辛勞蚤暮誦經不怠聞五祖說法必潛聽一日五祖會諸徒作偈使各鳴智慧表本心般若性能明心見性者即傳衣鉢爲

六代祖時。有神秀作偈曰。身似菩提樹。心如明鏡臺。時常勤拂拭。勿使惹塵埃。五祖謂其能明心。未見本性。時佛祖在碓房。知其尚昧佛旨。乃書一偈續神秀後曰。菩提本無樹。明鏡卻非臺。本來無一物。何處惹塵埃。衆驚異。誦其偈。五祖知其了悟。而恐人妒害。親至堂以刀削其偈。謂其尚未能了悟佛旨。及夜潛至碓房。問之曰。米熟否。佛祖曰。熟矣。五祖以杖擊碓三下。佛祖會意。三鼓入見五祖。五祖戒曰。汝往後授徒。當以心法相傳。不必傳此衣鉢。蓋衣鉢乃爭端也。宜速去。免人禍。汝乃送至九江驛。登岸各別。後爲衆覺。共追六祖。有一僧曾爲四品將軍俗姓陳名惠明性剛莽先衆人追及六祖六祖擲衣鉢於石上曰此衣鉢可力爭耶六祖潛隱草莽惠明持衣鉢不動乃悔曰吾爲法來非爭衣鉢也願拜受心法六祖遂出而點化之後易名道明避六祖諱也今佛前侍六祖旁名陳祖者是追六祖回至韶州住九月又爲惡人尋逐遂至廣州法性寺值印宗講涅槃經不知六祖爲佛也時有風吹旛動有曰風動有曰旛動六祖進曰不是風動旛動係仁者心自動耳衆駭然延六祖上座詰奥義知非常人印宗法師曰久聞黃梅衣法南來莫非就是行者六祖曰不敢印宗遂同羅拜在地

願聽指授。六祖爲講法。如活現蓮花。皆大歡喜。印宗由是與六祖剃髮於菩提樹下。五祖舊徒神秀。時在荆南玉泉寺教授。徒衆亦盛。聞六祖參透三乘道。證菩提。乃命門人名至誠。到曹溪聽法。囑令盡心記領。還爲吾說。至誠至曹溪。隨衆參禮。不言所來。六祖曰。今有盜法人潛在此聽。急逐之。至誠俯伏直陳。六祖作偈。開其智慧。六祖往來廣韶間。普度有緣。嘗講經海上。有蛟龍起聽。六祖攝歸衣鉢。自是海上無蛟龍之患。神龍二年。則天中皇帝遣使薛簡詔六祖。假以疾辭。不奉詔。後敕韶州刺史脩飾寺宇。並在新興敕建國恩寺。居六祖開元六

年。六祖歸新州謂門人曰。吾脫凡軀證大道矣。至八月
三日之夜。集諸徒大宣法旨。端坐至三更曰。吾往參如
來。遂圓寂。十一月。廣韶徒衆爭迎肉身供養。莫決所之。
乃焚香禱曰。願香烟指處。定吾師所歸。香烟指南。遂迎
歸曹溪。曹溪卽南華山也。六祖各處登現。保護萬民。敕
封爲南宗大鑑師。香煙極盈。自唐宣宗時至元六百有
餘年。肉身俱存。香煙薰腹而如漆光。至元丙子年。漢軍
以刀鑽其腹。見心肝如生。于是不敢犯。

人能誠意正心。使明心見性。則能超凡入聖。聖與
佛本心源共證也。不觀六祖乎。今人登六祖山見

千山夾輔四水環朝謂宜乎出佛不知六祖之能成佛在乎心非關山也有此山固成佛即無此山亦成佛蓋其心不願富貴願以一人成佛九代超昇其孝心之純篤於此可見此心己是佛心推其心求聖賢則可以爲聖賢求仙佛則可以爲仙佛耳今人每妒釋教爲異端是不分淸濁祇以一語傷盡人未免太失忠厚孔子曰吾聞西國有聖人即指西藏牟尼佛祖其教以存心淸淨照見五蘊色色皆空無相無遮無垢無礙慈悲爲心者大歡喜久而行之明心見性物我無間即易所謂仁

者見之謂之仁。知者見之謂之知。雖與聖教不同。究之存心則一。蓋堯舜禹湯文武周公孔子不生於西國而生於中華。故五經書史之文祇傳諸中華而不能流於西國。故西國祇有西國之經義。要其義不外誠意正心脩身之旨。其經文雖與聖教有殊。其理則無差別。初何嘗倡天下納於邪辟。故自有儒教。卽有釋教。三教流傳。猶居肆之有百工。皆各盡其心。而各司其事耳。如軒轅製衣服。而謂虞舜作陶冶爲異端可乎。然中國上古未有佛。自漢明帝佛入中國。韓愈諫迎佛骨。恐倡天下惑於禍福死生之說。焚香燒紙解衣散錢不務民義反惑於鬼神之不可知故請將佛骨投諸水火蓋欲杜天下萬世媚佛之心恐藉以起邪異之端耳而後之託跡沙門者竟弊端百出而自失夫釋教之本眞。即

聖諭廣訓所謂自游食無賴之輩陰竊其名以壞其術大率假災祥禍福之事以售其誕幻無稽之說始則誘取貲財以圖肥己漸至男女混淆聚處爲燒香之會農工廢業相逢多語怪之人又其甚者奸回邪慝竄伏其中樹黨結盟夜聚曉散干名犯義

惑世誣民
聖言歷歷指陳皆今日禪門之弊習不出韓文公當日
諫迎佛骨所逆慮不深可痛哉然後之襲釋敎之
名而流爲邪辟者是其自陷於異端不能以異端
罪佛祖也如孔子祖述堯舜憲章文武刪詩書訂
禮樂贊周易脩春秋立教立言以爲萬世法而後
之僞儒創淫書作淫說或刀筆舞利或包攬詞訟
藉文字而壞人心術甚或亂臣賊子狡詐刁奸得
聖賢書理飽讀成才敢恃才濟奸弄權作禍如曹
操秦檜盧杞王安石等其罪甚于異端者亦復不

少然亦惡者自惡耳。而以歸罪於孔子可乎。又如市井之中。私鑄銀錢。大秤小斗。僞貨欺人。假藥害人。淫戲煽人。如此類者。三教之外。流於邪辟者。固指不勝屈。祗罪釋道之流曰異端。大失釋道之本旨矣。然正者自正。邪者自邪。如士品之邪辟。百工之詐僞。九流之奸欺。世有比釋道之僞教爲尤甚者。但知責人之非。而不自知其惡。世風之日壞。人心之日迷。不更深可惜哉。

宣講博聞録（第七條）全　十

正吉邪凶

宋眞宗時有一僧自號静圓隨徒六七人雲遊海外嘗至金陵濠州謬稱廣東韶州南華山六祖徒裔初藉募化爲名繼則施醫濟藥凡外科癰疽瘡痔及跌打刀傷等症無不神効貧者分文不受富者不受謝貲祇取藥本然贈以珠寶玩器則受之一時門庭如市好事者爲之創建菩濟寺都邑士女皆奉爲萬家生佛居數年僧遺徒迎肉佛來崇奉寶座語人曰此吾祖師即六祖之徒陳佛祖也陳祖肉體而金鑲眉目五官具在宛然如生衣以袍履袈裟見者莫不懔然起敬拈香者乘車策

馬。雲集沙門。僧更廣設法場。誦經禮懺。有祈福者。有禱壽者。有禳疾消災者。有求子嗣者。寺內魚鼓金鐃。烟火不斷。僧更喜巴結。善逢迎。多建男女客堂。常留餐宿。凡飲食器物。無不先意承志。曲體人情。有婦女抱嬰兒到燒香者。爲之禮斗保命。使之參佛。名之曰佛契男。佛契女。或贈以金銀珠寶。爲嬰兒手足釧鐲。以保延年。贈之食物。曰長生果。婦女輩每參佛。歸家。於翁姑丈夫之前。輒歌頌寺僧之心法。慈悲性情。珍重不啻釋迦再世。於是僧名遠播。遠近欽崇。即富貴官宦之家。皆以得近靜圓爲親切。任其妻妾婢女得見靜圓爲榮幸。嘻佛道從

此壞矣

孔子曰。惡紫恐其奪朱也。若苗之有莠。若粟之有稗。世之奸邪詭詐。每藉正道之名。以惑世蠹民。人不及察。每墮其術。反親切奉承。以受其欺詐。然亦心必自惑。而後人惑之。心必自邪。而後邪人之使。有眞守者自有定見。外物何足以迷其神智。

自是寺門往來日盛。婦女交情漸密。常留夜宿其間。師徒淫樂。漸而勾引女流。藏之密室。有商客姓容名著能。其寡嫂祇一女。年甫十二。貌如花。隨人入寺參佛數日不返。遍訪無跡。容適遠商歸。疑僧藏之。容性烈不勝忿欲懷刃殺僧或止之曰力寡不敵猶蛾投火耳容焦急無以爲計乃扮女裝賄媪偕入寺參佛後入容堂容低首作羞默不語狀使媪達容意謂娘子孀居無聊慕寺門雅潔願稅靜室以誦經但須得女儔常作伴僧喜導入密室啟木板梯而下見婦女十餘輩見姪女果在默坐偷泣容忿不敢言又妨事洩問曰子時否求出殿參神僧許之出跪佛前低聲僞誦心經意以達旦旋聞東堂法鼓聲知婦女設壇齋醮者乃竄東堂暗襲婦人中聽經待旦及早偕媪飛奔以歸即帶族人到寺索女曰吾已知姪女所在不還吾女必燬汝寺僧曰女參佛後

來遊北苑。忽然昏倒。吾以藥救醒。跟人已去。不知所歸。故收留以待尋訪耳。僧遂出女以歸。母問女何以被匿之故。女曰。初隨八媽到客堂坐。八媽方與諸婦談情。適數女出左門遊北苑。吾隨以往。女徘徊戀花。貪坐迴欄下。吾往鸚鵡亭聽鸚鵡解人語。有僧以甘欖啖我。方下咽而昏倒。醒後始知在密室。吾號泣求歸。僧拔刀厲喝曰。如泣當殺我。有婦慰我曰。此亦安樂地。痛哭何爲。吾殆不敢復泣。容忿甚。赴邑控寺僧。豈知僧與官宦皆交結往來。邑宰置之不問。且批斥之。容無地可訴。乃買瘋女以毒僧。後僧遍沾瘋疾。而能自醫。俱無害。容倍恨。而莫奈他何。然僧亦自此惡名漸著矣。

梵堂剎地。非盡無眞脩者。然最易爲納垢藏汚之所。嘗見富貴之家。其美妾嬌妻。爭以有子爲權寵。任其入寺燒香。以爲佛力可以庇佑。一墮淫僧之術。終身羞恥而不敢言。蓋火難滅。慾火更不易滅。彼無眞心脩行者。慾火常熾。遇物則無不焚。而人每自投之。罪不在婦而在男子之不禁。所謂水性婦人者。水本泛濫而無以防閑之。則縱情泛濫。放逸不知所之矣。可不戒哉。

初靜圓創菩濟寺之後。廣招弟子。嘗買一徒。甫十五歲。

爲之號妙機。甚靈慧。靜圓鍾愛之。妙機得師秘傳醫人之術。後私逃還俗。奔往蘇州太湖中地名消夏灣居住。易名麻希陀。以醫術盛行。凡奇難險症人所不能醫者。他不用方子。祇對症發藥。無不應效如神。蓋蘇州之水莫大於太湖。周圍八百里。跨江浙兩省。居民稠聚村落極多。非舟楫不能渡。時麻已廣積貲財。爲城中巨富。于湖州府城內設一醫館。局面堂皇。如仙家杏苑。惟家眷則獨住消夏灣。一概親友。皆絕迹未到。來訪者杜門不會。時蘇州有一秀才。姓賈名任遠。其祖與父在時。家中崇奉觀音大士。誦觀音經。因慈悲喜施捨。故兩代請貧家無擔石。任遠以舌耕餬口。常誦文昌陰隲文。關聖寶誥。行功過格。體祖與父心志。早暮兼誦觀音經。作秀才時。尤以陰隲奉行不倦。一念不敢苟。適年底以來春之館未定。心絮皇皇。告知其妻。詰朝往洞庭覓友。定來年館地。妻早起弄飯食。畢。忽而霏霏細雨。妻留使勿行。任遠以館地爲一年之計。正在急於定奪。撐傘冒雨而行。初猶乍雨乍晴。不意行到中途。漸而雨大風緊。行近水邊。風雨交作。且冷雪侵衣。無舟楫可渡。時欲回頭。又以程途太遠。仍瑟縮緩步。適麻希陀往蘇州鄉宦家看病。趁船而回。任遠見船。急呼舟子。奈岸然不顧。麻推篷窗見任遠一貌斯文使移舟近岸任遠登舟已衣衫盡濕見艙內一人衣冠楚楚知是顧船主人遂挨坐船頭麻請入內各通姓名謙讓之下晤談歡洽相敬甚歡麻問賈將何之任遠答以往洞庭山到湖口再搭小船麻問到彼何幹任遠直以覓友謀館之意告之麻沉思良久曰弟有兩兒正欲延師教讀如蒙不棄請到舍下設帳若何任遠喜得奇緣謙恭一回欣欣允諾麻許供膳外送脩儀五十金未曉先生尊意以爲發覆否任遠曰弟學疎劣本不敢妄受脯儀既蒙厚意相加何敢尙嫌微薄麻以任遠應允請偕到舍一行遂在船住擱一宵翌

 第七條 全

日已到宅。首見一所大宅。獨闢村莊。四面皆無人家。園牆外環繞小溪。基上一派松竹。同舍舟登岸。由橋渡小溪而入。到廳上坐下。茶畢。不久已備晚膳。飯後麻希陀曰。弟欲明日卽啟冬館。另加一節脩儀。先生府上若無事。肯俯就否。任遠本一貧儒。喜意外得度歲之貲。可省一翻籌策。便道家中無事。但日間要回家安置。卽便轉回。麻請問先生住止何所。弟當遣人先送節金到府上。可省奔走。任遠大喜。稱感盛情。曰蒙賜一季脩儀。家內可以備用。弟可不必回家也。希陀更預備衾帳及冠履衣帶。身所日用等物。以爲用。任遠尤感其厚待之誠。以爲無微不到明日啟館爾學生出堂叩謁長名爲霖十八歲已作文字小名爲雨方十六歲尚讀經文品格皆温文爾雅任遠以爲樂育得英才心中竊喜越日接得家內覆信説脩金已收到可不必囘家任遠將書讀罷知東主已遣人將脩金送去心倍安樂迨過年復擇吉啟新館麻希陀曰弟以醫術行世不能常侍左右如需物用請囑小兒便可供用是夕揖別以後卻不相見不數日復接得家書謂一年脩金五十已盡收到淸明既不暇囘可不必懸慮凡事家內概可支理並未題及家庭細話任遠知東主又已將脩金盡送到家然喜其厚

情。竊怪其疎畧謂學生曰尊翁既遣送脩儀到吾家內。不欲吾同家行請恐誤功課然當商知吾好寫書一封順帶到家裏爲是學生曰老師如果欲付家書父親經說知請不必題出館設何所任遠竊奇之既延吾在此敎讀何以不欲吾使家人知三思始悟以爲其恐親友到館纏擾荒功竊怪其執滯然喜其脩金到家可無內顧。

古人三月無君則皇皇如也況寒士一介清貧硯田未有寄耕之所風雪中勞勞奔走其淒涼境況悲同失路之人乃萍水相逢偶成賓主且待師情重鮮不

謂喜出望外巧得奇逢可見人生之會合有期非人事可以逆料但主人之致敬盡禮用情之眞僞難分其爲君子小人非哲人知幾難辨腹中之劍須惡人早辨常防笑裏之刀耳

賈任遠自啟館以來諄諄懇教每早必誦陰隲文一遍常課讀之下將陰隲文向兩徒細心詳解兩徒漸染薰陶亦能感悟師弟之情甚爲周洽一日在書房間步由小巷走過橫廳見後壁有門用鑰常鎖遂復步出問學生曰橫廳後壁門外尚有餘地可以散步否學生道父親有言此門雖設常關請先生切勿入內任遠以爲內

眷自悔輕口不覺已是中秋兩徒叩節之後相與興飲及夜賞月仍具杯盤乃移席於堦前對月賞花而飲任遠對兩徒曰萬事不如杯在手人生幾見月當頭偶感斯言今夕不妨興飲兩徒不覺興飲數杯乘醉入內室而睡任遠獨步閒堦覺一輪皓魄鏡滿光浮有感於舉頭望明月低頭思故鄉之句動起家鄉之念觸覺連月家書斷絕滿腹牢騷顧影無聊步出橫巷蓋兩徒乘醉而入忘關巷門遂步入橫廳見後門封鎖想起門生之言此內疑有家眷何數月之久並未聞有人聲向門邊側耳而聽但聞四壁虫吟風飄細草知是曠地不過閑

門以防盜耳遂設計跨出見是餘地一塊細草蒙茸旁
邊有小街通入兩邊都是白粉高牆月明如晝絕無人
影信步而去覺一陣腥風撲鼻耳邊隱隱有凄慘之聲
復入幾步祇見矮屋數間聲自內出有火光在內從門
縫一看不覺魂魄俱飛雙脚酸軟渾身血肉如麻作一
團蓋看內裏有幾人有沒耳的有沒鼻的有沒眼睛的
內地有數尺深還有血跡淋漓如死人一樣倒在地下
呻吟捱苦牆邊溝內尚有無數血肉任遠登時兩足不
能走動毛悚心驚暗想道莫非是夢還是死了已到陰
司地府走入地獄中來舉眼又見明月轉思未必是死

地上坐了半晌。心神畧定。復入書房。睡牀上。心猶亂跳。兩目睜開。達旦不昧。兩學生已由內出。見先生顏色變異。到榻請安。任遠忽然驚起。坐榻上如呆了。兩學生驚異。暗忖片時。問曰。先生似受驚嚇。得毋入內地。見着甚麽。否。請講說。知任遠已被猜着。便道正要問汝。汝家爲何有此受傷的人。學生曰。前經說及。請先生切勿走入後門。今竟受此驚嚇。今日不敢不直說。這屋內受苦的人。係父親取作藥料。因父親當日得菩濟寺異傳秘方。以人醫人。如四體耳目口鼻有奇症。則割取活人之耳目口鼻。合藥以調醫。如五腑六臟生癰疽等症。則割取活人臟腑。合藥以調醫。無不神效。作藥料之人。死的丟開。活者留着。備用。所以他們未死者。在此叫苦。任遠問曰。然則做藥料之人。從何而來。對曰。或工藝。或走江湖。愚呆者騙他進來。不放他去。任遠不覺膽碎心驚。面如灰土。慄慄然。如說不成聲。問曰。然則吾來此。將來亦做藥料否。學生曰。先生休慌。前日請來。原是此意。今感先生品性忠厚。教育深恩。決不敢害性命。任遠曰。既如此。盍即放我還家罷。學生曰。初意三年後。即送先生回去。今則不能矣。任遠問何故。對曰。恐洩事機。當候父親回來說。知或留在此。終老而已。任遠聞之。倍魂飛天外。魄散

正吉邪凶　二

九霄。遂執兩徒之手曰。吾好好一條性命。都在汝兩人身上。萬求放生。免我一死。學生曰。蒙先生日日以陰騭文教授人。孰無心。然須待父親回時。定爲先生脫解。不用憂煎。任遠雖聽兩徒慰解。然如坐針毡。放心不下。殺人以醫心同狼虎。家成巨富。不知多少性命。受其慘傷。凶人之隱惡難猜。不知者何由迴避。然賈任遠出門之日。忽然狂風驟雨。蓋禍之將至。不善必先知之。天蓋指以避凶之旨。任遠不能悟天地之機耳。教讀數年。如已羊入虎口。使非陰騭奉行。使兩徒感悟。性命已慘割多時矣。然吉人天相。冥冥中非無主權也。孔子曰。天生德於予。桓魋其如予何。此語可以化解。而此語能爲有德者言。無德者恐難邀天祐甚矣。人不可以不脩德也。

任遠終日籌思難爲脫身之計。轉思若過爲形迹。討彼憎嫌。尤易速死。遂假意殷勤教誦比從前愈加諄諄。及夜學生睡熟。則虔誦陰隲文及觀音救苦救難經以求脫難。孟子曰。雖有惡人。齋戒沐浴。則可以祀上帝。况任遠三代陰隲。躬行實踐。素行合於神明。皇天不負善心人。未必善無善報。於夜間倦眼曚曨夢中猶是誦經。忽聽空中白衣人曰。不須苦。不須惱。要脫難。禍須待布驚醒。卻是一夢。終不自解。越數日。秋風漸急。學生捧兩疋布來。請先生做衫褲。意取那疋。請自擇。任遠忽觸前夢。姑留此布。心生一計。及夜。對兩徒曰。今夕好買酒兩壺。為我解悶。學生正以先生連日鬱鬱。相與痛飲幾杯。兩徒入內醉臥。任遠將布頭在水缸浸透。跨上案上。將布頭搭出牆頭。外邊濕布。已粘牆上。以手拽布而上。既上牆頭。一望是一塊菜園空地。復將濕布。轉搭牆內。先將餘布擲下地來。乃拽布而下。將布掛在肩頭。走過菜園。又一帶籬牆。又扒上籬上。復如法。將布拋上牆頭。拽而上。復拽而下。走出空地之外。又隔一條小河。回憶來時。

由小橋渡入。尋到橋邊。橋板卻已收了。乃扯橋板放下水面。乘板渡過小河。如脫網之魚。急跑上松基。一望汪洋。茫茫白水。又恐知覺。人來追趕。心火焦急。無以為計。自忖寧作江頭之鬼。不受刀下之冤。回頭復拖橋板。拋在水面。覆身板上。以兩手撲水而渡。板離岸數丈。橋板隨波上下。浮沒無定。祇兩手緊抱木板。任其所之。以冀其有救。忽聞上流頭有一船揚帆而下。任遠急呼救命。船夫救上船艙。問緣何被溺。任遠託言。趁船赴洞庭。遇盜失足下水。蒙活命之恩。日後圖報。船夫曰。吾船正是順路。復扯起風篷。不數時已到。任遠上岸。乘夜走到王由義戚家。王見其衣衫盡濕面目驚惶。先以衣履更易。飲以薑湯。驚問來由。任遠備述情節。王曰。此害不除。地方之患。即偕到太湖廳喊禀王固貴家子。亦親見官面。述情狀。太湖廳即傳齊衙役。知會太湖副將。帶了營兵。前往協拿。並帶任遠爲活證。齊到消夏灣。此日學生起來。不見先生。見內外牆上掛了白布。知是逃走。時麻希陀湖州未歸。家中疑慮交迫。忽見官船營船紛紛到來。前後門守住。任遠帶領官府衙役。一直入內。搜出許多四體不完之人。兩兒子知已事發。魂不附體。欲走不能。祗求先生大哭救命。任遠動師弟之情。亦爲之慘然。祗向他說汝當初不肯放我。今汝父罪大惡極。國法所在。吾亦難爲汝救也。遂將一門親眷鎖拿解上上司衙門。上憲卽移文往湖州捉拿麻希陀到案。開堂研詢。希陀猶欲抵賴。重責四十。始知不能狡脫。迫得從直供招。已傷害五十九人。問秘方從何來。希陀逼得供出豪州菩濟寺師傅靜圓傳授。問靜圓割害多少人。麻曰他從前未有寺。割害多少實屬未知。自建寺之後收吾爲徒。則見誘遊寺者入內。祗害七八人。以後香火日盛。則未有割人醫矣。官問伊所割之人藏何所。麻曰後座密室之下有地爐。製藥卽在此。惟吾知之。諸徒多未知者。訊畢。

即移文往豪州郡守。即帶文武兵役。到寺門。搜出婦女二十餘人。訊實知師徒淫汚。並核指出割害骸骨十一人。驗明即詳上憲將寺燬滅。將寺僧靜圓師徒按律斬決。寺內金銀珠寶玉器充公。麻希陀則凌剮處死。一家男女。皆串合戕生害命。均斬首處決。其房舍充官。家財抄沒。知確受寃之人。追給外。餘亦充公。可見善惡有報。祇爭來早來遲耳。

西方極樂之場。寶筏慈航。救人於苦海。靜圓反藉左道之術。殺人戕命。博取貲財。且無度荒淫。勾藏婦女。旁觀者且爲不平。而謂彼蒼者天。能容忍否也。其徒更藉其術以成巨富視人命如草芥輕王法於鴻毛不知罪惡貫盈寃愈深則孽愈重卒至滿門誅戮彼能慘施毒手天亦慘於報施從來自作必自受早已身在地獄而不自知耳惟賈任遠以陰騭脩行雖身羅其網亦遇災無害履險如夷非謂其虔誦經文吉神即來呵護蓋由其終身爲善克感天心書曰皇天無親惟佑善人其至誠感神得免於難者非其善行根深何能一念之微上格彼蒼也然使非賈任遠身入其局何以彰希陀之過顯靜圓之惡而速其誅乎彼兩惡之險心固不可測不知天之現報更不可知

也。

宣講博聞録　第七條　全　三十三

第七條博聞錄

總論

日月星辰。山河嶠嶽。在天成象。在地成形。人仰觀天文。俯察地理。而知庶彙萬物皆天地之正氣以成。故明則有天地。而幽則有鬼神。朱夫子謂鬼者陰之靈。神者陽之靈。又曰。氣之伸者爲神。氣之屈者爲鬼。其實一理也。然鬼神之中亦分邪正。心地光明。則召正大之鬼神。心地私曲。則召妖妄之鬼神。直視人心之所向耳。

聖諭廣訓曰。心之本體。有正無邪。苟有主持。自然不惑

宣講博聞錄　第七條　全　　三四

故忠孝之家。瘟疫不入。忠孝之士。惡病不侵。入能剛直而不屈。中正而不阿。其心即日月星辰。其體即山河嶠嶽。徵特諸惡莫能施禍。且能辟惡而除邪。即

廣訓所謂品行端方。諸邪不能勝。正家庭和順。轉禍爲祥也。

正氣誅邪

山西太原地方好神。有所禱必多方許愿。務投神之所好以媚之。唐相郭元振素有膽氣。任與人談以禍福巫生置之度外。正論無偏。人皆畏之。未第時嘗宿古寺中。僧於夜間模為厲鬼以相嚇。振猛擊之。僧驚惧而逃。偶挾策遊京師。至太原。日將暮。借宿無所。路旁見一廟。額書烏將軍祠。十分整肅。振偕僕人見殿階兩旁盛列妝奩如嫁女者然。殿上供酒肴。有金介冑將軍坐而座中寂寂寞無主人。郭奇之。以為妖巫左道惑衆以漁人利者。靜俟以窺之。又不見巫者來。心倍驚異。忽聞左邊室內有人聲。跡而聽之。嬌嬌咽咽。一女子悲啼。振問爲誰。內應曰。君人耶鬼耶。果人則救我。是鬼則任爲之。振怒。命僕將門打開。有盛服女子。容色姣好。向振哭拜求救。振曰。予天下血性男子也。爾果枉。可實告。吾當救汝捨身不惜也。女曰。此地有烏將軍。皆甚靈應。凡禱者必許以物。巫傳神語。邀之則病。爲市衣物。給其月朔必供備之。夜羅列廟堂。及曉物皆不見。一年。鄉內牛羊大灾多死者。巫言神索一女爲夫人。鄉人難之。巫曰。逆之則殃及人矣。鄉人懼。備金與巫。買一女以獻。巫得金、以紙楷爲俑以代。大巫即病死。小巫言曰大巫獲罪於神。厲鄉人再備金買女以獻自是每歲必索少艾女子爲夫人若不進獻則降災殃合鄉不甯數年來喪女命多矣吾父負債難償爲人討迫幾繫於獄父故利鄉人二百金醉妾而閉之此房自分必死倘蒙救援願爲婢妾

古詩有曰不孝漫燒千束紙虧心枉炷萬爐香神明本是正直做豈受人間枉法贓語最眞切而世之溺于神者媚于神必百端投許以祈神之佑卽不可對神之事不可對神之語亦敢祈之于神心之不正邪得而入之邪故憑靈其間藉以爲攝邪之來實人自招之也邪巫復假神言藉此詭施其術以爲利啟神

之好○豈知弄假成眞○先受其殃○此蓋首惡之報○郭元振聞女之言○不覺奮激曰○士君子爲天地立功○爲萬民立命○不除此害○則邪道熾而正道衰矣○乃命女仍住房中○自與僕在房靜俟○俄頃有數十人○各持掃箒等類進內○見元振曰○相公在此○棄所持奔去○又門外有皂衣公吏數十○遥見振亦曰○相公在此○不敢進內○振心喜自念○吾當作相○可除此怪矣○霎時有鼓吹傘旗執事擁一將軍乘與而來○至二門○公吏回曰○有郭元振相公在堂上○將軍若有懼色曰○既郭相公在此○吾當遠避○振命僕至輿前請曰○郭秀才請見將軍○下輿至堂上○與振敘

禮。振曰。小生路過。聞將軍嘉禮。願爲小相。將軍謙不敢
當。命酒與振共飲。談笑甚歡。振有匕首。甚鋒利。思以刺
之。遂拱手對將軍曰。鄉人向蒙將軍庇護。德共戴天。小
生聽道上口碑。寸心私慕。不意竟使得覩容範。如瞻星
月之光。將軍甚喜曰。相公他日爲雨爲霖。蒼生厚望。今
偶幸親炙。三生之石。應有夙緣。酒至數巡。郭元振曰。吾
有脯鹿。得自御厨。敢以上獻。從行篋取袖藏匕首。親送
將軍前。將軍伸手來取。振捉其手而斷之。疾呼曰。相公
在。敢作怪耶。聲震如雷。響動檐瓦。將軍大叫而走。振復
猛呼曰。敢逆理橫行者。皆當殺無赦。從人悉奔。一時寂

靜

怪異之類。隨地而生。亦隨時而見。然天地生人。旣布帛菽粟以養之。又何以復生異類以害之。聞之善氣所萃。則地集休祥。惡氣所凝。則地生災異。如蟲蛇鼠蟻。不生於明潔之地。而生於汚濁之區。豈無故哉。然則怪之生。得無天降惡類。以懲鄉人之惡歟。顧天地之物。有聚卽有散。有長必有消。况怪之害人。終無不息。然他人不得而見之。公得遇而除之。而謂邪能勝正哉。

郭元振以將軍與從者俱畀。遁知其不敢復來。使僕呼女出。女猶悚惶。振以正大之語慰之。秉燭以待旦。昧爽。女父以女必死。持楮錢號泣。與衆鄉老來至廟中。見女竟無恙。問得其故。衆鄉人固不識振爲何人。皆譁然曰破吾香火。滅我神靈。吾鄉禍不遠矣。欲毆之。又欲執諸官以治罪。紛論咻咻。振曰。爾等老於年。未老於事。目勿譁。靜聽吾語。夫上帝設神。非猶今之州牧乎。衆曰。然。振曰。假令州牧不遵法度。貪淫漁色。天子有不加之誅者乎。今烏將軍卽正直爲神。何以尙戀色圖淫。戕害女命。使果神也。應犯天誅。若非神也。尤應遭天戮。吾今殺之。如果有罪。天則誅我。何待諸君責我。今余不惜性命。欲爲汝等除一方之害不以爲德反以爲讐無怪邪惡得而侵擾也衆皆踴躍曰怪從此絶乎振曰已挫其威不敢復至然不絶其迹終難免禍衆問當何以絶之振曰當跡其所在以斷其根株此後逆理之事不可妄禱於神免招其禍尤宜脩善脩德以杜凶災文昌陰騭經曰諸惡莫作衆善奉行永無惡曜加臨常有吉神擁護則惡怪不祛而自息矣衆皆欣然公率衆照血綫尋至一古塚有穴如屋一巨豕無右爪臥內蓋所謂將軍也衆共殺之火其塚怪遂絶父欲攜女同女以父太忍心得金賣女置於死地恐復利金而再鬻我烏將軍之污保

無復見于異日故畏縮不敢歸衆謂其父曰汝已得多
金女本應死茲得不死者郭公之力也盍以女爲酬衆
皆以爲然女父亦欣諾公固辭奈以衆命不得卻女亦
樂從遂攜女以歸署爲側室後生二子焉
爲民物之害者罪所當誅如郭公不來則任妖物之
戚福自雄天地亦沒法可奈天地豈夢夢若是耶而
不知妖物之被誅公誅之實天地誅之也天地不自
誅假手於公以誅之也不然何以來不自先亦不自
後適逢其會與此異類相遭非天地特遣之來耶冥
冥中人固不得而知耳

宣講博聞録　第七條　全　二十九

河伯娶婦

戰國時鄴都巫覡輩僞言漳河有一神名河伯每年要民間爲娶一婦可保年豐若不擇女以獻必致河水泛溢漂溺人家百姓惑於巫言皆畏水患不敢不從每年巫覡及里豪胥吏共取民錢數百萬爲河伯娶婦之費年値春初播種時候使女巫到鄉徧訪人家女子有姿色者卽說當爲河伯夫人不願者多求財帛贖免貧民不能贖免祇得將女與他巫覡在河上治一齋宮將女沐浴更衣使居齋宮內預卜吉日編葦爲船使女坐船上放之上流隨水飄流而沒百姓有此奇費又有愛女

者恐爲河伯所娶多逃避遠方及西門豹爲鄴都守纔
至城外見閭里蕭條人民稀少知民間必有災害乃召
父老至問其所苦父老皆說別無他苦爲河伯每年娶
婦故遠避者多豹聞言驚曰怪哉河伯如何娶婦致民
間越境而逃父老直訴原由有經失女者言之掩泣豹
聽老父所說知巫覡等騙財惑衆不好明言假意對諸
父老言曰河伯既有此靈驗嫁女之時吾爲地方官當
要相送且爲汝百姓祈禱至期汝等預須禀報勿誤說
畢父老皆叩頭而去歸對里巷說知官長親到送嫁及
期父老皆來禀報來觀者接踵摩肩豹肅具衣冠親臨

河上凡邑中官屬三老豪戶里長莫不畢集三老里長等引大巫來見豹顧之乃一老女子貌甚倨又有小巫女弟子二十餘人皆衣裳楚楚手捧巾櫛或執香燭隨侍在後豹說勞苦大巫煩即喚河伯婦來我欲看看老巫即使弟子扶一女子來豹看那女子鮮衣素襪粉黛朱脣遂假意說道河伯是貴人須擇美色佳人乃可相配此女容貌不佳煩大巫下河去報河伯求緩婚期待選好女子改日送來老巫不肯去豹即喚健役將老巫抱出投下水去河上觀者莫不驚駭失色豹立河岸等候良久復向小巫說道大巫老年不幹事去河中許久

尚不回話。汝爲他弟子。煩爲我催之。小巫聞言。面如灰土。豹喚役復將小巫抱起投下水來。頃刻又說道。弟子甚麽久去不回。喝役再將數小巫投下水中。且屬之曰。汝幾人同去。當即同回。毋許誤事。片時顧謂三老曰。彼巫等皆女子之流。不善傳話。煩三老下河。明白傳言。三老方欲推辭。那卒左牽右拽。不由分說。連將三老推下河中。隨波而沒。豹執笏向河邊拱立。假意肅候回話。少頃。復向豪長胥吏言曰。三老年高也不濟事。汝等爲我傳言。豪長胥吏聞言。皆慘然變色。齊跪地下。哀乞恕饒。豹說且待須臾。衆皆戰兢。又過一刻。西門豹怒曰。河伯旣有靈驗何以巫等皆去而不返可知汝等歷年嚇索民財寃屈女命皆汝等與巫串弊如再不見河伯回話並要將汝等償女子之命衆跪地叩頭謝罪曰從來都被巫覡所欺非某等之罪哭求饒命豹正色而言曰大巫小巫已死可鑒前車今後再敢有說河伯娶婦者卽遣他爲媒先下河以報河伯豪長胥吏願將所取財帛按名追出償還民間又使父老諭百姓年長者若無妻卽以女弟子嫁之由是巫風遂絕百姓逃避者復還故里

人泥於禍福之說溺於鬼神解衣散錢每墮其術故

遊食無稽之輩。陰竊釋道之名。以壞仙佛之教。或假託勝會而斂物行淫。或詭説昇天而左道惑衆。或言燒丹煉汞而假騙貲財。或言點鐵成金而竊謀金寶。更有靑蓮教。白蓮教。白陽教。紅陽教。無爲教。一字教。淸虛教。秘密教。慈粑慈。八卦教。聞香教。牛八教。慧眼教。以及師巫邪術。書咒書符以網民利。更有淫詞豔説。妖術邪書。種種惑世誣民。干名犯義。鬼神所震怒。天地所不容。豈無繼西門豹而治之者乎。世之誤入迷途者。當即改邪歸正。

第七條博聞錄

總論

道師云。正人行邪法。邪法悉歸正。邪人行正法。正法悉歸邪。故法無邪正。視其人為邪正。如符籙咒訣。世人莫明其理。而亦確有其術。得其傳者。用以救人濟世。則其功愈積。而福愈崇。若挾其術以斂財惑世。詭異行淫。則明有王法。幽有天條。斷難逃乎法網者也。

宣講博聞錄　第七條　全

正道

段永源曰余赴友人遊約偶行至東山和村後路上見一墳頗高大友人雨民云此天書墳也余問何由曰昔有文士名端表號正則此其先人之墳正則因修墳培埂埂下得一石匣內書一冊皆符籙咒訣首頁批云得是書者存心正大有利於世可以登仙若存邪曲有損於人必致滅身正則同家習學漸有效久之悉通其術

符籙之書爲國法所嚴禁以其爲惑世也乃不得之於師傳而得之於冥授殆亦其人素有善根藉以利濟於世冥冥之中有爲默相歟

有人頭生贅疣漸大如兩頭痛苦求死不得。以問於端。端爲之符咒寄於石牌牌生腫如疣狀石膚層層剝下其頭之疣日小一日未半月遂乾痊愈如初於是人信其術則有癰生於股大如拳膿穢長流臭不可近難行動三年矣以求於端端爲之寄於大樹樹生瘡大逾三寸自流腥汙股癰既愈而樹竟枯朽矣有患痢日常數下瀉洩不止日就枯瘠端乃書符於水盌中噴向雄雞雞日痢而人愈矣又有患咳喘十餘年不治求端治之遂晝水以噀貓貓咳而人竟愈凡如此類不用針砭不需藥餌治人不治之症毫無痛楚而痼疾速瘳者不可勝

數也

醫有內科。外科。針灸科。祝由科。用符以治者。卽祝由科之類也。然亦必視乎其人立心正。救人切。故用之應如響耳。

一日鄰家失火。延燒數十間。人心驚惶。無術救滅。往求端來。火愈猛烈。見端手執茗帚。立火中。衆驚訝。以爲端必死矣。旋見端執帚歷。火頭下熄。帚所到處。火頭漸滅。雖大雨傾注。不如是之速熄也。救滅後。抽身而出。衆見端衣服無稍焦灼處。問曰。君避火。亦能避水乎。曰。一理耳。乃跳入井中。井水浸過頭者三尺餘。拯之無法。已隔

三時許。衆謂其人必死矣。乃僱人下井。繫繩扯上。則衣
溼而人亦睡矣。逾時乃醒。曰。吾方得靜息片刻。何又相
擾耶。時遇旱災。城鄉祈雨。三日一壇。旣叩三壇而雨未
降。人心惶惶。以求於端。令設案置盆水。以劍指書符其
中。遂見水生泡。如豆。泡散生煙一縷。嫋嫋至空際。漸
散漸開。已成烏雲。彌漫四海。滂沱如注。三日夜乃止。農
田皆霑足矣。衆酬以財。不受。曰。爾衆人殺牲謝降。此與
天意相反。不惟無福。而且有禍。天意好生。願將此財買
物放生。所謂人心順天心。則天心亦順人心也。
端生不特能於治病。而且能避水避火。不特能避水

火而且能立致甘霖要必其自守於正常存代天行化爲國救民之心故感應之速殆有旋乾轉坤手段矣至酬財不受介其買物放生以順天心則其心與天地合德非營營於私利者更可知矣

有大貴人年六十餘祇一幼子登樓失足自梯落下背駝不能伸雙眼反輪不見一物貴人甚憂懸千金以酬醫者或薦端能治使延之端不往曰病易治耳貴人從吾一言則往治不從則不往也寫一詩令持去呈貴人云客從南溟來遺我海中珠珠中有隱字欲辨不成書緘之篋笥久以候公家需開視化爲血哀今征斂無益

當時橫征暴斂。民不聊生。逃亡過半。故端以此要之。貴人望子心切。卽時出示。退還裁減徭役征賦。民得以蘇。端遂往視貴人子。曰。易治也。以掌拍其腦骨後三下。而雙目轉輪。立能見物。以掌拍其背三下。背亦能伸。貴人酬之千金。端曰。吾爲公以銀散給貧苦。贖回各小兒女也。後入山不知所往。或疑得道成仙云。所遺後嗣。歷繼書香。正未艾焉。

菩薩慈衷。常在濟人利物。然書生無權。何以立蘇民困。乃以一言感動貴人。輕徭薄賦。萬民均被其澤矣。

太上感應篇曰。欲求天仙者。當立一千三百善。欲求

地仙者。當立三百善。端生以符籙而立無限善功。雖
未見其證果如何。而以理揣之。大羅天中。當留一席

正道

宣講博聞錄〈第三卷〉第七條　全　　　三七

總論

顏光敏曰。凡得妖術。可以欺世者。皆其福緣極大。若用以扶國立功。決可。成眞度世。故古云。得隱形術。而三年不試者。必爲仙。又云。有黃白之術。而不輕用者。可以入道。若仗小伎倆。眩惑於人。便是名利根未脫。況於爲非謀逆。更爲王法必誅。陰律不赦哉。

宣講博聞録 第七條 全 〔cut off〕

邪術

段永源曰。昆陽州三十里。有杉竹村。村人犁地。得一瓦罌。破之。內有字一卷。村人莫識。送與諸生應紹春。應視之。乃奇術異傳也。給送者五百錢。而收藏之。先以攝取搬運之法試之。而驗。又取隱身遁形之法試之。亦驗。大喜曰。吾得此術。何羨一科第哉。遂不事舉子業。潛心於咒訣之事。

此與上段端生同得秘授。而立心則各異矣。一則立心於正。正則專以救世爲念。而日累以積功。一則立心於邪。邪則專以利己爲懷。而日叢以作孽。孟子曰人之有德慧術智者。恒存乎疹疾。此不特為疹疾直為心腹之患耳。

一日在書院會課。應不作文。曰吾志不在此也。其友傅桐軒問將何為。曰君等交卷。當邀一醉。文會畢。偕至東門外酒店。呼酒菜來。應手攜大竹筐。揭開半蓋。探手入取鮮果餅餌美酒等。十餘人皆醉飽。復向筐內取錢二千給店家。曰多者存店下次來飲。衆問爾本寒士。今何忽作東道主。曰此吾所以不作文也。夫得科甲人仕宦。不過欲得財耳。欲快意耳。既財無所乏。意無不快。又何為舍現在而求未然。將來耶。

應生志在得財快意卽登仕宦料必無上致下溼之忱得小伎倆便足狥欲濟私則平生之抱負可知矣衆細問之曰吾得異人傳授符籙飲食財物無不攝到衆奇羨之應既醉揚言曰他日令君等一覩天仙始知吾術之妙也衆皆少年好事聞之不禁狂痴有願爲弟子者乃約於次日到李家園聚會其園寬廠書房三間在竹林花密中如期皆至應又向篋取食物如前酒杯互舉問所云天仙何處應啟身開耳房門攜二人手出年十八九婦人也略有姿色而裝村俗衆笑曰此稱天仙君眞坐井觀天矣應面赤甚赧然曰好者在後此不

過試其端耳。乃攜二人入房。衆問何術。應曰攝婦人魂魄也。君等有意中人。或見極美者。一見面皆能攝取。侑酒陪席。但不能言也。問魂魄來。其婦死乎。曰伊只如夢。其身亦外人不得而知焉。

攝人財物。不免於貪。攝婦魂魄。又濟以淫。術人之可畏。正術人之可惡也。

吾更有一術。非咒訣。乃鍊藥也。以藥少許。彈其人頭上。則其人不自主。雖重門鎖之。亦設計開門。隨吾而去。惟吾所命。無不如意。衆以爲妄言。應乃出瓶如指大。以指甲醮藥。彈於豬。豬果從。彈於狗。狗亦從。雖以棍棒驅之亦不去衆美之曰君挾此術雖極天下之美婦亦不難得之矣有尹姓者年稍長正色告曰此邪術已干鬼神之怒況所爲邪淫奸拐不遭王法必犯天條願早焚其書息其念悔過遷善或可轉禍爲福也聽卒不改累犯邪淫自以神仙之樂無以加焉

尹友規諫良言等於晨鐘暮鼓倘當時能聽信改悔未必至於終凶惜陷溺日深昏迷弗悟雖有良言亦無如之何矣

一日見鄰村黑狗甚肥澤欲引回烹宰乃彈藥於狗狗即從行至中途陰雲四合雷震一聲狗忽癲狂噬應應

受數傷乃逃矮牆以避狗亦逃過牆追及梯而上屋狗亦上屋屋旁有大樹急緣上樹狗亦上樹直咬應頭俱跌下地狗愈猛直碎嚼其腦而死村衆鋤齊下狗乃斃噫雷恐邪人污其斧故令狗以滅之乎惜村人未稔應之積惡應受天誅而特假於癲狗狗之鋤斃未免死於無辜

合觀上段正邪之果報可判然矣夫聖人之道如布帛菽粟至平至易至大至正非有立異驚奇而應生既舍其正道又復濟以貪淫故不受王法之誅必遭天條之譴

廣訓曰。品行端。人諸邪不能勝正。家庭和順。遇難可以成祥。事親孝。事君忠。盡人事者。即足以集天庥。不求非分。不作非為。敦本業者。即足以迓神慶。是則守其正道。諸福咸臻。亦何必惑於異端哉。

宣講博聞録 第七條 ……

講法律以儆愚頑、

法律者。帝王不得已而用之也。法有深意。律本人情。明其意。達其情。則囹圄可空。訟獄可息。故懲創於已然。不若警惕於未然之爲得也。周禮州長黨正族師。皆於月吉屬其民而讀法。大司寇懸象刑之法於象魏。使萬民觀之。知所向。方今國家酌定律例。委曲詳明。昭示兵民。俾各禀成憲。遠於罪戾意甚厚也。

聖祖仁皇帝深仁厚澤。洽於兆民。而於刑罰尤惓惓致意。朕臨御以來。體好生之德。施欽恤之恩。屢頒赦

講法律以儆愚頑

欸。詳審爰書。庶幾人化翔洽。刑期無刑。又念爾爲民者生長草野。習於顓蒙。爲兵者身隸戎行。易逞强悍。每至誤觸王章。重干憲典。因之特申訓誡。警醒愚頑。爾等幸際昇平。休養生息。均宜循分守禮以優游於化日舒長之世。平居將頒行法律條分縷析。講明意義。見法知懼。觀律懷刑。如知不孝不弟之律。自不敢爲蔑倫亂紀之行。知鬭毆攘奪之律。自不敢逞囂凌强暴之氣。知奸淫盜竊之律。自有以遏其邪賊之心。知越訴誣告之律。自有以革其健訟之習。蓋法律千條萬緒。不過準情度理。天理人情。必所同具。必存於情理之中。身必不陷於法律之內。且爾兵民性縱愚頑。或不能通曉理義。未必不愛惜身家。試思一蹈法網。百苦備嘗。與其宛轉呼號。思避罪於箠楚之下。何如洗心滌慮。早悔過於清夜之間。與其傾貲蕩產。求減毫末。而國法究不能逃。何如改惡遷善。不犯科條。而身家可以長保。倘不自警省。偶罹於法。上辱父母。下累妻孥。鄉黨不我容。宗族不我齒。即或邀恩倖免。而身敗行虧。已不足比於人數。追悔前非。豈不晚哉。朕聞居家之道。爲善最樂。保身之策。安分爲先。勿以惡小可爲。有一惡。有一法以相治。勿以罪輕可玩。有一罪。卽有一律以相懲。惟時時以三尺自凜。人人以五刑相規。懼法自不犯法。畏刑自可免刑。匪僻潛消。爭競不作。愚者盡化爲智。頑者悉變爲良民。樂田疇。兵安營伍。用臻刑措之治不難矣。

博聞八集

聖諭第八條講法律以儆愚頑

果報目錄

義馬鳴寃

孝鬼恩怨兩報

善惡奇報

犯法根於貪

宣講博聞錄　第八卷　全　三

第八條博聞錄

總論

朝廷設立科條所以禁民爲非導民爲善人各有性命各有身家皆知以性命身家爲重孰甘舍性命身家而不顧者未必若是之愚惟一陷法網自陷囹圄雖欲敗産傾家贖罪邀赦不特身家不可顧且性命不能自保嗟嗟一朝犯法四體難完一人受刑舉家悲慘當此萬死難求一生之路若魚罹羅網鳥近湯鍋追悔前非悔之何及

聖諭廣訓曰畏法自不犯法懷刑自可免刑方寸之地

不昧天良○百藝之○各安本分○所謂一生不作歪心事○半夜敲門也不驚○國法雖嚴○斷不加無罪之體○然世之昧理虧心者○以為暗室之中○法所難及○而不知惡無人知○尤為大惡能欺者王法○難欺者鬼神○鬼神所能鑒○即王法所能誅○不觀法場之地○身受刑戮者○彼犯法時○亦自謂法不能及○何以刀斧之下○終受刑誅○可知罪惡貫盈必冤冤相報明有王法懲創○暗有鬼神相隨○與其臨法而欲投生○孰若得生不可犯法

義馬鳴寃

雲南大理府城外有月街每年三月集十八省之貨客聚如雲與外甸緬毛交趾暹羅諸國交易自三月初一始至三十日止提督帶兵紮營在街前後爲彈壓聞其地乃段氏祖塋爲當道者所嫉遷葬他所以其地爲街場猶能興旺如此時有省城柴英柴茂者親堂兄弟合販商爲業常帶貨往來茂籌度握算明敏過人惟性恍酒色每到埠或花樓尋醉或粉國迷香英誡之曰諺語行莫嫖坐莫賭吾輩商旅中人貨財出入卽時刻提防謹愼尙恐惹禍況寄宿娼家如鼠穴蛇窠拐盜奸邪惡

羣聚集。每每因財陷命。燈前酒後。禍起蕭牆。此後當戒。茂曰。如兄言。宜謹守繩尺。寸步不可行矣。夫人不風流枉少年。昔白居易猶攜歌載妓以遊。古人文墨大方。猶美酒佳人。瀟灑自樂。況吾儕市井之流。欲拘拘以聖賢自持。將欲置身兩廡耶。英曰。古人品節自高。而後能襟懷灑脫。其風流處。不過即景寄情。隨遇而化。目中有妓。心中無妓。身雖入乎其中。心早出乎其外。汝無古人之品節。徒學古人之風流。將必因風流而壞品節。至若私情苟合。竊玉偷香。損德傷身。尤當切戒。書曰。欲不可縱。又曰。欲敗度。縱敗禮。念宜欲根斬斷。蓋有存皆能害

此身不可以不慎茂不以爲然
美人一局網盡多少英雄況青樓紅粉舞扇歌衫人
以爲極樂之地而不知茫茫慾海一切煩惱皆自極
樂中來昔人有言脂粉兩般迷眼藥笙歌一路敗家
聲人能識破此關斯爲丈夫氣概
嘗三月大理府城外趕街之期貨物雲集四方商客蜂
隊而來柴英柴茂亦帶貨物往售並隨帶銀數百以爲
辦貨之貲至楚雄府英在城因賬務停候遣弟攜銀二
百先往大理遇相宜之貨早爲採辦英約五六日乃至
茂乘鐵脚騮馬畜之有年調良善跑茂以二百金置道小

皮袋。兩頭放鞍橋心。搭以皺毡。方登程。英誠曰。凡居奇。勝算貴捷足先登。所謂行船爭解纜。買賣占先頭。遇酒閣娼家。切勿留戀。致誤正務。茂唯唯。跨馬而去。行二日。急欲兼程。遂多行半站。日已夕。路旁一店。頗寬廠。平時過此喂馬。客亦食茶點。店主小厮慇懃。時茂已兩日不歇。兩腿疊困。遂以半站作宿站。牽馬入後。此店前進賣茶。中進店主棲家眷。後進爲歇客房。房後有窗。窗後有河。河水流激湍深。不見底。馬當卸鞍之時。店主見客小皮袋。知沉重物。遂留意。開飯時。茂見一少婦來抹桌設杯箸。年約二十餘。顏色光豔。衣服鮮妍。婦盛飯添酒頗頻往來眉語目聽漸相言笑洗面茶水皆婦照料茂以爲店家常態也旣夜婦入客房燃燈曰旅店冷寂清夜無聊小店別無佳味祇有自製醃肉香菜可供小飲不嫌鄙褻當調薄味以慰清宵茂亦以爲店家常態欣然領諾迨更深婦入客房陳杯箸茂情動挑與共飲婦不辭嬉戲笑謔酒未數杯覺暈眩欲睡瞑然無知店主謀其命取其財除店內人無有知者

酒固穿腸毒藥色尤殺命鋼刀酒色場中多是迷人之局凡驛途旅店尤宜加意猛省乃便宜中貪一時之歡樂身陷財亡由其平日好色貪淫自羅於禍而

世之貪花浪子每以私情苟合爲年少風流不知紅粉情緣實紅塵冤孽其自溺於孽海而不自知耳蓋店主張四年六十歲原湖北人因犯罪充軍配在大理府遇大赦恩釋回籍伊開小押店積財買屋産作客店故未歸嘗娶妻生子又以百金取四川女爲兒媳其子張芬年二十五歲性兇狠在店父子串謀凡投店孤客察有財物則令其媳誘飲置毒於酒陷命謀財如酒色不能誘則男作盜揭瓦入房刺殺之已謀財命不少是夕柴茂又被謀害無人知覺次日店小夥牽馬飲水馬忽跑哮見人輒咬即飛奔出門店内物多被銜折店

內數人追之，不及。其馬竟一日夜奔回楚雄府柴英寓所。英見馬驚異，欲執之，馬又昂頭出門，作跑狀。英甚驚疑，極力縶之。及夜，忽聞馬悲嘶，其聲甚慘。英驚曰：得毋茂遭意外之殃耶？即執行李，次早乘馬，沿途查訪，至張四店，馬大咆哮，奔入，尋入亂踶。英與同人勸之，乃止。英甚疑慮，問投店者，曾有柴茂投宿此店否？客皆答不知。英茶後，牽馬歇他店，潛訪鄰居，有言其店追馬之事。英思馬在人亡，茂必遭人謀害，但不知謀害者果追馬之家否耳。英以人命重大，不可以疑似枉人，終夕愁思，無從揣測。忽悟一計，及早復到張四店家，試問前數日有騎鐵脚海騮馬客投宿店否張四言無之英問有海騮馬誤跑入貴店否張四言並不見有馬來英復問人言貴店前數日曾追一馬此馬是吾逸去果獲此馬請還我吾當重貲以謝張四之子張芬曰客途往來過馬不知多少豈追馬者即吾家耶英見張芬貌惡性狠知非良善回至寓店再三憶度他既追馬而不肯認支唔迴避茂遭其害無疑遂以謀財害命一案鳴官

張四既犯罪充配遠方猶獲積貲娶妻生子天故開其一綫之恩而許以自新之路苟能洗心修德惡知不轉禍爲祥乃遇恩釋而不歸白首他鄉復至陷命

謀財。羅身於王法。自以爲陰謀暗害。知我其誰。而不知有忠義之騮。在奔回報主。儼若神明暗使之也。夫馬雖不能言。而必知大義。知其主慘遭毒害。恨不能救主於難。當必爲其主鳴冤。馬之咆哮奔報。蓋視讐不共戴天。血性不能自禁。故君子比德於驥。世之辜恩負義者。真獸畜不如。

官覽狀詞。問有證人否。英述馬以對。縣主曰。財命事關重大。未可以一馬爲據。遽捏入于冤。反以無證批斥。柴英抱冤難明。時有衙吏繆淵泉者。嘗投宿張四店。張知繆有銀。串其媳挑引。夜飲酒方半。巡張四父子持刃突入聲言捉奸將所帶金盡索始放繆出繆慚愧初猶服罪後查知張四以其媳爲設網求魚墮其術者不少繆已被索金始知中計啞忍難言値柴英以謀財陷命來控官以無證爲疑繆欲乘機洩恨屬門政對縣主言曰張四詭行街鄰嘖有煩言謀陷之事難保其無今聞柴英怨恨我主財命重冤置之不理聲言上控官曰謀命重案地方官究有處分豈能置之不理本縣實恐張四聞風逃匿故批斥不准以緩其心實急脉緩受之計昨經密差務必緝拿張四父子到案准卽日到矣衙吏聞之深服縣主關心民事有明決神機

地方之肅靖在除暴以安良夫兇暴之人猶鱷之爲害若竟任其涵淹卵育於此斯害無止期然除暴如除狠所賴爲民除害者貴能實盡其心力耳

惟張四竟風聞柴英告發舉家傍徨旋聞縣主批斥不信心內轉安不意忽然縣差協同汛地兵弁蜂擁臨門全家拿獲解縣縣主即開堂審訊張四直供湖北人充配至此因有生理兒媳在此安業故恩赦尚未回籍惟英茂之事堅不肯認縣主提其小夥嚴鞫小夥一見刑具心膽俱碎直供名達與店主同姓因少無父母到彼店傭工後收我爲乾兒不過日中在店賣茶謀殺之事

皆其父子翁媳串謀。與我無涉。官喝據其所見。從直供出。情有可恕。如隱匿庇護。是汝有意同謀。審出一同治罪。達直供柴茂投店。店主見其有銀二百。父子同謀。其媳以風情挑引。夜間在房謀殺。及供從前經殺幾人。嘗見其將客分剖煮熟喂猪。其骨擲河流深處。所得衣物。藏之夾牆。徐運他處發售。一一直供不諱。官即提其媳到堂訊問。媳見小夥張達。在堂指證。廹得將柴茂投宿之時。如何以風情挑動情狀。及夜飲酒。如何乘醉謀殺。以石墜尸河底。縣主訊得真情。即帶差親往搜驗。帶同張四回店。問其尸投何所。遂搜出柴茂尸骸。河底深處。

尚有骸骨團聚未能流去不知幾人寃滯也並搜夾牆尚有衣物縣主即將張四父子與其媳定案解省斬首工件審出有得財者降等問罪房店財物一並充官古詩有曰爲人何必苦謀財謀得財來天降災既是有財人不在不如人在少貪財貪財作惡者可不深戒哉

心腸狠惡者莫如虎狠虎狠雖惡祇聞食人未聞虎食虎狠食狠而自傷其類者張四不曾以人食人心更毒於狠虎究之心愈狠則惡愈重性愈暴即罪愈深惡積而不可掩罪滿終不能逃

聖諭廣訓曰有一惡即有一法以相治有一罪即有一

一律以相懲法。堂三尺森嚴。箠楚呼號。終難倖免。卒至殺人之刃。還以自殺。屠人之斧。還以自屠。不獨身受刑戮。且子媳皆誅。猶恐一死不足以抵辜。劍樹刀山。尤難免地獄之苦也。

第八條博聞錄兩報

總論

聖諭廣訓曰勿以惡小可爲有一惡卽有一法以相治勿以罪輕可玩有一罪卽有一律以相懲而謂罪大惡極者能逃法網哉然世之身命不顧者貪財藐法明犯刑章或陷命以謀財致因財以戕命逞兇弄險自謂幽密之地並沒人知而不知王法可漏而神鬼難瞞神鬼不可瞞卽王法不可漏及引頸就戮身受刀刑奪財而得財今日財歸烏有究之殺人以刀刀還自試陷人之命命還自償蓋冤

魂未息。則寃氣相纏。故寃寃之報。凶神早已隨之。慘報有期。祇爭遲早耳。

孝鬼恩寃兩報

吳先登。湖北襄陽府襄陽縣。石虎村人。少孤。傭工於市。貧不能娶。而事母甚孝。知母能飲。酒肉之具奉養無缺。母慰之曰。汝能孝養。吾心亦安矣。然飲食非吾樂。不如積貲娶婦爲先。先登遂將所獲工金。月歸之母。母將所積。爲擇婦麥氏。母擇婦後。語其子曰。以後有所積。汝自存之。爲他日娶婦用。饔飧之給。吾操作猶能自供也。後數年。母爲定期娶婦。先登以有事。將及婚期。始歸店友設餞筵預賀。適有二友到訪。一姓田名湘。一姓余名望。是先登鄰村人。素相識者。邂逅之下。相與暢飲。酒後東家將歷年所存貯工銀四十餘兩。當面交回。各夥友皆以賀儀相贈。田余二人始知其歸家娶婦。對先登言曰。吾二人亦明日旋里。先登正喜得同侶。詰朝登舟。黃昏後始到境。泊舟登岸。先登尚有十餘里。然後到家。田余二人曰。君行囊頗重。道上險惡難防。不若陪君行近村邊。然後分路。先登更喜。俄而斜日西沉。雲陰四合。値微茫新月。可以攢步登程。行至沙邊。田余二人勒求借銀二十兩。先登以娶婦急用爲辭。二人遂將先登刺死。裝貲盡奪而走。

旦夕之禍福。比之不測風雲。令人不可逆料。所謂晝

虎畫皮難畫骨知人知面不知心人不可以不慎
其母以星期屆近至暮不見子回終夜焦急越日戚屬
臨門賀喜母更心念如焚忽聞報及有被刺斃於沙邊
者母聞之驚疑迨傳者愈熾母趨視之是其子也撫尸
痛哭氣絕而復甦者數次衆共扶以歸忽見門前掛綵
賀客盈廷愈覺傷心撫胸大哭逕入室閉戸自縊戚救
而活婦乃控縣捕賊女家聞之其媳求郎歸門清守以
事姑其父母不允女曰吾不過門則姑必死兒得歸以
事姑姑雖子亡而有媳在猶可以待餘年父母訶斥之
女欲自縊父母乃遣媒以女意白其姑姑泣曰媳孝義

吾感情矣。第吾家貧無衣食。不忍累媳饑寒。善爲我辭。吾兒九原之下。亦感激矣。媒歸以告女。女曰貧非吾慮。慮姑無媳耳。願得侍姑以盡媳婦之道。丐食所甘心焉。媒復白女志於姑。姑憐其孝。迎之歸。先以吉服謁祖與姑。而後易喪服。撫棺痛哭。哀情慘惻。旁觀者爲之流淚。出葬之日。附棺隨行。淚如泉湧。莫不動憐。葬後麥氏殷勤操作。善事其姑。姑見媳孝。心亦可稍慰。一夜麥氏挑燈夜織。忽見人影潛身入內。疑是賊。喊姑遍搜無迹。次夕其姑復見之。尋之寂然。姑知是子魂影。以後媳每見即告姑曰。汝子又歸來矣。其姑輒炷香靈前。祝曰吾兒

生有孝心死有孝念知必戀戀於家第魂果有靈當祐爾母祐爾妻且早尋兒惡伸寃也祝罷而泣媳常慰解之

精靈不滅者惟忠孝節義正氣得以常凝夫孝子節婦其氣萃於一家感召而來宜其英魂未泯也

時有麥宜仕者亦襄陽人性情慷慨販運爲生一日往棗陽討賬收得銀百兩歸至襄陽已值昏黑欲趕入前村歇宿倉忙舉步及至沙邊忽聞呌數聲韻如嘶馬疑是人呼之不應站立聽之俄而復呌又若鴉鳴四望渺無形迹知是鬼魂魄俱飛急奔入村莊借農家投宿詢

及鬼聲則說鄰鄉石虎村吳家寡婦單生一子名先登貧無擔石為人傭工謹積有貲歸家娶婦歸至沙邊為人殺害幸媳麥氏憐姑孤苦即來清守以事姑其子素孝心冤魂不息常夜深叫苦此地每近昏夜卻少行者麥問此人死已幾年農告業經五載麥曰五載魂猶未息抱恨必深蓋此心不忘有母也及早麥辭別農家親詣石虎村訪知其母託言與其子夙交專來拜訪蓋欲濟之也婦邀入問姓名泣告其子已死之苦麥慈心人觸動真情為之淹泣將所收百金盡出以贈善言慰藉之婦感其義以為麥宜仕果其子故交願收為嗣子俾

不失其子舊好之情以示生死無間麥憐其子媳節孝詰之當堂叩拜婦欲留膳麥辭曰嫂嫂青年孀守不便久坐以避嫌疑此後吾亦不暇到來免招物議詛娘無事可常到吾家探訪話完叩別而出自此婦以麥爲母子之親恒至麥家往來麥亦時常周濟不至饑寒

本一念之慈遽以百金恤憐孤寡非義士無此磊落烏知非其子至孝之感鬼神助之天之報應孝鬼也顧婦遽收爲詛子詛者恩義之謂非若世之富貴相慕也今人偶爾投歡輒相認爲契娘契子此世之俗情亦世之俗弊使非麥宜仕光明正大或借周濟爲

勾引之媒致墮孀媳於奸淫之網是以義始以惡終何貴有此周濟然其子之若何致死婦實未知也然麥宜仕三代單傳娶妻李氏四十無子李勸之買妾而娶妾後亦見女俱無自以金贈寡婦後妻妾皆孕一年兩子妾子長名德溫妻子次名德良後兩載妻復孕生子名德恭次年妾復孕生子名德儉宜仕本家道小康藉營謀謹支衣食自生子之後經營暢遂自信陰騭之有憑而孝鬼自麥宜仕贈以多金且常顧其母魂影常隨左右麥每於燈下常見人影疑爲僮僕瞥眼不見以爲血弱瞳目朦朧又一日往鄰市收賬携帶銀二百

餘而歇宿客店睡中恍惚忽覺陰風一捲毛骨悚然麥驚醒復睡朦朧間又若有人摩其首而捫其脇隱覺兩腋酸麻醒疑鬼魅狂吽而起曰何物敢揶揄乃爾遂踞榻而坐頃覺烟氣撲鼻下榻視之見前座火光燄燄備攜行李疾呼而出幸免於難後因買產定期某日交易帶銀四百先期歸家有二匪迹之相約夜間乘竊而麥未知也至夜深喉渴喚婢烹茶婢執燭出見一人橫伏堦下婢懼呼妾出照以火隱見腰藏利刃項髮滿插小針知是賊妾密喚麥夫妻俱起又見一人兩手扒入水缸其首俯插缸內心愈驚急呼賊家人齊出里鄰及更

保俱來執而縛之二賊始醒更夫認之曰此田湘余犁也即夕交鄉練看守鄉練恨其擾害揮鞭撻之匪跪地乞恕有更夫與匪相識者問之曰爾等賊子猖狂所謂新出鼠輩甚於強盜豈有入宅行竊膽敢當堦熟睡者可見肆無畏憚目下無人何欺人太甚一匪曰吾潛身入宅忽見一人以爲同夥及仰視之見上身不見下體定睛俯視又見足不見頭心蕩魂驚倏然昏倒而不自知非敢當堦熟睡肆志欺人也一匪曰吾甫入天堦有人招之相引入內實不自知身入於缸也更夫曰汝必爲鬼所侵寃孽深矣

人死氣散則魂魄俱消而能知恩報恩猶必待讐冤報復孰謂鬼神可欺也然豈鬼能自權哉冥冥中天地宰之耳

麥宜仕以兩匪謀竊未成不忍解官恐誣罪致死翌日欲將二賊釋放集紳公議有謂擅獲不能擅釋者有謂不解官懲治無以儆盜風諸論紛紛連日未決吳先登之母聞誼子家夜獲二匪卽來問候心恨其子爲匪謀殺卽欲見匪一面及至更夫處見二匪被縛不覺忿火中燒指罵之曰汝等謀刺吾子今又謀竊吾誼子任汝黨所爲豈眞無天日耶有更夫手執銀頭小刀挑梨以

食見吳母忿怒上前慰解之曰謀竊汝誆子物是他殺汝子者未必是他請伯母不必忿激婦窺見銀頭小刀指更夫罵曰殺吾子者即汝也喝宜仕急將此人細解治罪麥宜仕問以何故則曰吾認得銀頭小刀是先夫故物夫貧無他物祇遺此刀於子吾子常用之今刀在彼有贓可稽殺吾子者必他也更夫曰此刀實由二匪身上搜得之於我何尤婦復指賊罵曰贓由汝身搜出謀殺吾子者非汝而誰竊盜而爲鬼魅即吾子之冤氣纏汝也二匪聞之面如土色衆皆疑婦求麥宜仕嘗即將二匪解官倘訊得真情吾子之寃可伸也鄉紳皆以

婦論爲然。麥宜仕遂將田湘余型二匪解縣。嚴訊二匪。祇得直認。謂店友與其子餞飲之日。吾見其子帶銀五十餘兩。故霎時起意。行至沙邊求借。不與。故乘殺之。直供不諱。乃將田湘余型二匪斬首治罪。鬼自此恩冤兩報。而冤氣遂消。沙邊外不聞夜哭。後麥宜仕之子德良。年二十登第。妾所生子得儉。亦進庠。初吳先登有姊適同邑李在新。生四子。麥宜仕求其以第四之子名正亨。使之姑子歸宗。更爲嗣子。出貲廣置田產。以資口食。後正亨能奮發有爲。皆宜仕之賜也。麥氏能清操盡孝。壽至九十七歲。親見曾孫繞膝。鄉人爲之請旨旌表焉。

娶媳之日財刦子亡家祚之替不可問有媳能清貞守義而節孝兼盡卒能福延後嗣壽享期頤賢婦可以福家庭即此之謂然非麥宜仕仗義扶持婦之終身安樂何能若是而麥宜仕之大義恤人本非爲邀福然此心可感天地故妻妾有子而皆貴火盜兩遇而無災爲善者不獨福澤可增且禍患可免彼二匪之藐法行兇卒至鬼攝其魂神奪其魄以致身受刑戮何啻人禽之隔哉

第八條博聞錄

總論

聖諭廣訓曰懼法自不犯法畏刑自可免刑而冥頑者並不知五刑爲何屬强暴者更不管三尺爲何條自逞豪横任意刁惡此等縱之難圖激之生變若治之以法反釀成禍變之惡兇外之兇善者畏之弱者避之雖有刑而刑無可施雖有法而法無可制其奈之何哉不知天鑒常明神目如電或兵戈以戮之或盜賊以殺之朝廷之刑法有形而天地之刑法無形報施之速不待號令先施也

宣講博聞錄　第八條　全

善惡奇報

山東濟甯諸生王道新陳盖脩為一鄉正士向必奉
文武二帝旦暮誦　文帝陰隲文　武帝寶誥身體而
力行之奉為型法濟甯南關　文帝　武帝二廟久圮
崇禎癸未年王道新陳盖脩等乃捐貲競勸鳩工重脩
卜吉陞梁廟後界清真寺囬教楊生花楊化龍侵獵廟
地糾黨拆逐盖脩不平偕兄嘉脩弟尚謙王宏等公呈
總河禁止生花銜恨率兇惡數輩邀截盖脩於途捶毆
幾斃盖脩曰汝等兇狂若是豈真無王法耶惡輩曰王
法在遠拳子在邇尚敢妄言王法乎復剜其雙目罵曰

汝有目不識惡人。復敢看小人否。蓋脩曰。豈無天眼耶。
惡輩復以傻刀揷數次。且揷且問曰。天眼其奈我何。更
以礦灰塞其口鼻。羣以為得計。斷無生理。家人聞之。用
木板扛之以歸。知必楊生花等狠施毒手。延醫至。以傷
重不敢下藥。舉室號泣。夜半蓋脩夢見一綠袍偉人。持
酒命嚥之。有聲。家人驚聞。次夜又夢一人唐巾藍衣。排
闥而入。扶蓋脩起曰。吾來醫汝。以手擊腦後。死血迸出。
目孔噴血如注。家人目擊傷心。慘如刀刺。以為必死。惟
守奄奄以待斃。迨第三夜又夢見一老嫗。先飼以杏。繼
飼以李。使吞之。又投羊眼盈把。蓋脩接之。吞其二。漸而

復甦以夢竊告家人。家人頗喜。漸而傷並愈。久之兩目復生而明矣。家人驚異。益脩恐楊生花等復思尋害。乃避去舊里。迨甲申流寇郭升至濟甯。將楊生花合族十三口一一剜目剖心。戮於市。乙酉年學正校士拔陳氏兄弟俱高等。陳益脩並弟尚謙同脩王宏王道新俱中式。聯登甲第。益脩授江南貴池令。

天地覆載之內。輔天地陰陽燮理者。則惟神。神明卽天地之耳目。察人間之善惡。操禍福之權衡。楊生花等妄敢肆侵廟地。剌害善人。其目中藐無神明。尚何有王法。不知合族慘受刀兵。卒受戮於流寇之手。王法雖未及神固假于流寇以屠之。陳孟脩爲避惡畱遷。反免賊人之害。故得榮名顯貴。與同善者。科甲聯登。此皆自天祐之。冥冥中人不得而知耳。

施閏章矩齋雜記云。陳刻有奇報錄。余親見其目瞳子微異。而州人無異辭。故信其不誣而記之。

第八條博聞錄

總論

端州邵公紀棠諫果詩云○惡降災殃○善降祥○世人猶恐老天忘○老天不是糊塗者○雙眼高懸日月光○暗室虧心○神目如電○行險徼倖○官法如爐○爲人當知守分安命○順時聽天○毋貪心蹈法○毋昧理圖私○所有不孝○不弟○不仁○不義○與及強暴嚚陵○攘奪鬭毆○奸淫盜竊○種種犯法之事○時時警惕○在在懷刑○切勿輕身以試法○

廣訓曰○勿以惡小可爲○有一惡卽有一法以相治○勿以

罪輕可玩。有一罪卽有一律以相懲。縱使倖逃王法。難逃天網之誅。證之古今。歷歷不爽。

犯法根於貪

里人蔡子厚。謂其客北江時。韶州城有馮日新者。販運綢。往來曲江南雄各埠。年三十餘。已生一子名章。教之讀。家亦小康。然歲月催人。業此久。則年屆五十矣。適因收各埠賬。寓於曲江城外長春藥圃。其店東爲汪錫全。立心刻薄。常以欺騙人爲能事。視財如命。誓不信人。惟與日新投契。每到另歇一樓。待如上賓。蓋日新自知攬擾。時爲格外饋送。汪躭其利故也。是日有銀三百兩。密交汪寄頓。店伴無知者。汪爲加倍奉承。已而就寢。燭纔熄。心腹忽大痛。勢不可支。汪聞。亟攜丸散茶湯以進。舉店忙然殆四鼓病尤劇自恐不測欲即回家乃曰汪兄爲我僱船以捷爲貴至若此欵俟弟遲日乃還汪曰兄欲旋里甚爲妥便吉人天相諒也不妨所囑之言銘諸五内周旋致意一翻鼓棹衝波而去程將半新痛極難捱自知事不可爲呼舟子而謂之曰吾姓馮名日新有一子名章居住韶州某地或不測汝訪至吾家不汝難也惟我有銀三百貯長春藥圃汪錫全雖無字劵爲憑亦有交情可靠煩汝傳知余子以便取回感德不小矣舟子諾焉又切囑再三而逝天微明已抵埠如言訪到其家告之故章與母呼號欲絕親友幫忙者誌舟子之

言謝以花紅財貨殮葬畢舉銀事與伯叔同商或曰見日支數不給理即取回否則恐日久事生惜悭惚未留汀子爲証衆然之同到曲江尋其店得晤汪君詢問來由始知所以章哭訴曰父親已往世伯當憐頻此項交回俾得喪費有賴存殁均感矣

逢人且說三分話未可全拋一片心似詐而不直矣但叵測人心世風不古不得不有味斯言倘當時到討該銀想昔日本無左券假說日新未死著子來收或求足下一行順攜此項縱貪心莫遏何從欺死瞞生惜衆人偶以失機至若人昧良遭害意者其亦以

爲世上無此等人

汪錫全知日新已死憑據全無此欵可以騙吞私心竊喜乃曰汝父空身來往那會有銀寄下況屬二百重貲肯放疏虞小肆或者病斷錯亂其實貯下他家更防舟子謊傳誤聽妄語不信試詢各件皂白了然不宜據舟子一面之詞而陷我於不義也各無以答即尋舟子恰遇而問之舟子曰馮公會言數次衆伴均聞今若此汝其邀集街鄰吾爲汝證最忿負心人也與之偕來錫全盛氣以俟章曰已覓得舟人問之無誑或錢財要用轉借不妨顧世伯情重故人哀憐孤子則存歿均感矣錫

全詈其白捏。舟子曰。汪君宜問良心。其父語我幾翻。惺惺致囑。勿謂無人知覺。便可吞噬。須知鬼神鑒察無私。天災恐不免也。

舟子雖事外人。而有剛直之氣。侃侃陳說。使之自問良心。蓋良心不昧。何從欺死瞞孤。又動以鬼神之鑒察。惕以天災之降臨。使之猛醒回頭。原璧歸趙。免受後之慘報。而汪某利欲昏心。天良已昧。復以天地鬼神。未必報應之速。祇顧目前之利。不慮日後之災。噫貪人敗類。亦何從而救藥哉。

汪大怒。欲擊之。街鄰力阻。曰有無我等。不知本難定論。

今欲將舟子怒打太過兇狂或曰汪某刻薄存心馮君作爲脫略往來必在此中貽銀理之所有況舟人作証未必寃他但經手已亡又無字劵事難臆斷耳舟子目汪强項忿然曰事雖與我無干惟受人囑託據事直言他反云吾白揑邪正難分不若同到神前各表清白街鄰素惱汪某馮子及偕來者均曰舌戰不如質諸神明若發誓吾輩共往也汪面發赤奈衆口一詞勉從其議迨至廟炳燭焚香汗流膽裂跪禀曰汪某并無收貽馮友銀兩如有私心隱匿欺瞞等蔽不得好死神明鑒察舟子亦禀曰張某承馮公囑付之言并非虛假若有砌

詞杜撰。天地不容。倘如正直無私。神明護祐。叙曰是否惟神察核。萬事俱休。羣相竊議。而退汪錫全回至店中。心內如有所失。寢食不安。防誓願之靈也。對神發誓。鳴鐘擊鼓。稍有半點偏私。安得不心寒膽戰。汪某自知其非。而迫於公論。不能退縮。故發誓之後。終覺寢食難安。格言云。做個好人。體暢心安。魂夢穩。行些善事。天歡地喜。鬼神欽。關帝覺世經曰。凡人心即神。神即心。無愧心。無愧神。若是欺心。便是欺神。未到發誓之時。神已早鑒之矣。故昧理欺心。不能對神明之事。切切不何爲也。

犯法根於貪

時有無賴子趙騷會在汪店爲伴因事相角受辱負氣而出流入賭場時形落魄無家可歸流蕩飄零遂成竊盜是日剛在廟前捫虱見多人入廟已得其詳料知舊東昧心匿騙忖曰彼已吞此數百貲財吾與分他幾兩諒可如心倘有推辭另行出法鶉衣短褐得得而來汪見之怒曰汝來何故騷謂欲借白金三五兩願君慨然汪怒曰昔日負氣今又求人汝其快走吾不識此無賴也騷素强暴乃反舌相稽大言曰借不借理也何辱我爲汝發了馮某一注大財我乃啟齒非無因耳汪更怒舉荆條逐之趙忿忿而去心終大恨留步尋思以爲當

衆受其打逐氣屈難伸乃竊刀納於腰間度彼夜中必持銀返舍伏於要路奪其銀而可洩胸中之恨耳㑹三下汪錫全持燈緩步狀類腰纏甚重者騷遠見其來心中益憤轉隨其後四顧寂然乃舉刀向汪背劈來登時倒地又復一刀欲喊不能而身首異地矣提籠別去一方騷側其屍摸銀由徑而去

古詩云勸君不必苦貪財貪得財來天降災若是有財人不在不如人在少資財又曰嫩草怕霜霜怕日惡人自有惡人磨今汪某明明得財到手矣以爲攜回享用無限風光豈料截而搶之者有趙騷也因財

宣講拾遺卷　犯法根於貪　三七

而喪命。則亦何益之有。

趙騷方欲攜銀遠遁。恰遇更夫巡夜。見其閃縮。喝曰。所攜何物。騷曰。上渡行囊。更夫謂汝是乞徒。必行偷刦者。當同回練所。無得逃亡。騷恐纏延事露。以百金賄之。不允。倍之。又不允。定要全收。乃令放走。否則勿想安閒。騷因人命關心。和盤盡與。始免暗想。我謀財害命。汝白手全收。愈忿愈思。更兇更惡。乃潛由別徑。伏在前途。更夫喜色融融。攜銀慢步。趙騷出其不意。相撞而來。刀已納腹中矣。乃持銀置字紙爐中。割其頭與汪之頭。裹以衫。嫁其禍於昔之仇家趙詳者。乃攜貲逃往韶城去矣。

更夫既知趙騷之賄由刦盜而來理宜拏回綫所追究根由案可立破何至事後株連乃貪其貲忘猶未足必欲全收始免追究在彼焉能甘心古云財與命相連又曰得便宜處休歡喜吾於更夫不勝慨然

及早遠近鼓噪謂有兩個無首屍骸衔鄰細認衣衫知是更夫某某地保睹提籠字號又謂汪某無疑兩人妻子同來呼天愴地鳴諸官審問驗明將地保押候噫無頭公案從那追尋此官所大忌也然而殺人亡命亦鮮有能逃脫者先是趙詳以賣一烟爲業與趙騷同族因賒不遂所以禍從天來是夜近四更時聞有物自上而

下。然燭四照。大駭驚心。驚定而思。頓生詭計。乃將木箱藏之。固其封鎖。五鼓後持傘負箱。出至渡頭。入店食粥。放箱於地。是時渡尚未開。吃粥者衆。談及烟泥價値。趙詳認帶貨往來。其中有物。忽聽渡夫喚客。匆持傘去。故遺其箱。同食中某甲知之。持箱欲走。適某乙亦同知見。各持箱耳。認作已物。兩爭不休。賣粥者屏諸店外。天漸明。人漸衆。或曰。莫須爭。互書箱内物。驗之合者爲眞耳。甲曰。我不識字。乙曰。吾以口言。問之。均謂烟泥兩粒。或曰。以匙開看。乙對以遺忘。甲謂置於家中。未曾帶得。紛紛議論。是否難分。是時禁私之令甚嚴。恰有差人經過曰既是洋烟可有照號否均曰無之遂連箱并人帶入曲江縣署官升堂問明里居姓氏詢其爭奪之由甲云他奪我物願懲其好乙云渠掠我烟懇治其罪官曰是非各執自有分明著其各寫幾何箱中更有何物甲乙從之呼值堂攜之見青衫裹人頭兩個血跡尚新滿堂皆驚二人股慄官拍案喝曰兩賊殺人必因謀財分贓不白自爭到案可見鬼神難昧即從實招來否則重刑不赦甲云此乙之物乙云此甲之物官詳問數翻所對如一喝打四十疑似收監

甲乙貪心悞投法網趙詳詭譎巧脫牽連累人便已

恐難逃追究之刑見利思貪反同受縲絏之苦或亦彼蒼者藉此以懲其夙昔之非

官知此案必由這案而來傳令汪某妻兒及更夫所親到認著彼領回安葬待本官爲汝伸寃各悲啼而去官復提訊兩人其奈屢呼寃枉官思事別有因旣殺人何有爭頭累已朝思暮想寢食不安恐將錯入良民舊鬼含寃新鬼哭何以爲民父母耶乃沐浴齋戒往禱城隍祇畢回衙果覺眞誠所感乍見城隍入夢氣象森嚴謂曰子誠憂民爲國愼事可嘉余有數言惟君詳審則事可白寃可伸案可破矣其詞曰

走得快肖如馬倘逢妓館蚤須下數語參詳
宛可伸較勝焦思於午夜
囑畢飄然而去官呼而醒握管記之俟早語之幕先生
曰走得快肖如馬得無趙乎官曰似之然則拆字法也
如逢妓館蚤須下蚤字合上馬字豈非騷乎兇手趙騷
矣後二句襯詞也皆曰然乃授各差以意半月尚無踪
跡一日守門李二偶到差館閒談各云趙騷查訪無踪
李曰焉得無是人但汝等不識耳覓他何事差詭對曰
無他彼欠人錢求我討也李曰此緩事我曾與之博他
尚負我若干今不見其人要知詳細宜問某街烟館趙

老詳也。差曰諾。往見趙詳。詳乃好撑體面者。奉承恭謹。差聞聞致問。趙騷今往何方。詳曰。此人無賴。好賭嗜烟。前數月在長春藥圃。因小事負氣而去。欠我烟錢不少。今月未見其來。大抵塡於溝壑中耳。差辭退。告於同事。惟是久無音耗。幾已遺忘。忽一日公事韶州。偶入妓館游戲。見一少年。按妓調笑。衣麗筵豐。究是婢作夫人。不類大方。舉動。心竊笑之。暗詢鴇母。知爲趙大少。阿騷官焉。偶觸所懷。即欲拿捉。但越境無票。恐爲所阻。亟回衙署。密白於官。官想戀妓好酒。嗜烟濫賭之徒。雖非的犯。法已難容。況神言如是耶。即給票與之。聯差忙去。鴇母與若輩常通消息。浼差人善於擒拿。免雋什物。免動刀鎗。承票者諾之。藏票於身。裝成文雅。登樓與趙相見。各道姓名。同對烟燈。輒成知己。品題押褻。談論私心。差曰紅渠樓某妓。風騷為余賞識。屈君一到。看他真箇銷魂諒以為環肥燕瘦。無以上之也。騷心怦怦然動。相與下樓。比出戶。而鎖鍊困喉矣。騷驚呼。差出票曰。鐵繩即妓妓亦鐵繩。樂極生悲。斯之謂也。牽若犬豕牛馬。鼓棹回衙。交人繳票。官升堂。詳問履歷。騷曰。前在長春藥店後因辭出。自作生涯。守晦待時。并無犯法。太爺執問實是誤擒。官曰。糊語逞刁。何云錯謬。汝殺汪某。又殺更夫。逃往韶城挾妓。今日天教敗露。可從實供來。倘有含糊。重刑不貸。騷爲色變。喊屈呼冤。而其形色言詞。難瞞老吏之目矣。喝打二百。仍復不招。背將起來。十分悲叫。移時鬆索。業已失音。冷水噴之。油然復醒。官則作威喝罵。騷乃喘息而招。謂何故而刦殺汪錫全。有無奪去財物。騷直供之。問吏夫與爾何仇。竟梟其首。騷又不諱。訊其二首置於何處。云在趙詳烟館中。因他不允賒烟。將吾辱罵。是以報也。官曰。殘忍兇狠。莫汝爲最。口角微嫌。尚行陰險。眞是死有餘辜矣。著監候。拘趙詳到案。詳不知所云。請官分示。官曰。汝趙詳乎。曰然。開烟館於某街乎。曰然趙騷汝之族姪乎。曰然。曰騷放人首二顆在汝店中。可即繳來。無得遲緩。詳乃悟昔之事。是騷爲也。但已不知去向。俯首無言。官曰故意遲延。大加杖責。詳念難隱匿。遂將設計裝箱。特傘搭渡之前事。稟覆一翻。官曰人雖累汝。理應呈上案前。涇渭自分。何故立心陰險。志欲害人。若此胡爲。亦應杖責。喝打八十。後傳粥店某老問明前事。確得甲乙爭箱之由。官賞老者十圓。獎其安分不貪之意。又放甲乙出。曰汝兩人因貪獲咎。若非本縣再四訪查。察獲正兇。爾等便作刀頭之鬼。從茲以往。須作安分良民。勿貪意外之財可也。揮之。二人叩謝而去。

又命放出趙詳。一翻申飭。再提趙騷上堂。究其兇刀何在。指出搜回。申詳上司。依律擬斬。其案乃結。錫全不貪馮客之財。可以不死。趙騷不貪錫全之財。可以不死。更夫不貪趙騷之財。可以不死。乃奸貪殘忍。輾轉相因。三百之金。連喪三命。財之累人甚矣。然此等均屬愚頑。未明法律。倘歷見公堂審犯。杖箠痛楚。死去翻生。則雖園圃瓜蔬。不敢盜竊。況於殺人以謀之乎。

廣訓曰。時時以三尺自凜。人人以五刑相規。懼法自不犯法。畏刑自可免刑。又何至負罪公庭。而為國法所不赦哉。

明禮讓以厚風俗

漢儒有曰。凡民函五常之性。而其剛柔緩急音聲不同。繫水土之風氣。故謂之風。好惡取舍動靜無恆。隨厥情欲。故謂之俗。其間純漓厚薄難以强同。奢儉質文不能一致。是以聖人制爲禮以齊之。孔子曰。安上治民。莫善於禮。蓋禮爲天地之經。萬物之序。其體至大。其用至廣。道德仁義。非禮不成。尊卑貴賤。非禮不定。冠婚喪祭。非禮不備。郊廟燕饗非禮不行。是知禮也者。風俗之原也。然禮之用貴於和。而禮之實存乎讓。子曰。能以禮讓爲國乎何有又曰先之以敬讓而民不爭使徒習乎繁文縟節而無實意以將之則所謂禮者適足以長其浮僞滋其文飾矣夫禮之節文爾兵民或未盡習禮之實意爾兵民皆所自具即如事父母則當孝養事長上則當恭順夫婦之有倡隨兄弟之有友愛朋友之有信義親族之有歡洽此即爾心所自有之禮讓不待外求而得者也誠能和以處衆卑以自牧在家庭而父子兄弟底於肅雍在鄉黨而長幼老弱歸於親睦毋犯囂凌之戒毋蹈縱忿之愆毋肆一念之貪遂成攘奪毋逞一時之忿致啟紛

争毋因貧富異形有蔑視之意毋見强弱異勢起廹脅之心各戒澆漓共歸長厚則循於禮者無悖行敦於讓者無競心藹然有恩秩然有義黨庠術序相率為俊良農工商賈不失為醇樸即韜鈐介胄之士亦被服乎禮樂詩書以潛消其剽悍桀驁豈非太和之氣大順之徵乎書曰謙受益滿招損古語又曰終身讓路不枉百步終身讓畔不失一段可知禮讓之有得而無失也如此朕願爾兵民等聆

聖祖之訓而返求之於一身爾能和其心以待人則不

和者自化。爾能平其情以接物。則不平者自平。一人倡之。衆人從之。一家行之。一里效之。由近以及於遠。由勉以至於安。漸仁摩義。俗厚風純。庶不負諄諄誥誡之意哉。

傳聞九集

聖諭第九條明禮讓以厚風俗

果報目錄

宣講博聞録 卷九 第九條全終

第九條博聞錄

總論

禮莫重於五倫，而朋友居其一。人生內而父子兄弟夫婦，外而君臣朋友。但君臣惟仕者始可言，朋友則人人所必有。故當其在家庭之地，相視則父子，相愛則兄弟，相助則夫婦。而出門結交，德則相輔，事則相扶。有時朋友之情，不啻如父子兄弟夫婦之篤。更有貧窮患難中，父子不能顧，兄弟不能扶，惟朋友則周旋調護於其間，始終不離，生死不易。朋友之重爲何如。甚且無父無毋，終鮮兄弟，零丁孤苦。無家可歸。自非朋友其誰能栽培提挨。俾得安全哉。第茫茫宇宙。知己難逢。能終其身以信義相爭者。世上能幾人也。

義報仁恩

江西饒州府有何扳李揚若皆少無父母兄弟同丐食於村市何固跛一足而年稍長憐李稚弱常愛護之聞喜慶家有酒食必攜往乞李乞不得何分與之李遂不至飢苦及李揚頗長常扶持何朝夕相依情同骨肉有梁壯猷者亦饒州人在郡開今和瓷器店日暮討賬歸忽腹痛難行歇途中撫衣包而坐頃刻密雲四佈山雨欲來心甚皇急適李揚何扳丐食歸梁壯猷見之素見是城中丐食者求其代攜衣包許到店酬謝李揚一手挽包裹猶以一手扶何扳密步而行將到郡城風狂漸

急。李揚知雨將至。恐溼衣包。謂何扳曰。哥哥且慢行。吾當先跑。乃攜衣包飛奔入城。梁壯猷疑其逃走。奈風驟雨至。且腹中偷痛。欲追不能。俄而李揚冒雨復來。梁壯猷問衣包何在。李答已交到瓷店。恐吾哥哥跛不能履。故急來相扶。遂偕到店。方欲酬以百錢。梁問店夥衣包曾收到否。眾言無之。梁大驚。追索。李揚愕然始悟。已錯交同街合和瓷店。急往追尋。豈知該店伴周澍。素詭猾昧良。初悞得衣包。啟視有銀廿餘兩。利其財物。匿不肯認。反捏李揚憑空索賴。梁壯猷疑李揚瞞匿。恃素與司獄署中科吏相善。使衙役執至。鋪押數日。背嚇勒追還。而官猶未知也。惟何拔知李揚無辜被累。討得羹飯朝夕到衙飼之。李揚相見痛哭。官聞之。察得其情。指役罵曰。本署豈由汝等串弄。擅羈押無罪者。若謂彼有罪。他既瞞財物。自當遠逃。豈肯復來瓷店。自投於網。責其立將李揚釋放。反疑役等受賄串弊。將衙役重打。並科吏一並斥革。

相攜丐食。異姓儼若同胞。疾病扶持。異鄉不殊同井。赤子之天眞。即兆後來之福澤。至其恐溼衣包。候投別店。災生意外。情實堪憐。然壯猷之誣陷。實由周濟之昧良。祇貪廿餘兩銀耳。用得幾何。語云。財與命相

連所得者小所誤者大以壯猷之殘暴何難竟置李揚庾死獄中自問於心忍乎不忍非得賢明有司數語解厄則李揚之受害將有不堪言者矣

梁壯猷以李揚放出反累科吏衙役懲責心愈忿復執李揚細綁鞭撻勒追原物否則送縣押追李揚百詞莫辨叫苦呼天何援見之慘如刀刺有鄰居謝嵩俊者性慈和見之不忍爲之排解曰財物經被人瞞料他無點鐵成金之術即使假他之體亦難還汝以金請作施捨與他何必將他凌辱梁壯猷曰君知有他不知有我我則失物何甘君果慈心盍施捨與他以還我謝嵩俊曰

是固不難。然君失衣物外。不過失二十七貫。請各虧其半。吾代塡十金。肯將伊釋否。時觀者遍塞街衢。聞之僉。稱謝慷慨仗義。深壯猷語塞無詞。謝嵩俊乃出十金。爲李揚脫解。李詣謝店跪地叩首曰。感翁高誼。戴德難忘。願當僕役數年。以身報德。如蒙不棄。作牛馬所甘心焉。謝嵩俊以其情詞懇切。品格純良。不覺垂憐曰。以君爲僕。吾所不敢。姑留在店傭工。如能勤習生理。可免饑寒。且冀出頭有日。李曰。翁誠大量。恩同再造矣。謝嵩俊爲之易衣履。且誡之曰。吾何以另眼垂憐於汝。吾店歷年所用後生輩。倘是吾子弟。則恃寵生驕。不甘受人約束。

或是人之子弟。至店時始則馴良。及久則機械百出。明瞞暗騙。無所不爲。所謂生意易做。夥伴難求。今吾拯拔汝於落寞之中。爾當矢愼矢公。勿負吾意。李揚感其言。於店中事務。朝夕殷勤。謝嵩俊亦加意指點。不意爲店夥所妒。且羞與丐流爲伍。譖之曰。李揚由丐食而忽得枝棲。初必無敢詐僞。惟少年性情未定。翁遽信其愨誠。倚爲心腹。惡知不養虎爲患耶。時謝嵩俊固知李揚是有志之人。而難以服諸夥之心。鉗衆人之口。嘗置銅錢於李揚枕簟間以試之。李得知出以示人曰。吾榻有遺下枕頭錢。請歸原主。有夥伴素貪。冒言曰。吾日間嘗臥汝榻必吾所遺也。久之謝復置金於厨際。李得之。仍出以歸主前。夥亦曰吾囊子破漏。是吾所遺也。久之謝晚間置百金於李揚枕畔。假寐以窺。何之李得金駭甚。急呼謝曰吾牀頭向無一物。何遽得多金。得無今日賬客所遺耶。謝嵩俊對諸夥說曰李屢得錢銀。皆吾置以試彼也。自今以後。汝等謂孺子其可教否。於是眾嘶服

捨金以孑人厄。是其惻隱之心。復留於店。將欲以栽成之。允聖人少者懷之之心。推恩以及物。斯時一念慈祥。如救人於苦海。人雖視彼為乞丐之輩。翁則形迹俱忘。豈知推愛愈深。眾則妒之愈甚。此固有大福

者。斯能有大量。君子自爲君子。小人自爲小人。度量固不同。心迹亦各殊也。及試之以金。乃知泥塗中有金玉。君子之所爲。衆人固不識。易曰。方以類聚。聖言德必有鄰。又可見爲君子。乃能識君子也。

惟何校朝夕行乞。獨宿破廟。李常相見垂涕曰。吾少蒙提攜。乃有今日。吾今飽煖。有賴哥哥。尚無枝可棲。吾抱慚深矣。然圖報有日。斷不辜恩。及歲暮。謝嵩俊撥給工銀。李揚辭曰。昔曾有言。甘爲僕役數年。以身報德。安敢食言。謝嵩俊曰。吾非施恩望報者。夫官猶受祿。工錢固不可辭。況不受。未可以增吾富。受之。可以濟汝貧。若矯情以報吾恩。徒以益吾過耳。李揚祇得領受。即到破廟見何扳。曰兄飢吾不能助食。寒不能助衣。兄之苦。皆弟之罪。即以工銀贈之。曰哥哥聊為度歲之貲。何扳驚。曰吾沿門有鉢。度歲不必有貲。吾福薄不可有為。汝當積蓄為生活計。李再三強之。何扳曰必欲吾受。當決一詞下次不准再來贈我。李諾之。乃授金以去。及元旦李揚早起。方取煤火燃燈。忽見神前如炬火一光。暫然轉滅以為神放毫光。鋪內必得吉兆。洗臉後虔誠齋灶香燭即往街頭土地灶香。將近壇。又見壇內炬火如前。恍惚中如見一人。赤冠而紅衣。以為必參神者。及至壇寂然爐內尙未有香燭。心竊駭疑。早飯後。直以告之東主。謝嵩俊曰。此火神也。雖禍福有定。知幾者當趨吉以避凶。即日盡將貨物。搬至北街空舖。人皆驚異。有問之者。初猶諱不敢言。祇畧洩於二三知己。俄而街店遍知。其信者隨同搬遷。其不信者反謂謡言惑衆。況以其言出自李暘。更輕視之。及已過人日。謝嵩俊店中貨物。尤一徙而盡。祇與衆夥在原店寢食。每夜必加意提防。而災異之事。杳無聲影。但見街市日間鬧熱。或耍獅子。或舞游龍。或鑼鼓彩旗。慶鬧不絕。店夥于日前覩惕之心。都皆忘却。相談笑曰。李暘見火神之說。原屬虛詞。徒累吾儕一翻遷運。謝嵩俊聞之曰。防災則無災。防害則無害。吾生平臨事而懼。必先謹小慎微。事可信其有。勿信其無。夫信之而無其事。亦何害。店夥皆竊笑其痴。迨元宵之夜。郡市觀燈。街道輝煌。天如不夜。忽然鄰街火發。喊救不滅。一連三街。共燬舖數百。觀燈者男女躋踏。擁塞街衢。被火燒斃者百餘人。前瞞李揚衣包之周滸。亦被燒斃。語曰。與其貪財人不在。不如人在少貪財。語眞金玉。

蔡君謨守揚州。上元日。令民點七星燈以爲樂。民争慶鬧。不惜費財。陳烈作大燈書以規之。云富家一盞燈。太倉一粒粟。貧家一盞燈。父子相對哭。風流太守知不知猶恨笙歌無妙曲此語可爲好慶樂者深戒然世人求其做好事多不肯輕捨分毫惟神壇賽會結綵觀燈則揮金似土鬧熱場中每因此而受火災者指不勝屈彼初時踴躍爭先必窮極繁華以此爲賽神邀福而不知已邀禍矣來遊觀者逐隊呼羣以到此爲樂境而不知已歸苦境矣雖然禍福有定吉凶之趨避則視夫其人何也小人無所忌憚災切近而不知君子知幾知微遇災亦可無害以數百之家同遭火刼人皆不覺惟吉人天相者獨能先知可見皇天無親惟德是輔使非李揚預留於店則嵩俊恐

亦難免於災。是其災劫能脫於目前。由其福善預積於平日也夫。禍福將至。原有先見之幾。不觀天地之大酷熱。知其必雨。雲鱗知其必風。漲將發而夜寒生。天欲旱。而虹氣見。此天地尋常之象。尤必先徵。況災異乎。徵之天文。可推人事。預知吉凶進退者。惟福至者。心自靈。

謝嵩俊之店。雖亦被燬。然財貨一無損傷。街鄰之信其言。得免於災者。皆以李揚爲神人。謝嵩俊倍重用之。數年積工銀百餘于南昌府城。另創一店。見何氏日間之兔。猶三窟。人可無依。吾已爲哥哥薄圖活計。引至店曰。

此吾哥生理即此聊可安身何扳曰深感高義但藉衣食終身足矣他日金滿倉籯吾毫不敢受李揚曰此固爲哥哥作活稍有餘積吾當自覓新枝何扳感激不已貿易數年李揚算有所積度所積貲又爲何扳娶婦且曰哥哥今得有家茲可慰吾願矣後李揚復積有貲謝嵩俊更助之以金又于郡城自營生理至三十而後娶年三十三歲妻莊氏一孕而兩子長名達德次名達文三十七歲復一子一女季子名蓮生時已經營暢遂廣積田園其妻問曰吾一言今日始敢爲君道人言郎君曾吹伍子之簫丐食於市果否李揚曰吾少失怙恃年

影誰憐。非乞無以有今日。妻曰。英雄不問出處。吾非以此爲辱。然吾父素精星學。算吾命薄不宜配富貴之家。祇配貧賤人家。或保永命。今藉君發迹。衣食豐饒。轉恐不利於我。李揚曰。命實未可憑也。吾弱冠時有星士算吾三十五歲之内。命多蹇厄。且妨不測之虞。豈知吾一生否極。初泰正在斯時。夫修心則命亦能移。五行所不能限。正說間。忽接南昌府何扳店夥書來。說何扳偶得重病。命懸旦夕。李揚展書讀罷。魂魄都飛。告知其妻。即僱舟日夜趕至南昌何扳家。何扳已昨夜身故。李揚跪地痛哭曰。地各一方。離多會少。今日我來相見哥哥。口不能言大哭失聲人多勸止旋見何扳遺下一男一女女方六歲子始兩歲尚在襁褓其妻江氏無叔伯妯娌獨自孤零李揚觸目傷心復跪貼尸邊撫尸大哭曰哥哥兩目不瞑知必爲寡婦孤兒放心不下弟今在此已默喻冥衷堂下妻兒吾當保護惟望英靈默祐以保康强也言至此以手掃其兩目徐徐復合李揚哭罷起來問江氏曰哥哥臨死屬下何詞江氏曰所屬家事言難盡述惟言萬事求叔叔照應小女實欲求配叔叔三郎小兒長大他日成婚還憑叔叔作主但呱呱弱質不知何日得以長大成人江氏至此悲聲哽咽淚濕衷衿李

揚垂淚慰之曰。哥哥所屬。吾當遵命。他子猶吾子。他女猶吾女。吾有貳心。無以見哥哥於泉下。李揚代理喪事殯葬已畢。城中遺下生理。一一寄託。然後辭別回去

語云。得一知己。可以無憾。李揚丐食時。何拔原憐其稚弱。故解衣推食。盡力提攜。初未嘗有望其厚報。而生覬覦之私。豈知遂爲生死之交。不獨終身是依。且一家可託。結交如李揚。可稱金石矣。最難得者。患難不忘於昔日。貧富不易其初心。所作所爲。皆從聖賢學問幹出。世俗每謂有錢人方易行好事。而不知李揚之存心制行。早於苦心志勞筋骨餓體膚時已定

其本根斯能自求多福也

李揚歸來之後猶每月必爲江氏調停家務身心兩地未免曲折躊躇迨服滿後乃移江氏及其兒女來家就養使妻與旦暮相親不致寂寞並擇吉日備辦禮儀聘定江氏之女與季子達生爲婚自此結了親姻倍加親愛江氏稍覺寛心迨其子名直方年甫長李揚即教之讀至十五歲攜帶來店教以貿易時李揚季子巳長先爲江氏買宅分居然後迎娶其女歸門仍兩宅不時往來通家之好直方固聰明數年握算持籌居然商客年方及冠李揚爲之娶妻娶後將南昌府城中生理自其

父歿後歷年數目淸算並店中每年積貲盡交回直方支理江氏自娶媳後子孝媳賢家貲日裕得以終身安樂謝嵩俊年近七十早已將孫女配與李揚次子達文爲妻至是男圓女結門庭昌盛兩家門戸相當後李揚之季子達生由郡庠得食廩餼次子達文獲領鄉薦連任知縣官至浙江杭州太守李揚夫妻皆年逾七十猶見曾孫繞膝壽考而終方信福自天申實由己造果其家貞有陰德皇天之報應無私也

家之富者不易貴貴者不易富即富貴雙全難期壽考難獲佳兒乃總而得之非世上之全福歟此人生

最安樂之境。即求之眼前食福之家。尚奢望不敢及此。况極至於乞苦至於孤。飽煖難自顧。敢望富貴乎。身命難自保。敢祈壽考乎。家室無所歸。敢祈子孫乎。李暢自歷苦厄災磨以來。祇知隨遇而安。隨分盡義。自不知爲陰騭。而陰騭已在大義中做來。可見有心邀福者。其善心猶恐未眞。忘形於至善者。其厚福不覺其大也。

第九條博聞錄

總論

聖諭廣訓曰：循於禮者無悖行，敦於讓者無競心。然人於平時安分守眞，皆知平情接物，公道存心；忽當財利之場，貪心難忍，便失其故常，理欲之界，在此一念之微矣。蓋貪爲人之惡種，即人之禍胎，習于貪者，心無遜讓，祇圖利便之私；苟于貪者，性日强横，遑問慈悲之念。善人與惡人，福人與禍人，皆從此辨矣。夫義利兩途，心性各殊，而品格亦異。故世之慷慨大義者，彼求則推，彼爭則讓，遇難則拯，遇貧則施孳孳爲利者。竊笑之以爲疎財不能掌財。不知彼不疎財而財必能終守哉。卒之一朝傾倒。則一敗無餘。惟大義者當絕處逢生。美境每得諸意外。俗眼皆爲之驚異。不知早已自陰隲中得來也。

古壁藏金

萬德浙江杭州人父母雙亡每清明祭祀必丞嘗寒食日典衣以祭其妻曰未有祭貲則俟以異日何必解衣爲哉萬德曰吾少從塾讀聞塾師李藻華言其父紹基嘗死而復甦問何所見言到一市擺賣服食器物與陽間無異男女雲集採買紛紛彼囊中無物者斂手旁觀俄見一戚屬程某亦在貨店簷外立驚問緣何到此紹基問此何地程曰此陰州墟也汝可即回去莫說吾子知早付冥財爲我用程指路以出驚醒如夢已死日餘矣時已清明將盡紹基乃告知程某之子尙未祭墓乃

即具棉帛上墳。吾常記憶塾師之言。故每值清明。必先祭祀。若蹉跎緩忽。使先人寂寞無聊。閑眼看人趁市換之。此心安否。妻聞此言。乃更解雙環。屬夫多買冥財以祭。

陰州墟之說。雖無可稽。然謂清明宜早祭墳。情理的確。曾子曰。愼終追遠。朱柏廬曰。祖宗雖遠。祭祀不可不誠。蓋每年一度清明。爲子孫者祇於此日發其本本水源之念。而猶怠緩遲忽。何以慰先人於地下乎。

一年祭墓之日。岡坡之右。開祖墳咫尺。有青坵一塊。滿生蒿。棘比前倍茂盛。萬恐有礙祖墳。訪之近村。云是村丙李家地。萬乃備價十五金。與李家購之。即將蒿棘盡刪。豈知草莽中有小墳。碑字摩滓。鳥跡莫辨。萬詢知土人。皆已不知。萬知其子孫失拜。或後嗣無人。沓萬德乃將墳培厚。每清明墓祭。另具香楮代祭之。免此墳遺失以糞。其子孫奔復。不意並無認者。而墳後青坵一塊。忽有鄰村農家爭佔。冒認爲其祖所遺也。萬告之原主李宅。李與農嗔論。持械欲鬬。萬轉勸李曰。諺云。荒土無人耕。耕後有人爭。即此之謂。然一坏之土。讓彼無妨。李曰。物各有主。豈容彼爭。萬曰。昔有巨族建宅。侵舒芬牆地。時舒芬於正德丁丑年殿試中狀元。官於京。芬子弟謂鄰牆侵過地界日來訴之意將控之縣以爲有狀元勢大邑宰必爲申理也而芬答書曰紙紙家書祇說牆讓渠尺寸也何妨秦城萬里今猶在祇見秦城不見王即此勘破奚必與爭李聞言深服不與農辨乃止後數年萬德以生理積蓄即充鹺賈復積巨貲人謂其代祭之墳近年風水合利借此發迹萬亦自以爲然適堪輿到萬邀其遍勘先墳皆無可取獨指代祭之墓曰可致富者在此耳萬曰此非吾祖血脈實不相聯雖山川旺氣所鍾究竟分非我屬何發之有地師曰失祀之墳既無所主祭之即其主蓋地氣之靈藉一誠之通感以爲憑

依如神靈之默祐于人豈必若子若孫哉萬德信之而鄰近之溺于風水者風聞地師之言更以爲萬德之貲果藉此山所發妒爭之認爲祖墓惟連年祭祀俱失利又棄之不敢認鄉人曰此或即汝萬家祖墓乃按地下果得舊碑是其本房十世庶祖妣爰周知房衆建勒碑石以後無敢爭者

風水雖渺實不能無究之禍人福地非其人地不顯其靈也以萬德自購之地讓而不爭久廢之墳代爲之祀不知實即其祖妣之墓他人不見彼獨先得而發其祥蓋其存心忠厚已有載福之基所以突然興

創者在心田不在風水也
萬德自是經營日裕方便事見無不爲更思方便中之
最要者莫若救民命爰請邑宰倡設義倉宰以年歲豐
收所請殊非急務萬德曰有備無患如朝廷文教之外
則有武衛必寇至而後籌兵豈不晚哉宰服其論先捐
金五百以爲之倡萬復勸郡紳商皆以爲迂者萬奮然
捐貲一千衆服其義爰集貲以成即建倉備穀六十萬
越二年歲旱果大饑遂開倉賑濟不足萬復捐貲二千
紳商力爲之助饑者得免於死皆萬德之力也不意饑
年鹺務虧本歲底總算債壘約欠萬金及除夕官役勒

催官餉債主盈門。萬徬徨無以爲計。屬店夥善言求緩。已乃奔至破廟鼓樓上潛匿以避。詰朝而後歸店。元旦後乃再籌。不期薄暮又一人來。萬驚以爲債主。乆之知亦負債者。相視默喻其意。向夜不敢舉火。聞爆竹之聲。韻連街里。相對黯然。萬問是人姓名。作何生理。所負若干。其人言姓馬名祖良。以坐販爲業。值歲凶饑。戚友借貸無歸。又復經營計拙。負欠累重。不堪其苦。言罷而泣。萬曰。大丈夫負債。圖償耳。悲苦何益。馬曰。店中生理雖吾血本。大半已屬房親。蓋吾房族貧苦者多。故每年將店中獲利。按房之窮苦者均之。老弱占其一。孤寡占

古壁藏金　七

其一吾自占其一每當歲暮藉分金以度歲者二十餘人今皆束手無貲如負不能償來年生理亦無可望吾一人棘手親屬亦皆無依是以悲耳萬德歎服曰然則君固善人吾所不及然仗義人每為財厄勢所然也第店中所負幾何馬曰負約千金但使得半足以優游卒歲萬俯首籌思曰我為君解紛可乎我所負累較君不啻十倍今所有祇數百金杯水難救車薪之火不若假君解厄免兩在窮途馬大喜請問姓名萬舉以對馬曰君自於涸中救鮒我必有以報君萬曰吾囊金祇存五百貯吾戚某店自度以為來年復業之貲店夥不與知

者憑吾書可以往取馬祖昆遂借萬德回家由横門潛入萬索楮墨揮書一函屬馬親帶至其戚告戚見萬書以爲萬自取用並不知其轉借以救人者因與馬素未謀面着夥伴將銀親送至馬祖昆宅內交萬德親收萬密告戚伴勿洩伊在此免債主來尋戚伴會意而去馬將萬所借金親攜至店時索討者已雲集于門馬即散給令去歸謝萬曰弟固沾恩房親皆荷德如山矣稍有寸積即陸續歸君斷不肯作負心者出市酒肉將貲以餉萬因爨薪已濕忙出後園折宅後竹籬以代薪籬夫古牆仆塌見瓦甕發之白鏹滿焉循牆巡視更得五小

甕不下三萬金亟奔報萬德曰吾今有巨貲可假君矣萬見之喜出望外馬曰微君大義弟福不至此當與均焉先付金使萬償負外餘合經營相權子母皆成巨富將破廟鼎建供財神于樓每值除夕設燈燭笙簧鼓吹于樓上以賀汪文學北州往年先在杭城度歲除夕閒步見鼓樓上燈火輝煌音樂聒耳問之得知其詳數萬之金立可致富使人皆知金之所在莫不忘餐廢寢晝夜搜尋乃人皆不知彼二人于窮途末路之間忽得諸意外相率然而至儼然天假之緣莫不知天與之也然二人避債而來初何嘗敢生妄念蓋其

一生能讓人。能濟人。輕財重義。知有義不知有財。迫事窮勢迫。極力難支。天乃百倍其利以償之。可見天之福祐善人也。

宣講博聞録 卷八 第九條全

三

鄭板橋寄弟保墳書

鄭燮號板橋福建興化人嘗寄弟書云郝家莊有墓田一塊價十二兩先君曾欲買置因有無主孤墳一座必須刨去先君曰嗟乎豈有掘人之塚以自立其塚者乎遂去之但吾家不買必有他人買者此塚仍然不保吾意欲致書郝表弟問此地下落若未售則封去十二金買以葬吾夫婦即留此孤墳以爲牛眠一伴刻石示子孫永永不廢豈非先君忠厚之義而又深之乎夫堪輿家言亦何足信吾輩存心須刻刻去漓存厚雖有惡風水必變爲善地此理斷可信也後世子孫清明上墳亦

祭此墓巵酒隻雞盂飯紙錢百陌著爲例云後公登乾隆進士官山東濰縣知縣

曲存無主孤墳示子孫以承祀比世之佔墳盜葬及覇冢滅骸者其心術之異相去何啻人禽忠厚爲懷者自有心田福地其發福可信之天理不專憑地理也此雖一事之微與上篇存墳代祀其忠厚相似故並錄之

第九條博聞錄

總論

孔子曰。安上治民。莫善於禮。蓋禮爲天地之經。萬物之序。其體至大。其用至廣。無論富貴貧賤。皆當以禮自守。是以有禮則爲君子。無禮則爲小人。無禮則雖至富至貴。人皆賤之。禍患隨之。有禮則雖至貧至賤。人皆敬之。福祿隨之。禮也者。風俗之原也。人其可忽乎哉。

宣講博聞録 卷 第九條 全 三

全婚美報

蘇州府元和縣有許桐者。生平勤儉。忠厚。少失怙恃。家不甚薄。而時運蹇滯。百無一成。日甚一日。遂至衣食不敷。初其父許蛟湖與鄰鄉張正行指腹爲婚。張宦家也。迨許歿後。張養其子數年。教以讀書。歸家後。連年水旱。產業既荒。復被族人侵占。竟至無所依倚。遂與人僱工。不十日輒病。東主憐之。多方醫治不效。及離店回家。則不治而愈。回店又病。如是數次。且不惟桐自己病。凡桐在店之日。各伴皆病。因此辭桐不用。又值丈人張正行出仕爲官。家眷隨任。舉目無親。回家捱苦。遇有病時。更覺可憐。鄰人往往周恤之。然終非長策。有鄰媼憐而謂之曰。吾婿在大墟恆興柴店。聞欲僱人擔柴。汝往依之可也。桐乃到墟相訪。其人知岳家薦來。欣然收用。桐盡心竭力。衆伴皆喜。及至半月又病。每食腹痛。回家又愈。如在前店一樣。桐乃嘆曰。吾病若此之奇。殆將終身困苦矣。或誘爲盜。以博升斗。桐曰。昧天良。犯王法。餓死不可爲也。

昔人云。怕窮休浪蕩。愛富莫閒遊。儉用自然足。勤耕必有收。無廉爲盜賊。知禮壓王侯。若要身榮貴。須從苦裏求。許桐因苦不堪。託身無路。苟不守禮義。顧廉恥鮮不流於匪類中矣。乃餓死不做賊。立志不移。宜其將來有好處也。

及後許桐與人挑貨。或與人作傭。風塵憔悴。形容枯槁。自思在近地失顏。不如外出為高。乃往鄰縣覓食。迨後張正行出仕陝西。升調甘肅。宦海飄蓬。瞬息十餘年。致仕歸田。遣媒訪尋。總不知其婿下落。張憂悶不已。權與其子滿青完娶。是年滿青進學。連年中舉。冬十二月。謁祖唱戲。滿堂賀客。固不見許桐。張登檯看戲。見一少年衣衫襤褸。低頭而過。張熟視之。嘆曰。許桐如此模樣。真令人想不到矣。其夫人樊氏問曰。[illegible]何在。張指曰。穿白衫者是也。樊氏即與少子文青請姊夫來。文青下檯。扯住少年之衣。不覺裂開兩邊。文青急曰。姊夫有請。其人愕然。似着似喜。遂隨之入。時日將墜矣。燈燭輝煌。相揖就坐。婦女皆避入後堂。獨樊氏迎問曰。阿桐何形容憔悴若此。屬在一家。不必羞怯。其人唯唯。忽聞後堂笑聲。樊氏喝罵乃止。即命人取水洗面。又取新衣服鞋襪與婿爺換過。未幾在東廳開席。小婢頻頻斟酒。小舅密密勸酬。其人又唯唯。酒酣飽。能另換縐紗棉袍。光豔奪目。小舅拍掌贊曰。如此方像我嬌客。即牽去看戲。不可驚動老爺。其人亦唯唯。但進見揖揖。退去揖揖而已。或謂其貧窮失志。或謂其莊重不佻。三鼓散歸。桌上熱茶水烟陳設畢具。小舅珍重一翻而去。方欲脫衣就枕。聞扣門聲。問何人。曰我。再問。則曰我非別人。是爾妻也。其人愕然曰。未成夫婦。昏夜不宜相見。未幾聞哭聲彈指聲。乃開大門。腳門門緊。見女子低聲哭曰。未審郎君因賭破家。抑因貧失志。今夜冒恥相勸。切宜發奮以圖成立。勿自甘頹惰也。其人亦唯唯。方欲關門。女子乃以包袱遞入。悲泣而去。細視之。乃紋銀三百。金釵一枝。花箋一幅。書云。

人做女。我做女。人耍樂。我灑淚。我父尋君不見。君甘

六青春猶待字欽一枝銀三百慇懃贈與青雲客勸
君勉為人上人勿負奴爹佳婿擇
讀罷心領神會乃開窗對月誓必報恩暫借此銀以為
貲本若存欺心神明不佑天高地厚鑒我私衷祝罷一
夜無息未五鼓即開門徑去原來此人乃北霞村姓周
名同安非許桐也周少喪父母貧苦不堪雖生計維艱
而好善若渴以執字紙為業時聞唱戲試往一觀實欲
與人借一二斗以度歲寒因此低頭而過忽見少爺以
姊夫相請心知其誤姑隨之入欲食已則行故問答則
曰唯唯進退則曰唯唯見色而心不動見財何以又貪

蓋念不取其財。必爲他人所覺。女之名節。何以自全。故權且取去。以作資本。日後酬恩。是同安之通變處。亦是同安之行運處。次早婢來。不見姑爺。報知主人。以爲其貧窮志短。亦不知怪。

邵紀棠先生曰。古來犯淫一事。折福無窮。明有人非。幽有鬼責。今同安一執字紙之愚夫。能做白璧無瑕之君子。有此心事。無怪上天佑之。鬼神助之也。

時村中有一鬼店。歇業十餘年。無人敢賃者。乃同安之叔周成遠收租。一日同安往看。恰遇成遠。叔曰。賢姪笑容可掬。得無欲租此舖乎。同安曰。然。成遠曰。爾果欲租此做生意。我滅爾一年租。蓋欺其必不能做。亦斷不能賃此鬼舖也。同安欣然與之。立批。進店。置貨油糖酒米雜貨。外更兼養豬。人皆訝曰。同安何以有許多資本。莫非張大人見其誠實。暗中助之乎。且此鬼舖。人不能住。何以進店許久。安然無恙乎。羣疑莫決。且說同安之店取名中和。將近開張。一晚修整豬欄。掘地堆泥。忽然陰風霎霎。有鬼出現。眾人走避。惟同安被鬼阻之不出。正在危急。忽有白髮公扶杖而來。長揖謂曰。君大德之人。可敬可敬。見色不動。有長者之風。最爲難得。上帝賜君萬金之富。更受子孫封誥之榮。我等爲君守之久矣。豬爛下鋤之是也。言訖不見。同安心中明白。關門再鋤。果見白金一缸。有數字云。

天賜白銀拾字。蠢子昨受三百。扣除於此。

同安吐舌曰。人間私語。天聞如雷。暗室虧心。神目如電。其信然乎。中和開張後。愛同安。信同安。敬同安者。紛紛與之交易。生意日盛。行善益力。吩咐各伴。凡來糴一升半斗者。分外量滿些。且價照一石者。無低昂也。凡鄉中困苦者。周恤之。老而無人所靠者。顧濟之。買田建屋。娶妻生子。人不知其財何自而發。惟喜其財之積而能散也。

諺云。大富由天。小富由勤。驟發萬金之富。非天有意其間乎。然同安以天賜之財。用之周急濟困。以酬天恩。是體天地好生之心。卽垂子孫綿遠之福。

一日遇婦人於途。攜子女哭泣甚哀。詢知其貧不聊生。負豪家債。陵逼不堪。拚葬江魚腹中矣。同安止之。贈以銀。除還債外。尚餘二十兩。婦人拜謝而去。因憶張家女子。贈銀三百。至今耿耿不忘。但未知此女許配何家。今已嫁否。乃囑媼往密訪之。始知正行有老女。配許桐者。至今婿久不歸。依然未嫁也。同安未知其婿行蹤。乃往卜之。卜言直北尋訪。可以相遇。遂束裝就道。攜僕遠行

至長洲縣城寄寓詰朝立店門首忽鑼鼓喧天迎親者
經過有擡亭者呼擔大燈籠者曰許桐慢走同安陡然
一驚視其人年可廿七八乃走近其前揖曰桐表兄何
時到此爾識得我否桐錯愕不知所對同安曰表兄現
有事我寓此店候駕今晚懇到敘談
同安細想若許桐在於近地岳家何難細訪今岳家
訪尋未得必其在於遠地我受張家厚恩必使其夫
婦團聚乃足以報不圖於寓店之外偶爾相逢使非
擡亭者直呼其名縱相遇亦不相識乃不後不先適
逢其會是神明暗中指點處亦見同安德行足以感

神故冥冥之中得以遂其願也

臨夜桐果到探互詢家鄉彼此同是元和縣桐曰雖屬同縣素未謀面如何以中表相稱同安曰先君與令先君有八拜之交前月夢先君告以表兄流落於此囑我到訪敢問表兄多少年紀可曾聘妻乎桐曰三十年來運未通走南走北走西東妻財子祿人人有獨我份仃一許桐少頃嘆息曰妻原聘定張正行之女但如此寒酸不敢回鄉索娶耳同安曰汝無憂吾兄弟二人有夙世奇緣當稟告天地富貴共之遂與許桐同元和縣管理中和事務又為之遣人說知張家擇吉成禮事事妥

備鄰里交稱有張家逆料所不到者理宜夫妻好合琴瑟和諧矣誰知過門後許桐夫妻反目常在中和宿食絶少歸家同安曰少年夫婦孰不情親兄何如此冷淡耶許桐曰屬在通家敢以實告花燭夕妻問我作何生理我答曰僱工耳此次成親費用建屋工料皆蒙表兄相贈吾妻不信反揑稱伊弟中舉唱戲我曾到伊家伊半夜到書房贈我紋銀三百乃有今日又罵我爲負恩憑空杜撰恃富驕人吾故無心於他耳同安笑曰鬧房戲語兄乃認眞吾恐兄顯然怒阿嫂反暗中笑矣吾當爲兄和解之越數日同安僞爲生辰陳樂肆筵囑妻親

往許家請張嫂張轎前婢而來入門下轎婢見同安相視而笑張站立於旁命婢移椅居中請同安受叩賀禮不料同安先囑其妻兼兩使婆拉張嫂坐中力壓難動同安乃下跪叩頭曰今日得謝嫂嫂大恩非嫂嫂我同安焉得有今日張氏不知所爲許桐亦不解何故同安叩罷張氏回叩許桐及同安之妻皆叩衆皆起立同安笑曰今日之酒非生日酒乃謝恩酒也我從前未得志周年執字紙値爾岳家唱戲我到戲場一企介舅拖住我手指吽聲姊夫喜嘻嘻介岳賜我以美食賜我以鮮衣又復引我去看戲夜半歸來月落地嫂嫂夜來伸大

義錯認親夫以我是男女有別事避嫌疑我在書房內尊嫂立花基贈我紋銀三百金釵一枝我得此銀做生意萬貫家財從此起不敢忘恩負義特將情由說衆知許桐夫妻聽罷方纔醒悟乃相好如初同安又將此金釵送還張嫂張家聞之皆來拜謝從此兩家親若兄弟姊妹在來不絕許桐生三子一女皆聰明俊秀讀書成名周四子三女長汝忠監生次汝孝癸未進士次汝廉庠生次汝節舉人孫十三人福壽雙全畢受兒孫封誥人咸以爲周先生敬惜字紙全人夫婦之報信不誣也

曲禮曰人有禮則安無禮則危許桐不爲盜賊固

是以禮自守。周同安進以禮。退以義。雖爲拾字之傭。不愧爲讀書之士。人語其一生福澤。全在不欺暗室四字。然平日不欺之功。得力在一個禮字。誠能仰體

聖祖仁皇帝聖諭曰。明禮讓。風俗豈有不厚哉。

西樵歷史文化文獻叢書

宣講博聞錄（三）

西樵雲泉仙館　編

广西师范大学出版社
GUANGXI NORMAL UNIVERSITY PRESS
· 桂林 ·

務本業以定民志

朕惟上天生民。必各付一業。使爲立身之本。故八
之生。雖智愚不同。强弱異等。莫不擇一業以自處。
居此業者。皆有本分當爲之事。藉以有利於身。藉
以有用於世。幼而習焉。長而安焉。不見異物而遷
焉。此孟子之所謂恒產歟。
聖祖仁皇帝之所謂本業也。惟玆本業。實爲先務。凡爲
士農。爲工商。以及軍伍。業雖不同。而務所當務。則
同也。夫身之所習爲業。心之所向爲志。所習既專。
則所向自定。書曰。功崇惟志。業廣惟勤。蓋業與志

本相須而成也。但恐日久而生厭。舍舊而圖新。或爲浮言所動。或因際遇未通。一念游移。半途而廢。作非分之營求。生意外之妄想。究之朝夕營營。不恒其德。資生寡策。歷久無成。而志遂以荒。而業遂以廢矣。夫業每荒於嬉。而必精於勤。志貴奮於始。而尤勵於終。朕樂覩爾之成。不忍見爾之廢也。爲士者謹身修行。矻矻窮年。服習詩書。敦崇禮讓。退爲有本之學。進爲有用之才。爲農者春耕秋斂。不失其時。撙節愛養。不惰於度。先事以備水旱。如期而輸稅糧。使地無餘利。人無餘力。工則審四時飭六材日省而月試居肆而事成商則通有無權貴賤交易而退各得其所務體公平勿蹈欺詐若夫身列行陣行陣即其業也弓馬騎射操練之必精步伐止齊演習之必熟屯田則事墾闢守汛則嚴刁斗備邊則險要之宜知防海則風濤之宜悉庶幾無負本業矣夫天下無易成之業而亦無不可成之業各守乃業則業無不成各安其志則志無旁騖毋相侵擾毋敢怠荒寧習於勤勉勿貪夫逸樂寧安於樸守勿事乎紛華熙熙然士食舊德農服先疇工利器用商通貨財兵資捍衛各盡乃職

各世其業。上以繼祖宗之傳。下以綿子孫之緒。富庶豐亨。游於光天化日之下。以仰答
聖祖誥誡之殷懷。以克副朕休養之至意。顧不共享其
福歟。

博聞十集

聖諭第十條務本業以定民志

果報目錄

宣講博聞[録]　卷[二] 第十[二]條　三

第十條博聞錄

總論

聖諭廣訓曰故人之生雖智愚不同强弱異等莫不擇一業以自處然士農工商之業以士爲四民之首何也孟子曰無恆產而有恆心者惟士爲能重其人實重其操也卽農工商賈天旣付一業與人以自處則爲身家之本品節之歸惟有眞力量眞操守經畫其中斯能無虧本業故雖匹夫匹婦極而至微至弱至窮至苦之境而神明鎭定偏得於微弱窮苦之地以顯其奇原其志不敢奢望富貴而

富貴自來。不敢妄期蘩昌。而蘩昌自至。可知志在福而修德者。其福猶淺。志不在福而立德者。其福靡涯也。

雪糕石餅

廣東韶州府英德縣有孀婦冼氏字麥家方孕而夫歿村邊有石神甚靈婦朝夕往禱祈得男以保宗嗣果生子名之曰石生蓋韶州俗習生子輒契神如契社名社生契華帝名華生婦禱石而獲子名其子曰石生祈石以保長生之義第家計蕭條惟種茶刈草以度活子五歲其母猶屢挑之嫁婦指其子掩淚而言曰麥氏兩世祇此煢煢吾不忍作負心者後買鄰村李家孩女以為媳母知其志不可奪惟媳僅四歲未離襁褓婦日出而作負媳以往日入而息負媳以歸獨留子在家每當操

作歸來見子已倚望於門形影獨立婦摩挲灑涕謂其子曰兒得毋饑乎吾非愛媳而不愛汝吾愛媳實所以愛汝也見者爲之動憐婦貧苦不堪自食糟糠必飯以飽其子媳

夫歿子幼家貧已屬大不幸况母奪其志非冼婦柏舟獨矢何難絕夫之嗣致先祖之血食無依乃甘苦節撫孤尤先買媳以堅其守節孝智仁兼盡殆女中之君子人與

迨兒媳稍長婦結廬道左使兒媳煨粥賣茶日獲微貲頗供朝夕更教兒媳製香糕荳餅異味出于尋常媳名

雪巧于糕子名石精于餅雪糕石餅之名聞于道路茶廬日盛婦又于廬外結瓜棚荳架使門前流水綠葉成陰一時來往者多駐足其間爭解杖錢呼茶當酒憩李氏年方十六婦遣當鑪時有黃本立者家富厚與相士湯丙沾爲友黃嘗娶兩妾無子黃謂湯曰君能相天下士盍爲我擇一妾湯丙沾曰吾於茶廬中見女子美而福厚君若得爲小星之佐必獲佳兒黃曰可得見乎湯約翌日與之偕往及至廬黃見李女殷勤奔走果性情敦厚舉止端莊而一貌如花雖裙布荆釵絕不類寒家女黃茶罷歸謂湯曰君能執柯當重賞以謝湯諾之翌

曰湯復到茶爐指李女謂洗氏曰令媛年方幾何曾許字否洗氏曰此吾媳也年二八尚未與子成婚湯初疑爲洗氏女及聞是媳必失所望然利黃許謝冰之金乃復謂洗氏曰吾有友欲求令媳爲妾嫂嫂肯讓他百金所不惜也洗氏曰貴友旣有妻而尚求妾吾兒可獨無妻乎湯曰嫂獲重金更何難別娶讓彼何傷洗氏曰旣貴友肯捨重金天下多美女奚必區區弱媳湯知洗氏不可搖轉以利言動之曰吾友黃本立家豐饒嫂所知也嫂能順其情彼必能庇蔭于汝嫂嫂三思之洗氏曰賣媳而求富逆理非所安吾夫死而孀居自知命薄尚不

能受夫之福以終其身而冀受他人之蔭尤非敢奢望也。湯復以危言動之曰。吾相嫂嫂之貌。延有非災。能順吾言。吾當爲解厄。婦曰。禍福由天。旣有凶災。卽先生豈能爲力。湯內沾語塞。歸見黃本立曰。李雪蓋伊媳。非女也。吾爲許百金。求讓爲君妾。婦竟堅辭。君欲得之。除非羅其雄而網其雌耳。黃問何義。固不解。湯曰。設計陷其兒。則婦必可得。黃悚然曰。娶妾以求子耳。謀孀婦之子而求子。此念已折福多矣。君子曰。一行有失。百行俱傾。此語吾不忍聞。請勿復言。黃掩耳而退。湯面赤。

冼氏卒。子婦賣茶于廬。求免刈草栽茶之苦耳。不意

幸得佳婦非黃本立存心忠厚幾爲惹蝶之媒不亦殆哉從來奇異之姿多爲造物所忌卽此可悟其機况女子乎可爲閨門不謹者戒

惟冼氏自湯丙沾歸去之後于燈下設言以試媳曰今日有相士爲媒願許百金求聘汝與伊友爲妾汝肯則衣食無憂可乎媳曰富貴非吾願祇知終身以事姑耳姑利百金以嫁我豈知金有盡日媳嫁難回恐悔追莫及冼氏喜其堅志倍珍愛之不意旬日之內夜被醜惡數輩掠媳而去婦終夕呼號詰朝奔投族人查訪無迹族使婦鳴官追緝官以賊不掠財而獨擄其媳必自駭

疑乃謂婦曰汝草舍孤零夜難防備不應任媳于其間洗氏曰吾偕子婦日作糕餅賣茶爲食業于斯不得不宿于斯叩乞原宥官問曰汝媳被擄之夜爐中有外人借宿否婦言無之官曰歹人掠汝之媳在一夜而窺伺已在平時然則日間曾有蹤跡可疑者到汝爐否婦曰茶爐中往來不少良莠難分然旬內曾有湯丙沾者願許百金求吾讓媳與伊友爲妾再三苦問吾已堅辭伊說相吾之貌近有非災能順彼求當爲解厄然湯丙沾常到爐喫茶觀其行爲本屬文雅究其品行則良歹難知官退堂卽傳役究問湯丙沾何人役禀以江湖相士

實本屬人。官疑其作弊。即勒差立拘到案。洗婦之媳。被擄雖不是他。然相洗。氏已知其有凶災。而不爲之指點。使避凶以趨吉。反教人謀其子而奪其媳。即此惡心一動。已犯天條。所謂人間私語。天聽如雷。暗室虧心。神目如電。卒受官刑之苦。是其禍由自取耳。

湯笑被官差拿解。愕然尚不知情。迨到堂。官以夜擄洗媳。喝令供招。湯以無罪。不甘受枉。官加刑。湯呼天叫屈。祇認曾代友許百金。求聘爲妾。既婦辭。便不敢再强。擄掠實不敢爲。官曰。汝說洗氏近有非災。臨汝言則爲他解厄。可知擄女之事。汝早已包藏禍心。猶不招徒自苦耳。湯曰。吾相冼氏之貌。刑尅已流于色。知有非殃。無意中情難自禁。不覺直言之。實未知其有擄媳之禍。官喝曰。婦有災禍。汝能前知。汝今亦犯官非。何不自覺。可知存心狡猾。語實糊塗。且問託汝求冼媳爲妾者。此友是何名姓。湯恐株累。初猶瑟縮不言。官察其情詞隱避。愈覺狐疑。喝令不招重責。湯祗得供出黃本立。官令將湯覊押。即劾差拿黃本立到案。黃被拘到案。官問汝串湯丙沾擄冼媳爲妾。今湯某已供招不諱。汝速將該女繳出給還冼氏。當恕罪免刑。黃訴曰。湯相李女福厚。疑其

是洗氏之女求聘爲妾及知女是他媳已不敢再求焉
敢擄掠官令提湯出堂設言以餌之曰汝屬湯丙沾以
百金求聘不遂突起擄掠之謀據湯自供計由汝弄證
有湯在汝尙欲逃脫耶黄不知縣主是假詞盤詰之計
恨湯架罪誣已乃指湯罵曰汝教吾害其子而奪其婦
吾不從且呵汝汝既有是心必汝擄其媳罪當汝受何
得架罪誣人官愈疑湯復將湯重刑湯終呌冤不認官
喝將湯收入内覊監押黄亦不能擅釋交差押候偵破
案後乃分别釋放

遊食江湖之流多是立心機械喜巴結善逢迎成人

之美則無才成人之惡則有術若此輩者爲人種福則難種禍則易如黃本立存心無愧忽遭意外之災雖湯丙沾無心陷之而不知無心之陷甚於無名毒之殺人無血焉甚矣結交不可以不慎然黃本立旣忠厚存心豈不知小人之宜絕亦謂湯丙沾能鑑人禍福交久而漸深如入鮑魚之肆今日之累由溺于禍福之說誤之也

豈知李雪是夜被擄下舟賊先以袱裹其身布塞其口心雖醒而兩目昏花奄奄欲病知爲悶藥所迷連日飛棹已抵省城賣入妓館李尚不知何地及夕聞笙管琵

琵琶酒筵歌唱。方知墮入青樓。奈深鎖重門。欲出不得。欲投環自縊。礙有婢在。時李已數日不食。倦體難支。輒轉沉思。忽然忿火中燒。猶能極力衝破窗扇。逕欲飛身下水。婢驚喊。攔阻。娼主奔來。方以善言撫慰。李氏瞥見門外有防更利刃。遽取以自刎。羣阻之。娼主怒曰。善言不受。試看吾辣手。乃赤其體以鞭之。遍體血流。女竟昂然硬受。恣口罵曰。身可殺。不可娼。雖粉身碎骨。任汝所施。惟死而已。娼主愈怒。重撻之。女大呼曰。加我以鞭。不如臨我以斧。身得不辱而死。固所甘心。娼主知其堅不可犯。密屬娼婢善事之。娼婢日進羹食。皆不受。反被呵叱女惟奄儀在牀。意圖待斃。娼主憂之。忠烈之士。視死如歸。雖鼎鑊在前。刀鋸在後。而丹心必不可移。方信節婦與義夫。同具此一副鐵石心膽。居常處變。易地皆然。何物女流。有此鬚眉氣節。應令神鬼可欽。

有李氏老媼。潛近榻前問女曰。汝得毋雪糕石餅茶廬中麥家媳否。女驚問何由知。李媼曰。吾與汝近地。前年吾媳產後幾死。醫理無貲。吾偶訴苦於汝姑。汝姑聞而憐之。曾蒙以一金惠贈。吾媳得醫。以生。奈家苦貧。今留孫與媳於家。藉吾家叔叔薦吾來省。始傭于富家。後以吾爲村婦粗庸見棄。今傭工於此。前見汝受鞭撻之苦。吾傷心不忍視。亦不敢言。然攜汝來者。鄰鄉倫四之姨子溫八也。女聞而恨之。媪問女何姓。女告以李氏。媪曰。是同宗也。汝姑本吾媳活命恩人。又與汝親原一脈。坐視豈人情乎。女泣求救。李媪曰。汝堅志欲死。他必嚴密關防。何由逃脫。不若詐忘形迹。破涕爲歡。他意汝已改心。漸不防察。斯時爲汝圖之。女然其言。而又恐其爲娼主所屬。故耳雖聽其詞。而心猶獨拿主意。惟李媪對娼主言曰。女初欲投死。恨婢等驚喊阻攔。致受鞭苦。依婢等進食。皆呵罵不受。惟我則受之。娼主喜。屬李媪爲其所欲。善體之。誠諸媼婢。非女喚不准擅進女所。李媼密以娼主交託之言白女。且曰。今可常近。苦海之脫有機矣。女以計屬媼代白娼主。言其夫方死未殯。恩義難忘。欲其當娼。須俟百日之外。若速之。則惟一死。媼以告娼主。娼主喜其已有轉志。饕飧之外。更使李媼午薦晶果。晚薦酥茗。漸爲之易衣履。抹紅粧。女翠袖青衫。居然香國紅粉。李媼假意密告娼主。謂女易衣履時。初堅以有夫服爲辭。吾婉辭慰解。方肯改粧。此女犯之不能。順之則受。此後當任彼自如。勿激之生變。娼主深以李媼爲然。自此漸疏防察。媼猶以僞金爲釧。託娼主寄貯以安

宣講集要卷 雪樵石餅 十二

其志。旋以其情告叔李吉平。密遣房姪李達。在娼館服役。以偵其機。惟娼主以媪爲腹心。由女近媪。步履相隨。更不提防。

救人一命。勝造七級浮屠。初洗氏發一念之慈。救彼媳于將死。豈知救人之媳。人亦救其媳。天之報應如響矣。不然。女方以守貞待死。非媪調停保護于其間。女即死節于青樓。如墮明珠於溝壑耳。不深爲可惜。然其苦心堅節。天地爲之可矜。媪之保護。未始非鬼神主宰之也。

女住妓館。未及兩月。值微雨秋宵。妓與客正肆筵歌唱。

突有官差衝入娼館圍捕盜黨推筵拒敵兵刃交接火炮轟然妓與客如蝶亂蜂飛娼主被炮重傷登時倒地媼謂女曰要離虎口正在斯時急脫舊衣爲女加身上女自蓬其首連咬指血垢其面畧如被傷者媼使李達先闖後門女隨媼奔出即僱小艇乘夜飛抵佛山入媼叔李吉平家暫匿即欲歸里苦於無貲又難通音問女脫簪環製石餅雪糕使李吉平轉販與小童遍賣借此暫依徐圖歸計不覺歲將近暮女與媼皆心絮傍徨然洗氏自媳被擄尋訪無跡正與其子日夕憂悲忽有族人謂石生曰吾日前討賬於佛山見街上小童遍賣雪

糕石餅。吾市啖之。其甘脆清香。儼然汝家眞味。得母汝妻匿跡于此乎。石生以告母。冼氏正念媳心切。使石生往探之。石至佛山普君墟。果見有童子賣雪糕石餅者。試其味。製作儼自家傳。問童子販自何來。童以告。石生至李吉平家。妻果在。哭述情由。爰攜妻媼及李達偕歸。鄉人知之。皆來探問。得知其媳係被濕八擄去。鄉紳聞之。皆曰。不追盜。汝媳終危。且地方不靖。冼氏與子商之。曰。據紳等說。盜如不追。媳慮前車之鑒。然湯與黃罪本無辜。累彼久繫於獄。盡追盜以保伊。使釋其憾。其子石生曰。彼二人之在獄。官罪之。非吾家坐之也。保與不保。

他鄉族自有紳耆吾家何必干與母曰他若紳耆能保黃亦已出多時奚俟今日雖然果盜獲案消彼二人或不保而可釋然釋之自官不如釋之自我使無恨隙也況寔盜不可獲冤不白則二人之出無期今媳已歸彼陷囹圄撫心奚安石生曰此母親涵養老成之見兒聞命矣乃赴縣指名追盜求釋湯黃而鄉紳亦聯名攻盜

媳被擄而求追盜是亦人之常情而慮彼無辜在獄者必保釋以平其憾尤慮彼終不得出不爲保釋無以白其冤一片和平忠厚之心以待人皆出自仁慈惻隱其媳幾陷辱於泥塗能珠還璧合非洗氏厚德

致之歟。

迨官覽麥石生及鄉紳狀詞、不知温八已盜名久著。即飭差嚴密緝拿。乃黄湯未出、而盜已獲。所供餘黨四人、官勒差限月內一一齊緝獲。惟黄本立族內嘗被温八竊塾師衣物。塾師察知尋罵、反將塾師拳毆。黄以匪類辱毆斯文。送官懲責。温八啣恨于心。至是誣黄本立求洗氏讓媳爲妾不遂。主使其擄女爲妾。洗氏及紳等力辨其誣。官游移莫決。紳曰、黄本立果主使温八擄女爲妾、則女當歸黄。某何以賣入娼家。以此强辨。黄與湯始得釋放。黄出、謂湯曰、復敢相人禍福乎。湯銘新曰、吾泥于禍福之一說不顧大義一時妄語意欲福君反禍君並禍及其體永改業矣黃歸家往紳等家叩謝紳曰力保汝者此冼氏母子之力黃本立曰非伊媳貞操李媪大義他陷于娼吾誣于盜尤終身莫白之冤茲感伊大德當有以報之遂助百金爲冼氏茶廬貲本以報德李媪與達皆謝以金越年黃本立妾皆生子人謂其忠厚待人之報然縣主自黃本立湯丙沾釋放後月內餘黨弋獲定罪梟首掛首級于途以示衆盜風自此漸息縣主復移文南海將買女迫娼之妓館查封豈知其娼主誤被炮傷斃命差反捏其率衆拒捕該館早已被封而冼

氏自盜獲案消人聞其媳之貞李媪之義道上口碑頌揚雪糕石餅之廬名愈著來賞識者終日雲集後藉黃本立助貲與李媪李達合夥移店於縣城尤茶名大著富貴之家官吏衙署爭以糕餅爲饋薦奇珍以致巨富麥石生四子其次子敏英以弱冠進庠季子朝英以禦盜獲功官居都府冼氏與其媳皆以壽終李媪之孫陸康祥與李達皆致富康強子孫食福

妓館與茶廬皆各一業耳美人爲局大開羅網之場蕩子登門如入神仙之府以白屋而変朱戶以紅粉而博黃金似亦致富不難矣卒以誤傷致斃未遭法

戮先犯天誅莫言富不可求卽可求亦何益洗氏賣茶作活求給饔飧乃已能苦節以安貧媳以貞操而致富善惡別而報應殊矣

聖諭廣訓曰業每荒於嬉而必精於勤而業固不可不精尤不可不正擇業可不愼歟

宣講博聞録 第十條 全

第十條博聞錄

總論

聖諭廣訓曰朕惟上天生民必各付一業使爲立身之本蓋天地生人天地養人天地間百藝可爲業此卽天地使人以自養也人無一業如行舟無舵卽孟子所謂苟無恆產因無恆心放辟邪侈無不爲矣古人有言曰賜子千金不如教子一藝富貴每易敗無事業所以害之也貧賤何以與得一業能以自守也然事有易亦有難境有順亦有逆或世事之難期而適當其變或遭時之未偶而忽處其

窮則事業可成而不能成。藝業可守而不能守者有之。惟必事愈難而心愈篤。境愈逆而行愈高。即處之至難至逆之地。而必不能易我至中至正之心。筋骨可任其勞。體膚可任其餓。而不知屈極無不伸。困極無不亨。而後知喫得苦中苦者。終爲人上人也。

白飯成金

廣西柳州有駱秀蕨者無父母頗有家業好遊蕩善飲與鶯朋燕友日在醉鄉醉飽之餘三五輩學打飛禽以爲樂未幾田園蕩盡朝夕難支即以捕禽爲業數年中操成絕藝手無虛發人名之曰駱麻鷹以其善攫禽也得禽即以易酒招鄰共醉腰間所入必用盡無餘常衣不蔽體家無宿物其子名蘊甫八歲見父出必獲禽以歸他亦招引羣童登高取雀盡日樹間巡視樹上遇有乳鳥則取之卵則擲之巢則覆之適枯枝偶斷隨枝而墜傷其左手折其右足母聞負之歸延醫調愈手足已

各廢其一。人皆謂秀蕨習術之不善。自戕其子也。越年秀蕨以酒痰暴死。妻向多病。自夫死後。饔飧不給。半載亦亡。鄰里親族助貲以葬。

家有貲產。興創有基。乃以飲酒爲歡。不惜福而折福其貧也必矣。及又以捕禽爲業。物命傷殘。一貧不足以蔽辜。又傷其子。以示罰。所以償物命之冤也。易曰小懲而大誡。小人之福。乃猶罔知自醒。故痰疾以速之死。報應豈無條哉。

駱蘊之母死。他始十歲。鄰里憐其苦。初猶周恤之。久之人亦不能常濟。嘗饑病不起。有同房叔母過而見之。問曰得毋病乎曰否婦曰得毋饑乎蘊泣曰不食已兩日矣叔母曰苦饑無食求諸鄰里未必無相恤者徒斂手待斃何益蘊曰母死後常仰望於人人不鄙厭已亦赧顏婦歸與之食食已謂之曰無恃無怙今非昔比盍托鉢沿門猶免饑渴蘊曰吾思之一人丐流全失一生體面自念雖不能振作而名亦不可先汚叔母曰然則子欲何爲蘊曰願爲傭工斷不至於饑餓奈無薦引者叔母曰汝手足各廢其半誰肯用汝蘊曰吾已熟思之日撿拾猪糞市諸農家猶能自給第無糞具其奈之何叔母嘉其志爲之備糞具蘊自是撿糞度日不至饑寒迫

十三歲偶撿糞至鄰村見村邊書塾粉壁大書白字一行適學童出蘊問壁上書字何意童指而讀之曰勸君莫打春頭鳥子在巢中聽母歸上四大字曰禁打飛鳥童更詳解之而去蘊俯首沉思不覺掩泣塾師自外歸遇之問何爲悲泣蘊不禁直告曰吾父生時以打禽爲業不知戕害幾千百萬生靈今見壁上粉字無怪折吾手足吾初以爲不避辛勞苦志猶期自立今思前人已經折福吾復何望哉塾師曰子能悔悟造福有基矣夫欲求免禍須廣積陰隲蘊曰自養維艱何能廣修陰德塾師曰貧士而修德斯爲實德夫所謂陰隲者有財則以

財無財則以力、如草木不犯虫蟻不傷以愛物之心補乃父傷生之惡路上遇瓦石則除遇字紙必拾此即不費財之陰騭到有財時方便事隨地而爲不特罪可除且福可種矣蘊聞言醒悟以後一物不敢傷見取雀者力爲勸戒或買而放之蟻遇溺必救凡石礙路則除字紙在污穢中者必洗淨而曝之而後焚化灰歸諸海貧苦少孤此遭家之不造乃父自速其禍子半留殘體猶能立志修德勉蓋乃父之愆人貴立志志能立造福蓋未可限也

蘊依塾師之教力行不怠歷至二十歲年已長成手足

雖然折傷筋力漸而强壯見鄉人織草履者織蓑笠者皆就而習之未幾而工藝勝人一見而知爲織自駱蘊者甯多價以購之由是跛子草履跛子蓑笠之名漸播焉値冬月霜寒遇族老赤足行于道蘊問何以不履族老曰貧不能衣遑及履乎蘊歸贈以草履族老喜謝之曰錦上添花易雪中送炭難子不啻綈袍贈我矣蘊猛然醒悟卽此可行方便乃向日留草履一雙擲置閣上一月可留三雙至年底已有數十天寒以贈苦貧者又値春雨淋漓有老丐叩乞諸門蘊見其衣衿盡濕頭上破笠如蓬蘊憐而施捨之更與以蓑笠越日復有少壯

來乞者蘊見其透濕敗衣遮首以葵花笠蘊勸之曰手足傷殘如我者猶勤苦自操子四體康强而自甘流丐深爲可惜不如改行勤儉猶能温飽也亦施捨之復與之以笠其人感謝而去以後月留二笠遇風雨寒天分以贈流丐蘊于是蓑笠草履之名愈著時已薄積有貲欲謀娶婦以爲終身之助託媒訪求無肯字者適同郡有姜家女自産以來未嘗舉步肢骨柔軟遍體渾如肉團年二十四猶待字閨門人名之曰生肉佛其父姜維願補奩銀五十兩以嫁蘊爲媒誑遂娶之初歸之夕詢及姜婦始知其手足無力儼然廢人蘊驚曰吾不幸肢

體折傷半生抱憾望娶婦以為助今賢妻不能操作反要周旋左右如保嬰兒今世無緣自嗟福薄奩銀還在詰朝送汝還家汝原璧無瑕猶可別尋佳耦姜氏泣曰吾雙親衰暮之年他慮歿後吾殘體無依故墊奩銀以嫁我如送我同去人皆知今日曾字君家誰肯娶我願君汪量俾妾賤體得所倚託免父母憂傷妾因沾恩父母皆戴德矣藴曰人孰無慈心牖念自己殘軀此中艱辛見卿尤為可憫但吾半雙手足多汝終身纏累吾更難以支持天配自有良緣歸家不患無求匹者姜氏俯首淚漣哽咽復語曰君果不肯出容妾亦何能相强求

君翌日薄具酒肉置鴆于酒使妾得一醉而死妾死後將奩銀提出五兩以備棺葬餘銀君可另續良匹異日發葉開枝遇時節清明俾我數頁紙錢三杯清酒陰靈有所憑依吾在九泉常當默祐也言至此悲聲慘切淚溼重衿蘊曰卿入門託我以終身反置汝于死此大損德吾尤不忍爲姜氏曰送我還家吾必終求一死決無生理與其死于家身後無可倚向不若死于此百年有子孫可憑如必迫我還家吾親倍加傷心不難斷送老命矣言罷大哭蘊聞之惻然沉思半晌乃翻然曰吾籌之矣非賢妻誰肯字我或我前生寃業今生罰作奇緣

賢妻不須悲願諧老以百年早暮提攜作爲修德姜氏感激蘊復問妻有兄弟否姜氏曰父母祇生吾一人斯爲命薄蘊曰父母可有家貲足以安享否姜氏曰初猶有薄產爲吾出嫁將產盡售以作奩金今妾衣食還有君依父母則饑寒有日矣言罷痛泣蘊曰汝身今得安適反令白髮饑寒此尤重吾罪矣吾當原金歸汝父母若何姜氏曰若此妾生生世世永感殊恩矣越日請岳家父母到來將奩金璧復且約其間常到舍探望姜雍夫妻感謝而去

書曰吉人爲善惟日不足以殘軀斷體之餘奔苦勞

形自求温飽而能施笠贈履方便濟人此由塾師指點一念之微隨時根心發見而至奩金盡璧大義光明非善人無此至性

駱蘊自娶姜氏家中添一食指如身上負一贅疣姜氏寸步難移蘊自背之出入至浣滌梳洗皆蘊代爲之値雪夜風寒蘊猶挑燈夜作指頭流血火不成紅姜氏默坐庭間觸夫雪夜辛勞已徒素餐不能相助一力累彼何安轉念欲死暗淚自滴不覺昏眩墜地蘊抽之起驚問涕泣胡爲姜氏直訴蘊以善言撫慰之忽覺濃烟由簷外捲入驚覰之右鄰火發蘊負妻奔走大聲喊救奔

出村邊錯足一蹻夫妻墮落石溝藴並足跌傷脛骨欲斷藴負痛呌苦人急於救火竟無知者迨火滅後衆人聞聲始來救起其宅舍已經破燬夫妻失所無家可歸人憐其苦用草茅爲之搭蓋始得入室居住奈空無一物舉目凄凉藉人凑施升斗之糧煎粥爲食夜息無榻夫妻席地坐卧足醫罔效毎痛苦抱膝呻吟妻見之慘如刀刺曰得君無恙替死吾所甘心言之相對痛泣値米糧將盡欲乞不能藴輾轉籌思對妻言曰汝終身所賴者吾也今足脛已受重傷醫理無貲斷難痊愈明日僅存半日之餉人亦不能長顧倚向伊誰今既受此折

磨料此身終無好日不如一死妻曰吾可死君不可死吾無用殘軀留此累君何益吾歿後君耐心調治蒼天不負猶望振作有期蘊曰天若不虧何至復有此劇災厄吾與汝身命皆同生而苦不若死而安小缸尚足一頓之餐與汝一飽而死若何妻曰君心果決則妾命如烟君生與生君死與死以了此生之緣而已蘊曰妻能磊落雖死亦相安也乃以手撐地移出廚外將米盡炊而熟復移入內與妻痛哭相訴訣別之苦

物類庶生有生必有劫秋去冬來物之劫也及陽春暖復萬物皆生始知氷雪之嚴寒脫其枯枝將以發

其新蕊刼之即以生之也駱蘊苦境修心猶受苦中之苦極而至於欲死烏知非天將易福以徵禍懲之歟又烏知非天將易其福先以試其心歟

有無賴子姓田名斯暢日間丐食沿門相人家宅之有無夜則乘竊時有寡婦單生一子姓祁名尚綱田欺其孤寡夜間屢欲竊之而不可得值其子長成婦賣田爲子娶獲田價銀一百六十兩藏之箧田斯暢探知消息日潛入室夜竊銀而出行近駱蘊之家見四鄰皆已燒燬獨蘊之屋蓋囘夫妻在內悲泣田潛聽之知其將死憐之念雨天乞至其家曾蒙其親施雨笠我苦他能恤

我今視其死而不救豈人情乎遂潛身入廚時腹已餓將飯一食而盡所竊金半分與之置之鍋裏又聞其夫妻相訴愈苦轉念一生行竊害人未嘗救人旣救人何不盡情盡美乃將銀盡置鍋而去蘊夫妻訴苦忘餐忽聽鄰巷雞聲醒悟飯熟已久復撐手作步移出廚開啟鍋見白鏹纍纍乍驚乍喜神魂欲飛以衣裹之入告姜氏妻喜曰此天救郎君之命也蘊曰上天雖有神靈未必眞能活現此必有人聞吾夫妻痛哭之苦故捨此以救我也夫妻議論宜將此銀如何經營生理不覺天曉門外族親經過說祁尚絅家昨夕被匪竊銀一百六十

兩。蘊招之入。問之。族親說尙綢之母。賣田娶媳。昨午交易收田價銀一百六十兩。昨被人盡竊。其母號泣欲死。族某去後。蘊對妻言曰。昨夕之銀。必賊竊彼以與我者。妻曰。然則如何。蘊曰。寡婦賣田以娶媳。匪竊而我得之。罪在我矣。吾安貧循良。尙有此磨之苦。無非夙孽。折在今時。倘貪非分之財。尤慮禍無了日。不如歸之。猶或轉禍爲福也。況吾夫妻藉彼以生。又恐寡婦轉陷于死。可乎。妻曰。烏知我之所得。果是寡婦所失否。蘊曰。吾當察之。使人密往婦家探問。問其何不小心密藏。致被賊竊。寡婦言其經貯兩處。其圓銀一百十二塊爲一封。碎件者自爲一封分箇藏之竟被盡竊其人歸告蘊猶未知蘊何意也蘊出銀驗之果符對妻言曰如婦言斯銀果失自寡婦家矣吾決意歸之賢妻以爲若何姜氏曰君能盡義吾豈無良雖目下窮途貧亦良慘然彼兒孤婦寡苦亦堪憐如何君當自主及夜蘊使人邀寡婦至備述昨夜夫妻欲飽食而死忽由鍋內得銀二包今早聞嫂嫂被竊知必賊竊後過此聞吾悲泣欲死彼故盡捨以救我者自問分非我有且嫂嫂將爲納媳之貲當原璧還之但賊固竊害不仁然竊汝者他救我者亦他嫂既穫回一無所損不必究追其人且勿洩其事免別人

失竊又疑物在吾家。寡婦大喜。見銀包果是已物。原金收復。謝蘊二十金。蘊苦辭。婦强蘊受之而去。婦竟不言。人亦無知蘊藉婦之金。醫其足。不旬日而愈。復操作度活。

賊子昧心。夜竊得金。豈易盡將施與。此固感其一笠之恩。尤其一生慈善。至是哀情慘怛。足以感動于人。然田斯暢之來。實鬼神使之也。而駱蘊夫妻極至於死。望外忽得多金。竟不受而歸之人。禮曰。臨財毋苟得。非賢者不能。蘊能之。此念可格天地矣。

越年姜氏忽孕。嘗夢蟻附其體。驚告其夫。恐難產之患。

及分娩祇見肉胞產下羣媼驚異迨漸而手足全體俱見居然生子始知其胞衣裹之而生也蘊來入命名且告之夢請詳之人曰子素救蟻蟻靈物有君臣之義來護汝妻而生子可卜顯貴之兆名之曰更新後連年迭舉二子曰繼新緒新時家添數口家計難支及孩稍長卽教織藝而貧不能讀適鄉族邀郡中庠生李光朝教訓子弟招人執爨人薦其長子更新以往蘊囑之曰日近文人可不讀而能學子記之到塾中聞人誦讀心輒喜更新固聰穎過耳便不忘每値早炊聽師講解潛心領會飯已焦氣薰蒸猶不知覺連日如之師大怪異及

講解潛窺之見其在爐邊俯首如愚若睡非睡而爐火已成灰燼矣師責之更新跪地請罪直認聽講師倍責之及叩其所聽他了了能解師大奇之曰孺子可教時塾師李光朝五十尚未有子愛其聰明負之可惜收爲誼子教之讀三年經書熟讀至十九歲業已成才但念雙親貧苦願出身教讀藉硯粟以資家計李許之至二十三歲處館無地欲讀于家猶日織蓑笠以繼膏火値科考無貲戚友相助赴郡及道考進郡庠揭榜後行囊用盡默坐躊躇適其弟繼新由廣東販運回得貲供用初繼新在郡店傭工有米單張客姓明名乾元到店討

賬。醉後偶進廚間。拶囊錢。與繼新買相解渴。誤遺銀包。詰朝賬客已去。繼新偶于薪間拾得之。藏之以俟尋訪者。越年正月。明乾元復到店。繼新醒悟。知昨年買相之夜所遺。試問昨年歲杪到店討賬時。曾失物否。乾元說別無他失。回店後。檢點囊金。失去三兩。繼新以其數相符。出以還之。乾元重其品。明年攜之到店傭工。教以貿易。數年能握算持籌。居然商客。值粵東米貴。明乾元使之販米赴粵東。獲利將歸。有同郡販客梁作賓。亦販米到東省。忽接家書。言父危病將死。梁急於歸。米猶未沽。約貨值五千。無可重託者。求繼新代沽。繼新以有事爲辭。粱强之。且訂以米價若干可沽。如多則盡爲君利。繼新諾之。粱歸後米價貴三倍于前。繼新藉此獲金三千以返。歸至郡。聞其兄更新進郡庠。尋兄庽所與之偕歸。其季弟緒新年十七。尚爲同村牧牛。時方日入。騎牛而返。適東家建造順爲扛木以歸。至半途。聞人說其兄進庠。次兄亦獲利而返。緒頓喜忘形。肩頭扛木乘牛背飛跑歸家。木書地二字號。人言吉兆。是年更新連捷鄉薦。其坐號竟以地字第二號中式焉。及傾宴謁祖。定吉娶親。並爲父祝壽。連日慶飲。忽有老叟到門討飯。手提竹杖。扣杖而歌曰。一舉成名四海聞。眼前誰不識封君。得來富貴修來福。今世團圓再世姻。半頓黃粱難繼火。二升白米化成銀。今朝夫婦榮華日。不識當年續命人。是早蘊方祝壽。人以其語不祥。逐之。叟不去。且罵曰。太封翁非我而有今日耶。果一飯不我容。必一見太封翁而後去。蘊聞知驚異。出問。見我何爲。叟跪地叩首。復高歌作賀。蘊猛然醒悟。暗中揣測。前鍋中之金。得毋是他所留耶。遂問其姓名。叟曰。吾姓田名斯暢。吾與翁儼然再世之交。翁固未識矣。蘊知其心有隱語。留入內窮詰情由。始知鍋中之金。果是他暗中遺贈。怡然曰。吾恩人也。跪地叩拜。命羣子齊拜。以謝恩。卽爲之易衣履。待以上賓蘊曰。吾非君。早已斷送殘生矣。然何不告我。使我早報深恩。乃自甘零落至此耶。田斯暢曰。吾自贈銀與君之後。犯事被官緝拿。奔至安南。自愧無用。仍作無賴度日。至老不忘故土。沿途丐食。前日始歸。得聞少君榮貴。卽欲拜訪。恐君冷熱看人。吾亦不肯自招羞恥。故求人代作歌詞。以悟君。今君雅度弗忘。宜膺厚福也。蘊乃留養以終餘年。田斯暢一念活人。卒獲食福。天之報應無差也。

善惡之報。如影隨形。蘊之父秀葳害命傷生。故惡報現及其子。蘊之立心修行。福報現及諸兒。欲知前世

因今生受者是欲知後世因今生作者是蓋因善惡之大小故報有遠近遲速耳

宣講博聞録　第十條　全　　（卷）

第十條博聞錄

總論

古詩云壽夭莫非命窮通各有時痴迷空碌碌安分是便宜安分二字確有便宜人不安分失夫便宜多矣何則天下惡事皆由不安分者做出如臣欺君子逆父弟藐兄婦凌夫友失信後來便有許多惡報豈不是失便宜之甚天下善事皆由能安分者做出如臣忠君子孝父弟敬兄婦順夫友有信後來便有許多善報豈不是得便宜之甚古今忠臣孝子做出驚天動地名顯當時福流後世無

非盡其分內當爲之事而已。可知天下人。各有其分內。但能各盡本分。自無不安樂發達之理。感應篇云。所謂善人。人皆敬之。天道佑之。福祿隨之。衆邪遠之。神靈衛之。豈不大獲便宜哉。

安貧發福

昆明縣東城外錢太翁家甚貧。住近盤龍江。賣香為業。恆擔入城賣。做香必潔淨。謂吾寒素家風。惟此事業可以報答四恩也。其志趣可想。性忠厚和平。故較別販為易售。雖肩挑背負。而胸懷歡樂。笑語迎人。未有見其暴怒者。人謂翁故貧。何樂乃爾。翁曰。知足常樂。多貪則憂。知足者。貧賤亦樂。不知足者。富貴亦憂。我不貪意外。則無意外之憂。我止求分內。則有分內之樂。人生不過求衣食二字。我足餬數口。衣食無缺。便是安樂。多少富商大賈。手握萬金。或生意有虧。或夥伴不良。或賬目難收。

或銀期催迫。縱當大任。常覺憂心。我小小生涯。何憂何慮。日歡悅待人者。人亦以歡悅待之。何等得意。每見拂戾之輩。動輒爭鬧。卒之逢人厭惡。貨沽不去。反喫大虧。何如到處春風。人多照顧之爲愈乎。且貧富在心不在境也。心知足則貧亦如富。心不知足則富不如貧。昔有富者牧羊九十九。而願滿其百。其鄰貧。有一羊者。富求之。曰以君之一。盈成我百。則足牧矣。鄰者與之。由此觀之。貧者非貧。富者非富也。人服其論。

古詩云。前人騎馬我騎驢。仔細思量自不如。回頭。尚有推車漢。上雖不足。下有餘。錢翁早明此理。深得貧

而樂之旨世間惡事每由不安貧做出能知足便是

快活神仙

入城賣香往來必經河岸一晚出城回家初更時行至河邊微雨初過斜月半明聞水邊二人對語翁心知是溺鬼自揣生平並無惡行鬼亦何懼竊潛聽之聞一云明日當得替矣一云他不近水奈何其一云他抱一雞我取其雞入水他必來捉雞則得矣翁至家細思溺鬼尋替向有其事彼討替而我救之不無移恨知人死而不救于心何安繼思救人一命勝造七級浮屠立意往救遂一夜難寐天初明即走往河邊候至巳時果見少

年男子踉蹌而至手抱雄雞忽飛入河中少年甚著急欲下水捕獲翁急止而强曳之曰雞入水我賠還一个請問何爲如此急遽少年痴立良久始泣云我姓武手藝度日家甚貧因母疾無買藥貲只有一雞我賣雞買藥以醫母今失此雞母命無望故著急也窮寠之運至于此極若不得雞不如速死爲幸翁云無怪爾得救只此一點孝心已令神人欽敬此雞不可捉請至吾家當小爲幫助其人不允翁再强之問雞在河邊或可捉回何以必欲見惠翁云到家始語遂同至翁舍翁告以鬼語之故其人始聞而驚旋而呆繼而戰栗云我死何足

惜吾母之命亦難保矣。翁救吾二命，深恩大德，沒世難忘。因苦無聊，惟有五體投地而已。翁勸慰至再，贈銀貳兩而歸。

溺鬼尋替一事，有明見而不救者，無他，利害之心勝耳。翁以爲太忍也。翁不難于救之，而難于終夜不寐，天未明即往伺之，所謂雞鳴而起孳孳爲善者歟。況利覓蠅頭，慨然贈以貳兩，在他人則爲少，在翁則爲多。以販香之人而能輕財救命，宜其克昌厥後矣。武某一念孝思，臨危遇救，可見時衰鬼弄，孝有神扶。蓋錢太翁夜聞鬼語時，是天故遣其來救也。

翁次年即生南園先生名澧字東注少即敏悟長更倜儻讀數載翁貧甚欲其改業師惜之曰爾有子如此即貧不能具束修當力教之不計錢財也翁感業師培植之意時加敬禮南園先生才氣豪放筆墨超羣而性至孝至入泮後與友輩同行遇太翁於道路必接香擔自挑辭友隨太翁去其胸次可知念家計貧苦老父辛勤必欲致榮顯以報劬勞故攻苦比尋常恆十倍有秀才遲雙者肄業五華書院向例正課二次不前列即裁汰膏火遲已二次矣因倩南園代筆得超等一名由是文名大震同輩咸器重之一日錢公向同學友借外褂穿

六七人衣皆借去。眾不解何意。日夕各還以當票一張。云明晨是家嚴壽期。已代爲各友備壽禮送去矣。望早至舍喫麵。爲老人歡。眾始知其故。欣然大笑。又一日各友邀錢公至酒館。公問費若干錢。友云六七百錢足矣。公云。我蒙惠。不如閤家蒙惠。何不將此錢付我。我買薪米。半月沾君之惠矣。各友知其貧。邀飲而復助之。

天資穎異。更復孝道肫誠。路遇香擔。而代父挑回。此眞不愧讀書之士。借衣備壽禮。喫酒念家貧。朋友可以通財。不得議爲貪劣。有眞性情。然後襟期方得如許豁達。彼俗士家無爨火。猶撑體面于朋儕。正如爛頭戴頂。爛脚穿靴。外華內痛耳。

一晩錢公夜歸省父。見一高人身長二丈餘。衣白衣。戴高白帽。是城隍廟廊車將軍之狀。月下立于柵口。見錢公來。跨過柵欄而去。倏然不見。翌日。語人。皆賀曰。公今科必中矣。蓋嶺俗稱車將軍爲白衣財神。人見之必發。是科果中。捷南宮。入詞垣。爲名侍御。位通政。直聲振天壤。所督學處。景仰如神明太翁身受榮封。雖以子貴。而貧賤之交。無不款洽如平日。且出身寒微。凡艱難困苦之人。靡不竭力賙恤。常言米珠薪桂時。日恆不飽。思之。當勉吾兒加恩窮苦也。所最奇者。錢公報捷之日。適武某出外榮歸，頗獲厚利，具禮報德。甫入門，而報者接踵矣。太翁歿後，嘗示夢於家人云：現任桂宮糾察御史之職。觀此，則爲天人欽敬，太翁之澤不但榮封顯秩，而且馨香俎豆矣。

太上感應篇云：心起於善，善雖未爲，而吉神已隨之。白衣雖是吉神，然非善人不能逢遇。錢公孝行純篤，太翁惻怛慈和，積善逢善，神明顯示端倪，以見呵護之靈，非無可據。至報恩之來，適逢報捷，益信功名關於陰隲。神更特示其奇，迨壽終而位列仙班，可知上界神仙，必求有德。販香微業，竟生蘭桂之兒，無非知足不貪先培其地也。世世之守寒微而望昌熾者。當知所從事矣。

第十條博聞錄

總論

廣訓曰。各守乃業。則業無不成。各安其志。則志無旁騖。是知專精定靜。爲執業之首務也。凡人生計。只專務一件。便足一生受用。若兼爲併及。營此圖彼。必至兩失。即有所就。算來亦只與認眞一件相同。蓋命定也。即如一技一藝之人。以十指所入。爲八口所資。可謂苦矣。然試思道途僕僕。背負肩挑。沐雨櫛風。無時休息。而今者我得安坐營爲。牀有可擁之被。爐有未死之灰。此即享造化之福多矣。而猶不知自足。乃妄生異念。別出機謀。陷阱戈矛。頓萌方寸。卽令天地肯容。鬼神無忌。亦非善自保全者也。

守正興家

嘉慶年間番禺簡世亨存心忠厚賦性靈敏喪父母鮮兄弟妻洪氏家甚貧以擡轎爲業寄居於羊城舊倉巷焉時與某甲爲友甚相得無間言獲有餘資合置一轎朝夕往返衣食倍覺豐饒彼此情投結爲兄弟車笠之盟已訂矣惟甲性情拂戾常無退後思簡見相好在前不忍遽絕於後乃規曰兄氣頗暴宜稍斂抑庶免災逮夫身也至若賭之一途更宜切戒百萬可一時而盡吾見壞品傷生者有矣賣妻鬻女者有矣田園蕩盡搖尾乞憐家業輸清置身兇險饑寒苦惱緣一念之貪盜賊

乞兒從此中鍊出觀諸鄉族嗜賭成家者幾何遍覽古今因博失守者甚衆況彼設局者日派規銀百十幾多勉强都爲更欲由此圖財肥家置產非藉吾輩負心妄想而送與之乎入此道必破其殃君何耽耽而不覺也豈竟孑然終老不留餘資以謀立家室耶手足誼關願爲垂聽某甲曰君言覺夢晨鐘行當痛改無奈當時唯唯退後茫茫雖有善者亦無如之何矣

簡君滿腔熱血正友非爲說來語語都真論到般般都的藉生涯於肩背詎無哲人行規諫於朋儕堪稱達士惜也睡魔纏固徒負生公嗟乎醉漢皆迷終沈

禍水。

一日有醉客呼輿往某鄉者。與約價銀。均爲允合。二人遂舁而去。行至中途。馬跡人聲俱寂。樹木遮障。暑氣侵人。停輿略歇片時。四顧又無樵豎。偶瞻其客。鼾睡輿中。想行囊壘壘。歷肩金鈪。瑩瑩閃目。攤路條條。不合貪心勃勃。叢與密對世亨曰。斯人行李甚重。販賣珠玉玩器無疑。彼酗醉倒不醒。我輩生財得路。不若乘其昏憒。殺而奪之。獲此重貲。免一生奔逐。君意云何。合則爲之。吾已攜有小刀矣。世亨乍聞其語。始而愕。繼而思。終而苦勸。而甲則刀已出鞘。怒目疾視。簡畏其暴。恐其先已而及客也。乃婉對曰。此君事我不敢阻。余從此逝矣。心懼而逃。念呼救無及。存舊交情。竟秘不宣。然客則遇害矣。甲爲妥隱尸。與挾貲徑去。有如黃鶴辭樓。不復見其反也。

酒堪悅性。又可殺人。不特溺飲傷生。沈湎致疾已也。是客也。逞一時快意。致畢世冤沉。某甲雖屬兇狂。然使情醒不昧。又兼倘子純良。任他心等豺狼。未必敢爲猖獗。乃既醉矣。又有金器之動人。既睡矣。又恰遇樵牧不登之原野。金也。酒也。已足爲災。況逢喪心滅性狂徒。好賭屢輸兇類。

箇世亨復與別人合伴。或問某甲何之。對以緣賭輸與潛逃異地。人亦信以爲然。無奈年復一年。又增數口。所入不敷所出。常受饑寒。兼而病染沈疴。既愈又傷氣力。室人交謫。身體孱羸。屋租拖欠。被人驅。什物沽淸。嗟我困。由是遷回故里。幸陋巷之小屋猶存。覓得幾百銅錢。擺賣應時食物。無何又生大癩。遍體腥聞。與坐猶覺不堪。品物誰爲買。食無從獲利。坐守窮廬。幸洪氏賢能僅充薄粥。竊嘆已無他過。何天棄我若斯。屈抑無聊。聯成俚語。

撫今日。憶從前。搔首問靑天。天乎有眼開來以。報應

昭彰不惘然堪信也理無偏何如往事都如夢可是
前生未了緣

妻曰日夕沈吟終難飽暖都要從長計議圖一生機世亭謂負戴不能小販誰來照顧遂乃多方籌度切己思量不得已持鐵鈎挑竹簍拾豬糞以爲業日巡街巷時過村莊雖云覓利不多頗可幫家一二業此既久子能覓食依人已則皤然一叟淫癲變爲乾癩矣一日聞某鄉業此者甚踈喜而往果符大獲遂憩坐樹下人叢中或論曰此地以某甲爲最富況其子又是舉人生祠屋宇堂皇園囿池沼宏厰富與貴誰可出其右也一曰聞

此老壯時擡轎。後往廣西發財者。不過遷來幾年。親戚兄弟俱無。安能牽作本鄉人也。一人曰。既建生祠於此豈尚以外鄉論耶。嘖嘖不休。世亨聞林下之春秋。忽憶昔年之舊友。輒詢所以。盡得其詳。姓名年貌。恰符昔業原籍又合。竊意今享高壽。作封翁。必謀醉容掠貧財者。逃往外地之某甲也。繼而思之。未必其然者。彼蒼豈夢夢歟。料必姓名偶同耳。心終猶疑不決。挑糞而返。殆後常游是地。冀逢面細認之。以釋疑團。

無形天網本恢恢。今昔同觀漏過誰。那有昧心堪驟發。此中造化亦奇哉。

一次步其祠前。見老翁閒眺蒼桑。衣衫都麗。世亨想其狀貌面目頗殊。頃聞欬齒呼奴。聲音無改。瞬又回身向內。見其頸後小瘤。益信其爲某甲無疑矣。由是日夕置懷。心終不服。欲挺身自薦。恐因前事致殃。惟有仰首問天而已。但是非之心。人皆有之。所以每過祠前。便觸其事。不覺以糞鈎而扣其旗杆曰。殺人放火。金腰帶。看經念佛。周身癩竊。謂災祥或爽之意也。習以爲常。其家人見而笑之。久而詈之。終不改。反而奇之。以告封翁。翁奇其言。恐有因也。乃曰。當其來。即告我。我有以處之。一日家人告曰。此老復如是。翁怪而出。舉目不知其誰。著問姓名反告之封翁遽前把臂而呼曰不期三十年前舊友今日相逢何范叔一寒而至於斯也牽之入屏退從者互詳別後情形求簡移家於是以圖旦夕忘形洗昔日嫌疑敦未離友誼翁之意欲以報數十年緘口之恩免敗露彰揚之醜子爲舉伯身作封翁比昔時兇暴不同此日身家保重也世亨感其意誠允其所請由是財貨無分爾我出納盡委於簡閒時對酒撚鬚相與一笑任重權大家人竟以二太爺呼之越數載甲之子竟以大挑得知縣簽發江南時封翁妻已歿聞江南富庶景色怡人常有遨遊之慨今其子攜眷赴任翁欲順道觀

光所有家事錢銀。生涯產業。奴僕婢媼。均盡託於世亨曰。僕或順抵北京。或暢遊湖海。一年兩載。纔復談心。君當為我撐持。一如己事。即餘家人三五。均屬聽命於君矣。遂全家泛海焉。舟行數日。海濶天空。剛逢箕伯揚威。濤神鼓浪。遭颶風於洋面。水立如山。藉蛟氣之摧殘。舟輕似葉。舵歪船溺。竟與魚鱉同游矣。嗚呼。甲也。子也。孫也。媳婦也。均葬於江魚腹中也。其第宅也。田土也。池沼園囿也。無親戚可歸也。無繼子可承也。而家人之貼服於簡世亨。遂有其家焉。報應不爽。毫釐而又令人有難測如是者。

簡世亨本來忠厚情深車笠之盟賭則勸以不宜氣則勉其過抑見彼謀財害命苦勸不從勢不可以救人口便緘而不露反遭困頓幾餓殍於桑中豈知天特磨礪以成之也若醉客者諒別有因焉惟某甲昧理謀財本乖正道寃鬼不爲索命財星反又相之子掇科名身膺富有幾疑蒼蒼長睡錯降災祥那知建宅鬪園不過使他作匠儲財積產無非役彼爲奴一旦災害臨頭全家作鬼哭向閻王殿上料難逃地府嚴拷葬於魚鱉腸中否嘆心思誤用邪難勝正災祥必不模糊惡豈能昌罪福到頭明白

廣訓曰。禁民爲非。導民爲善。其意殆欲百姓羣納吉祥而免禍害也。正業能守。邪惡自不爲矣。

訓子弟以禁非爲

從來教萬民訓子弟○黨正族師○月吉讀法○歲時校役則合卒伍而簡兵器朝夕詔誡○人知自愛○不敢偶蹈於非休哉○何風之隆歟○我

聖祖仁皇帝臨御六十一年○宏保赤之仁○廣教家之治○深仁厚澤○休養生息○以至於今○朕纘承大統○仰體

聖祖子惠元元之心○無日不以爾百姓爲念○尤無日不以爾百姓之子弟爲念也○人生十年曰幼學○二十曰弱冠○血氣未定○知識漸開○訓導懲戒之方○莫切於此○大凡子弟之率不謹○皆由父兄之教不先所

恃爲父兄者。啟其德性。遏其邪心。廣其器識。謹其嗜好。至於愛親敬長之念。人所固有。爾父兄誠能明示其訓。俾知父子有親。君臣有義。夫婦有別。長幼有序。朋友有信。以端其本。則大倫明而干紀犯分之咎自鮮矣。夫士農工商。各有傳業。軍士之家。世習技勇。其人之淑慝邪正。必自爲子弟之日始。語云。少成若天性。習慣成自然。民間非爲之事。漸漬成風。游手好閒。博弈飲酒。或結納匪類。放辟邪侈。往往陷溺而不悟。甚者罹法網。犯刑章。爾爲父兄者。獨能晏然而已乎。與其追悔於事後。孰若嚴訓於平時。蓋行莫重於孝弟力田。心必存於禮義廉恥。可模可範。以身教之。耳提面命以言教之。使子弟見聞日熟。循蹈規矩之中。久之心地純良。行止端重。可以寡過而保家。卽可以進德而成材也。且庭訓素嫻。子弟克肖。則國家賓興令典。自致顯揚。旣光大爾門閭。又垂裕爾後昆。父兄俱與有榮焉。卽使愚魯不敏。而服教安化。刑辱不及於厥躬。鄉黨咸稱爲良愿。一家之休。孰大於是。況今日之子弟。又爲將來之父兄。積善相承。誨迪不倦。將見戶興禮讓。人敦孝義。自通都大邑以至窮鄉僻壤。大平之象與國俱長。庶不虛朕殷殷期勗之至意矣。夫好善則閭閻子弟可致蕃榮。苟不善則公卿子弟流爲卑賤。義方之教切磋之功可不豫嚴於蒙穉之年乎。爾兵民其敬聽之毋忽。

博聞十一集

聖諭第十一條訓子弟以禁非爲

果報目錄

宣講博聞録 第十一條全 三

第十一條傳聞錄

總論

非爲之事不一。小則放縱游蕩。大則作慝犯刑。皆足爲身心之累。亦爲性命所關也。然人雖至愚。未必甘蹈法網而不悔者。其始誤於所習。漸而交遊邪僻。結納匪類。遂至放僻邪侈。無所不爲。而遭刑犯法之端。有自來矣。故必父兄之教。於先所云養其德性。廣其器識。謹其嗜好。過其邪心。非正人勿令與交。非正業勿令與作。子弟雖愚。何至非爲自蹈。即無父兄之訓誡。爲子弟者。亦當貴以自立。試看天地生材。必有所用。我而堂堂七尺。縱不能與日月爭光。亦不應與草木同腐。乃頽惰自安。罔思振作。不能上達爲君子。卽自下流爲小人。更或藉祖父之餘蔭。不念興創之艱。日事交遊之濫。飲酒博弈。相與流連。甚而匪友淫朋。相與博聲色。爭體面。誇俠氣。逞豪强。一旦創出禍端。徵捕株連。身陷囹圄。財產傾覆。妻子散離。至是始悔所爲之非。實由交遊之累。故人當飽煖安居。妻子團聚。實享無限淸福。愼勿比匪爲非。致嘆窮途於日暮。以自貽伊戚也。

楊鐵棍

楊經緯。湖南澧州人。體貌魁梧。慷慨仗義。親友貧苦患難。求無不施。原父生時。以商賈興家。遺貲巨萬。奈父母歿後。不愼所交。凡琴棋書畫。能以一藝見長者。形忘貧富。任相往來。園內有花樹魚池。日與諸友娛玩于其間。樂無虛日。一日在廳上談歡。友報郡城唱戲。遂與諸友偕往。將近戲塲。人漸擠擁。忽有兇惡數輩。蜂擁而來。勁力一撐。推經緯落於溝畔。衣履盡濕。腥水沾衣。諸友不平。齊聲喝罵。兇輩反加惡語。繼揮拳亂毆。衆勸方休。時楊經緯復被毆血流。敗興而返。歸家後互相憤激。欲洩無由。

性慷慨則近義。樂施捨則近仁。原是福人美質。況家擁萬金之富。能檢身脩德。斯為福善之家。乃濫交遊。縱逸樂。福根雖有。禍種難除。漸流於污。勢所必致。不數日有友帶武教師周彪到訪。楊經緯見其氣象軒昂。一種英姿照人眉宇。遂一見殷然情相投洽。是夕風月之下。友誇頌周彪之勇。羣請試之。周乃步出亭園。大開拳脚。裝出猛虎下山之勢。一聲猛喝。木葉齊飛。儼若力可拔山。拳捶風響。俄而手足飛舞。如虎跳龍騰。令人目不暇給。復演刀鎗鞭棒。竭盡所長。及拱手收場。羣皆

宣講博聞錄　楊鐵棍　六

驚異楊經緯曰前日有君不致受溝下之辱周問何故經緯述戲場被毆之事言之猶胸火欲活周彪曰有文事而無武備每受人欺也夫武藝非特禦侮且可掌家諺謂家中有一武如山中有一虎賊盜不敢擅擾然且居爲武士出爲世雄倘地方有事之秋能爲家國特建奇功不特博得功名且聲名蓋世如君等皆志不下人倘拳鎗刀棍但求一技能精則先聲動人不威而畏何致爲宵小所辱楊經緯聽言之下色舞神飛願請受教爰集同志者二十餘人在園亭日捶沙革夜打木樁所交者皆赳赳之夫益友漸皆迴避

兵凶器也。庶民之脩齊。天子之平治。皆在文德。不在武功。有時不得已而用兵。亦迫於勢之無奈。要皆以禮義為本。武王身為天子。戎衣伐紂之後。尚偃武脩文。放牛歸馬。示天下不復用兵。況身為庶民。不知檢束。守歲日以講武為樂。近小人而遠君子。其敗也必然。

一日郡城賽會。羣強經緯往遊。至鬧熱塲中。有友莫宏治。耆性狂兇。恨往年被毆之羞。正欲于此以顯其技。巽有強漢。力衝而入。旁若無人。適與莫宏治覿面相衝。兩相嗔論。強漢不知莫宏治學有武技。運鋼拳毒毆楊經緯恐莫鬧事。攙手勸止。莫指強漢罵曰。吾動拳恐傷汝。如不服。請出比試。兩人走出城外曠地。如兩虎爭雄。強漢正演手段。用右拳揮來。莫閃身用左手相接。帶刀一拖。強漢撲地。莫倒執其脚。拖至竹林。罵曰。傷汝是吾不仁。不誡恐汝復惡。遂將其兩脚。緊夾在竹裏。強漢兩手撲地。欲脫無由。時觀者林立。莫曰。汝當拭目認得吾是周彪之徒否。觀者聞之。莫不吐舌。強漢服罪。莫始放脫。楊經緯歸家後。欣欣然對羣友謂莫宏治曰。今而後。始知武士之不可欺。彼世之不知武者。如木偶耳。時已歲費千金。楊經緯竟不以爲介意。

楊鐵棍

處世莫先於守身。而守身之道。納於正。不納於邪。左傳曰驕奢淫佚。所自邪也。況習於兇悍。不自知其非。反以得勝爲雄。揮金所不顧。不知驕其志。正以速其禍也。

楊經緯連習數年。武藝嫺熟。自以爲絶技無雙。旋聞有少林寺僧到郡。僧名了指。善用鐵棍一條。其技名萬人敵。楊經緯聘之來。願求所授。僧先試其所學。曰子之技。祇可擒雞捕犬耳。羣願執弟子禮。僧使學立馬步一年。及次年教舉步。兩足俱穿鐵屐。猶兩手執鐵橙。初舉踵時。不堪艱苦。漸而遵。繼漸而奔。又使改穿鐵靴。十指鉗鐵柚子。掛大鐵駝於兩肩。初覺如蟻負山。比前倍苦。一年之後。履步如登。設木欄離地二尺。使合雙足跳踴而過。迨卸鐵具。使縱身一躍。已飛立簷垣。僧始以萬人敵之技。如法相傳。于是經緯有楊鐵棍之名。聲聞于郡。惟家貲已揮過半。時有二子。長子名煥儀。年未十四。而能文。已就讀於外。經緯謂讀書無益。使其日讀詩書。夜歸學武。子意不樂。然以父命不敢逆。歸見堂上懸項王圖一幅。乃少林寺僧了皆所贈。繪出氣象如生。英風凛烈。諸友環壁以看。適煥儀歸來。經緯揚然命之題。贊煥儀正欲諫其父。乃題句其上云。未了雄心霸業虛。歌聞垓下恨何如拔山空有八千力不及留侯一卷書父見之怒知其志不在此有負所教即逐之歸塾師問曰父特召汝歸習武藝何遽回煥儀告以題詩被逐之故師哂曰猶幸不受鐵扆之苦若不會吟詩必不脫身也諸弟子聞之皆爲莞爾

陷身不義復欲陷其子其心已入於懵昧如諺云近墨黑而不自知也犂牛有子尚家庭之幸事

惟楊經緯之妻程氏初以夫濫交浪費經苦諫不從知夫必敗將家姑遺下珍珠金器計值千金負私匿之易以僞者還諸僮後少林寺僧以教習功成告退尙欠酬

貲三百。謀諸婦程氏曰。昔翁終身積蓄。勤苦成家。汝將其血汗之貲。與無益之徒。不十年揮之將盡。今家貲猶存多少。汝撫心自知。諫諸我何益。吾夜間夢寐。常聞翁姑歎息聲。汝未知也。言之淚落。經緯曰。吾知過矣。然僧不去。則諸友猶日聚於家。欲將母親遺下金珠。易貲以用。此後當杜門絕客矣。婦驚曰。此姑存手澤。君忍沽之。試問尚有桮棬之念否。經緯曰。沽之不可。暫典以濟燃眉可乎。婦含淚取出。經緯曰。不須悲。不久當璧歸于汝。遂到典店。求質銀五百。豈知金珠皆偽。不抵十金。經緯駭甚。歸問諸妻程氏曰。古人有言。運退黃金猶失色。君倘不知猛醒耳。然此原姑遺物。眞僞何知。經緯不得已賣産謝償以去。諸友知其窘。乃商諸莫宏治以告經緯曰。君不能常作孟嘗君。吾等亦不可常作食客。求借數十金。吾等爲食指計。後當如數歸趙。經緯素慷慨。且家計漸艱。免彼到家常擾。乃與金四十。莫宏治等。乃於郡合謀賭館。聲言楊鐵棍貲本。以爲聲望。弁兵聞之。到索陋規。莫宏治等拒之。兵不服。架以大題。禀知弁官。以查訪賭館爲詞。藉此搶掠。莫宏治與敵。弁兵被傷。弁官禀上憲。誣楊經緯與莫宏治等在郡設賭。弁兵巡察。被毆重傷。楊經緯賄書吏方便。復求紳申訴。爲已辨誣。私願墊銀爲兵醫理。以爲無事。

昔人有言曰。人生儘受福。人苦不知足。思到有事時。無事便是福。思到疾病時。平安便是福。思到死來時。活着便是福也。不必高官厚祿也。不必堆金積玉。人生算起來。許多自然福。奉勸世間人。不可不知足。雖淺白之詞。要皆金石。彼世上奔勞者。但願身體康强。情甘沐雨櫛風。披星戴月。一家粗茶淡飯。不受饑寒。自以爲安。楊經緯擁巨萬之貲。履厚席豐。不以爲福。乃縱情惹禍。致爲人所愚。可知辟字之爲害。

楊經緯以弁官不稟追。心亦暫慰。不意弁兵一月之外。

傷發斃命。并官恨經緯有衆紳袒護。更誣以重罪。謂其私置軍裝供奉項羽圖聯盟聚黨。外設賭舘。內結陰謀。遂先率兵到楊經緯家。將其軍器及項羽圖繳縣。以爲證據。縣主以所禀事大。即飭兵差按名拏獲莫宏治胡三湯十一。立被拏解。餘逃散。初楊經緯聞之。舉室驚惶。求鄉紳等商酌。時其子之師王夢弼亦在座。曰人命事大。然殺兵者莫某也。實于汝無干。是否終能分別。惟他誣汝私置軍裝供奉項羽圖聯盟聚黨。其罪匪輕。幸此圖幷已先繳。內所題詞原是鄙項羽非以尊項羽。彼雖誣汝供圖結黨。即此詞可辨其誣。况所題雖汝子筆跡。

然題之在未緻之先。非題在旣緻之後。正爲汝子筆跡。便見汝生平已鄙項霸。則結黨之捏。皆虛也。至所被緻軍器。須說遺自先人。設以防盜。汝曾學武藝。切不可認。罪方可脫。經緯曰。吾不交匪類。常與諸先生相親。何至今日之禍。迨午飯後。正欲求紳保結。忽差役臨門。逕將經緯鎖拏解縣。縣開堂審訊。責其國法森嚴。何以膽敢供設項王圖。聯盟聚黨。及私買軍裝。開設賭局。毆兵斃命。今弁官已緻有證據。喝令其立招。楊經緯訴曰。民素愛教子讀書。最鄙武藝。家有項羽畫圖一幅。民深惡其霸。命兒批鄙之。以爲子孫鑒誡。蓋死項羽民尙惡之。何有聯盟聚黨之事。官問何以私設軍裝。經緯曰。此先人遺下防盜之備。並非軍裝。縣主以經緯所訴近理。且聯盟聚黨罪關幸連重大。爲民牧者不能據弁官一面之詞。律人於死。故先將此節註銷。惟弁官又攻其設賭聚黨拒查斃兵。楊經緯幸鄉紳力辨其誣。莫宏治又認爲已罪。概與楊經緯無涉。弁又捏其買屬莫宏治攬罪圖卸其爲黨。可知幸縣主明察。查得實係楊經緯解散與莫宏治等自行設賭。然人命實由賭館生事。設賭雖非經緯。而貲由他始。故定罪以莫宏治爲正兇。斬首償命湯十一。胡三。同場窩賭。從輕擬以見毆不救。發充烏龍

江楊經緯雖非同黨。從輕擬以借貲設賭。致滋禍端。滅
等問流發浙江台州府臨海縣安置。此皆賢縣令體朝
廷好生之德。仁政廉明。楊經緯幸而不死。惟查弁兵斃
命實由勒索陋規。稟詳上憲。並將弁官革職。同黨弁兵
懲革。
從來爭端惹禍。多由賭博塲中。顧查賭者弁兵。庇賭
者亦弁兵。其頑愚懦之流。相習以爲正業。卽良家子
弟亦漸以相援。混雜魚龍。變良爲莠。賭風之熾。不可
滅賭博之禍無止期。然楊經緯不與小人交結。何至
禍害株連。非藉其子題詞。任弁架以罪名。幾至滅門

之禍。而究非其罪。天亦爲之原情。當其子掌管時。鬼神先以主之矣。然守成不愼。自取其殃。以至問流之苦。易曰。比之匪人。不亦傷乎。可不深戒。

楊經緯自定罪之後。覊押監牢。日夕不堪其苦。妻子欲求脱免。幾已家貲傾盡。罪不能輕。監押半年。妻子聞已定期起解。時次子煥斌。始八歲。程氏偕兩子到縣求見一面。與之永訣。監卒引入。一見其形骸枯瘠。衹三分像人。七分類鬼。妻子皆跪地痛哭。經緯亦苦淚悲咽。慘不成聲。程氏掩淚而言曰。吾在家母子籌策。情願竭貲財。求夫君多一日。淹留卽多一日。設法求免。今無望矣從此一面相見無期。一切家務。求當時屬付。經緯曰。愚丈夫半生冒昧。枉在人間。死無以見先君。生無以對妻子。尚有何詞。但長子煥儀。宜早日完娶。以助理家務。次子以教以養。勞賢妻一力擔當。恕我無用。不能相顧。煥斌此後改名煥文。删去武字。吾爲此武字所害。教子孫當永戒。以外家務。由賢妻自作主持。然古人有言。欲無後累。須爲善。要好兒孫。必讀書。吾自少不好讀書。心無定見。所以不善所交。致速今日之禍。蓋讀書雖不成名。究竟品高行潔。即貧窮不能教讀。則農工商賈。必使二子堅執一業。使束其身心。自不流於匪辟。所謂黃金滿籯。不如教子一經。賜子千金。不如教子一藝。若無藝業以處之。則放辟邪侈。爲惡則易。爲善則難。從來子弟之不肖。多由父母害之也。吾寸心離亂。祇此已無別詞。望賢妻當愼所屬。程氏洒淚指二子對經緯曰。此兩兒乃丈夫遺下血肉。須當面致屬一詞。煥儀聞母親之言。復跪前叩頭泣曰。請父親教訓。經緯曰。汝本父母俱存。兒弟無故。因吾不知自重。致妻子離散。汝須立志。愼勿學我所爲也。言之大哭。復拭淚而言曰。他日娶後。須夫妻善事娘親。即是盡孝於我。尤須善教汝弟。長哥當父。須視弟猶兒。吾不在家。心亦慰矣。煥儀曰。父親在家時。飽食煖衣今崎嶇萬里饑渴誰憐兒願一路相隨到境安置後然後歸家俾母親得知情形心亦稍慰經緯曰吾已爲籠中之鳥罪所自當汝身爲一家所賴上有母親下有弱弟迢迢萬里豈可輕身言至此見次子煥文跪近膝前哭曰留哥哥在家兒願隨爹爹同往家有哥在娘親可不孤零兒近身邊父親不致孤苦爹肯許兒同去兒丐食所甘心也經緯曰汝年少同去亦無益既有孝心他日長成須念今日父子別離之苦便可奮志爲人程氏見丈夫形穢求監卒方便親爲之沐浴更易粗衣密屬曰家姑所遺珍珠四顆初慮夫家敗吾實匿以

誑夫今已將一顆密縫襟底到境時可作隨身之用經緯曰吾此身生不足重死不足悲當留此以為家計程氏曰吾家中不必慮所慮者汝異境風霜耳程氏言之哽咽乃與夫易衣後相與俱出經緯曰此非家庭不可久敘請賢妻與子俱歸或者藉先祖之靈朝廷恩赦冀得重逢待我二十年而不歸作吾已死不必思念程氏曰路上君自保重到境後倘逢鄉友常求其代報鱗音家人見書卽如見面言罷大哭而歸

人之將死其言也善經緯此去地角天涯生離何殊死別當此良心盡發言之一字一淚卽一字一珠卽

今日所教妻子之言。若能自約於平日。奚至爲朝廷之罪人。其生平縱性妄爲。由其未經艱苦耳。可見人當安樂之境。而徒以樂心處安樂。其情易放。其行易乖。古人居安慮危。安常慮變。故得終身不辱。

道楊經緯起解之日。欲妻子再見而不可得。家鄉回首。更不勝悲。一路遞解已到台州。郡主訊驗。察收。即批項照回文。解差去後。轉發臨海縣安置。初到縣時。馬縣主雖照例將伊釋放。然恐其逃走。時屬衙役約束提防。楊自到縣半年。寸步不敢擅離衙署。凡署內人役呼喚。或烹茶掃地。莫不慇勤。縣主見其馴良。使當雜役。每月給錢五百俾以安心。至衙役書吏等。又托以汲水浣衣。工錢按給。而經緯見被押匪犯其孱弱疾病者。自念身歷其境。觸目垂憐。將月所存貲。或湯藥衣巾。隨時施濟。歷兩年餘。縣主久已密跡其行。奇之。潛於夜間究其底蘊。詰之曰。汝既慈心。何以犯罪。經緯泣訴以莫宏治牽累之故。瀝訴情由。縣主曰。然則汝固好人。雖遭冤妄之災。不必以罪自外至爲榮辱。君子素患難則行患難。汝須守分。如遇　恩赦。必爲汝開法網之恩。經緯叩首以謝。未幾。馬縣主已調杭州府仁和縣。將卸事之日。經緯見馬縣主獨立簷前。跪地叩首曰。老爺陞調。恐犯人無望開恩之日矣。縣主曰。此屬本吾實缺。暫調別任。一年便回。汝須照常守法。切勿私逃。與其私脫歸家。而終爲逸匪。不若奉　天恩赦。而罪免無憂。經緯唯命。叩頭退出。豈知馬縣主調任後。一連六年。始飭回本任。見經緯猶在。復安慰一回。縣主復任兩月。適縣署右鄰被盜夜劫。街鄰吶喊。官會守城弁戎。督兵親往捕盜。兵役等畏縮不前。楊經緯曰。吾願先往衝鋒。遂持梃帶文武兵役直往。遠見賊方衝門。又見兩賊把守街道。經緯突飛身上瓦。復由屋簷跳下。連撲賊四人。餘多被傷奔走。兵役齊至。四犯當傷捉獲。馬縣主喜曰。文武兵役不及汝

宣講博聞錄　第十一條全　廿

一犯人真非人所逆料。既有此技。難得十載于斯。不露形色。經緯曰。倚鄰破劫老爺。當有處分。小犯久沐仁恩。不敢不挺身報効。馬縣主大喜曰。可知匹夫之志。可敵三軍。即賞銀五十兩。代賠賬房。經緯固辭。縣主強之。乃叩首以謝。

楊經緯本素性仗義。故身當患難之際。忘夫患難。猶能于患難之地。以濟難人。公門路上好修行。即此便是陰德。比之在家時同是用財。善用則歸于義。不善用則陷于非。用財與用情。皆不可以不愼。然前後的一人耳。服役勤勞。歷十年而不厭。剛強果敢。退于急

而始伸蓋當斂跡之時忍乎不得不忍漸久而性成耳能忍乃有濟經緯豈至此而始悟其機無他閱歷深而趨避熟也

縣主將犯四名訊實定罪所供餘黨多被擒拏縣主以靖盜安民著勞加級乃謂經緯曰恩赦後本縣必爲汝請獎經緯曰罪人不敢居功何敢邀獎願求老爺恩准出市肆經營倘遇 天恩則赦歸有日否則一枝寄足亦可謀生縣主准其貿易再賞銀五十兩共計百金經緯即在郡城初作小生理每月朔望祗到縣衙點名來年忽有縣役帶其子煥儀到店經緯已不能認詳問

始知乃悲喜交集驚問何遽來此煥儀曰叔祖楊麗澤由都囘來聞來年必有恩赦兒稟知母親特來候候父親倘藉 皇恩則隨父親轉里果萬歷三十八年以萬壽恩赦罪人楊經緯亦獲赦免縣主先示知父子叩別邑宰奉赦囘籍夫妻父子如再世重逢經緯向所藏珠尚在衣襟並出以貿易不數年家業重興後煥儀獲領鄉薦仕福建泉州府南安縣歷任有政聲後陞汀州知府可見家庭之興敗視人事爲吉凶善則慶而惡則殃天道自然之理

一禍一福雖權之自天實定之自人蓋後而報應者

天而作爲之先則在人也然天雖定之以福而人偏作禍天欲福而無由天卽臨我以禍而我偏作福天欲禍而不忍楊經緯享富厚之福由先世所留詒而所釀者禍胎所交者禍種所作者禍媒如庫聚寶財而啟門揖盜禍熾則福消天地亦何能爲力當昭株連之苦是其禍自已求而能立者福心能脩者福念能培者福基如荆棘在園忽删以樹果轉禍卽爲福神鬼亦屬無權書曰惠迪吉從逆凶又易言吉凶悔吝之機卽消長存亡之理而人不自悟耳

宣講博聞錄　第十一條全

第十一條博聞錄

總論

聖諭廣訓曰子弟之率不謹由於父兄之教不先又曰朝夕誥誡人知自愛不敢偶蹈於非然自世風日下父兄之責日嚴子弟之行日肆究其弊由于賭之爲患孟子曰教亦多術矣而賭之術尤多可小往而大來能隨時而濟急不知誤入迷途若溺苦海英明之子因此而日喪其眞富厚之家因此而日銷其産商則廢業農則廢工漸而聚匪窩奸更漸而犯科作惡小則陰竊大而拐盗世之身罹法

綱者。半屬賭博中人。而聚賭者每藉有權勢者以爲之庇。不知一經發覺。彼猶律所難逃。試問此時復能爲我庇焉否也。蓋賭即地方爲禍之首。曠觀業於賭者。身無不敗。庇賭者。家無不殃。雖或飽煖一時。而不知早已罪惡貫盈也。

拐嫂

世俗之害莫甚于賭。賭風之弊。莫弊于白鴿票之與花會。然使人廢時失業。且敗俗傷風者。則花會之弊爲尤甚。聞其賭術。僞古人名號。使人猜之以決勝負。猜中者利三十倍。賭者銅錢千百可買。一二文錢亦可作賭貲。當開字之候。奔走若狂。男女混淆。呼羣引類。贏者揚揚得意。輸者魄蕩神銷。奸盜之風。從而日甚。每聞閨閣婦女輸到山窮水盡。難見翁夫。或服毒投繯。或敗名喪節。聞者莫不傷心。而其風以粵地爲最。昔粵西潯州附近猺山地面有銅鼓巖。時有白十二者。招集匪類。在巖邊開設賭廠。文錢可博三十。百錢可博三千。博賭者男女紛紛。人如趁市。求賭每決于神。常用白紙翦作月形。週書古人名號。團圓如環狀。中置小朱杯。夜置神壇社廟前。求神點字。曰票盤。間或虫蟻經行。及早察票盤內。其字有朱塗者。以爲果是神靈指點。贏者求之。又求。輸者窮追不服。更有聞新葬之塜。及少年死殤者。羣曰其鬼必靈。不畏跋涉。星夜往求。坐守深宵達旦。不寐。察票盤內字。如無紅點。則謂新鬼不肯。發靈。則削柳爲椿。由墳土插入靈柩。用石撞木而下。以聞板聲爲度。而後置票盤於墳前。求鬼點字。蓋粵西俗例。三年之後。必遷葬。其初不過淺葬畧蓋浮泥。故求點穴者。必用木撻至柩頭。意謂務使鬼知。乃爲靈應。每夜求神問鬼者。披星戴月。廢寢忘餐。視此賭爲正業。

賭之術最多。賭之計最巧。賭之路最捷。賭之利最深。不知其術雖多。墮其術則困。其計雖巧。中其計則愚。其路雖捷。入其路則窮。其利雖深。貪其利則損。而世之惘惘者。明知爲陷人之局。而故入網羅。且自以爲卜鬼有方。求神有術。其用心顛倒。日流于匪僻而不自知。倡賭者。眞爲天下古今之罪人。

時白十二以賭博日盛。更私設小押。暗放賭債。重利盤收。竟有以女兒折債者。轉將女子賣入青樓。以故家貲日裕。更要結士紳爲之庇護。他先肆志自若。没奈他何。有吳涵光者。父生時在山邊結一小窑。買石燒灰爲業。其父殁後。有劣紳覃炳熙。素刁詞健訟。性貪惡。謂吳涵光曰。白十二在銅鼓巖開設賭廠。日納規銀數錢。汝開設石窑于地方。有礙。雖不能如白十二之數。然當月有定規。保汝無事。吳涵光曰。吾家石窑。自先世以來。未之或改。自守正業。非與白十二違法可比。如必勒納私規。恐一開慾海。負石難塡。此實不能唯命。覃怒。遂誣吳涵光鑿石燒灰。傷其祖墓山脉。官親詣勘察。其誣反被批斥。覃愈忿。復串劣惡輩誣吳涵光煅石爲名。窑內多集石工實匿匪聚賭。請即封禁。並蔣衙役。路截走帶花會賭票投厰者到案。聳彼捉者。須認爲吳涵光石窑工人。方易保釋。官以賭匪可憑。即將石窑封禁。並即飭役勒拘吳涵光赴案。吳徬徨。棄業逃匿。有同居吳松壽。是其嫡堂從弟。涵光以家務重託之。且謂妻曰。惡人遠避。杜災殃於眉睫。家中事。宜謀之壽松叔。叔可代支持。屬畢。隨友林伍同赴南甯府。徐圖活計。吳去後。覃炳熙知其畏懼逃匿。偶息林下。有婦經道左。覃不覺神驚。詢諸旁人曰。此即吳涵光妻區氏也。覃慕其美。以其夫畏事遠逃。欲乘間娶之歸與白十二謀白難之。覃怒曰。汝賭廠日益多金。皆藉吾祖庇。今一事不能爲我策。獨不思吾能誣彼而不能罪汝耶。白曰。力可能爲。雖登山涉水所不避。然此事實無能爲策。覃曰。如肯用力。則有箸可籌。白問可策。覃曰。吳涵光畏吾拿究。經遠逃不敢歸來。聞其以家事託從弟吳松壽管照。能誘吳松壽陷于賭。以亂其心。此時有機可乘矣。白喜曰。如所言。吾得計矣。謀財不遂。復謀奪其妻。小人用心奸險。波外生波。機械莫測。夫好人循分安良。偏有惡人爲之蠹害。可慨可悲。古人有言曰。世情翻覆似波瀾。雖聖賢難免脊小之奸。惟常能守正不阿。則惡亦無從而入。

覃炳熙查知吳松壽負欠錢糧。屬衙役登門拘納。吳松壽急不能籌。無以爲計。白十二知小夥梁某是白戚屬。密使挑之。曰君事急矣。爲君解厄可乎。吳求相濟。梁某曰。吾竊聞東家密酌。即日賭廠是開某字。盍試博之。必得貲。此卽立濟汝急。然愼勿洩。倘機事不密。則反害我矣。吳松壽素惡賭者。以時下囊空事迫。姑小試之。果獲數金。猶未足完糧之數。心竊可惜。梁某復來挑之。曰本日某字可買。但一悞無庸再誤也。吳復博連獲十金。吳喜得濟完糧之急。乃復一月三捷。復獲數十金。吳自是

拐嫂

心竊慕之。並與其妻日夕問卜求神。且無虛日。而不知
愈賭愈迷。竟將田園盡典。忽在郡城。獲接從兄涵光回
書。展讀之。謂自到灘南地面。皆萍水之交。置身無主。復
隨友林伍轉過越南。別尋生理。求友假得十金。附回託
松壽轉致其妻區氏。暫資家用。松壽得書。並不告其嫂。
將書內之金。到賭場一博。以冀復回故業。不意著手成
空。心愈忙急。乃僞書誑其嫂。謂兄轉到越南國。別作經
營。求將田產典銀數十。附上以爲貲本。區氏信之。將產
業盡典。得五十金。交松壽寄。不知松壽哄得巨貲。喜謂
妻曰。得雄則王。得雌則霸。逐回不原之鹿。在此一舉矣。

乃數日又復一輸而盡。握腕浩歎。魄落心灰。

書曰。從善如登。從惡如崩。然人性如水。就下則易。趨上則難。以吳松壽若非謹厚存心。其兄斷不託以寄妻之重。乃偶然錯足。則品行全乖。所謂一行有失。百行俱傾。雖人故陷之。亦由其心無主也。夫物必先腐也而後蠹生之。試問鐵與石。外物能變之否乎。

時吳松壽如迷入窮途。白十二探却情形。知其心亂神昏。性情顛倒。正欲以覃炳熙欲謀娶其嫂之事。乘機挑動之。而未得其遇。適吳松壽偶到賭廠。白邀入內座。煑茗談歡。未幾留之飲。松壽盡醉而歸。松壽以白情意懇勤適日一到。每到白必留餐宿。自是兩情洽浹。吳覘白十二如心腹之交。而不知已墮其圈套中也。一夕飲至大醉。白十二挑之曰。君本襟懷洒落。何邇日形神彷彿。如有隱憂。旣屬知交。何妨直告。吳曰。吾自迷于賭。已將薄產典盡。兄自南甯寄回十金。嫂猶未知。全金輸却。自問不該。昧心復僞兄書。哄嫂將田典金五十。卒付之烏有之場。今愛我者君。昔禍我者亦君也。顧兄以寄託之重。歸來有曰。必不相容。不知將何以處此。白十二乘機聳之曰。吾能解子之厄。子能如我所謀乎。松壽曰。能解我厄。有所謀。願皆唯命。白曰。今有友欲娶妾。如汝嫂者可抵百金。盡設計嫁之。則百金便能解厄。如兄歸。則謂嫂私逃。兄弗知。斷弗能罪汝。松壽曰。是更忍心。矣以見兄于異日。白曰。既典兄田。今雖不欲爲小人。亦已不得爲君子。猶冀兄能另目於子耶。松壽問娶妾者何人。白直以覃炳熙告之。松壽曰。兄石窖之訟。與覃恨常切齒。復私嫁其妻于彼。兄何肯干休。白曰。汝兄與覃。卵石之勢不相敵。正爲嫁于彼。汝兄不能作威也。松壽猶疑未決。翌日。白邀覃到。出百金以示曰。子能如白所言。當即此百金以謝。松壽覩金心動曰。吾雖欲如命。而嫂必不甘改節。其奈之何。覃曰。當計以賺之來。婦性如輪。隨驅而轉耳。松壽利其金對覃言曰。吾以計誑之。嫂無不來。第其性頗堅。他到後。須緩婚期以順其情。激之恐生變也。覃曰。他至時。吾自有術。松壽歸家。復僞兄書以誑其嫂曰。兄說今在南郡。營謀生理。尚欠百金。屬吾求戚友相假。吾徐圖之。區氏曰。凡事憑叔叔主之。遲數日。松壽告其嫂曰。今有覃友。是兄故交。願以百金相假。第須嫂到他家親接。區氏不知其計。隨松壽俱往。迨及門。婦與覃炳熙素未謀面。覃曰。汝夫求假百金。今交嫂嫂親收。區氏接銀。轉交其叔。松壽曰。我即託友附上。免兄懸望。請嫂暫坐。吾時下可回。松壽得金。借此脫身直回家裏。

背兄拐嫂改節事仇此倫常之大變稍有人心何忍爲此惟餌賭以亂其心使之陣入迷魂可見敗德喪良莫甚于賭

吳松壽去後留區氏獨坐廳間覃炳熙見區氏一貌如花常定睛偷看區氏知其心性淫邪惟俯首含羞不敢與語俄而黃昏近晚婦以松壽久去未回即求歸去覃曰汝叔知嫂嫂在此不久必回他若不回然後遣人相送遂遣婢帶入內座區氏以爲有女眷談話可慰無聊豈知並無一人心愈不樂低聲竊問婢曰汝家奶奶何在吾求一見婢曰奶奶歸去外家半月至今未回區氏

聞之。心愈惕惕。如坐針氊。頃刻。忽有小鬟先入。告大婢曰。奶奶回來也。俄一婦入。區氏見之。相與爲禮。大婢告區氏曰。此即吾家奶奶。區氏竊喜。俟婦入室後。即求婢帶入與之相見。婦以爲區氏是親戚眷屬。迨共坐細詢情由。始知是吳涵光之妻來借銀者。婦問區氏丈夫作何生理。區氏言初以石灰窰爲業。被覃炳熙誣告封禁。並捏賭差捉拿。今奔往南甯。另圖生理。細說一遍。覃炳熙之妻。聞言驚異。自忖丈夫既陷彼之夫。遠逃搆訟之日。事經親見。何以區氏不識我夫名字。投至吾家。吾夫既與彼夫婿有仇。何遽肯以重金相借。反覆沉思。此必貪婦貌美故設計逐其夫今却拐伊入門爲妾耳覃炳熙之妻陳氏性最妒覃屢欲立妾皆嚴拒之今聞區氏之言恨火欲燒惟未得其確而覃炳熙見妻已回又恐事洩有阻入見妻與婦談坐慰區氏曰汝叔未回小舍儼如家內吾與汝夫素相交厚不必疑忌且屬妻曰此吾愛友之妻宜善待之其妻聞之愈疑然僞爲不知者將有以試之假意慇勤留婦同餐膳後另設房榻遣婢陪宿覃見妻待區氏意洽情歡喜區氏得妻交託免彼生疑自以爲得計

多行不義復戀色貪淫以奪人之婦更多端掩飾欲

欺其妻以圖其願而不知婦之視己如見肺肝所謂
聰明多暗昧作僞心勞日拙也
及夜深陳氏試其夫曰前不欲君娶妾者以君性情未
定故也今吾父族有一婢品貌兼優欲君納之以助箕
箒若何覃炳熙向以妻性最妬忽勸之納妾意自愉歡
第情已鍾于區氏而未敢明言祇婉詞以却之曰吾思
之婢子未經世務性慣痴頑不若無夫之婦已不能柏
舟自守者肯嫁則納之妻知其心已屬區氏復試之曰
今日所來區氏吾見其容貌性情俱大方舉止可惜是
人之婦不可求耳覃炳熙不禁躍然喜曰如妻言吾已

求得之矣妻問何故覃直言捏其夫於罪其夫懼禍遠逃後遇區氏于途慕其美欲娶之查其夫家事託同居從弟吳松壽代管吾故託白十二誘之賭以蕩其心志後以百金賄之使拐之來今婦猶未覺但恐迫之生變妻既欲納伊爲妾須善言撫慰使他心悅然後成婚陳氏已探確其夫眞情心却勃然不悅轉以甜然哄之曰旣若是吾當有以處此矣詰朝婦以其夫串計拐彼到門之情歷告區氏使即由後院門逃出造覃炳熙起來到小房窺探不見區氏遍搜無踪痛責諸婢皆言前後門俱經關鎖並未見區氏走出覃疑妻縱之惡言詬罵

婦不能忍反唾言侵犯直斥其非覃怒撻之婦素悍與之鬬覃擲石傷其頭顱數日流血而死婦父陳可成聞之控諸縣覃素刁訟且恃勢播弄揑陳可成匿女不歸架詞誣告婦父寃莫能伸反被覊押

奪人之婦先自殺其婦非天之報應如響哉使陳氏不歸則區氏已身入網羅不獨爲之可危且爲之可惜乃其妻久去不歸忽然而至儼若使爲替身之鬼俾區氏得免于污天報之速亦巧矣猶刁詞健訟是自速禍也

惟區氏逃出先歸母家母禁不使歸恐復被害其父曰

婿經遠出。女子身獨處。有叔機險如此。難以提防。不如鳴官以斷後患。況陷婿歇業遠逃者。覃炳熙也。不乘此揭其奸。婿畏其刁。歸無日矣。女父區展揚。遂密控諸縣。宰拘吳松壽到案。松壽直攻白十二受覃炳熙主使串弊。宰怒。並拘到堂質訊。覃炳熙猶刁詞抵賴。其妻父陳可成。又乘機翻控其女。始得撿驗。果係因傷致斃。宰反覆研詢。始得洞察。覺奸判覃炳熙訟棍。恃衿庇賭。串霸人妻。無故殺婦。決斬首定罪。白十二明場聚賭。聳拐人妻。罪擬斬決。查封賭廠。將私開押店賭產一並充官。吳松壽聽人唆擺。作拐嫂未成。減等擬流閩省。吳涵光在越南貿易數年。頗積小貲。歸家始知其事。猶憐松壽妻子。常撫養之。後吳松壽遇恩赦還家。聞妻道兄嫂之德。倍深愧服。親詣涵光夫妻前。伏地請罪。願終身以父母之道事之。時涵光由越南藥材生理。興家已成巨富矣。其夫妻俱以福壽終。人皆謂其厚量之報。

人有正業。邪僻則害之。人有福根。惡孽則滅之。覃炳熙衣冠中人。爲地方重望。所賴以教訓正族。禁惡除奸。地方得一好紳衿。何異一善鎭。魔羣邪偃伏。乃恃勢藐法。愈作愈橫。卒與白十二同受刑誅。首領不能自保。豈不深爲可惜。吳松壽一時之錯。幾永墮法羅。

死作他鄉之鬼。易曰。比之匪人。不亦傷乎。惟吳涵光身受人欺。妻則被拐。而吉人天護。終得嘉祥。太上曰。善惡之報。如影隨形。可弗慎與。

宣講博聞錄

第十一條全

第十一條博聞錄

總論

廣訓曰。可模可範。以身教之。耳提面命。以言教之。須知訓子弟。先務躬踐力行。無徒脣焦舌敝。身先之而教以言。其言易從。言先之而行不逮。其言難入也。有子弟者。教之以孝弟忠信。勤儉守常。得以幼學壯行。一生飽暖。方不愧慈愛之父兄。有父兄者。事之以恭敬篤謹。惟命是從。使之怡色歡顏。毫無憂慮。始謂之遵循之子弟。古云。教子先教學。至誠奸謀乖巧壞天眞。試看緯地經天業。不見輕浮做得成。然則訓子弟者。當以啟其德性。遏其邪心。爲首務也。

誠心感弟

潘靜山○粵東城西人也性敦孝○又事寡母黃氏○極其孝謹○母性嚴急○少不如意○每動鞭撻○靜山惟婉容跪受○務得母息怒而後起○母鍾愛之○靜山有弟名月槎○佻㒓浮蕩○日事歌舞○或向花地尋春○或向珠江醉月○拋妻別母○常數日不回○或有時回家○亦不過取得嫖賭之資○即時又去○母大怒○輒加夏楚○月槎反脣相稽○幾將黃氏氣殺○靜山誨之曰○不順乎親○不可以爲子○親之教汝○欲汝爲好人○弟乃愚頑○自甘爲逆子乎○知汝頗有聰明○心頭諒醒○理應隨兄前去○跪母求情○月槎泣從兄命○因伏母前○

歷爲開導。其兄教之獻茶解罪。而母之怒始平。親心不悅。積怒難平。爲子者當愉色婉容。起敬起孝。務得親心回轉。而感格始有所施。倘一激烈。罔念深恩。陷己爲不孝之子。貽親以不美之名。一念之差。千秋莫贖矣。靜山善於感母。而教弟亦有可觀。未久月槎復蹈故轍。賭飲自娛。黃氏忿怒集父老於祠而訴之曰。次子不肖。奢蕩破家。悖兄逆母。倘不出之。必至一家凍餓。望諸父老爲我主其事。老身願手錄革條。所有家財。盡與長子。諸父老歷勸曰。嚴加申飭。使彼改過自新可矣。若出之以不孝。恐傷母子之情。黃氏執不可靜山跪地叩頭涕泗哀懇曰。哥親所爲。恐傷弟心。自知被革。無顏。或至甘爲無賴。懇哥全弟之面。兒不願全占家財。免傷手足之誼。黃氏曰。有我在。逆子諒無能爲。竟將月槎出之。月槎知母所爲。亦復無奈。

心昏嫖賭。自取沈迷。以至慈母憂心。妻兒怨氣。身爲逆子。門榜革條。事至如斯。猶不回首。可見愚頑蕩子。別具肝腸。

靜山知弟困窮。常加體恤。先是月槎與妓玉娘有嚙臂之盟。欲爲脫籍。鴇母知月槎富家子。固高聲價。必索千金乃能如願。月槎正在籌算。不料有被革之條。因此輙轉沉思。寢食俱廢。奄然臥病。長嘆吁嗟。靜山知弟所爲。恐其腦悶尋死。乃謂月槎曰。弟能遵吾訓。當爲贖妓回家。月槎大喜。請命。靜山曰。汝無薙髮。無沐浴。無換衣履。如是三月。辦成乞丐。而借貸於該娼。倘不嫌汝貧困。方是眞情。贖之無礙。倘欺貧重富。弟何愛此殘花敗柳也。月槎以爲然。願如所囑。及期。自顧則蓬頭垢面。襤褸鶉衣。口烏鼻黑。髮亂鬚長。靜山命其赤腳躡鞋。宛如賤乞。囑其如此如此。月槎允之。乃擕之青樓。鴇母拒門叱之曰。爛乞兒胡得亂進。月怒罵曰。吾乃月槎大少。汝狗眼不識耶。前時揮金如土。汝便婢膝奴顏。今一時淪落。爾卻反眼不相識。眞可謂絶無情義矣。鴇母細認。果是月槎。但見襤褸至此。都以逐去爲生。乃用奸謀。忽思退步。罵曰。汝是冒名。并非月槎。大少不知自己窮相。尚欲詭計騙人。快些走出。否則呼齊伙伴。打爾血肉分飛。正在喧嘩。玉娘聞聲而至。睹月槎已爲乞丐。遂趦趄不前。月槎曰。吾與汝拜月同盟。誓諧白髮。今爲吾母所逐。求借十金。於我庶免饑寒。玉娘唾之曰。誰人識爾窮鬼。儂乃金枝玉葉。肯與乞丐同盟。月槎大罵。淫狐。汝乃狗彘賤質。不識富貴中人。衆人見月槎罵得高聲。正在揮拳欲打。靜山闖住曰。可以不必。此乞兒太不自諒。待吾勸之使去乃攜月槎而出謂之曰吾弟今日醒否可惜為他散了數百銀病了數十日激腦老母鬱瘦妻房使為兄終日擔憂累吾弟長條備革若是有情妓婦今日相見定有一段哀憐一翻安慰詎料反遭辱罵幾至性命難逃追悔無及矣月槎默然

愚人迷惑雖千言萬語未肯回頭及至水盡山窮含羞受辱事壞至極萬難挽回而後知悔又復嗟貧怨命此等癡頑蠢鈍眞是憐不堪憐月槎幸有賢兄否則不知所止矣

月槎絕跡青樓每肯依兄造作有所諄屬亦頗遵循黃

氏憐之。爲之除去革條。命靜山分與家財一半。次年黃氏死。月槎放縱。漸橫。兄約束之。不受繩墨。雖絕秦樓足跡。又向賭館沈酣。日夕輸贏。流連不反。靜山多方泣勸。月槎置若不聞。漸而輸去田園。繼又輸完屋舍。次則已之衣服。妻之釵環。皆爲賭博之資。然尚貪心未了。賭興猶豪。日倚博場。竟如乞丐。其妻終日飲泣。而靜山長嘆吁嗟。

賭之害人甚矣。傾家蕩產。乃賭之常。因而父子不和。兄弟不睦。夫妻離散。朋友絕交。品行由此而汚。性命亦因而喪。古云賭有十害。緣何尚不回頭。總因一片貪心。累得終身受苦。

一日其妻貸於靜山。靜山濟其所急。使回母家暫住。月槎形單影隻。更屬淒涼。其兄雖有所施。得亦每難如願。每至饑寒困苦。則寄食於書坊。此肆乃靜山所設也。靜山屬衆伴以揶揄之。使激其知羞奮志。司事又責之曰。汝來用膳。須勤店內工夫。若是食了即去。飯熟又來。世上無此便宜。恐爾無此福以消受也。月槎赧然逃出。無術謀生。饑苦難忍。則丐食於途。所得不飽。每爲老丐所辱。追得又竄來書坊。各耻笑之。而怒不形於色。司事謂之曰。汝來此不妨。但造作依吾所限。始準食飯。倘惟勤惟儉。則更酬汝工錢。月樣逸樂既慣。倍覺難支。無奈窮困逼人。有如馬受繮絆。不得不然。

順境易過。逆境難捱。人人自知。但順境不覺其樂。逆境始怨其難。所以當境失之。事後追悔。

月樣一夜靜臥。回思當日豪華。何以竟成貧賤。錯在昔日嫖賭。故有今日淒涼。向者喝婢呼奴。今日奴顏婢膝。往昔揮金似土。今時一飯難求。開口靠人。面如火赤。時嘵困手。冷語冰寒。阿兄有意栽培。自己實無長進。使我一腔豪氣。化作愁雲。事過風流。竟成地獄。不若從茲奮發。或圖老大中興。一夜思量。雞鳴而起。由是不辭辛苦。

不畏艱難。可任即爲。絕無推委。行有餘力。則披讀正書。數載辛勤。大殊往昔。始識做人之道。方知創業艱難。司事加意誘之。靜山大喜。於是略施貲本。使之營運粵西。所獲雖微。足資衣食。夫妻復聚。家室怡然。獨嫌本少利微。乃向其兄挪借。靜山執其弟之手而謂之曰。吾弟向因失檢。故疑汝心志未堅。今閱歷已深。貞誠自矢。何患無本耶。明日到我家。自有良策。月槎喜諾。靜山明日恭請父老。願以己業分半與弟。諸父老大加贊賞。月槎叩首於地。感激涕零。靜山扶之起。歡領而散。月槎感兄格外施恩。奮志經營。十年富至數萬。靜山有子。曰賦曰昭。

曰杜皆英年游泮。今富貴尚未艾焉。

潘靜山脩身正己。誠意齊家。卸事慈幃。匡扶逆弟。平親心而息怒。一片血誠。感逆弟以回頭。滿腔苦志。託侶伴激之以奮。使手足危而復全。卒之感化有功。挽回得力。蓮花燦舌。頑石點頭。方之周文燦之感兄。宋牛宏之教弟。亦若是矣。假使怨親嚴束。薄弟愚頑。心存隔膜之私。志懷損益之見。或搖之以妻語。或動之以旁言。忿激一時。參商末世。使弟長爲無賴。致親永陷惡名。而家道之不振。亦勢然也。訓子弟者。敢不先正其身。

宣講博聞錄　第十一條　全　三七

息誣告以全善良

國家之立法。所以懲不善而儆無良。豈反爲奸民開訐告之路。而令善良受誣陷之害哉。夫人必有切膚之冤。非可以理遣情恕者。於是鳴於官以求申理。此告之所由來也。乃有奸宄不法之徒。好事舞文。陰謀肆毒。或捏虛以成實。或借經以生波。或設計以報宿嫌。或移禍以卸己罪。顛倒是非。混淆曲直。往往飾沉冤負痛之詞。逞射影捕風之術。更有教唆詞訟者。以刀筆爲生涯。視獄訟爲兒戲。深文以冀其巧中。搆釁而圖其重酬。鄉里畏之。名曰

恤寡存孤　一

訟師。因而朋比協謀。黨惡互證。有司或一時受蔽。致使善良之輩。不能自白。桁楊在前。箠楚在後。鍛煉之下。何求不得。縱至事明寃雪。而拖累困苦。小則廢時失業。大則蕩産破家。善良之被誣可憫。而兇頑。之誣善良。尤可痛恨也。

聖祖仁皇帝。矜恤下民。重懲其弊。

頒示訓諭。有曰息誣告以全善良。夫誣告有反坐之條。令甲煌煌。乃敢作奸犯科而不畏者。利欲薰心。詭薄成性。方且恣其含沙。之毒。僥倖於法網之寛。殊不知無情之辭。一經審察。莫可逃避。造釁以傾人。

究之布阱以自陷亦何利之有嘗聞古人或認牛而不辨或奪禾而不爭卒開愧悔之誠翻成禮讓之美若斯之風誠可嘉尚爾兵民所當景效焉且

尋繹

聖諭不曰禁而曰息謂與其治之以法不如感之使自化也蓋官吏之見聞或疎疎則猶煩揣測鄉鄰之耳目最近近則素所稔知爲之抉其根株窮其黨類出於無心者緩語以曉之成於有意者危言以誡之彼善良之家素行足以質之里衎而無愧而誣告之人言辭既非情實迫於公論則不敢誣揑

諸本心。亦不忍誣。凡前此之陰謀秘計。一旦悚然改悔。如冰消霧釋。兵不誣兵。而兵之善良者全。民不誣民。而民之善良者全。兵民不相爲誣。而兵民舉全。不至赴官終訟。兩造俱傷。庶幾從風慕義。胥天下而歸於無訟。豈不休哉。尙其咸喻而凛遵焉

博闡十二集

聖諭第十二條息誣告以全善良

果報目錄

宣講博聞録　第十二條　三

第十二條博聞錄

總論

善良之輩。素性謹愿、每易受誣、然有等被誣、或藉親族之調停。或仗鄉紳之排解。或得明官之覺察。不難昭雪沉寃。重懲誣惡。惟有一等寡婦孤兒。門寒、勢弱。既被强房之傾陷。復無族黨之救援。則揑虛爲實。借徑生波。更恃辯給之利詞。又恃訟師之刀筆。此奸人所以洋洋得意。而寡婦孤兒往往含寃莫訴者也。惟是天眼昭昭。鑒觀不爽。强橫者有時而敗。微弱者亦有時而伸。且看世上。奸徒借端誣揑強奪人之所有而能終於安享者曾有幾人竊思人在世間數十年光陰耳爲良爲善到處神敬鬼欽爲惡爲凶到處神呵鬼責奉勸世人勉爲良善勿逞奸謀蓋善人則福大量大每事肯受人虧且見貧寒則力爲施濟見孤寡則力爲扶持見誣陷則力爲排解竟至富貴壽考疊迓天庥所謂善愈積而福愈大也若夫惡人以善良爲懦弱恃其凶險肆其誣罔卒之善良不可誣而反坐之條難逃法網所謂惡愈積而愆愈深也觀此而知報應之理有必然者

恤寡存孤

常州魏健齋先生。渾厚慈祥。精岐黃術。慕范文正公不為良相。即為良醫之語。遂立心以濟人為念。事呂祖師行功過格。以救人為紀功。有誤人即以紀過。每貧者酬金不受。有時反贈以藥貲。一日自朝冒雨而出。薄暮素手而歸。衣履沾濕。妻問曰。奔勞終日。得貲幾何。答曰。倘延醫者。是富家。今夕吾當寄宿。何至冒雨歸來。既貧者吾向不受貲。又何所得。不特無所得。並昨受富家一金。盡已施諸病者。妻笑曰。吾知之矣。君好於此。又紀一功。蓋謂其行功過格也。先生曰。吾非敢以是為邀功也。夫有志爲善。雖善不賞邀福豈得爲功乎。況醫者有時而功。亦有時而過。有時功不補過。吾每遇貧者。一曰贈醫。二曰施藥。亦求以補過耳。夫貧者。汗血辛勞。祇得饔飧一飯。忽而有病無所入。反費多費。每忍病而不肯醫。苦于貧也。吾不受其貲。彼將酬貲可作藥費。有病則藥于醫。不至捱苦。倘病輕者。指其受病之由。使知節戒。有時勿藥有喜。吾何樂而不爲。更有貧苦者。不得已乃求醫。病稍安以爲愈矣。而復發。甚於其初。每病輕者成爲重病。夫一家憑彼以爲衣食。徒對此呻吟輾轉。典借無門。豈不深爲可憫。況貧之最苦者無如疾病。救人須救急時無濟人之難在此時矣贈之藥貲吾不過將八兩我之貲轉贈于彼原不傷于己而有益于人也其人之慈懷若此人皆稱為方便菩薩且凡有秘方必週知同道不敢自私而性尤謙和脈理稍有狐疑必虛心究問必恐誤人人亦感其誠樂以相告故其術倍精

貧固苦而病尤苦魏健齋先生能於苦中之苦以施濟之心地慈悲何啻萬家生佛嘗見世上庸醫偶得一方以為奇術藉以謗人之短炫己之長先生則周之於人祇知以濟人為念尤恐一己之知識有限不明則審問此心皆以天地父母之心以為心無怪良

醫可比於良相

尤難得者。其有慈心。尤有慈量。有富家延請治子婦病。適富家鄰右有貧婦其姑病。聞翁至。順延翁醫診脈後。開方用金器一具。合藥煎水飲。貧婦苦無金具。就近與富家借短金簪一枝。以煎藥。飲後仍留金物以備復用。次日復診脈。病畧愈。開方已不用金具。婦忘以簪還富家。姑服藥後。富家遣婢追討。媳尋簪不獲。富家屢責償。婦苦哭。而姑病反重。婦方憂之。富家婢復來索簪。媳苦無以償。疑子女暗竊。重撻之。究追不得。轉疑翁。翁猶未知也。越日。翁復來。為其姑診脈。覺病勢忽重。鬱氣滯結於肝。翁驚疑。忽其孫問魏翁曰。先生昨日診脉。見煎藥金簪。否。簪借自富家。昨失去。富家來索。母疑我竊。痛責不休。轉疑先生。我始得免。若先生拾得。請賜還。免婆婆及母親苦泣。翁聞言。始知婦因此而加病。及媳出。魏問曰。嫂嫂昨失金簪。輕重欵式若何。婦泣告之。魏翁曰。昨日不知。如何誤納吾袖裏。歸家始覺。欲還主人。又不知是誰家寶物。明日吾親帶回。翁歸。即覓金如所言之欵式輕重。倣製之。翌日假託送還。婦得簪還富家。疾忽愈。遂拂拭牀帳。得原簪於褥底。姑媳大驚悔。曰失物還在。奈何誣好人于不義。始以簪還富家。取回前所還者。

宜壽集錄　恤寡存孤

郎還魏翁。並謝冒昧之罪。魏翁曰。汝不能以物歸人。惶急生疑。故復因是而病篤。吾冒認之。蓋所以醫汝病也。姑媳尤感激稱謝而退。

一金簪耳。所值幾何。富家屬鄰誼之親。竟不能恤病者之苦。旦暮追索。鄰誼何存。魏翁甘受不白之枉。曲體人情。解其疑。濟其貧。郎以醫其病。一舉而三善得。魏翁之品量。與富家之品量。相隔何止天淵也。婦人豈不聞魏翁有方便菩薩之名。乃以一物之微。遽以小人之心。疑君子之行。亦倉皇中胸無定識。貧苦家之小見。婦人斯為婦人耳。可見君子之用心。眾人所不識。蓋不能識君子。所以爲庸人。然正爲衆人所不識。所以爲君子。世論之是非無定。俗情之毀譽無常。君子惟盡其在我耳。

郡有王脩者。家貲富裕。妻美而妒。怒輒病。王常畏之。婦病延翁醫。翁屢諫曰。婦人稟坤之順。性宜柔。嫂嫂肝火太盛。善怒所以速病。宜切戒。婦卒不聽。四十猶無子。王竊娶一妾。婦知之。謂王曰。聞已娶妾。甚喜。盍歸同住。奚必使彼孤零。王信之。及妾歸。婦朝夕詬罵。卒逐之去。後婦病篤。自恐不保。招王近前。囑曰。若吾死。當娶吾姨之婢素娟以爲妾。斯婢閑溫厚。君愚懦無丈夫氣。勿娶才

宜毒尊子衆　恤寡存孤

宣講博聞錄　第十二條　八

智如我者。復爲所欺。此後夫綱宜振。蓋男宜壯志如虹。愼勿使蛾眉壓倒。王出有族伯問曰。姪婦病若何。王曰。今經屬我。彼若死。當立姨婢爲妾。彼旣有是言。恐風燭之慮在旦夕。族伯曰。姪婦旣有言則盍早娶。娶而彼死。內助賴已有人。娶而彼不死。言出自彼。于汝無尤。王某然其言。遂往姨家。達娶其婢之意。姨諾之。迨諏吉已有定期。婦忽愈。有戚眷來探婦病。王亦在家。眷見王賀曰。表嫂病愈。不久又迓新人。自此門庭有慶。可卜昌期矣。婦聞言大訝。問何有新人。眷曰。表叔已定期小星之賦。吾等當來賀喜。猶不欲吾知耶。婦怒問夫。何期王告之。

婦罵曰。何敢乘吾病而擅娶妾。王曰。實賢妻主之言。猶在耳。豈忘之耶。婦復罵曰。吾所屬者我死而娶姨婢。非謂娶婢以待吾死。吾知汝固欲吾死。而吾偏不死。婦終日尋詬。卒不果娶。眷深愧失言。

以順爲正者。妾婦之道也。書曰。牝雞司晨。惟家之索。夫天地一大夫婦也。不觀天地之大風霜雨露。地皆聽之於天。地何嘗奪天之柄。若陰道主權。陽綱不振。如日月易象。顛倒陰陽。尚成天地之氣象乎。王妻之妒。實出人情之外。王祗庸懦畏之如虎。婦更得以縱其惡。反陰剛陽伏。逆理而施。夫婦之道乖。豈家庭之

恤寡存孤

福。

迨王脩年近花甲。已無子。有堂姪五人。匿其名。隱惡也。皆脩堂兄弟之子。各姪娶婦。必勸助貲。或五六十。或三四十。不如所求。輒流言訕罵。脩以夫婦身後之計。惟姪是依。無奈隱忍。又有餘屋一所。內有園地。可栽花菓。適脩外出半載。姪擅攜妻子以居。脩婦知之。不甘。訶責之。姪曰。華宅堂皇。叔居住不到。姪暫棲止。何遽不能容。世上良田華屋。轉眼成空。不識是何人故業。豈叔叔尚欲遺子孫耶。婦愈怒。而不能與較。脩歸。婦告之。脩性素懦。反笑曰。門內不和。門外欺。此自然之理。只吾夫妻去後。

物業終是他主。相爭何爲。婦不平。急爲夫娶妾朱氏。未兩年而倏歿。未殯。姪聚於堂。相議分産。婦怒曰。尚有吾在。物豈無主乎。姪等曰。物雖有主。叔在生物叔主。叔終世無嗣。産業應歸祀姪。婦曰。雖然。吾死後則任汝等所爲。吾在。猶叔在。誰敢擅欺寡婦。姪聞之。皆不附殯而去。自是不睦。稍拂意。羣姪擁門尋罵。

不孝有三。無後爲大。婦人致夫絕嗣。斯爲宗祖之罪人。既不能容妾。而後望無人。又不能容姪。而徒留貲産。使蟻聞羶而附。臭猴見果而垂涎。世上親族之不和。皆由此而滋其漸。

[illegible]恤寡存孤

脩葬後。妾朱氏忽沾微病。延魏健齋翁調理。翁診脉告朱氏曰。此喜病左脉雄壯。卜男之兆。朱氏竊念少年孀寡。羣姪欺凌。即有子爲其所妒耳。遂起出嫁之念。礙于孕欲私墮之。囑婢密致意于翁。且先質金以爲謝。翁念如其所屬。則絕人之嗣。其罪匪輕。不如所屬。他既有是心。必轉求別處。籌思無以爲計。乃反用安胎藥以培助之。且受金以堅其信。久之。婦不見墮。使婢告翁。翁復以安胎藥調保之。更久之。婦覺腹已膨然。怨翁之藥不效。翁轉恐其妾用傷胎藥以害之。乃實告朱氏。且歸以金曰。前所用藥非墮胎。實安胎也。念汝夫門庭冷落。死後幸留一綫之存是福降自天不絕先靈之祀乃天生之而汝殺之已獲罪於天地復結怨於鬼神且兒女投生未產而置之死作今生之禍孽結來世之冤仇吾爲汝保全之實爲汝保終身之福且全家之福也婦曰吾豈忍心爲此但以諸姪貪惡恐大娘一死吾孤兒寡婦終世爲彼所欺籌思必無安樂之日故偶作妄念耳翁曰語云終日爲善善猶不足一日行惡惡自有餘汝幾以一念之微陷終身之罪惡夫汝所慮者羣姪欺凌耳昔張公藝九世同居惟一忍字故能和睦汝姪等以汝家貲富厚求之不得故恣志圖謀汝當視其貧苦患難之

時或婚姻死喪之事不待他來求濟汝自酌量以先施汝果有憐憫之心他亦感汝之德彼自漸生愧悔何敢欺凌朱氏聽其言不數月果生男子王妻喜曰非魏先生大德安有今日乎

墮胎絶嗣禽獸不如婦女無知視孩命如草芥然亦可見諸姪之黨惡致朱氏不得已而作此也使醫者稍利其金不難殺人于無迹魏翁不害之而反生之一念之微地獄天堂之隔猶先受金以堅其信復委曲還金以保其全仁者用心此念何限陰隲

初婦姪以朱氏方孕慮其生子難奪家貲誣朱氏與人

私情。經集祠求族老驅逐。婦指諸姪罵門。汝叔死時妾經有孕。魏健齋診脉先知。汝控吾妾奸。究竟何據。族老排解乃止。而諸姪皆悻悻不樂。迨朱氏子生。諸姪愈忿。先以財屬族老。使不出頭。竟誣朱氏以私奸誕子。控縣求縣驅逐。朱氏大小到堂。合訴是先夫的孕。魏健齋診脉先知。姪等謀產。誣奸。奸實何據。幸縣廉明。責姪等以卑控尊。先笞二十。核其交出奸證。將姪等交差押留候訊。並核婦借魏到堂質證。諸姪被押。傍徨無以為計。遂賣產業。謀買奸作證。適有無賴賭惡姪。求彼認奸。許金三百。惡不敢。諸姪曰。和奸罪輕。且謂朱氏以夫死無子。

求汝私奸續嗣則罪更輕雖或畧懲官或將朱氏判汝爲妻則妻財可得惡初猶疑未決後利其金遂到案然朱氏大小歸家亦泣求魏翁赴縣質證翁堅辭朱氏痛哭曰非先生則吾之寃莫白矣吾初求墮胎先生爲我安胎致有今日之禍今被他揑垢尚有何顏面於天地間先生不爲我赴縣質明吾母子卽死於今日翁無奈到堂官卽傳訊先問翁曰汝醫朱氏診脉已知其孕果否翁直言是官問婦孕起自何時翁言其夫死未久按婦脉已有孕婦猶未知耳官問是伊夫的孕否魏曰此非診脉所知也訊畢翁退官傳賭惡到堂訊汝私奸寡

婦律有明條。汝與朱氏如何情奸。是汝擅入其家。抑他約汝入宅。惡曰。吾於某日遇朱氏於道。及夕朱氏屬媼來吾到彼宅私奸。約獲子續嗣。厚貲謝我。吾憐其無子。作陰騭耳。非敢故犯國法。官傳朱氏到堂問曰。此何人。朱氏稟不相認。官曰。汝姪說此是奸夫。今始捉獲解到。是否直說。本縣為汝作主。朱氏指惡大罵。官即令朱氏退出。免彼露面羞恥。官復問惡曰。據汝認是朱氏奸夫。今朱氏有子。曾謝汝金否。惡曰。經謝十金。官曰。汝既受朱氏之金。則婦孕本是汝子。當判與汝為妻。若何。惡竊喜曰。由青天作主。官厲聲曰。汝認婦孕為汝子。而朱氏又不認汝為奸夫可知汝是貪財冒認陷婦含寃官喝差重打惡求開恩官拍案罵曰責汝恐汝心不服本縣即傳朱氏抱子到來當堂滴血立可分辨倘非汝子甘抵罪否惡聞此言面如灰土口不能言官復拍案曰不然將汝覊押監牢候朱氏兒子長大相其形格到底像彼父親還是像汝形體倘汝是虛冒汝又甘抵罪否惡更悚惶無語官喝重打五十復指惡罵曰汝祇知得金陷婦究竟道理可察秋毫汝既是與婦私奸諸姪經控本縣汝還不躲避及諸姪被押汝尚膽敢到堂認奸本縣早知是汝等串弊汝既欺婦人尚敢欺本縣若不早

供將重刑嚴鞫。惡迫得直認。是諸姪許金三百貫屬認奸。官即將惡重責五百。交監羈押懲罪。官提諸姪到堂罵曰。本縣預知汝等架罪誣婦。圖佔家貲。耳汝既恨朱氏私奸而孕。控乞驅逐。何以絕不究奸夫。本縣已知其誣。故押汝究出奸夫。明知汝必串弄。待汝交出奸夫。本縣好將奸夫訊出假情。便可斷案。汝等不知本縣勘破機械。汝反爲得計。視國法如鴻毛。喝每責一千。諸姪服罪。官復傳朱氏大小到堂。並諭諸姪曰。本當按法將汝等以捏奸謀產。以卑誣尊。反坐。姑念一家血脉。不忍傷情。同家當永敦和好。各叩首同去。

恤寡存孤

天下本無事。庸人自擾之。彼恃黨淩尊。謀家產於寡婦孤兒之手。復誣之以姦。以爲勢必能欺。不知貞污爲名節所關。婦之寃愈深。則已之惡愈重。卒至事明寃雪。未獲人之產。先破已之貲。枉揑人於條。反陷已於獄。猶剜瘡種毒。自取其傷。是亦天眼昭昭矣。

朱氏歸家。諸姪猶忿忿不服。惡語時侵。又恨魏翁爲朱氏質證。言必尋仇。一夕翁出。忽見橫尸於門。知是有人移尸架害。翁以事關重大。不得不鳴官。相驗幸驗無傷無毒。官曰。此必路斃疾人。交地保移于村外。週知各處。三日內由親屬來認。三日外。地保埋之。官猶囑。示必究出移尸者解縣懲責。先鄰人有知其事者。經屬翁供出其人。及官相驗時。翁卒容忍不指其名。鄰人問之。翁曰。累我不過數十之貲。吾必聲其罪。是無量也。鄰皆感服。後其子襄。登嘉慶乙丑進士。官至太僕寺少卿。朱氏之姪聞之。怨聲潛伏。翁使朱氏薄移貲於衆。以爲諸姪拜祭之貲。姪自是和睦如初。朱氏之子。後能守成積創。此皆翁之賜也。翁年登耄耋。屢受榮封。識者謂天之報施善人。固不爽也。

惡不積。不足以滅身。善不積。不足以成名。以惡等枉作小人。皆徒招罪戾。魏封翁以醫活人。而不以爲功。

以醫濟人。而不以爲德全人之嗣。保人之家。更能於爭訟搆怨之餘。調處以平其憾。一生仁心仁術。仙佛慈懷。宜其後世榮名。身亦崇膺厚福。

第十二條博聞錄

總論

聖諭廣訓曰。乃有奸宄不法之徒。好事舞文。陰謀肆毒。或揑虛以成實。或借徑以生波。或設計以報宿嫌。或移禍以卸己罪。可知惡人機械難防。善良之輩。每易受其欺侮。一經被陷。負屈難伸。囹圄之中。任彼恐嚇呵罵。情實可矜。夫一旦受冤。萬詞莫解。小則破家蕩產。大則斷體亡膚。若得慈悲者爲之解冤。使開法網。所謂公門路上好脩行。何啻救人於苦海。卽鄉黨之中。遇被枉者。必力爲解釋。不致妄受官非。爲人消災。即爲己種福。而世之險惡居心者。祇知墮人于縲。而弗恤鄉冤之苦。豈知善惡有報。皂白自分。法律之餘。明有天堂。幽有地獄。君子獲福。小人卒以禍終也。

獄中義卒

萬歷間。廣州府增城縣。有獄卒名阿⿰犭盡者。少無父母。自亡姓氏。相傳謂原韓家子。其父亡。母已娠而改適王家。產後甫週。王某亦死。數歲。母相繼逝。王某有子數人。私其產不以爲弟。逐之歸。迨歸韓家。父歿時。僅遺故宅。己爲親族所踞。忌其歸。斥之曰。汝非吾裔。肯滋他族。實逼處此耶。亦逐之。以致一身淪落。流丐者憐而分飼之。及長。採樵度活。無以爲家。日踏荒山。夜宿破廟。時村外有關帝廟。守廟者。莫三。阿⿰犭盡每負薪到廟。求莫三以薪換米。莫三憐其苦。時或授之米。而不受其薪。阿⿰犭盡感其義而莫三雖家計蕭然。其父生時。嘗積欠糧銀數十。每值冬令。縣役催迫。莫彷徨無以爲計。而阿盡適至。莫託其暫代守廟。彼卽逃避。莫去後。阿盡獨宿廊間。是夕風雪寒侵。夜不成寐。忽聞牆外喧鬧聲。聽之語莫能辨。俄聞一人哀聲慘切。若喊饒命。忽而喊聲頓寂。潛出窺之。見一人倒草莽中。身受刃傷。奄奄垂斃。疑被謀財陷命者。問其姓名。尚能言語。答曰。吾姓鄧。名亥。不該與穿山甲殺彼同族鄧金之子。而奪其牛。我賣與屠戶。獲十三金。約今夕來此分贓。伊捏吾吞蝕。勒多與之。吾不平。他遂殺我。奪金而去。吾死固不足惜。然甘死于法場。不甘死于他手。請告知吾父。郭錦漸。父固善於訟詞。必能為吾雪恨也。再欲有言。氣窒不能成聲。輾轉而死。阿蓮目睹傷心。知穿山甲即鄧甲。其盜名素著。然以事關人命。恐致干連。急奔入閉門以睡。

奪牛而陷命。賊心之慘惡。禽獸不如。畢竟蛇鼠相戕。不啻以殺人之刀。還以自殺。借賊殺賊。寃寃之報。鬼神不可欺也。乃父善於訟詞。一生筆鋒殺人而不見血。不知父作孽。子即為非。其不待執法而誅。先死于賊夥之手。非天之立報在眼前哉。

前兩日。鄧金以其子久出牧牛。日暮不返。尋野得屍。見

[illegible] 獄中義卒 八

遍體血迹淋漓○兩手猶執斷索○有斷髮○縛索○問鄧金知其子臨死時○必緊執牛繩○力縛賊髮○死手不放○賊故截索○割髮而跑者○鄧金覩此情形○倍痛其子被殺之慘○切齒慟哭而歸○問郭錦新素稱刁詞○求其瀝情控縣○務乞伸冤○郭代痛切陳詞○求宰緝賊尚未知賊即其子○已死于夥黨鄧甲之手也○迺日○郭錦新又聞其子郭交○被人刃死○錦新舊潡○以因財謀命鳴官○連稟上憲○上牒縣勒即捕匪○縣以數日間○連遭命盜兩案○又奉上牒飭責○迅核差嚴緝○而鄧甲猾盜○心知已罪○愈不敢躲匿○恐令人疑○然以官役踹緝綦嚴○又慮事洩竊欲架罪於人○以卸

己罪私語人曰連日不見莫三在廟司守聞其近日遇縣役勒繳積糧他借箸無策有言郭交因財亡命是他毒手衆聞言迹莫三果不在廟互相猜疑郭錦新風聞里巷私議直指莫三謀殺其子密控縣緝拿宰即飭差乘夜到廟圍捕衝扉入內祗阿蘦在廟遍搜無踪差問莫三何往阿蘦不敢謂其躲糧託言其遠探戚友託吾在廟暫守差謂其謀殺郭交一事彼必知情即欲鎖拿解縣阿蘦曰吾若知情豈不遠逃易肯坐守待斃差始釋手然愈疑莫三畏罪先逃回衙禀官懸賞購緝阿蘦以莫三無辜牽累密往告之使必越境以避禍又慮命

盜巨案。若不爲伊解銷。恐莫白之寃。終難脫網。遂密往鄧金家。將風雪之夜。聞廟外喧聲。出視之。見郭交已被鄧甲刃殺將斃。直將郭交臨死。供屬情由。備述始末。鄧金愕然曰。郭錦新猶爲我陳詞控縣。他又爲子求宰伸寃。豈知吾子實被他兒串害。他兒之死。寃由自結。萬死已有餘辜。然子欲爲莫三解累。能到堂質證否。阿𥜥曰。吾身無所歸。莫三猶能恤我。受恩雖少。而大義難忘。雖捨身以救他。所不敢惜。第郭交已死。吾欲證無憑。雖到堂無益。若能密拿鄧甲到縣。嚴刑研鞫。他不能不自吐真情。鄧金信阿𥜥所說實情。遂指明鄧甲與郭錦新之子郭交殺子奪牛交已被鄧甲因分贓不平殺斃尙乞拏鄧甲律治密詞控縣縣飭差立拿鄧甲赴案始猶抵賴不招鄧金自證其子死猶手縛斷髮可知賊自割髮而逸乞驗髮可稽宰喝將鄧甲解髮細驗果有斷髮刀截如薺宰嚴加重刑甲祗得直認然已知阿獹洩己誣指阿獹同黨宰拘阿獹到堂獹謂鄧甲挾恨仇攀奈鄧甲口口誣供乞宰勿令狡脫宰不能辨逕將阿獹交差押候宰復拘郭錦新赴案責其縱子爲盜因分贓被殺復敢刁筆塡詞妄乞追匪郎重責五百羈押懲罪先將鄧甲斬首定罪未幾郭錦新亦繫死于獄

造惡孽者。如常嗜毒物日久則釀毒成瘡。毒結患深。瘡無不潰。勢所然也。鄧甲惡已貫盈。猶欲嫁罪于人。以爲己脫。任彼用心機巧。究竟法網難逃。郭錦新素以刀筆陷人。不自知其惡。復不知其子之惡爲人呈詞追匪。復爲子求宰伸冤。以律罪人。實求官以律罪己。想其搦管如刀。痛切以陳。又烏知引律自受也。逆必終凶。惡必終禍。天道豈無憑哉。

惟阿穡自交差候訊。鄧金力辨其誣。宰以案關重大。不肯遽信。迨嚴鞫再四。至身受苦刑。他惟呌屈。宰曰。汝肯直認。吾即爲汝超生。阿穡訴曰。小民如菓有罪。雖受父毋再造深恩。畢竟偷生斯世。與其偷生而被不法之名。莫若清白而受枉刑之死。宰以其正論侃侃。始信其誠。將欲釋之。諸役感其義。請于官。使爲獄卒。終日掌管犯人。中心不樂。久漸安焉。然自守獄以來。凡非義之財。毫不苟得。惟日夕勤織竹具草履以貧日費。憐犯人困苦。常以婉言撫慰。頑者善言開導之。旦暮茶水飯食。照料周密。瑣不憚煩。病爲之醫。垢使之浴。冬則分草。暑則分葵。歷二十餘年如一日。獄中人皆敬服。羣尊之曰大哥。示愛慕之情如骨肉也。值臘月逼除。獄有重囚五十餘人。哭泣不止。聲聞於外。阿禮亟止之。詢其故。衆曰。歲朝將臨合邑之人無不完聚吾等各有父母妻子不能相見且係重犯勢不可復見家鄉是以悲耳有等曰家務紛紛未得歸家一訣倍覺觸景生悲有等曰吾本被人誣罪因禁地森嚴家貧不能照應致陷重囚倘獲一歸求親友出力猶冀雪冤有日今歲聿云暮復奚望焉各言之悲咽阿燾俯思良久曰是亦不難吾與汝等約今夕各歸汝家正月二日齊來赴獄我釋汝罪應死爾俱不來我固死汝來而或失一人我亦死汝人人俱來如我壽盡亦死等死耳且人生天地間均一死耳何如行此善事而死也然吾以一身而保汝衆汝等須不失信

義方不愧宇宙男兒衆言倘蒙大義寬我必不敢負約是時法網寬疏且値改歲不甚嚴稽悉放回家明年初二日前囚陸續而至按名呼入不失一人阿璠備酒與衆共飲醉後撫掌大笑曰善哉遂趺坐而逝獄衆感德浣其體而加漆焉以其事言于縣縣感其義開印後查確無罪者釋之縣上巡按御史請爲縣獄之神今肉身猶在獄中香火不輟

無以爲家隻身寥落豈其賤由自取哉所謂欲知前世因今生受者是祇亦歸咎前生耳然一生光明磊落正直爲懷其品行超人意表後以獄卒而擅縱犯

因雖不可爲訓然其輕一己之死而切於救衆人之死則固仁人義士之所存心也故雖無妻子此身已成不朽鑒百載之香烟且合百年後人皆仰慕此身不得以獄卒而輕賤之以視犯法亡身者相隔何啻天壤也

第十二條博聞錄

總論

廣訓曰。國家之立法。所以懲不善而儆無良。豈爲奸民開訐告之路。而令善良受傾陷之害哉。蓋天下之是非無窮。所賴仁人辨別。世上之人心叵測。全憑賞罰持平。而後天理良心。庶幾日見。澆風美俗。由漸而興者也。所恨誣告之人。以刀筆爲生涯。視訟獄爲兒戲。直能屈曲。是變成非。遂至顛倒混淆。而公是公非。泯然日喪。可不懼哉。古云。世間詭詐。每刀唆。說短論長事若何。誇我才能刀作筆。破人家產快如梭。只圖自己囊中飽。那管他人獄內磨。鼠雀相爭須勸解。休懷歹意愛錢多。

貪財積惡

姚俊芝浙江會稽人性穎悟讀書過目成誦未冠已採芹入以大器期之而姚務賭博初不過偶爲之久則以賭爲樂寒士家風因賭更困鄉人以其無行雖設帳無肯從遊者妻子嗷嗷饑寒困苦姚奮然曰大丈夫果能繫玉腰金安享富貴小德出入可耳何悶悶而守經耶轉而習刑名之學姚性敏成亦速漸而有倩稟呈者訟輒勝由是聲價自高交結衙蠹串差摘食恐嚇財賄而家肥屋潤矣有同邑人汪某以進士簽宰廣西聘姚爲刑名之助而汪乃少年登第不諳政治每事專委於姚姚

乃蒙上虐下。得以肆其貪殘。擅作威福。民之受其害者。不可縷述。

讀書人。未大得志。最安分者。則爲教館一道。如果專心教導。不肯疏忽。何愁館穀不豐。姚乃嗜賭壞品。轉習刑名。昧厥良心。混淆曲直。雖則現時豐裕。難免日後災臨。

有張某。設屠肆爲業。子名三桂。性浮蕩輕佻無檢。每見少婦。必輕薄評論。或至對面調笑。以爲風流韻事。富翁石炳芬家。有梳頭嫂子阿二。貌美而陰險。張三桂每見必笑之。至再至三。阿二不堪。告之石。石怒曰。爾想伸氣。

須無害羞與之談笑或與買物加意浹洽既熟則託以事忙寄貯什物於其鋪如是以失貴重之物誣其偷竊則可以懲責矣二如所囑一日寄櫛木攜籃於桂處回時云失金鈪一雙互相謾罵回家告石石挺身與辨訴其鄰佑使三桂償金鈪街鄰不敢決石與姚有交乃語之姚遂禀官提訊重刑三桂誣服

陰謀險毒囑僕貽殃妄想生端自貽伊戚耳奚似治家齊整御下嚴明卽偶有小疵何難整頓斷不至興詞結訟也而張三桂忽遭縲絏之苦皆由生平口孽有以取焉

三桂之父知兒寃賠償保結而回約費二百金而又身傷笞杖醫半月許始愈父子知石所爲心更銜恨寃無可伸乃揑造浮言廣貼通衢誣石惡事石忿與論父子激烈遂將石毆傷石被辱將鳴官轉念鬬毆事小不能置三桂於死地乃求姚某買賊供扳之願以三千金爲酬託姚畢其命姚貪其重賄諾之月餘獲犯數名姚囑以供三桂爲同類而汝罪可減等賊如所囑三桂被誣火燒鐵擊竟自誣服與數賊同斬於市

聖人云一朝之忿亡其身以及其親非惑與而石某自恃多財生端作惡始則插贓嫁禍繼則買賊供扳

小忿求伸傾家不惜則更惑之甚矣至若姚某明知二桂被誣乃貪石豪重賄竟置之法更屬天良滅絕殺人以媚富豪

三桂父傾家上控汪某始覺爲姚所累立卽辭去而姚亦滿載回鄉矣起屋置産立妾娶媳命長子占元娶孝廉陳順昌之女姚居家無事貪壑未盈又幹釐務以剝行商設廠於海旁早晚查緝自僱一沙艇以便往來艇婦五十餘歲有媳某氏有姿色姚賄而通之婦又有女每月自夫家回來省母貌殊勝其嫂而更冶艷迷人姚惑之賄老婦而道心事老婦託云女性端莊恐事不諧

姑試之。殊不知婿有瘋疾慣使婦惑人取財老婦恐害姚染疾便當徙去則失此長久生涯故待商於女而後應允也瘋婦曰倘得多金事成而去我等四海爲家又何懼焉老婦對姚謂女已首肯然所欲甚奢非百金不能如願如見惠願訂十年交也姚大喜具此刻剝之財看甚輕如數與之其女果喜媚態横生遂成野合同住半月又被竊去數十金一日母女之艇不知所之而姚遂染痲瘋矣百藥罔效方知艇婦之傳染也而亦無可奈何

惡棍姚某財色是貪然亦所謀如願才以濟奸也不

知孽報臨頭。猶自貪囊未滿。天故使之染毒先賊其身。而後逐漸報施。災殃未艾。古詩云。色是破骨刀。淫是剝膚藥。但求衽席歡。那知精力削。樂極則生悲。慾縱須患作。寄語守身人。毋受斧斤斲。

姚以親朋厭棄。迫得抱病回家。猶復收規誘賭。其子占元。大嗜嫖賭。日輸數百金。以爲常事。宿娼妓無虛夕。姚或責之。則反脣相稽。所謂其身不正。雖令不從也。姚惟忿怒語塞而已。不數年。占元則輸去田產。漸又輸其花園。繼又欲貨其居。姚怒曰。若此頑惡賭蕩。愈狂必累我老年行乞矣。吾辛苦積來。豈任蕩子傾消乎。乃擲銀三百於媳曰汝將此銀生息養口足以度活或攜銀改嫁亦由汝吾必除此逆子不然恐株累一家凍餒也媳不語亦棄銀不取示以不允之意姚亦不管待占元返以毒藥灌之

殺人手慣殺子何難生殺不是他人禍福無非自召
先殺人以求活計次殺子望免饑寒總是一心作惡
萬禍叢來思到此時悚人毛骨

占元死媳大悲泣回家求父鳴冤陳昌順大怒以姚無故殺子入稟并列其前後惡迹姚被收監任見禁子秦三貌若張三桂問其年紀廿四歲矣姚默算當年負財

畢命至今恰廿四年。竊念其轉世報讎也。於是多與財賄而秦不欲。遇姚甚毒。非刑弔打。火燒湯潑。又塞姚口。使不得呼號。卒之瘦死於秦之手。次子占春流乞道路。不知所終。積惡之報殊慘也。而石某之家。亦因官訟而敗。

財有分定。貧富由天。切莫昧理喪心自招罪戾。格言云。急行緩行。前程儘有許多路。逆取順取。命中只有這般財。忠奸善惡。事任人爲。消長盈虛。難逃此數。觀夫石家之好訟。頓變饑寒。三桂之殺身。實由口孽。而姚氏之奸頑。殺身絕嗣。則更報之慘矣。古詩云。勸君切莫逞刁詞。自昔都無好狀師。託我豈能皆理直。誣人不管把天欺。爲貧儘有營生路。受謝須防食報時。雙目盡盲兼絶嗣。前車既覆願潛思。

誡匿逃以免株連

朕撫臨億兆○合四海爲一家○聯萬姓爲一體○中外旗民○本無異視○第以國初定制○八旗人員○在內則拱衞京師○在外則駐防各省○如有不奉使令○潛往他鄉者○即爲逃人○例有嚴禁○逃人所至之地○兵民人等不行覺察○擅自容留者罪並及之○按匿逃情弊○大約不外兩端○凡在逃之人○意氣言詞○必多巧飾○爾等或受其欺罔○不辨爲逃人○而率意容留者有之○或利其財物○明知爲逃人○而通同隱匿者有之○夫主僕之間○乃大義所在○逃人背主蔑義○竄逃

者黨不義而藐王章逃者恃匿者以為之藪也法安得恕故順治五年之例窩逃者問擬大辟並籍其家鄰佑十家等皆徙邊遠康熙十五年定例凡窩逃之正犯流徙尚陽堡兩隣十家長罪止杖徒此皆我

聖祖仁皇帝矜恤愚民罪疑惟輕故改從寬典也又屢年

恩詔將逃人事件槪行赦免國家施法外之仁寛督捕之罰無非欲爾兵民革薄從忠遷善改過使蓬門蓽戶出入優游共享太平無事之福爾兵民等其仰體

聖祖誥誡之慈懷。與朕諄諭之至意。謹身率教。循理奉公。不交游手無藉之徒。不爲行險僥倖之事。毋狥私情而干國憲。毋貪微利而忘身家。如此則井里晏然。四鄰安堵。胥吏不擾。雞犬無驚。而國家刑期無刑之化。亦可以觀厥成矣。倘因法網旣寬。復蹈故轍。營私受賄。藏惡養奸。則自取其辜。何能曲宥。況夫逃竄之人。性旣冥頑。又無生理。所行種種不端。大而盜賊。小而賭博。一經發覺。皆犯科條。容留之家。又安能脫然事外。不罹罪譴耶。周易曰。比之匪人。不亦傷乎。晏子曰。君子居必擇鄰。所以避患也。可知奸滑浮蕩之流。皆足爲善良之累。朕願爾等父誡其子。兄誡其弟。隊長誡其行伍。鄉約誡其比閭。祇奉訓詞。各遠非義。則地方甯謐。俗厚風純。又何患株連之偶及哉。

博聞十三集

聖諭第十三條誡匿逃以免株連

博聞目錄

反妾還金

瘋妓

宣講博聞録　第十三條　全　二

第十三條博聞錄

總論

聖諭廣訓曰。不交游手無藉之徒。不爲行險徼倖之事。
毋徇私情而干國憲。毋貪微私而忘身家。是知蕩
檢踰閑。皆足爲身心之累。然最易犯者。賭博塲中。
龍魚混雜。朋儻隊裏。鼠蝎同窠。一失足其間。所交
者惡人。所習者惡業。所行者惡事。所犯者惡條。小
而敗產傾家。大則喪名敗節。除郤上知之士。世間
可良可莠者固多。每因此而誤入迷途。遂至終身
傾陷。迨衣食不能自顧。宇宙無以爲家。極而至于

傾覆顚連。卽欲求爲好人而不可得。于以犯刑章干國憲而不顧。此身豈不可惜。而能于傾覆顚連之際。猛悟前愆。反以經一翻之磋磨。增一翻之閱歷。如鏡汚已久。忽滌濯而彌光。有時制行立心。其品節反能人所不能者。無他。錯節之後。其識定。斯其力堅也。天不能禁人以自新之路。尤不能限人以振作之機。蓋一改惡卽爲善人。能脩善卽能脩福。格言曰。聰明歸正路。愈聰明而愈好。人心固未可量也。

反妾還金

孫梓賢、江西南昌人。性卓達。自少赴鄉省作販客。歲獲微利。每以本歉爲憾。藉嚴友偶附重貲。幾市利三倍、獲千金以返。友喜爲之賀。約所獲利多與之。孫辭曰。蒙附本以助。東風荷德深矣。敢貪得過分乎。君肯作鮑叔。弟亦不敢作管子。友加敬重之。復傾囊附貲三千。孫盡貲易貨以往。奈沿途發售皆不如願。至江南蘇州。豈知貨未半沽。計以虧本數百。又欲別往發售。莫決所之。途中適遇商友。姓丁名莊甫者。原湖廣人。孫前到湖廣作販客時。經素相識。一旦晤面。以爲他鄉故知。丁知其販運到此。邀孫到彼店敘談。入門。見羣商集座。詢及來蹤。多異省者。孫始知是行商歇棧。店主即丁莊甫也。留孫信宿。畧道寒暄。孫以此翻所市諸貨悉負所願告之。丁曰。市間網利能知機者爲哲人。盡將貨早沽。急易某貨。先歸。必得善價。孫然之。將餘貨盡沽。銀貯丁店。約算缺本千餘。竊怏怏不樂。有客在座。呼盧者。丁使孫一博。以暢心懷。孫辭之。丁求合本小博。孫辭。丁固强之。孫無奈順主人之歡。日夕得百餘金。翌日復博復贏。孫覺形神頓爽。竊圖再博。冀以補所缺之數。求丁合本。不可。孫自登塲。竟自猛喝呼雄。不覺日夜反輸千數。心猿無主。極力

窮追旬日間貲本已盡。猶不自知。求丁再爲彼解貲作
添兵夜餞。丁曰。君全不滿千金。尚不足塡綢衣數。何尙
懵然。孫求丁借。丁反逆語相侵。孫中心如焚。神魂欲失。
陳宏謀誡子弟曰。謹守者易失拘泥。豁達者易習荒
唐。拘泥者不可有爲。荒唐者終累致敗德。然與其荒
誕敗德。不若拘泥無爲也。孫梓賢有四方壯志。才能
勝算居奇。雖市井之流。然智量自超人一等。偶然失
足。悞入迷途。千里負販之貲。竟銷磨于賭博場中。而
不知惜。可見賭之爲害。如水之溺不可援。古有誡賭
詩曰。能使英雄爲下賤。翻教富貴作饑貧。嚼之有味

果眞味。世之愛賭而失品眞者。當奉爲金鑑。
孫梓賢始大悔悟。然已蕭然囊橐。舉目無親。且丁莊甫漸加鄙厭。或夜歸不納。或食不相呼。致每受饑渴。自念孫身異地。進退無門。終夜輾轉胡牀。潸然淚落。竟愁病不起。丁不相恤。反以久住令人賤。頻來親也疎之句。揮之臥所。作逐客之書。孫倦眼摩挲。起見壁上大筆濃題。知丁鄙薄。轉悲爲羞。然不能不忍辱。乃洒淚告丁曰。前蒙招之卽來。今欲麾之卽去。知君不容托足。何敢淹留。然求再假館數天。容圖歸計。丁勉強允諾。孫籌思無以爲策。乃典衣買命理書數本。日夕參考。達旦不寐。丁又來促之行。孫藉養病爲詞。求再駐數日。始將命理熟讀。頗得其詳。乃于廟堂爲人推算。暫爲餬口之貲。丁並不容在店歇宿。孫迫得另投別店。日獲杖錢數十。僅給饔飧。一日正推算間。忽一人亦手持命庚求算。孫評後。據其所見。畧指微機。其人哂曰。據君所算。不啻千里之差。君固命理未明。無怪顛倒至此。吾固素習星學者。其術未精。不敢以欺世。君晦容滿臉。而不自知。倘敢爲人妄指吉凶耶。孫大慚。卽席捲回店。羞憤欲絕。翌日恐人欺侮。不敢復到廟堂。忽値連天風雨。一無所入。店主催收飯錢。連日不敢食。店主驚訝。往問之。見其形骸枯落淚濕沾襟。店主曰。客得毋饑乎。孫忍餓曰。不然。又曰。得無病乎。孫曰否否。店主曰。非饑非病。苦切何爲。孫梓賢初猶恥不肯言。店主懇情窮詰。孫始以在丁莊甫歇棧。爲羣商招賭。致貲本一空。直訴顛末。店主訝曰。君誠誤矣。丁莊甫舖陳客棧。內設賭場。專招集遠商。誘其入局。內中有富認客商者。實其夥伴。串同詭騙。聞墮其術中者。經不乏人。然未聞自以千金之貲。陷入奸漁之網。豈不可惜。孫聞之。長聲嗟悔。店主曰。相君品貌不凡。終有大福。盍早謀歸計。別作良圖。孫泣曰。嚴友千金重託。視我心腹之交。今我反負心。何顏歸見故里。久欲死而不遑死者欲不負今生之債以報良朋耳今窮途落魄隻影誰憐世間不復有莊生誰爲解涸鮒之厄恐亦難免一死耳店主不覺動憐曰吾爲力助數金君再求戚友相扶當另圖活計斂手待死亦屬何益孫曰世情冷暖戚友難憑多君數金亦無濟於事既於事無濟吾亦何忍以自累者並以累君翁肯相憐願求在店傭工但求温飽不致於死執爨亦所甘心倘敢享恩無以立于天地

店主姓簡名三原應天府人久客於此至是夫妻老弱無兒女兄弟祇依小客店以度日聞孫梓賢之言感其誠實遂夫妻商酌憐彼淪落權留在店棲依

孫梓賢少年遠販江湖。貲本無多。猶能謹守繩尺及得千金重記反致墮人機陷淪落他鄉。所謂小心可免失足。得意反易傾頹也。如崎嶇小路行之者必加意提防。不致傾跌。及康莊大路行者以爲無礙反跌陷于泥塗。無他。放之一心誤之耳。

孫梓賢得簡三客店。羈身不啻恩同再造。視簡夫妻如父母。簡亦漸愛之。嘗誡之曰。世上危機不少。能檢束者不陷于危。此後宜加謹愼。古人有言。風波境界立身難。處世規模要放寬。萬事盡從忙裏錯。此心須向靜中閒。路當平處更行穩。人有常情耐久看。直到始終無悔吝。

纔生枝節便多端終身誦之有益。况我們客店中行李往來。供其困之內。中良莠難分。吾已一生小心察其人果善良者。方敢收留。否則。善言推。卻至於窩奸聚賭串拐。謀財此陰犯天條。陽犯國法。有一于此。即使陽網易漏。陰律難逃。自己固不可為。凡來投宿者。宜加意防察。免受株連。致含寃莫白。雖然犯法而微倖發迹者。或非有人。而不知目前發迹者。非其福。實其禍耳。如丁莊甫者。試看其善終否也。孫聞簡三訓誨。知是忠厚老成。倍加敬重。不意簡三夫妻。年已衰弱。簡忽得病。孫侍奉不倦。臨終之日。屬之日。吾無子姪。藉汝殷勤左右。以終餘年。然榻下埋有小缸。藏銀八十餘兩。衣殮之具。祗可用二十餘金。餘備二十金。為我妻殯葬之用。猶留四十餘金。汝可將此作小生理。他日奮發。若還故土。則將我夫妻靈位。附入寺觀。不致早晚斷絕香煙。吾妻望善護之。吾在九泉。定當默祐。言罷而歿。孫撫尸痛哭。連日水不沾脣。一力支持。為之殯葬。豈知簡三之妻詹氏。自夫死後。不及兩載。一病而危。詹氏囑曰。吾夫婦一生勤儉。嘗積銀四十兩。埋之竈下。慮桑榆風燭。夫妻凍餒之虞。而夫猶未知也。然今可無慮矣。吾死當薄具殯葬。餘貲汝皆自受。奮力猶能積創此店。可守則守。否則別圖。第須謹小愼微。一悞未可再悞。孫梓賢曰。伯娘伯父視我猶兒。有負深心。何以見二老於地下。詹氏病寢數日而逝。孫梓賢如喪考妣。喪盡其情。

孤身飄泊。零落無依。孫梓賢自取其苦耳。然世上原無絶人之路。能知悔悟。卒得愛人以德者。局外垂憐。可知孫梓賢本忠厚爲懷。始終得忠厚人以相恤。雖一時爲比匪所誘。究實非其本心。孔子曰。觀過斯知仁矣。觀其不忘大義。知恩報恩。到底是丈夫氣骨。簡三夫妻繼逝之後。孫梓賢以歇旅小店。終非待兔之株。將殯葬外所遺餘貲。改爲買賣生理。遂收歇客招牌。

先將舖畧爲脩改夜間孫燈獨對屈指躊躇忽聞戶外
敲門曰此是歇客店否孫曰今已改業已無下榻之區
門外又問曰是姨丈箇三店否孫聞是箇三戚屬即執
燭啟扉見一少婦帶一婢倉皇而入即命婢關門便問
孫曰吾姨丈姨母睡否孫曰尊姨丈已歿三載姨母亦
昨歲繼亡婦曰然則君是彼何人孫曰吾外省販商淹
滯於此蒙尊姨丈姨母恩恤數載周全兩老疾病死喪
雖吾料理實不足以報仁恩死之日又蒙彼附我以金
今故將所遺貲改營新業嫂嫂既屬戚誼何生死絕無
往來婦曰姨母本吾母族中姊妹素無來往故伊死猶

未知也。孫曰。嫂嫂尊府何居。婦曰。郎本郡城裏。孫曰。夜間男女之别。易起猜疑。尊府非遥。請早回去。婦曰。女流夜間不便奔走。如尊嫂在店。可與吾話通宵。孫曰。吾實貧猶未娶。殊欠奉陪。婦曰。知君誠實中人。敢以直情相告。吾盧氏。丈夫裴蔭宗。富雖巨萬。然年登花甲。有五經娶六妾。尚未生兒。吾初與此婢瑞蓮。原在彼家爲婢。彼算吾命年十九當有子。十八歲時。立吾爲妾。吾初不允。後約我二十歲無兒。則由吾嫁。先經交銀二百。爲我日後嫁貲。今吾二十二矣。不容我嫁。反嚴緊關防。今又欲立瑞蓮爲妾。此婢聞之。日夕哭泣。婢與我私議。彼若無子。終身何依。婢屢約我私逃。吾猶不忍。今夕大娘無辜唾罵。心實不甘。故乘夜與婢逃出。吾爲婢時嘗到此店。以爲姨母尚在。投彼代尋生活。然既出不可以回。君有慈心。爲我二人作主。言罷而泣。孫曰。婢妾私逃。擅娶者有罪。窩匿者有條。且陰隲所關。吾實未敢造次。婦曰。他果經立約。神鬼皆知。今他負吾。知我不能罪我。吾聞之鳥猶擇木而棲。女當擇夫而事。君如不棄。願奉箕帚。夫所授嫁貲二百。已在腰間。且珠玉釵環。尚可抵貲五百。奔歸故土。亦可營生。此婢願收爲妾。則由君。否則徐圖另嫁。能爲我二人方便。不致屈屈終身。如救人于苦海若不肯憐憫。不得不另尋別主。不得其主。甘赴命于水濱。決無生還之日。孫撫首沉思。拒之彼終別嫁。奈彼經投我店。知者不難謂我窩逃。若娶之則必損福。乃轉思一計。曰嫂嫂既不肯歸舊主。語固却似實。不情第當即決于神。須定良宵。然後可成夫婦。婦以爲孫是眞意。破涕爲歡。將銀一二百交孫代贖。孫櫛洗更衣。時將昧爽。託以祈神定吉爲詞。實即奔入城內。見裴蔭宗。告知情節。使即迎妾歸家。裴聞之。深爲感德。孫回店。託神語誑婦曰。神非吉卜。且籤中句云。休拋舊樹。喜新枝。須蝶何曾得所依。試看春歸堂上燕。年年故宅哺新兒。孫將籤句

宣講博聞錄　第十三條　全　十二

詳解婦知且曰據神機所決固謂嫂嫂背夫不義吾尊
人妾不祥故文君相如夫婦終難白首嫂嫂既命該有
子能貞潔自守他日必獲佳兒富家發迹有基何難讀
書榮名嫂亦榮膺誥典箴中年年故宅哺新兒之句吉
兆可知如改字他人未能必其有子且貧如我者即有
子亦福澤難期婦聞孫言畧有歸志忽婢僕肩輿來接
婦轉悲歸家茍責滿面羞慚孫曰嫂不須憂吾偕同去
先以大義責彼嫂可無慮即將貲金壁還使婢瑞蓮隨
歸婦乘輿而返孫先跑到裴宅爲之先容曰令寵謂翁
先許以嫁貲年二十無子則放之嫁是翁本負他今已

勸之使歸。慎無苛責成嫌。激之生變。至婢瑞蓮。他既不肯事翁。可擘前車。毋容再誤。兒有定命。豈多索而後得男。裴喜曰。君誠金玉君子。敢不唯命。

色不苟貪。財不苟得。並調停婉轉。能使鏡破重圓。流離失所之際。猶能有是操守。其節義爲何如。可見聰明人。惡則狡猾奸淫。善則聖賢仙佛。由心之善惡判其微。立心惡可以不謹。

未幾。盧氏偕婢歸來。孫亦在座。裴蔭宗慰之曰。吾知有負於汝。但吾雖負汝。汝亦不可辜恩。再數載無男而後嫁。斷不虧汝。盧氏曰。自少荷蒙養育。如父母深恩。今日得事貴人。非敢有貳。願大娘不小加辱罵。雖白頭抱節。亦何如。孫慰曰。吾知嫂嫂昨夕私逃。不過一時忿激。自此妻妾和睦。則家道致祥。裴指妾對孫言曰。此妾初爲婢時。善事家慈。母鍾愛之。臨終之日。謂此婢必有福。且曰。嘗評其命。十九可卜宜男。屬吾立以爲妾。吾思不娶則逆親。娶恐負彼。故約以二十無子則嫁。且先備以嫁貲。深情以待之。是體親愛婢之心。以愛彼也。豈知姑息養奸。非忠厚如君。幾惹家庭之玷。孫謂盧氏曰。今聽裴翁之言。是福八厚量。以後愼勿虧他。盧氏至是良心發現。低首無詞。裴蔭宗喚婢瑞蓮而慰之曰。吾慮八娘若

嫁。則立汝。雖有是議。然必體汝心情向背。斷無勉强以
行。汝縱情甘。吾能平情以待八娘。必平情以待汝。然汝
旣憂之。當爲汝善擇良緣。汝須安分。婢赧面。適紅盧氏
與之俱退。裴蔭宗謂孫梓賢曰。吾無以報德。卽贈瑞蓮
以侍衽褥。若何。孫曰。吾未娶妻。安敢娶妾。裴曰。然則贈
以爲中饋之主。婢更藉福多矣。孫曰。吾始以妾歸君。君
又以婢納我。遂令婢之願。反動貴寵之心。敢固辭。裴尤
敬服之。曰。君品重過人。超出尋常萬萬。但君未有室。何
久客於斯。此中或有隱憂。不妨直訴。孫卽淚下。欲摘掩
袂而言曰。吾素凊貧。藉嚴友附貲數千販物來郡。奈所

億不中。已缺千金。後遇丁友相邀。到彼商館居住。被其串同騙賭。陷我貲本俱空。無以爲家。幸簡三垂憐留在歇店棲止。夫妻忠厚。死後遺我數十之貲。今已將歇店改買賣度活。自忖不才。竊愧偷生。此可爲知者道耳。裴蔭宗曰。從來善者每爲奸詭所愚。然君固才智過人。正爲人所愚。斯爲忠直君子。蓋小人有機械。君子無疑心也。然翁約如簡三者。尚能恤君。君語豈不能助君。願比嚴君加半之數。備貲五千。合夥在此貿易。顧須早營店所。孫梓賢謝曰。感翁若是栽培。情更隆于贈婢矣。裴乃盛備酒筵。留孫痛飲而出。

還金反妾宇宙難得其人此心可質鬼神天地明鑒應亦驚開巨眼而況于人乎不然何以裴蔭宗傾心信服奉若神明彼偏不欲苟且貪而此則必欲厚以相報夫豈重其情哉亦重其品耳

孫梓賢以裴蔭宗許發貲本經營遂預訪覓大舖店租賃適丁莊甫之歇棧被官封鎖已歇業兩年緣丁莊甫屢招外省遠商日夕開設賭場通同串騙于上年七月十五夜客賭至三更議博勝者出貲設酒羣相興飲大醉而睡有客陶清倫者嫌店裏炎熱獨宿後園小房朝飯時尚偃臥未起小夥入房呼之不應行近帳前見血

迹未乾屍橫榻上不知昨夜幾時已被人殺死其所贏銀兩有親見其帶在腰間遍搜亦已失去而是日丁有舊夥伴姓段名湘者到探早已不見其人羣疑段湘殺害死者陶清儉之友梁森聞之忿激直以丁莊甫窩歹聚賭謀財陷命一案鳴官官即拘丁到案謂其謀陷知情勒令交出段湘到案將丁覊押即將其客棧查封惟丁在監牢被役百般索勒凌虐不堪亦疑段湘刺殺出賞拏段以冀脫身後段被獲果認眞情然恨丁莊甫出賞拏已遂供丁窩賭串騙段以斬決定罪丁亦充軍尙未出境丁斃于獄惟孫梓賢藉蔭宗許以發本貿易

尋訪未得店房祇有丁莊甫設封一間嫌其不祥裴蔭宗曰禍者福依而福者君禍福由人正以昭人之善惡又何礙乃將店請官揭封開張貿易而裴蔭宗之妾盧氏明年忽舉一子戚友雲集孫梓賢亦親臨道賀裴蔭宗相見大喜曰不孝有三無後爲大得免不孝之愆君之賜也遂備酒筵戚友慶飲酒後孫梓賢瞥見一客似經謀面詢及姓名客言姓林名在田裴蔭宗吾表兄也孫熟思悟曰前在廟堂算命時蒙君指示謂吾命理未明不可爲人決禍福者君耶林某大慚孫慰之曰吾時落寞窮途姑暫借此爲餬口計此理實未諳于心誠未安

也。然君必精于是者。請君爲我一決。林再三謙讓。孫固請之。林在田將孫命庚一勘。曰。決君之命。順境在前年而偏多遭厄。逆境在今日而所遇皆通。可知作善降祥之人。非五行所可限。尤非術士所能知也。後數日。裴蔭宗備設鼓樂。酒筵集戚友飲新婚酒。衆不明其故。未必其子僅彌月。遽爾成婚。皆狐疑莫決。祗得赴席。時孫梓賢已先到。迨戚友畢集。裴蔭宗曰。今邀諸友到飲。爲吾友孫梓賢成婚耳。孫始愕然曰。婚姻大事。翁何不告予。裴蔭宗曰。告則不娶。乃使婢扶瑞蓮出堂交拜。裴舉觴賀曰。君歸我以妾。吾贈君以妻。理固然也。遂將此事告

諸戚友羣稱大義敬重之相交杯稱賀後裴蔭宗之妾
盧氏連舉兩子孫梓賢娶瑞蓮之後夫妻和愛生理暢
懷積貲數萬前在本省時藉嚴友附以販運之本早已
慎還妻瑞蓮郭氏舉三子協中協明協觀觀十六進郡
庠連捷鄉薦後建籍于蘇州並移其宗祖父母來葬至
簡三夫妻之墓屬子孫永祀之其後代多顯達

書曰惡不積不足以滅身善不積不足以成名以丁
莊甫市廛服賈何至業敗身亡乃聚賭陰謀卒陷于
法孫梓賢當夜女來奔雖三八之外更無知見而不
知天地之鑒鬼神之察正在此時頃刻間一念之差

即為天地之罪人。已造一家之禍孽。宗祖之英靈抱憾。子孫之福澤銷除。惟能屋漏無虧。故室家妻子。富貴功名。皆不期而自得。可見陰騭之報。不漏絲毫也。然裴蔭宗果命該有子。何以韋亥俱無。兩子皆生于盧。氏豈以其為善所感。偏于此以顯梓賢之德與。不然。何以冥冥中。若天地故有意于其間也。

第十三條博聞錄

總論

諺語鄉坊無完萬民安可知地方之害莫弊于窩匿或邪盜姦淫或兇橫强暴互相勾引狼鼠得所潛踪閭閻固所不安即子弟之純良者不難雜良爲莠

聖諭廣訓曰奸猾浮蕩之流皆足爲善人之累又曰性旣愚頑又無生理所行種種不端大而盜賊小而賭博一經發覺皆犯科條容留之家又安能脫身事外不羅罪譴耶然鄉黨間耳目切近不待朝廷

法律父兄皆得而禁之。其弊尤淺。惟城市中誘歹藏奸莫如娼館。而開娼者非營兵衙役。即强項之流。彼固明目張膽。凡諸匪類皆得肆然無忌。混迹其中。平素清白良民稍知自愛者。一生不宜入到此地。倘或不知自重。逢場作興。逐浪隨波。一旦事變偶生。難分玉石。善者爲惡者所累。不亦殆哉。夫鬧熱繁華之隊。即酒色財氣之場。遍局危機。皆禍端之所倚伏。當局者迷而不知耳。非地勿立。斯爲終身之益。

瘋妓

福建福州閩縣有胡多福者○原富家子○襟懷灑脫○喜交遊○性豪俠○遇戚友貧難○求無不應○而父母雙亡○終鮮兄弟○身無顧慮○恆招友花樓畫舫○買醉尋歡○嘗獨宿娼家○與妓歡飲○見妓丰姿秀豔○品格溫柔○鍾愛之○及酒後挑花上臉○紅胡讚賞不已○曰聞錢塘蘇小○虎阜真娘○為千秋名妓○觀卿麗質○如復見于今日矣○妓笑曰○妾聞之○士為知己者○用女為悅己者容○情絮纏綿○蒙君雅愛○然雖巫山神女○君祇可作妾為石人○觀胡驚問之○妓轉泣下○胡尤憐之○再三窮詰○妓低聲○曰妾自小流落娼間○年十

六。故夫錢秉彛以金贖我爲妾。豈知故夫贖妾後。復顛倒花柳。家業銷磨。更沾瘋毒。昨年毒深而死。姑常責我入宅殘花。禍延其子。日逼我身賣還娼。冀得金以作活。昨日始賣我來此。吾思之。若復效鬻賣笑。必致害人。然此身已墮入烟花。徒抱璞自完。他日終身誰主。君情深義重。固不忍害君。敢瀝情以告。胡多福驚曰。卿固良心。然如卿說。今已淪落于此。今日雖不陷我。難免他日終不陷人。不若以金贖汝歸。免于此流毒人間。卿得以栢舟終老可乎。妓曰。君果若是。妾感德深矣。遂說知娼主。備百金買妓以歸。別室以居之。第妻常詬罵。而妓朱氏自到宅以來。自甘布衣蔬食。不飲酒茹葷。旦暮日作女工以資糜用。且家務檢點。無微不到。其妻見朱氏性情不苟。心亦漸慰。

豪俠好施。性本近義。惟結友尋花。問柳不啻入鮑魚之肆。且入蛇蝎之窠。幸瘋妓不忍害他。他亦不忍害世。兩情各盡。是亦人所難能。

惟胡多福性貪宴樂。猶復蜂羣蝶友。花酒流連。妻屢誡不聽。朱氏泣諫之曰。胭脂隊裏。無非粉面油頭。烏知暗毒之殺人無血者。近在目前。妾可爲鑒。君以百金贖我。免我害人。而不慮人之害已。烏得爲智。胡聽之爾悟自是閉門一載。不出戶庭。與家人談笑之餘。輙飲酒觀書以自樂。有宴友尹瓊章者。久不見胡。已買舟載妓偕諸友登門相邀。備述風月連宵。舞扇歌筵之樂。胡多福不覺心癢。與諸友皆出。攜手登舟。胡已久不登塲。曾見華粧翠袖。眼界翻新。如登月府之宮。宴歌盡樂。于是夜無虛夕。竟兩月內。揮霍千金。朱氏知其故態復萌。苦諫弗恤。未幾。家貲漸薄。復欲賣產買妓。妻風聞。譎罵。朱氏聞之。密地跪諫曰。曩者君以大義待我。我今不能以大義正君。矣辜負殊愛之恩。不若一死以報。君不忍見敗亡于異日。聞君又欲賣產買妓。何太痴迷。胡曰。慷慨情痴是吾一生之癖今有妓名春霞者情深而麗價值千金其主三百金許我攜歸若獲春霞終身不肯以一錢買笑矣朱氏曰買妓亦人之常恐未必眞情若我亦未必眞性如君夫朱樓紅粉情最薄笑以酒爲歡淚則葯爲引彼非蛾眉獻媚何能攝魄勾魂君再數月不出數汝試之他如見汝而憐歸將金屋以貯之惟君所欲胡聽言果杜門絕客數月後朱氏爲之蓬其首垢其面易鶉衣敗絮使見春霞胡入門諸妓皆驚爲郎睥睨之倨弗爲禮胡直登樓上訪春霞而老媼已先奔報春霞見之白眼相視胡攀與語冷淡無情胡假意求妓借金反爲妓

斥久之妓不能耐以病辭密促之行胡出妓扃門而避胡羞爲妓侮平日一翻熱情繾綣頓覺心灰悻悻然歸朱氏見之曰春霞別久乍逢想綢繆倍于昔日胡歎息曰溫柔鄉炎凉體態蒙卿點破迷關矣遂將諸妓情狀備述之自此把繁華色界一悟全空夫妻深服朱氏之賢凡家務託交經理朱氏勸將虛費盡刪勤儉兢持數年間前胡多福所傾敗產業已將復其半

美女關頭即世間英雄鐵網或忘工廢業或蕩產傾家或殘疾終身或斬宗絕嗣使之入宅必爭權奪寵致家道乖離而墮其網者多屬英明富貴之子而入

固迷之諺曰家運衰時人心若夢如胡多福者并朱氏之賢不岌岌乎家亡體陷哉

時有黃健明者原胡多福故友少年嫺武藝勇力過人孑然一身以賭爲業胡多福常結他爲花酒友稱莫逆交黃前嘗宿胡家遭盜刼黃制挺獨力驅盜胡益德之自胡多福杜門省交黃亦跡絶往來後因黃健明偶博得貲攜妓飲于樓上忽有弁勇周琦鬭至筵間執其妓罵曰曩約今宵待我遽貪新背舊何太無情見妓所穿繡衣是其所贈乃褫其衣曰急以還我妓喊救黃健明勸曰宴客如游蜂浪蝶歌妓如流水桃花見先者采之

君自遲來負約于妓何尤勇指黃罵曰汝敢奪吾妓耶黃健明厲聲曰君雖贈衣吾亦嘗贈襖昔日之妓汝爲主今日之妓我爲先汝亦敢奪吾妓耶周琦怒揮拳毆黃黃閃身執其腕乘力一推周離席數尺而倒周知不敵急翻身下樓意尋鐵尺與鬬不意勇自錯足墜地移時而斃黃先跑脫越日弁官廖賡臣素藉弁勢包娼庇賭託詞飭周琦查匪黃健明恃惡行兇毆勇斃命一案通稟上憲上檄縣追兇先封妓館充官

花酒叢中爭香奪色最易生端釀禍人每以此間爲樂不知快樂塲中煩惱地一旦平地起風波寃連禍

結如無名之毒，性命干連人，祇識此中之樂，而未識此中之悲耳。可不深戒。

黄健明知勇弁周琦跌傷斃命，必致人命干連，乘夜跑脱歸家。翌日聞弁官廖賡臣爲勇出首，上控追兇黄卽，欲密地逃匿。屈指心腹之交，惟胡多福家可容寄足。然見其近日寡交，轉慮胡不肯納。憶及從前遇劫之夜，曾爲彼禦盜，卽此可爲插足之媒，遂乘夜奔到胡多福家，叩門而納。胡見之，猶未知其事，恐復香國招飲，先辭之曰：君深夜來此，知必夜宴仙宫，又欲邀我作歌筵陪客，然吾經悟破色界，此地已裹足多年矣。黄健明曰：不然

宣講博聞録　第十三條　全　三十三

今夕之來。特爲汝告也。胡問何事。黃健明曰。確聞友說。邇日盜必謀刼君家。君須防備。然道路之言。或未可遽信。胡驚曰。前經蒙君助力。勿信其無。今既來衛我。求必爲我護。黃諾之。曰。勿使人知我在。免盜尋仇。胡多福然之。即密將財物庋匿。屬家人加意嚴防。實不知黃健明之誑言爲己也。迨縣奉上檄緝兇。連月遍踩無蹤。縣役知胡多福與黃健明相善。探得消息。知黃在胡家。又知黃嫺于武技。役會武弁。夜闖闥捕。家丁以爲盜至。鳴金持械拒之。役衝門而入。家丁相與械格。兵役言官差捕匪。始不敢鬭。惟黃健明心知己事。持刄由後門衝出門外已兵役防守黃外傷役三人。飛跪而逸役歸禀縣驗役受重傷幾斃者一人。縣怒懸賞金五百捕黃謂胡多福庇兇拒捕搶犯傷役勒役即拿赴案縣喝責數百押令交兇。

拒捕傷兵。匿兇庇匪。皆律有明條。胡多福本受黃健明之誆。匿庇實非其本心。然由其向日不知自重。宴樂濫交。致延今日之禍。夫惡交終損。比匪可傷。烏可以不慎。

胡多福被官差拿解赴縣。始知爲黃健明牽累。舉家悲泣。朱氏對其妻鄭氏言曰。夫不慎交。至無辜之累。然事闘人命到縣不知若何須往見之鄭氏曰富裕之家差必重索急求相見更慾海難塡須俟以異日朱氏曰既知差必重索豈不見而可免乎輕人而重財徒使囹圄受苦于心奚安官衙事不預檢點空受苦刑朱氏遂蒙首跣足身易破衣求鄭氏交其夫衣物以往值雨雪侵衣寒風切骨至衙深鎖犴門不容相見婦許以金卒方帶人一見胡身剩單衣兩腿血積凝紅膿粘褲襪雙手抱膝而泣朱氏不覺傷心曰君賤矣一生貴介翩翩未經此況我如不來更不知如何受苦矣相抱低聲痛哭婦復出買藥末調敷血肉爲易服加絮衣問胡何屬胡

曰吾友科吏之言之官驗周琦身上無傷不過跌傷斃命因弁官顧慮臣案經上控幸不能不奉檄追兇是否因周琦自己失足跌斃兇到訊判方知今黃健明尚未到案尚未有定罪則我罪尤輕官重賞拿兇因其拒捕傷役且奉上檄追兇他逃匿則案莫詳銷幸千處分耳卿歸家須勸黃到縣則我無罪也曩受刑後被役緊拘甚苦許百金始寬汝歸家須籌金來役言于官我即可轉押外羈免受此羈苦而門丁科吏衙役經訂三百金如黃健明到案他得金即立能為開釋汝歸宜早圖之朱氏聽之復以金謝獄卒使善事之即歸家攜百金來役

婉求于上卽帶胡轉押外羈且爲陳高榻朱見鋪設安妥泣別而歸

不入公門便是人生安樂胡多福無辜繫獄由其羣居不義酒色是躭樂極悲生自求禍也幸朱氏患難真情可稱女中君子

朱氏歸家將情狀告知鄭氏卽到黃健明家旦暮號泣終日不食亦不歸强之僅畧沾蔬菜以療饑曰如不見黃相公歸來使我一面吾甘死于此其妻無奈尋之歸朱氏見之跪地搥胸大哭曰君害吾主深矣汝自招尤累吾主身罹法網汝反得逍遥事外主爲汝作替死之

魂何太忍若是君不赴案則吾主歸家無日須爲我主救之黃歎曰吾不到則胡不可歸吾到則必死其奈之何朱氏曰吾曾到縣查確宰驗周琦無傷祇因跌致命汝赴案直訴便可無罪宰亦可註案詳銷若徒走匿反自實其罪而陷入于獄何益黃沉思良久對朱氏言曰死生有命大丈夫視死如歸耳何必以苦累人耶而科吏胡尙志是多福兄故友且誼屬同宗彼在吏素有重權必能爲我解罪求多福兄請他如何教我而後赴案尙勞嫂嫂一行朱氏復親到縣説知胡密求策於尙志尙志曰縣主現懸賞金五百捕他他宜使人作挐其來

縣領賞盡將所獲賞金封貽以爲酬貲吾保其無罪摘釋而後酬我可乎胡諾之屬朱氏歸告黄黄自忖與其躲匿而徒獲罪名不若赴案而反得無罪使心腹友將其細解來縣胡尚志先密屬其到署堂訊時直供周琦醉後失足跌斃弁官廖某不過藉端架揑耳若官問緣何拒捕傷役直訴前宿胡家經遇盜刼是夕適來探訪實不知兵役來捕疑盜假扮官兵藉以行刼以至誤傷後聞懸賞緝拿不敢不畏威暫避黄謹誌所屬迨解到署宰訊確黄健明姓名年貌當堂發賞胡尚志等將賞銀五百封貯廂店內及官喝將黄健明提訊黄供詞一

一如胡尚志所屬官兩次喝責。一千黃堅詞不肯認罪。遂交差羈押。

公門事可實而可虛。亦可小而可大。聖人言君子懷刑。惟畏法斯能免禍。

并官廖賡臣恐黃健明脫罪。密詞以攻胡尚志與廖素有恨隙。而廖固劣名素著。紳皆惡之。胡尚志約諸紳聯名指廖賡臣包娼庇賭。容縱兵丁。歷陳其惡上控。上卽將廖斥革。廖已削職無權。周琦一案。不敢干與。胡尚志以五十金使周琦之妻自認查其夫果自失足跌傷致斃。求和息免滋訟端。宰卽將胡多福黃健明當堂釋放。

[illegible] 瘋妓　二二

兩人所許之金各出以分謝。胡多福歸家後經營生理反璞歸眞。不十年更家產振興。比曩日之數尤富加十倍。夫妻感朱氏之德。早以立爲義妾。率羣子俱以母道事之。後朱氏老猶康健。百減三歲。無疾而終。

從來家祚之振興。半由人事之修補。胡多福佚遊放蕩。非得賢妓。其家必敗。即改邪就正。而遇意外之株連。非得賢妓挺身。其家終亦難保。幸朱氏維持調護。家業得以復興。未始非由其仁慈之念。使妓不致傷人。致留後禍。而粉黛中賢如朱氏。宜其保壽永長矣。惜其身出自青樓。即爲一生之憾。深爲太息。然能守

貞盡義。偏於此能以品行自完。尤爲特超凡品

宣講博聞錄　第十三條　全　卷六

完錢糧以省催科

自昔畫野分州。任土作貢。而賦税以興。凡國之五禮百度。輸用出入。皆賴焉。此君所必需於民。下所宜供於上。古今通義。未之或改。且以制官祿。所以治我民。以給兵餉。所以衛我民。以備荒歉。所以養我民。取諸天下。還爲天下用。之入主之倉廩府庫豈厲民而以自養耶。我朝自定鼎以來。賦額悉準經制。且橫征私派。一切革除。未嘗絲毫多取於民

溯

聖祖仁皇帝。深仁厚澤。豢養斯民。六十餘年。時以閭閻

豐裕爲念。所蠲免錢糧。何止百千萬億。遐邇之沾被固已淪肌浹髓矣。夫緩征薄斂。加惠元元。君之德也。以下奉上。先公後私。民之職也。屬在兵民。宜喻此意。勿惰而嬉。荒其本業。勿奢而費。耗其貲財。勿逡巡觀望。冀邀賜復之殊恩。勿轉委輸將。致破豪猾之中飽。依限而納。毋待追呼。然後以其所餘。養父兄。畢婚嫁。給朝夕。供伏臘。縣庭有臥治之官。村巷無夜呼之吏。俯仰無累。妻孥晏然。其爲安樂莫踰於此。倘不知國課之當重。國法之難寬。或有意抗違。或任情遲緩。有司迫奏銷之限。不得不嚴追比胥役受鞭撻之苦不得不肆誅求剝啄叩門多方需索無名之費或反浮於應納之數而究竟所未完者仍不能爲爾寛貸不知何樂而爲此夫供胥役之侵漁曷若輸朝廷之正供爲抗糧之頑戶曷若爲守法之良民人雖至愚亦必知之況乎上好仁而下好義情屬一體爾試思廟堂之上所日夜憂勞者在於民事水溢則爲隄防旱魃則爲虞禱蝗蝻則爲撲滅幸不成災則爾享其利不幸成災則又爲之蠲租爲之賑濟如此而爲民者尚忍逋賦以誤國需問之於心亦何以自安譬人子於

父母分産受業以後。必服勞奉養。庶盡厥職。乃父母恩勤顧復。不遺餘力。而爲子者自私其財。缺甘旨而違色養。尚得謂之人子乎。朕用是諄諄告誡。但願爾兵民。上念軍國。下念身家。外有効忠之名。內受安享之實。官不煩而吏不擾。何樂如之。爾兵民清夜自思。其咸體朕意。

博聞十四集

聖諭第十四條完錢糧以省催科

博聞目錄

宣講博聞錄 第十四條 全

第十四條博聞錄

總論

衣食温飽。人莫不知有其身。然人皆知有身。而不知有親。知有身有親。而不知有君。殊不知鞠育劬勞。生我者父母。而懷保惠愛。養我者君王。可知背君恩者爲不忠。猶負親恩者爲不孝。然草野黎氓。責以庭幃之孝。則猶易。而責以柱石之忠。則甚難。要之國稅早完。此卽庶民之忠也。

聖諭廣訓曰。以制官祿。所以治我民。以給兵餉。所以衛我民。以備荒歉。所以養我民。是朝廷之惠民者甚厚而民之所以報朝廷者。卽在賦糧。而猶怠緩逡巡。是負義辜恩。于理自無可恕。于法更無可逃。而欠糧之家。或被謀田奪產。致糧在而稅亡。或爲飛稅脫糧。致瞞征而閉納。欺君欺國。斯爲天地之罪人。未有能逭法綱者。

冒名改稅

胡孝子名錫。河南陳州府淮寧縣人。家赤貧。少喪母。父患目疾而瞽。不能操作。孝子稅地栽種以爲食。自嚼蔬糲。父食甘美。父固善飲。孝子三日必一饋以進。後父病兩載。孝子湯藥侍奉。日夕不怠。而病日篤。孝子憂之。一夕父思食肉。謂之曰。久矣不知肉味。然既不能生。終亦一死。如得肥甘以食我。即死無憾。孝子疑其將死。夜深無以爲計。乃割股肉烹以食之。越日。父病忽愈。人奇之。以爲孝誠之感。然貧不能娶婦。同村有寡婦衛氏。獨一女。憐其孝。求以女妻之。胡錫以貧辭。婦曰。吾夫歿無子。

為親族欺陵。倘女嫁則我獨煢煢。更無相恤者。念汝孝行必能推愛親之心以愛我。如弗棄瓜葛之附。願以腴田三十畝。夫所遺也。可作嫁奩之助。貧可無虞。胡遂娶之婦。將奩田收稅。歸入婿家戶籍。以杜族惡佔爭。而族親未知也。迨女嫁數月。衛氏忽病。召婿及女至。託以後事。且以奩田印照付之。曰。族惡狠貪。禍心莫測。有佔產者。執此可為質。且族親皆賭蕩花銷。逸樂無度。知其必敗。故將田業悉附于汝。然先祖塋墓及春秋之祀。汝夫妻任之。且以示子孫。勿負吾志。婦屬後而歿。豈知親惡輩向利其產。欲謀不得。久與衛氏心中角恨。及以產為

奩田歸女。羣愈妒之。後氏歿後。親惡竟誣爲沓業互相踞耕

塋仁爲美。古人聞惡里不入。以避害也。然宗族之親。又非井里可以任意疎别者。貴善處之有方耳。寡婦受親惡欺陵。且知其必敗。故以奩田附之婿家。生則寄以終身。死則藉以饗祀。此固遠慮之私。豈知親惡之恨愈深。究非善處。所以爲婦人也。

胡錫之妻劉氏。以奩田被霸不安。而族親把持者。劉宜瑞也。乃歸與辨。族惡逐之。婦歸告夫。欲恨欲死。胡慰之曰。固知吾命當貧。貧則得殃。猶飲食各有分量。貪餮則

冒名收稅

病吾自食吾力彼其奈我何遂不與較夫婦自勤耕織以給饔飧豈知連年旱涸田粟不登胡力種瓜蔬反勝田間種穀胡錫謂妻曰倘安於畬田以為耕不難餓登鬼籙矣可知得不足喜失不足悲如塞翁失馬禍福無憑耳妻服其論而妻固孝心雖饑饉之年每食必讓翁先飽胡錫喜得孝婦心亦甚安迨歲暮忽縣役入戸追糧胡曰田自彼耕自當糧由彼納若田不租而糧不納彼全獲其利我空受其虧古今亦無是理請向彼處征收役曰吾輩奉公追賦何暇為人辨古今汝田果被爭祇可告官為汝辨吾不能為汝原也遂多般嚇索以去

復到劉宜瑞等家索勒。役喜兩家蠹飽。以後每年征比。役得饜其私橐。而糧稅終無所歸。及縣主察覺。以胡錫錢糧積欠多年。知役徇私緩縱。勒拘胡錫到堂。胡訴田不得耕。糧無可靠。為詞求官申理。官拘劉宜瑞等到案。兩家質訊。宜瑞冒認田為公祖嘗業。胡錫直認其妻奩田。出印照繳驗。縣主訊確真情。直斷糧歸胡納。責宜瑞等霸耕蔽稅。核其繳出歷年田租。補胡錫錢糧之費。將田斷歸胡錫耕管。劉宜瑞等皆責懲。具遵釋放。

欠糧者每求役緩追。致供剝啄之需。反多於應納之數。而胡錫實無心抗糧。更無心構訟。而爭者以為強可陵弱肆志。鯨吞。豈知田可踞。而賦稅不可瞞。因此而理斷根株。業歸原主。追租抵稅。並受官刑。可見機深者禍亦深。不若量大者福自大也。

次年胡錫以奩田經官判斷。遂將田自己耕種。劉宜瑞欺其微弱。播種後率族惡夜間鋤之。胡知是劉所爲。置之弗論。視田中所被鋤者。約略補種。復鋤復種。劉宜瑞亦惡無可施。迨天雨淋漓。平田漲滿。宜瑞率放田水。總流入胡錫田間。胡掘道出之。使歸溝洫。及時當旱涸。劉宜瑞率衆截塞官涌。使胡錫奩田涓滴弗及。錫皆隱忍。迨稻熟。劉宜瑞率族惡夜掠其禾。胡知之。加僱農工數十八。詰早赴田盡穫。免被相侵。方至田。宜瑞又已率八在田搶割。胡錫農工皆目擊。不平。羣相追逐。幸所掠田禾。奪回有欲將彼痛毆者。有欲將以拏綑解官者。錫恐釀禍。反跪地哀勸。方休。遂將田稻盡日畢穫以返。以後劉宜瑞屢糾衆惡登門尋鬨。胡閉門以避。或遇于途。惡言唾罵。胡祇低首無詞。人曰。凶人如虎。縱之為患。盍復鳴諸官。使制以法。否則禍胡止矣。胡錫曰。惡人不知有天地鬼神。何知有王法。彼意在奪田。弗得不止。今吾畏其兇。罔敢相較耳。吾將有不稅之田。猶堪自給。奚必沾沾。於是遂徙居於山麓之澗。以避其擾。次年劉宜瑞竟將。奩田三十畝復糾衆霸耕。胡錫于麓澗之南。結廬坡下。闢墾以爲圃。墳隰以爲田。上植瓜蔬。下栽粱稻。此地向多惡蟒集其中。人跡罕到。胡錫晏然。無害居年餘。不期而竹自成林。桃李梅梨橘棗之屬。勃然生長。滿澗濃陰綠映。無竹不筍。無樹不果。山間自然之利。不耕而自稔。有時犬吠雞鳴之下。釀泉爲酒。臨溪而漁。胡錫夫妻父子於其間。自以爲得神仙之樂。其父愛聽泉韻。日與子媳。扶出泉石上。坐臥自娛。一夕當淸風活潑。山月微茫。其父獨睡無聊。欲尋出門前稍坐。方出房外。忙急回頭呼錫曰。來來。錫聞喚。即趨近榻前。請問何幹。其父曰。

簷外掩映瞥見一婦人不知是何怪異錫聞言心竊驚疑潛出窺之告父曰站簷外者汝媳也然父親何由見其父亦以爲奇蓋乃父自目瞽以來實未認媳一面及早兩目復明一家大喜其父步出簷堦仵見門前流水眼界翻新不覺欣然曰吾自到斯地以來雖目不能明而心中別有樂境彼世上膏腴萬頃而蠻逐蜂爭何若此斷隔塵囂胥役不擾言罷而笑

聞之黃髮兒齒壽考之祥而目瞽復明古今罕有大抵人生世上百憂損其精萬事勞其形暮年勞剝之餘形骸難保其無損使胡錫因此田旦夕爭訟鼠牙

雀角徒增老大憂悲父之讟能勿藥有喜乎乃不與
世爭且脫然世外其父反得優游頤養享家庭菽水
之歡故曰得重明固孝子之善能養親尤善能養志
也

惟劉宜瑞以胡錫遷居山麓知其畏已將奩田三十畝
更與族惡肆志霸耕不料其子十二歲忽得狂病而死
其妻曰吾聞霸耕絶戶之田不祥況關陰隲現報已在
目前猶不知悔悟乎劉宜瑞不聽反斥之有糧房書吏
童學仁是劉戚屬到訪劉曰胡錫之田他自知弱莫敵
强已避三舍然有策可奪之乎童曰此經官斷且糧籍

可稽動則招禍劉曰雖然智囊無盡術能代爲策商之房衆願酬百金童沉思良久曰價能倍之當爲子謀劉喜諾問何策童曰近年糧銀經完納否劉曰吾踞耕其田近歲錢糧俱我輩代納童學仁曰是可謀矣來春二月縣主卸任凡割稅印券者紛紛吾爲汝預作禀詞僞爲胡錫出名情願將奩田讓歸劉宅房親以爲彼外祖父母附祀嘗業官不知其僞必准卽冒彼名僞讓券收稅印照胡錫不知則三年之後弄假成眞胡錫若知雖訟之官官亦決難立判曲直然胡錫知卵石不敵勢不敢與爭鋒也迨越年二月官果卸事童學仁代作禀詞

呈縣縣主竟被瞞批准劉宜瑞即將偽券改稅歸入本戶另印新照即俗謂紅契而胡錫猶未知也乃童學仁自得酬金二百不旬日目起患病所酬金用盡調醫罔效兩目成瞽

惜字銘云下筆有關陰騭者此字當惜訟師混淆曲直顛倒是非惡者恃訟棍為之把持含冤者有苦莫訴屈者有理莫申狠毒害民上干天怒古今未有不受慘報者童學仁之瞽必其積孽有素天故即一事以示其刑然其險惡居心恐一瞽不足以償辜也

劉宜瑞將胡錫奩田改稅之後自以為得計時有劣紳

古某與童學仁夙有私仇，聞其覺訟得贊，乃到劉宜瑞家求其借銀二百。劉懼，以告童。童怒曰：一毛不可拔，彼其如汝何？古某聞之愈怒，亦僞胡錫之名控縣，謂劉宜瑞聽訟師童學仁把持霸耕僉田冒名改稅，官准訊究。古某先到胡錫處告之，使必赴案對質。胡錫聞之愕然，不肯搆訟。古曰：子到堂則眞僞立分，吾功名能爲汝保。胡錫曰：盍先告我乃鳴官？古曰：告汝知必不允，故先代控而後相告未晚也。未幾而縣役到胡錫家傳訊，胡錫又爲古迫，不能不到堂。劉已先被拘到。兩家質訊，官察得確情是劉宜瑞冒名改稅，即將劉宜瑞重懲羈押，將田斷回胡錫曾業不准復恃强霸佔案經前官判斷童學仁敢刁詞唆訟冒契改税罪擬充軍後劉宜瑞在獄忽生背癰求出醫理踰月而死劉家族惡不敢再爭胡錫得回奩田家計日裕後卒致富次子若春進邑庠其次亦得享安樂親見曾孫繞膝而終其後代顯榮者綿綿不斷

書曰吉人爲善爲日不足凶人爲不善亦爲日不足彼惡人者善人退一步以讓之彼更進一步以欺之善人廣一分量以待之彼又增一翻險以陷之卒至惡盈成禍如毒結成瘡未有不潰敗者惟胡錫祗一

念篤孝之誠。愛親之外。情無他慕。身受欺而不較。産雖奪而不爭。其心惟祥和。故能福其親而綿及子孫。由厚德有以致之也。

宣講博聞錄〈第十四條〉全　十二

第十四條博聞錄

總論

糧爲國課國之需用皆賴焉故抗納有條催科有吏所以嚴督責而急輸將也良民依限而納無待追呼而胥役每窺欠納之家藉侵漁以肆其中飽書役之弊慘不勝言

聖諭廣訓曰剝啄叩門多方需索無名之費反浮于應納之數彼有意抗違者所不足惜矣然民間或困于饑饉欲輸納無由或厄于兵戈而加征倍苦彼當徵收之役莫不以急公奉令爲能而能愛邮民

艱。拚捐軀以救羣黎之苦。請從中而得其人。何嘗

萬家生佛也。

李糧書

雲南晉寧州糧書李翁當孫可望李定國亂滇之時軍需餉費按畝加糧民不堪命多有棄產逃亡流離難歸者宰奉上檄催比核翁親帶糧冊督役挨戶徵收及至村閭民乍見書役如畏虎狼強者奔逃若狂弱者含嗟悲泣更貧苦老疾者跪泣求寬皆襤褸衣衫鵠形菜色翁不忍觀祇婉言勸其完納誡役不可復加騷擾翁覩此情形倍生憐恤思欲拯救衆生苦於無策居恒戚戚不樂憂愁之色眉蹙未開日則若痴夜則不寐一日忽懽然以喜曰人生壽極永不過百年耳奚無達觀若是

還約同人于正月到省觀燈。作消遣行樂計。人以翁前後欣戚似狂非狂。無以偕行者。翁乃治裝擔兩籃搭船往省。一籃置一石磨。一籃置糧房卷冊。夜深船至江心。同衆人不覺。翁以糧房中文卷糧冊并石磨繫於身。跳入海中。舟人驚視。已墜波心。不可撈救矣。後兵戈平息。虐政無冊可稽。另從輕減。民居始得安集。

倘無益於民生。雖死何益。況李翁一糧書耳。無宇宙蒼生之任。不識者鮮不謂其輕生。然其分雖微。其心則與禹思天下有溺者。猶已溺之也。情同一轍。故能以一身救萬民之苦。視死如歸。如李翁者。在國則爲良臣在野不愧爲義士。

翁世居西門外十里地名蛤蟆村。後翁有孫降生之辰。母夢盤龍禪師入室而生。三歲即孤。六七歲爲人牧牛。每從村塾中看人寫字。輒過目不忘。聽人讀書亦記誦不遺。後薦入鄉塾爲書僮。尤朝夕聽受。殷殷中心了了。然無人知其慧也。十一歲時。其堂叔帶往省城作小使喚。叔有子在鄉從師學文多年。將應童子試矣。叔問書坊。爲購明文百篇。以資觀摩。歸時阻風。舟泊倒石崖下。牧子取文閱畢。投水中。及抵家。叔問取文。云已投海水中矣。叔大怪責。云叔勿怒。若必要我能錄出。授以紙筆。

宣講博聞錄　第十四條　全　十五

一字無錯亂始大驚歎。遂送塾讀書。師命名曰因培。因其穎異而培植之也。亥年即遊泮。繼而食餼。繼而薦不售。挑遺卷。拔取五華書院正課。有膏火之資。學益進。某文伯閱其文而奇之。留署館餐。得縱讀所未見書。藩署中有藏書樓。如圖書集成數萬卷。書皆能一目了然不復忘。祖屋村後有望鶴山。遂以鶴峯為號。在書院中門上題鶴立雞羣四字。為人所忌。然愛其才者。不能不折服也。旋薦鄉會試。登木天。又得曠覽古今掌故。於是四海文章之士。無不知有李鶴峯先生者。先生才既如海而學又淵源。二子相繼入詞林。孫亦聯登館選。其婿其外孫聞公教擇者成名翰林位至漕督祖孫三代膺一品封非封爵之實德其奚能致此哉兵戈紛擾民不聊生而復厄以加征之苦民計之徬徨中有慘不堪言者然當時急于兵餉上亦逼于勢之莫可如何第慮兵銷之後雖兵餉已撤而征例難銷適足以供胥役之侵擾苦更伊於胡底矣李翁不惜一身之死祇圖萬姓之安其用心亦良苦矣故福綿後世宜其雲礽蕃衍科甲繩承後有達人名滿天下

段錦谷曰德無潛而不彰者不難於後昆之簪纓世

承。而難於先哲之捨身救衆。是天下智者所不肯爲。愚者所不能爲。而惟大佷嚚人所爲之事。天特予大夙慧人以發其幽光。此其所以爲天道耶。

第十四條博聞錄

總論

詩云普天之下莫非王土率土之濱莫非王臣爲民者食毛踐土一絲一粟皆感君上之恩納賦稅而遵國典所以上報朝廷也

聖諭廣訓曰倘不知國課之當重國法之難寬或有意抗違或任情遲緩有司迫奏銷之限不得不嚴追比胥吏受鞭撻之苦不得不肆誅求由是觀之此固勢所必然也而世之欠糧者有故或損人利己飛稅混糧以致稅歸無主或久典戶亡稅亡糧在

致閉糴之難稽。尤或一室同居。兄弟私財。置產始則匿業以瞞親。繼則匿糧以瞞君。既背親恩。又違國典。在家爲不孝之子。在國爲不義之民。決其後之不昌也。

匿糧謀産

簡作棟，廉州香山人。父名達權，家頗裕，貿易於廉州。家業悉交其子掌管。子固存心機巧，爲利孳孳。凡置業必謀之遠方，每一業必更立一戶。父問之，曰：此無他，使人不知我之富耳。且税多則糧重，賦額征繁，吾買自遠方，官難追比，積延日久，一遇國赦，可邀蠲免之恩矣。父責其欺君不祥，子卒不聽。凡以産求典者，必重價爲之典。父問之，曰：典價重，使彼贖不易，而賣亦難，彼自完糧，吾管其業，較之買産尚亦有利耳。父以刻薄成家，理無久享，爲誡子，終不以爲然。其母死後，聞父在外立繼母梁氏。他慮有弟薄其貲預匿其產。迨父自廉州歇業。與繼室俱歸。時已有子名作孳。甫在襁褓。作棟預忮之。後數年。父忽病。知其子存心素薄。將所遺業先編列名分。使二子日後依次管業。另屬小業。為幼子娶婦之用。且屬作棟須善事繼母。勿薄弱弟而逝。豈知父歿後。未及期年。欲將弟產並噬。假意數日不食。母驚問不對。惟俯首蹙眉。故作隱憂之狀。母窮詰之。乃掩泣而言曰。父生時所貿易貲本。及置遠產。皆謀借諸人。今遺欠不下二千。友俱勒限填還。否則控官追討。如棄產償債。則家業幾空。如負債不歸。必將速訟。而所負究不能逃。故暗自悲耳。毋不知其詐。勸之曰。負債以守業。如負贅疣耳。積累日深。尤爲子孫之累。不若早歸之。雖藜藿之甘。固可樂。悲苦何爲。作棟諾之。繼而誑其母。謂所遺遠業。已皆歸債主。祗留近海沙田。爲母給食。並留瘠地半畝。爲弱弟娶婦之貲。且告母曰。家計今非昔比。兒將別作經營。使母與弟分居自食。母信而安焉。

卸糧騙產。欺君欺弟欺親。良心不堪問矣。況父死之謂何。又因以爲利。遽以鯨吞之術。施諸骨肉之親。九原有知。將何以見先君於地下乎。

簡作棟以繼母可瞞。竟以父所遺產。概行私吞。盡爲已

宣講博聞錄 第十四條 全 九

。業歲有所積。更密置田園。又于海外所有初積成沙者。謀之科吏。暗以魚遊沙鶴立。沙爭先承稅。壟斷而得之。或有業無糧。或稅多糧少。十餘年。富甲于鄉。衆猶未識其業在何所。惟母恆聞人言。已知其並已業吞噬。鄉族中有勸其鳴之于衆紳耆。可代爲公論者。有勸其申之於官。公衆可代爲質白者。母歸白其子。作孽曰。吾該有是業。不該有是兄。歸之命而已。夫手足相殘。不祥莫大。母深服其論。迫母爲作孽娶婦。謀諸作棟。求十金而不可得。母固强之。祇助五金。幸娶婦甚賢。入門即勤操作。母以子媳勤愼。貧亦自安。忽値颶風。東江漲湧。所遺近海沙田數畝。向藉爲口食者。皆蕩沒無存。母聞之。日夕號泣。作孽慰之曰。道路傳聞。未可深信。兒當親往察之。及到河邊。見往日一派沙坵。皆已翻成白浪。長歎而歸。恐母增悲。設計以慰之曰。鄰田已皆漂沒。幸吾田猶在。更高積。擦泥此後猶利于栽種。母不知其誑。大喜而笑。作孽祇留瘠田半畝。藉以爲耕。使婦早暮作女工。已則取蝦蠏蠔螺以度活。

兄奪其田而不訟。波蕩其產而不尤。且婉曲陳詞。上以慰孀母之心。下以掩劣兄之惡。孝弟兼盡。渾厚和平。非天生一種眞性情。何能有此眞度量。

惟簡作棟家雖饒裕○而年近五旬○猶艱於子女○聞江西于湛清精于地理○乃邀之來○遍看祖墳○亦皆安穩○惟父墳不利于丁○作棟求其另尋吉地○乃尋得山邊一穴○將父移葬于此○葬後數載○其弟作擎連發三丁○作棟依然無子○信風水已驗○惜未及已○爲慮復邀于湛清至○訂邀三月○百金爲酬○致意急于催丁○求必得大結地○以移葬其妻○驗即厚謝○爰登山越嶺○盡日追尋○適中途大雨○作棟乃感風寒○兩月臥病不起○喚弟作擎○爲地師日執羅盤○相隨左右○作擎情意殷勤○知師嗜螃蠏○每得肥膏者○必恭敬以待○于湛清初以擎爲房親○詢及眞情○始知其

爲作棟之弟另目看之然已知作棟之必薄其弟也漸訪之族人得知其欺弟瞞產而未問其弟訴怨一詞知其兄非厚福而服其弟之隱涵益德之逾兩月餘作棟病雖愈而苦不能行仍使弟隨之以往一日偶息林間于湛清見作孳隱有憂情雙眉緊束詰之則曰前以水漂沙田猶留虚稅致糧銀積欠縣役催頻將鬻小女以完糧而母不能捨故心自悲耳于問所欠幾何作孳曰八金耳于憐之歸如數以贈作孳夫妻深感之惟簡作棟以于湛清日久未獲吉地已又不能同行心自焦急語每侵于于嫌其輕藐將有去志密告孳孳婉爲之留

于堅辭作孽嘆曰吾屢欲求指一穴將以葬吾母向未敢言今先生決不能留吾亦無望矣于沉思曰是眞汝福也曩久已相一穴可發巨富度汝兄作爲實非福相指之不能爲彼福淺之適足爲我殃君固厚德可當此矣越日攜與偕往指其地曰此明蝦出水地也必能致富第慮非重金不可購耳簡作孽曰果爾斯地可不購而自得也于問之曰田爲巨波蕩盡留茲薄土瘠不可耕固兄所分以與我者于湛清喜曰福地留與福人此在天之靈留爲君有也遂指以葬法歸告作棟曰向所以遲遲者如君所言必欲求大結穴以償君願耳今據

所見不外尋常遂指以小地葬其妻託詞而去

風水而名之曰地理實本天理也遷葬其父連發二丁而獨驗其弟可知福地之發本自心田故由他機巧陰謀而吉地終爲弟有天道豈無憑哉

于湛清去後簡作孽復連生四子後數載母忽抱病卒即依于湛清所指之地以葬然每念于湛清之德欲求一見而莫尋其踪後以事到縣訪知其在城外稅屋以住往謁之相見殷然其道衷曲于湛清始知簡作孽之母已死善言慰之且謂其母所葬地十年後可卜昌期作孽感激道謝而見于湛清形骸枯瘠神色奄奄問之

于曰吾昨年遇暴雨沾寒遂成哮喘前月復病莫能興幾與君不復見今病雖愈而舉動多艱在此淹留無益久欲還鄉而客路風霜須得一人作伴苦無心腹可靠者請君爲我籌之簡作孳沉思曰先生千里程途行囊付託可信者實難得其人不以鄙陋見嫌吾願相隨卽以報德于曰君肯同行眞肝膽照我矣遂備金五十使作孳持歸以爲家計孳曰曩蒙碩德未報涓埃復厚我以貲是益我以罪堅辭不受于曰君家口嗷嗷憑君待食君去則食指何依如必以此爲辭吾亦不敢勞擾再三強之作孳始受卽歸告其妻迨返邑于氿清已檢點

歸裝同登舟而去不意歸至半途于感湖寒哮症復發作孳周旋左右寢食俱忘轉而諸症頻生竟沉疴不起作孳旦夕煎茶灌藥手足皆忙轉而病體日瘠舟子皆不肯載無奈另雇他舟于自知病危乃以手扶孳背垂淚而言曰吾累君苦矣與君本萍水之緣豈知今日即死生之寄向未盡白今爲君剖腹言之吾南昌府人城內南門居住原職捐知縣獨一人來貴省候缺淹滯八年腰囊金盡宦途苦況可不述而知幸先生秘受堪輿之術吾藉以行世身歷風塵雨雪僅積貲五千盡換金器意圖歸計昨歲忽沾寒病苦不能行今藉君護我同

歸。豈知一病垂危。旦夕莫卜。如我死將篋內之金。爲我備棺周殮。護柩還家。吾有子三人。名貴章貴學貴德。吾家固感君恩。即吾在九泉。必不負德。至篋藏金器。可抵白金五千。吾昨經筆屬諸兒。此書藏諸笥內。此金屬分其半。將以酬君。諒諸兒不敢逆命。簡作肇曰。所屬不敢違言。顧所存金。當原璧歸之。決不敢受。正言間。于喝呼茶。飲畢擁衿而逝。

榮枯生死。渺渺難知。于湛清本納官筮仕。壯志而來。烏知今日中途之死。炎涼冷煖。宦海茫茫。疾病由生。實可靠者。竟沒一人。使非當日施金授地之恩。將吾

死他鄉身歸無主施恩不望報豈知恩恩之報在目前耶

簡作擘以于湛清既死撫屍痛哭爰買棺收殮原舟載運直抵南昌到城卽訪知其家告知其妻子大哭齊出迎柩以歸詢及情由深感作擘之德及啟僮諸子得見父所遺書跪柩前誦畢皆匍匐跪至作擘身前叩首泣曰讀父遺書悉知恩伯存心忠厚卽古之義士仁人父屬分金敢不唯命遂留作擘在家守制百日之後卜地而葬葬後擘欲辭歸諸子以久歷風濤不忍遽使奔勞往返留住年餘越年擘以久住不安決有歸志諸子將

所遺金。分半以謝。曰此先君遺屬。聊作酬勞。擎辭曰吾昔因錢糧窮急。蒙先君以大義相周。此行蓋略報恩情。未足盡酬高義。遺金而分受其半。豈友義耶。固卻不受。諸子固强之。祇受百金而歸。舟近閶城。不意江遇狂風。全舟覆沒。擎浮沉波際。若有物附其身。漸而湧近河邊。舟人救之。始見其手抱木板。憐之者。贈以衣履而盤費全空。幸略讀周易之書。遂沿途占卜。兩歷寒暑。始得抵家。歸見庭門關鎖。堂澈無人。心自驚惕。適小童來問之。童曰。汝家已遷往南巷新居矣。倍疑之。及至南巷見門第煥然。居然富戶。叩門而入。舉家驚喜。離家五載。摯兒皆已長成長子敏仁年剛及冠已定吉完婚矣問何以致富妻告之始知其兄作棟前密附本三千交友出洋貿易商友四倍其利以歸其兄喜獲重貲遂于此巷新建大宅宅未成作棟夫妻兩月繼逝其兄死之日以作孽遠出將家貲產業屬附弟婦掌之今所住新宅即其兄所遺也作孽以兄嫂俱亡悲不自禁後自獲兄所遺財產復偕友洋務經營竟成巨富乃以長子敏仁爲兄嗣焉

邵伯樵曰世俗見人富貴必稱之曰好家山此言良是非有好家山不能發出好富貴也然自古至今此

山為千萬人共見之山此山為千萬人欲購之山何以他人不得而彼獨得之蓋山為衆共之山家為自已之家稱之曰好家山必先有好家然後能有好山也當于湛清死于中途簡作孽何不密葬之將遺金五千貿之歸以為已有乃甘驚波逐浪護柩而還屬分以金力辭不受觀其待友之心死生不易即與讓兄之產手足忘形同此至性至情故與之福地蒼天早已默鑒幽衷也蓋兄弟如手足自乃父視之同此家耳其兄不良而貲產皆歸弟有非作孽始終眞性尚肯分其子為兄嗣耶而益見作孽之賢故得以受

自然之福也

宣講博聞録 第十四條 全 三十六

聯保甲以弭盜賊

從來安民在於弭盜。摘發守禦之法。必當先事而爲之備。故緝捕有賞。疏縱有罰。諱盜有禁。違限有條。而最善者莫如保甲。十家爲甲。十甲爲保。甲有長。保有正。設立簿冊。交察互警。此卽井田守望之遺制。所以

聖祖仁皇帝上諭曰。聯保甲以弭盜賊。誠欲使四海九州。閭閻安堵。澄本清源。

聖慮實爲周切矣。第恐遵行既久。遂至因循。吏則徒稽戶籍。民則僅置門牌。而於聯比糾察之法。未見實

心奉行。以至勾引窩藏之弊。種種而生。隣舍失事。竟有如秦越之相視。富家被刼。反指爲悖出之當然。甚且假公濟私。藉盤詰之虛名。滋無厭之苛求。汎防因而騷擾。胥吏緣以生奸。有保甲之名。無保甲之實。有保甲之累。無保甲之益。此盜賊之所以難弭也。夫良法之有利於民。在奉行之必求其實。嗣後城市鄉村。嚴行保甲。每處各自分保。每保各統一甲。城以坊分。鄉以圖別。排隣比戶。互相防閑。一甲之中。巨室大戶。僮佃多至數百。此內良否。不戶。白有責任。若一廛一舍之散布村落者。有業無業或良或否。里正保正。得以微窺於平素。一出一入。得以隱察其行踪。遇有不務恆業。羣飲聚博鬭雞走狗。夜集曉散。以及履歷不明。踪跡可疑者。皆立爲糾舉。不許暫容甲內。其荒原古廟。閙肆叢祠尤易藏奸。更宜加緊防察。至汛地兵丁。務必晝夜巡邏。一體查詰。毋借端生事。毋挾仇陷害。毋受賄賂而徇縱。毋惜情面而姑容。協力同心。輪流分派。則盜賊無容身之地。軍民享安靜之樂矣。查昔人禦盜之法。村置一樓。樓設一鼓。一家有失。擊鼓爲號。羣起而守其要害。盜賊將安所逃。所謂應兵法於保甲中也○若夫江海出沒之區○有未可以保甲行者○舟楫往來○絡繹聯綜○彼此互相稽查○匪類亦難藏匿○皆在實心奉行○先事而爲之備○若視爲具文○怠忽從事○至於被盜者失財○連坐者受累○不惟負朕息盜安民之至意○亦甚非爾等保家之良策也○

博聞十五集

聖諭第十五條聯保甲以弭盜賊

博聞目錄

宣講博聞録　第十五條　全　三

第十五條博聞錄

總論

世之無良者。莫如盜賊。不畏天地。不憚鬼神。干國憲而藐王章。奪貲財而陷人命。明目張膽。慘毒尤甚於虎狼。然刁斗所以禦盜。而盜卒不可滅。可見官之衛民。不若民之自衛。

聖諭廣訓曰。查昔人禦盜之法。村置一樓。樓設一鼓。一家有失。擊鼓爲號。羣起而守其要害。盜賊將安所逃。然州縣官衛。民之被盜而來報者。歲復不絕。又可見捕盜不如防盜。而防盜不如化盜也。古人夜不閉戶。道不拾遺。盜風若失。此固在上者化民以德。尤貴在下者。之善化有方。誠能草野之間。父教其子。兄教其弟。父兄訓其宗族。鄉約誡其比閭。使俗尚詩書。人皆知恥。家敦禮義。分各循良。則安士敦仁。盜風何由而起。更有殷富之家。喜恩恤。樂濟施。俾饑寒者。皆得分以飽煖。鄉閭里巷之內。善氣所萃。則惡氣潛消。衽席無驚。室家安處。所謂脩德者能善保富也。

施濟化盜

王太封翁名僖。粵東瓊州安定縣人。其祖與父皆好善。而家素貧。自少入店傭工作小夥。而性情渾厚。心地慈和。見丐食者。凡疾老聾目之輩。竊隂予之。時或觸東家罵。甘受而已。又常以所食。錙留甌底。歸諸廚。以待其來。人覺之。初怪其辟。久之。人亦諒其慈。或蟻集廚間。先以飯飼之。而後誘之去。是故蟻日一出。飼之去。不復來。如有常期。然亦不擾他物。適東家見之。惱其誤事。燭以火。東家出。王竊跪地叩首曰。悲哉。蟻乎。吾禍汝矣。東家故復入。以窺之。見其泥首叩地。密喃喃有詞。罵之曰。汝爲蟻祟耶。與彼何親而戚戚若是。王僖曰。物命猶人命。太惜數萬之衆而灰於一灼之微。實見所不忍。吾家數代不傷蟻。家母嘗述先祖之言曰。文昌陰騭經有云。救蟻中狀元之選。蓋宋郊宋祁兄弟同在太學。有胡僧相之。小宋當大魁天下。大宋亦不失科甲。後十年大宋遇僧於途。僧驚曰。君丰神頓異。似曾活數百萬命。郊笑曰。貧儒何力及此。僧曰。不然。肖翹之物。皆命也。郊良久曰。旬日前堂下有蟻穴。爲暴水所侵。吾戲編竹橋以渡之。豈此是耶。僧曰。小宋今當大魁。公終不出其下。及唱臚。小宋果第一。郊第二。章獻太后謂弟不可先兄。乃轉以郊第一。祁第十。始信僧言不妄。郊後改名庠字公序。達中三元。官至檢校太尉同平章事。封鄭公。吾母述古人救蟻者多福報。故見一蟻如一麟。不敢犯。東家聽其言大奇之。漸而店中人皆爲感化。至是而東家亦器重之。

愛及一蟻。赤子之心。大人者不失其赤子之心者也。

夫蟻雖微物。有君臣之義。其性甚靈。而其類甚小。一念愛之。則百萬感好生之德。一念殺之。則百萬遭慘毒之傷。莫謂蟻至微。而即此殺之愛之之一心可驗人心之厚薄。即可徵福澤之淺深焉。

王僖年弱冠。在店中握重任。權出入。後以鹽務興。家于鄉族中設義學以課子弟○貯義倉以備凶荒○族戚貧老孤寡○月約濟施○患難窮急○求無不與○生子名允升○有盜約擄其子○而挾其財○一盜先潛入室中○不知其兒所在○但見破衲密置几桌間○婢妾燈下脩補○盜意卽家內人穿者○盜潛出○俟牆外者曰○兒子可得耶○出者曰○莫迹其兒所在○但婢妾皆燃燈補破襖○聞其人喜濟施○而宅內猶穿破布○儉己以濟人○不忍加害○故出耳○盜曰○子有仁心○何必爲盜○子如不忍○且俟諸外○吾入可也○彼盜復入○見婢妾猶針破衣○一婢倦欲睡○妾曰○天方嚴寒○急補以濟施○吾尚忙忙於此○豈獨偏勞汝哉○一婢曰○老爺既有心

施濟盍擇無絮破綻者庶免加工妾曰破者不能典當使彼終得以禦寒盜聽之始知所補破衣是濟寒者又不忍侵擾而出門外者曰吾固知子之不忍也乃與之俱出一盜忽轉念曰彼富能濟人挾得彼財亦濟我耳刼之亦何害乃與俱轉一曰不知其子在處徒入見補衣者彼慈悲人最易動人艮心亦將入而復出勞勞亦何益一盜俯思艮久曰此次不入室須登瓦跡啼聲卽知小兒所在矣乃登梁上果見兒子在東座中房涕泣聲乃俱下踰短垣而入又從窗際入內室躲小朝廳桌下見其妻坐榻上倦眼朦朧抱兒方哺乳卽欲拔刀向

前乘奪之。一盜曰乳飽方可。仍相伏以俟。旋見王僖煢煢一火。獨坐桌邊。分戳銀包數十。盜見之。心愈動。妻曰。夜深可睡矣。王僖曰。一寒至此。急分包次。明日即以施人。蓋雪冷宵寒。貧苦者固屬可憫。更有因貧寒而起盜心者。彼豈不愛其身哉。亦一時窮迫而害及性命耳。夫一人犯法。舉室哀號。此輩尤爲可慘。正言間。突見兩盜持刀入。王大驚。盜曰。知君仁人。不敢加害。但求施小惠以禦寒。則感大德。王曰兩人意欲何爲。盜曰。言之請勿懼。吾初欲擄君之子以挾財。初已入內。不知少君所在。見羣婢。補衣以濟人。不忍驚擾以出。後轉念復來。跡至此方少君哺乳時拔刀欲奪聞君貧寒起盜心之論吾雖鼠輩具有天良今轉意不敢瀆少君請惠多少足矣王曰若奪吾子意欲挾貲幾何盜不敢言王曰直言無碍乃曰意擄得少君非千金不可續王聞之悚然有難色盜曰今非敢勒千金多寡惟君賜之不致空空兩手耳王曰案上之金約二十之數由兩君盡取足用否乎盜曰是濟貧者吾取之是刼貧也君猶濟貧吾何可刼貧王曰子亦良心然勿驚吾兒當令取出以爲君贈遂啟屏曰客廳雖不文猶堪小坐遂引盜出廳外復入擕金半百以出拱手置桌上曰現存祇此耳多少惟君取

之。每盜取十金。王曰。如未足所需。不妨多取。盜再取十金。王以善言撫慰之。盜稱謝而出。王喚僕啟鑰扉。攜手送諸門外。僕猶不知問何人。王曰。是吾友也。其量有如足者。

廟堂之上。所崇奉神像。皆土木爲之耳。然至其間者。莫不肅然起敬。雖刻心。險心。兇狠心。殘忍心者。一見而惡心皆化。即拜之跪之叩之。何哉。以其能福人也。慈心如王僖者。非世上之大菩薩歟。二盜懷險惡心以來。一見舉家作爲。皆濟人之事。盜即奉之如神明。而險惡之心頓化。使非平日施濟爲懷。能保其不驚而財不破敝可見富戶之寶財皆爲世外所窺伺。
惟脩德者能保無虞。明聖經有曰救濟急難人就
是解寃結。聖訓洵不虛也。
二盗行近鄰村邊。聞易家姑媳哭甚哀。二盗潛聽之。聞
其子易耀。因與盗有嫌。被誣攀坐獄。尚未定罪科役索
金四十可釋。婦議賣屋以贖夫罪。不足。欲並賣子。姑不
忍。媳曰。子可再有。且賣不至於死。若坐獄者不得釋。含
寃待罪。婆婆固所未安。爲子婦者亦安忍坐視其斃。二
盗聞之不忍。曰。今知吾輩害人者深。貧家之被誣殆甚
於富家之被刼也。相叩扉而入。願以王傳所捨貲轉以

宣講拾遺　施濟化盗

相救。猶欠二十金。二盜復到王僖家。備述其故。求復捨
二十金以濟婦急。王僖曰。易耀是誣是盜。良歹實未知
他。姑念汝二人。尚存救濟之心。吾豈無相恤之念。第汝
輩須改行。如易耀者。使果屬被誣。其家尚苦累至此。況
真盜者。罪滿當誅。無望生還之日。舉家之慘切何如。郎
有相救者。欲爲汝憐。吾恐法不能爲汝宥也。王授以金。
二盜亦感悟而去。至易耀家。以王所授金。授易母。婦感
謝。問二盜姓名。盜曰。吾不敢冒德。汝亦不必知盜者。行
然拯汝者。鄰村富翁王僖也。盜言罷而出。後易耀藉脫
歸家。詢及情由。一家到王僖家叩謝。然卒不知二盜爲

何人。

惡而至於爲盜。一轉念即能救人。可知人之良歹在善惡一念之分耳。天下無不可善之人。然習惡則易習善則難。非大德者感格之深。何能使爲盜者立見良心悉見也。

後數年復有盜謀刼王家而王猶未知也。是夕王渴喚婢烹茶。婢言房門外穴復出蟻。于夫妻皆披衣出見蟻隊如雲。王驚曰。旬日不飼。引類而出。其志將以求食耳。乃飼以乾飯。誘使歸窠。俄而有一蟻拉小蟻復由窠出。登壁而上。小蟻若苦之。然爲巨蟻所牽。欲歸不得。適一蟻相遇。若相有言。情若相勸。乃俱歸穴。王告妻曰。今觀小蟻。有感于前十年時。救人賣女之事矣。妻問故。王僖曰。前有鬻女者。牽女至溪邊。小木橋。名九步橋。女不肯去。其父狂怒曰。如不去。當溺汝於此。竟拉女至橋下。欲溺以嚇之。女亦甘死不渡橋。然已衣衫濺溼矣。尹見之。問其溺女何爲。彼人曰。吾爲賭累。將私鬻女以塡賭債。妻母固未知也。奈女不欲。故溺以嚇彼耳。尹問欠債幾何。說二十兩。可脫欠矣。時尹適討賬歸。解囊以贈。止其鬻女。且勸其不可復賭。彼詢我姓名。尹隱而不告。尹亦不識彼爲何人。彼得金欣然叩謝而歸。今觀小蟻爲巨蟻所牽亦途遇蟻阻而返其情迹不與鬻女之事相彷彿歟此蓋王僖滿胸慈懷無日不以救人愛物爲念即一蟻而有所觀感可知仁人其利溥觸目皆善機也豈意正言之間忽一人由樓上忙跳而下王妻婢皆驚其人伏地叩首曰公如弗言幾將以怨報德矣蓋公所救者即吾妻也妻嘗言之其父迷於賭欲賣伊數次爲妻母覺而不果後于九歲時父誆以探親誘其到客店借住一宵翌日又促之行時妻雖年少心已醒覺然不能逃言至九步橋邊見一人來冀可求救故不肯渡其父欲溺之幸遇來客自言收賬者詢得其情解金二十兩

以相贈妻説故得歸後其父言時欲賣彼于廖三家三固買良爲娼者若非賬客相救此身已陷於娼豈得今日爲夫婦第不知捨貲相救者何人報德無由此可惜耳吾聞妻言心常感激如君言則救吾妻者非君而誰君固大德吾不忍以德君者禍君不得不直言之吾實盜也吾黨約以今夕來刼汝家使吾先潛入迹汝物所在且探門戸所出入焉吾已潛伏兩宵翁未之覺耳然事急矣君所藏寶重吾已迹之今可速移鄰舍翁亦條之鄰家保無驚恐不然吾一人亦難爲君護王曰汝黨之來欲得財耳爲我持百金能勸彼勿擾乎盜曰若是

君誠善士吾當善爲說辭彼信而不來是君之福然盜心莫測君須防備吾去後宜將物速遷吾緩期以擱之卽來亦無大害王信之以百金授盜盜謝而去王卽將重器藏之後夥盜竟不來詰早聞鄰村於昨夕被刼者三家王以後愈加防密而盜卒不至

救人鬻女初本一念之慈免彼生離之苦耳豈知救人者卽以自救報應之速如響耶然謂行一善天必以一福報之則瑣瑣者何天之不憚煩人不肯信卽爲善者未必盡以爲然不知爲善之家吉祥擁護其祥和之氣相感召而常凝夫顯報者人所共知而陰

報者人所未知也彼不信報應之有憑實為善之心未篤耳若善不欲人知如王僖者鬼神有靈不當常護其室歟

後僖以歳暮歸于舟中復遇盜一盜指僖曰此善人不可驚反保護之盜去舟中人俱被掠惟僖獨無損有疑其串盜者識者曰此卽濟人王僖也聞者皆服羣頌為陰騭所感適同舟有劉屏藩者原世家子藉先世名望專攬訟詞是日所掠財物惟彼最多且被盜刀傷其額惱盜猖狂無以洩忿以王僖之物不損秋毫且聞人頌王陰騭之說相形見耻誣王識匪控諸縣求必劾于供

匪名。官亦聞王素好施。知必盜感其德者。然爲劉控不得不傳訊。王赴縣直以前兩遇盜。皆感而去。均亦不知其名爲誰。且曰。掠不掠由盜耳。盜欲掠。不能使其不掠。然盜不掠。亦不能使其掠。于我何尤。官然之。而鄉鄰紳老。皆聯結以保王。有忿劉狡訟者。攻劉猾訟。藉端圖索。劉反以誣告受懲。獨王不恨其誣。反登門請罪。劉自知知其妄。而恨亦平。王僖一生。以濟人利物爲心。其子允升亦善承父志。待鄉鄰尤厚。一家無盜賊之驚。羣小光不敢犯。而家益豐裕。富甲於鄉。僖孫元晦。登嘉靖辛酉解元。乙丑成進士。歷觀禮部尙書。祀名宦。人以爲奕世厚德之報○盜凶星也○乃三遇盜而不驚○賊惡類也○乃三遇賊而反護○此皆善心之所感○故遇盜轉祥○善氣之所凝○逢凶化吉○觀其待一蟻之小○猶必慈心善爲愛護○推天地覆育之心以爲心○物猶如此○則人之被其澤者可知○宜其福綿後嗣○爵祿顯榮○且崇祀令名○光昭世德○於以知積之厚者流愈光○德之大者福自大○天固報應不爽也○

附祝蟻

吾嘗聞有擬蟻爲盜者。以蟻鬦蠅而附。猶盜之見財而謀。謂皆殺之不足惜。此論太刻矣。夫盜之害人有心。而蟻之害物無意。蓋萬物受天地以生。皆藉天地以養。人有事業可倚。蟻無口腹可依。彼實不知爲有用之物。偶傷之而戕其命。此念已傷天地之和。故考之救蟻之家。必獲福報。非天特偏愛於蟻。蓋愛能及蟻者。其心必仁。易曰。仁爲元善。元者善之長也。百念之善由此。一念而生。故能小心爲善者。斯能廣此心。以脩大德。即能積大福。然非粗心。浮氣者所可同日語也。

叚錦谷曰。余八歲到江門任署中。螞蟻甚多。有大如指者。如豆者。有小如芥子者。如針尖者。有黑色赤色紫色土色碧色者。惟白者爲最患。能一二日食衣箱成泥。能數日食數千兩銀。成灰。又能數日食樑柱如腐朽。其來去時。頃刻便無蹤跡。亦不知從何而來去。大祇如虱而害物甚於虎。此他省所未見聞者。呼羣引類。愈來愈多。思以避之。更無其法。余八年五六月間。每早晚食飯。留飯菜於碟。覘蟻來路。飯菜少許。蟻穴口亦少許。爲祝之曰。螞小兒與爾以食。爾宜遠去。勿爲口傷身。自陷於死亡。祝至十日。蟻不入戶。又祝十日。蟻不上堦。再十日。蟻不至莚。於是房屋廚竈食用各物。得以相安。自八年六月至九年四月。絶蟻患。上房對屋三間。空餘無人。有梁樵石。知陽宅。告余移往東角後一間。安卧牀最吉。余從之。其夕移見燈盞內死蟻成堆。桌上之蟻。密鋪無隙。窗邊椅燈皆滿。牀帳亦往來如線。余乃取菜飯各處擲飼。爲祝之曰。螞小子。爾勿我擾。我勿爾惡。遠害全身。各歸爾國。則見米大之蟻。引數百小蟻而趨。蠅大之蟻。督數百米蟻在後。豆大之蟻。又率數百小蟻居中。各分各路。貫孱以出。會於簷滴。過天境。緣院牆。無雜亂。無往返。如棕索一條。蠕蠕行動。乃見院牆瓦際。有大蟻如指。統帶過牆而去。牆外即蓬萊山脚。天寬地闊之處。不知何往也。自此卧室亦無蟻患。乃知信孚豚魚。其義如此。則古人之鱷驅於海。虎出於境。亦豈有他術哉。

謂蟻有知。而若無知。謂蟻無知。而實有知。物之靈機。惟能體天地化育之機者。能悟其蘊。先生以誠信感之。彼即以信義相感而去。此中妙理。若莫之致而致者。無他。誠能動物耳。

第十五條博聞錄

總論

古者虫蛇惡物。驅而出諸四海之外。以其能害民也。故凡爲物害者。人皆知畏之避之。而盜賊者非虫蛇惡物之類乎。彼不務恆產。專行竊害。甚而刼掠騙拐。更甚而縱火陷命。鼠竊爲黨。雞犬皆驚。令循良安分者。偏不能相安。卽樂業康居者。偏不能自樂。人皆知患盜。而不能防盜。一經竊掠。徒控官追緝。何補焉。

聖諭廣訓曰。最善者莫如保甲。十家爲甲。十甲爲保甲保有正。設立簿冊。交察互警。此即井田守望之遺。制奈古制之不行。即地方之不靖。反包娼庇賭。或縱惡養奸。而奸宄歹惡之流。每多出自名鄉巨族。縱或非有意徇庇。而匪惡每藉勢而不能禁。甲雖有長。保雖有正。其奈之何。即

廣訓所謂有保甲之名。無保甲之實有保甲之累。無保甲之益也。夫兵丁之衛民。不若鄉閭之自衛。使保甲之內。約束有法。教訓有方。守望有規。違犯有禁。而聯比糾察。比匪之偶無所容。誠督責而得其人。閭閻可賴以安堵矣。

謝鄉約

雲南城隍廟土地神像。祇有左手而無右手。耆聞之故老云。神姓謝。康熙年間人。性忠厚剛直。鄉中事。皆爲人解紛。秉正不阿。人皆信服。闔衆推爲城南鄉約。素好誦 關夫子寶誥。求善書者。書懸廟壁。廟中往來者衆。有重其文者。有愛其字者。收之去。謝喜人同好。復筆而懸之。復收復懸。常以楮墨求書于人。供之不厭。人亦不憚煩。謝更以 文帝陰隲文。太上感應篇。而至朱子家訓諸篇。滿粘壁上。邑宰每到廟炷香。見壁上諸文皆大筆揮灑。宰亦素誦 文武二帝經文者。讚賞之。問而知爲謝翁者宰奇其品重其人惜不獲一見聞謝朔望必到廟炷香朔旦宰預早詣廟叅神期與謝遇問之謝已叅拜去矣及望日宰專誠早起先到廟俟之及詣廟見有跪神案前恭誦關聖寳誥者詢之卽謝也謝知宰到卽起迴避宰拜後入左廊坐邀謝來詢及壁上經文是其所粘否謝然之宰談及寳誥經中之義謝言之絜絜了如一字一珠宰益重之回署後以爲謝能善書設筵邀飲酒後宰備管楮求謝爲書關聖寳誥一篇且致詞曰廟堂上屢得賞識翰墨請法筆一揮俾几席間如常見神明可作銘心之助謝驚曰壁間所錄諸文乃假手諸

人者然見之者屢收去之。吾知其好。故復求書以懸諸壁。使愛是經者與衆共之。所書非出一人之手。聞有精于筆法者。輒往求之。故顔柳歐蘇諸法。各得集其所長耳。宰聞益敬重之。

古有以詩酒結緣者。有以琴棋書畫投洽者。謝翁獨好賓諸見知邑宰。而深其仰慕。非一誠之通感歟。十室之邑。必有忠信。宰亦深知人矣。

宰自識謝之後。凡地方事必密察之於謝。謝不敢諱利弊。必直陳之。事有干礙于人者。必婉致其詞。求宰曲宥。宰或託其在外理處。謝必曲爲調停。故宰多信任。宥小之輩皆畏避潛伏時城南有馬三者性善賭屢竊其父貲財父莫知其惡疑爲鄰家子適父理祖嘗數目秋祭日三又盡竊嘗銀數十兩以出父復疑鄰某控之縣宰拘鄰某刑鞫鄰某知其子竊直供之宰乃拘馬三到鄰某證之馬三不得不認宰追嘗銀何在三認已付之賭場宰怒拘其父來責以誣告之非而又不忍因其子而罪其父遂欲律其子以逆子不法按罪擬流適謝翁以事來署宰詰馬三素行若何宜律以罪否謝曰以子道而論則罪屬不孝以竊匪而論則猶有可寛宰曰子竊父物猶可姑息耶謝曰他祇自竊其家而罔敢盜他家

之物廉恥猶有一念之存。不若薄懲之。許以自新之路。若恐其終流於盜。今城南尚缺更練。盡使彼充當練目。俾其得所安身。而又付之以地方之任。則他不敢竊。且可爲地方保衛。並宜絕禁賭場。以杜窩匿。則竊風可不禁而自絕矣。宰然之。卽先將賭博嚴禁。責馬三妄竊訾銀。因賭生弊。枷號在聚賭場中。示爲窩賭燭戒。隨准謝翁保結還家。許彼充當城南練目。隨時稽察。境內復賭者。練目卽當入署禀知。如有狥庇。治以隱匿之罪。謝獲馬三協力。而盜竊於以漸息焉。

賭爲盜源。而盜自外入者易防。盜自內出者難禁焉。

三之父向匿情姑縱其子已流於竊而不自知子弟之日非風俗之日弊多由此漸幸謝翁善爲迴護使爲盜者反任之以禦盜之責世上除一歹惡即已多一好人鄉約如謝翁者非閭里之福與

迨孫可望亂滇殺戮甚慘夜處官到勦軍律常嚴鄉禁夜行不准人家啼笑孫每夜間出則居民閉戶滅燈不敢輕作聲或觸其見聞則全家立斃是夜孫出帶一石灰礶聞人家有兒啼聲則以白筆畫圈于門上密約從者次日但見白圈則全家殺之謝鄉約見孫夜出竊尾之見其舉動有異心念必無好意乃提一水礶以布濕

水漣夜見白圈皆爲洗去次晨孫所遣兇黨覆命云白圈皆去無形迹孫甚怒以爲左右洩之也欲盡殺左右之人謝翁以己所爲而累他人致死心不忍遂自出首認洗圈之由謂我當時祗欲救活各家今事已過求免各家與左右願自就死無怨孫見其義也誠之曰爾心可饒爾手不可饒命左右斫其右手赦去時謝公已老不勝其楚遂死焉死之日城内外民同夢城隍廟新土地謝公上任輿服旌旗鼓樂甚盛平定之日受其活命者各出貲塑像時時報 賽 以酬宏庥其後謝公子孫雲礽發達如謝履厚謝履寬兄弟相繼入詞林至今謝

家科甲延綿皆其先公厚澤流及無窮也。

謝公素誦　關聖寶誥。信心奉行。口誦心維。至老不倦。如　孔聖讀易。三絶韋編。故雖身當鄉約之徵。而常以除暴安良爲念。其心即體　山西夫子仁義之心以爲心。故能具此一副神佛心腸。捨七尺之軀以活衆命。孔子曰。殺身成仁。孟子曰。捨生取義。宜其身後得尊崇於廟堂之上。永祀馨香。不特科甲蟬聯。克昌厥後也。

解讐忿以重身命

朕惟人道莫大於守身。民之有身，所以務本力田，養父母而畜妻子。兵之有身，所以嫻習伎勇，資扞衛以報朝廷。身爲有用之身，則皆當自愛。乃生人氣質之偏，不能變化，往往血氣用事，至一發而不可遏。激怒崇朝，竟成莫解，互相報復，兩敗俱傷。其起甚微，而爲害甚大。不念爰書抵罪，一定之律，雖國家法綱甚寬，亦不能爲殺人者施法外之仁。聖祖仁皇帝訓諭十六條，而終之以重身命，誠哀矜悱惻之至意也。夫天地以好生爲心，而惘惘之倫，不

宣講摘要 字

自顧惜人君以愛養爲政而蚩蚩之衆每至輕生非釁起於夙昔之讐卽禍生於一朝之忿强者恃膂力之剛殺人亡命弱者希抵償之罪赴水投繯忿以成讐讐而益忿原其致此之由固非一端而兵民所易犯者尤多於縱酒蓋酒之爲物能亂人心志使失其故常或賓主酬酢始以合歡而俱入醉鄉則一言不合至操刀而相向或睚眥之怨本可冰釋及酒酣耳熱則一發難忍若不共之深仇每見刑曹命案相傷於酒後者十有五六噫置身縲絏家破人亡甚或累及妻孥禍延鄉黨而後拊

心自悼悔何及矣。自今以往。皆當敬聆

聖諭。時時提醒。思讎與身孰重。毋追既往之讎。而昧將來之患。思忿與命孰輕。毋快目前之忿。而貽事後之悔。縱人或以非禮相加。似難含忍。然一念夫身命攸關。則從父兄訓誨。聽親友調和。無不可情恕理遣。至酒之爲害。尤宜深戒。古之人既立之監。或佐之史。蓋惟恐載號載呶。亂籩豆而起爭端也。其可沉湎荒腆。致陷身於刑戮乎。語有之。忍之斯須。乃全爾軀。故解去讎忿。則全生保家之道。胥在於此。養其和平。消其亢戾。不待排難解紛。而凌競之

宣講博聞録　第十六條　全　二

習自然息化何其風之醇也孔子曰忿思難孟子謂横逆猶是此亦妄人也已矣聖賢之遺訓與

聖祖仁皇帝之明諭固千古同揆也凡爾兵民寧遵毋忽則閭閻相保營伍相安下以承家上以報國優游盛世共躋仁壽之域非解讐忿之明效歟

博聞十六集

聖諭第十六條解讐忿以重身命

博聞目錄

宣講博聞録　第十六條　全　二

第十六條博聞錄

總論

人之處世。莫不有親愛之情。而世之傷情斷義者。每始于一時之忿。致激恨尋仇。此寃之所由結也。聖諭廣訓曰。生人氣質之偏。不能變化。往往血氣用事。至一發而不可遏。激怒崇朝。竟成莫解。可知氣不能忍。必至亂性。而失其常情。勿論禍結兵連。即使忿積私胸。常存惡欲其死之一念。久之亢戾暴發。如盤破絣裂。未有不成禍端。而負氣者。每忿激于一時。拚恩情斷絕所不顧。而古人有言。曰萬事留人情後來好相見。有時恩欲斷而卒不可斷。情欲離而終不可離。此蓋夙世之緣。天地鬼神預爲之結合。彼心裏兵戈。自成仇恨。豈體天地之心以爲心哉。惟存心温厚者。氣象和平。或遭意外之加。化風雷爲霽月。胸次坦然。雖欲絶之而不能斷其情。禍之而不能損其福。此以爲善人即爲福人。

忘讐認弟

張盛○原浙江温州人○性温厚而慈○父初娶翁氏○方孕○遭冠亂○爲賊擄去後○復娶古氏○獨生盛○家苦貧○鄉閈猶稅屋以住○年十七○尚爲人牧牛○一日飼於田間○有相士求茶解渴○盛察其若有饑色○並讓以食○相士感其忠厚○食已○謂之曰○君福相○不可久屈於農○且宜壯志遠方○家居不利○故月內有官非之險○事宜愼之○言畢○道謝而去○盛以爲道路之言○信疑未決○旬日外○有鄰牛踐東家之田○盛逐之○牛主姓岑名六者○見之怒○反揑盛傷其牛○以牛鞭撻盛○盛制梃欲鬭○忽悟相士之言○惟低首受撻○旁觀

者皆爲不平。盛惟低首謝罪。迨岑歸至半途。牛忽跑岑追之。觸石而仆。傷額血流。詰朝聞是夜發狂疾而死。盛對父母言曰。昨若與之鬬。則人命相干矣。然猶慮有誹謗之加。吾當往弔以平其憾。乃典衣以賻。親弔哭於其家。後竟有疑其額之傷。謂盛與相鬬致死者。幸是日旁觀者皆爲之解。且曰盛若與鬬。豈肯尚來弔喪。岑父母之疑始釋。盛聞之。告父母曰。昔士之言。今日已驗。然謂吾不利於家。則盍外出以圖別志。遂遠離鄉井赴杭州地面。於市上營小生理。

觸額後繼得狂疾。岑六之死。是命也。使張盛一朝之

忿不難禍連寃結妄招意外之災乃能忍辱於一時得逍遥於事外一福一禍在忍與不忍之間耳孔子曰血氣方剛戒之在鬬可不慎歟

張盛之店恰在街邊往來必經其戶村人漸而相識引類而來盛皆以禮貌待之而最敬重者有三凡讀書文士及老者貧者尤加意慇懃又每值墟期來趁市者或衣履杖巾或蓑笠雨傘求其代爲收貯盛必小心安置歸則檢點以還且絶不憚煩人皆喜悅暑天設茶於店使往來者得以解渴久之人皆仰慕生理日隆乃移父母來店奉養就近而娶婦焉不十年億中居奇居然大

家生理念昔相士謂宜壯志遠方之語卽欲營居于市其父曰市上繁華子孫易于驕縱究之古風自尚何如雞犬桑麻卽故鄉不可居而就近豈無可托足者村人聞之爭邀與入村居住遂卜居於近市成家盛自到成家以來凡貧苦者陰爲周卹卽非貧苦者亦常緩急相通故人皆樂與爲鄰如近萬家生佛時同鄉有施善權者一生刀詞猾訟險詐居心歲獲千金然喜交結逢迎每到歲杪則空空兩手籌度無以爲計慕張盛大義遂親赴店求其借貲二百許以來歲歸還顧張盛以忠厚爲懷彼施善權一生奸詭其迹向不相合今突來借貸

知必有久假難歸。而亦不敢唐突。祇以善言卻之。施不覺悻見於色。盛仍厚餽珍物。以爲送年之敬。施竟不受而去。自此生嫌。後張盛以歲暮賽神。而歷年必設酒筵。邀鄉老及鄰里到家。一酌以敘鄉情。是日先到廟參神。覺簷垣傾塌。四壁荒涼。俄見神像爲風雨飄零。滴痕點點。盛拜跪之下。愀然不樂。歸家邀鄉老敘飲。時勸衆脩葺。衆欣然曰。君有是念。將廟貌鼎新。可拭目以俟矣。斯廟前經捐貲二千。仗同鄉某修建。某乃侵蝕肥己。祇仍舊貫。草率告成。未久而頹。壁塵堦依然。故狀。今某死於虎。而子又死焉。故是廟久擬倡脩。奈無信誠可託者。君肯任力。此固神之靈。衆亦感君大義矣。張盛以少不更事爲辭。惟願捐百金以成美。衆皆曰。如是。則信義服人。尤爲人所瞻仰。神明且鑒幽衷矣。既蒙捐助多金。後必有接踵而繼者。公如不肯肩其任。則人失其望。卽非神之所安。起止由君。揆心安忍。盛以衆論如一。不敢不從。遠近聞張盛董事之名。羣相喜助。不數月而廟成。一時遠近祈禱者踵集如雲。而神固顯靈。誠禱者其應如響。

神明赫濯。豈今日始顯其靈。然何以四壁荒涼。當日之聲靈若泯。蓋神心卽人心。神必待人而後託。猶神雖有靈。究非其人不顯也。張盛好施樂義。素行可合於神明。即此義勇之誠。神靈即感而相應。然後知神之格思不可度。惟有德者乃能感召耳。

又廟外澗橋欲斷。行者跋涉維艱。人復舉張盛改造石橋。橋接東西岸。排石成道。設風雨亭于側。使行道者中途憩息。可避暑寒。既而工成。欵貲數百。再籌捐助。施善權。因前借不遂。謂其藐己久。已挾嫌。陰播謠言。揑盛吞蝕。即欲再捐者。惑于謗言。反袖手弗恤。土工石匠日討債盈庭。漸加唾罵。盛復約以期。及期欠欵猶不能支。衆擁門嚷罵。謂盛將捐貲侵蝕。並欲將彼欺噬。盛不能辯。多方籌借。並將店內貲本先爲支給。冀後籌捐塡還。久之。捐者寂然。張盛已貲本微弱生理漸弗能支。人又惑于譖言交易不肯深信。幾至歇業。有謂張盛曰。吾固知君大義人所以疑君者。惑於施善權。誹謗之言耳。盍質之於神。以釋衆惑。張盛聽其言。適近神誕之期。盛預爲木額。中刻明鑒在茲四字。後序修橋廟事以鳴其潔。及期鄉人畢集。張盛乃將扁額懸諸廟堂。告衆人曰。吾不才。不堪以任事。致無辜被譖。羣起猜疑。今明其志於神。願諸君共鑒。遂燃香燭。鳴鼓鐘。手捧清水一盅。對神指水而誓曰。自建廟修橋。所有銀錢數項。是不才張盛經理。如敢私心肥己。有如此水。遂舉手傾碗於地。碗應聲而響地鏗然碗竟不破衆驚異疑始釋彼素慕張盛忠厚者皆大喜及飲俱舉觴稱頌惟施善權暗自羞慚歸家謂人曰張盛旣侵蝕捐貲復敢懸額以彌已罪然神廟皇皇豈可任其蠱惑乃率族子弟毀其額額墜地斷堦石誤傷守廟者之脛守廟者與辯復被毆傷守廟者不甘告之鄉衆衆斥其非施猶指紳詬罵紳耆皆怒直以施善權擅毀廟額毆傷廟丁控縣縣執施重笞勒令將廟丁延醫調理並劾其將扁額石堦脩復施不敢違然慚與鄉人不睦愈移怒於盛

因借不遂讒謗流言君子每受小人所侮然君子樂

得爲君子。存心清正。到底何傷。小人枉作小人。任性妄爲。卒受刑辱。然烏知非上干神怒。神故假縣令之手。聲其罪而責之也。

後張盛之母。忽抱病而歿。欲謀歸葬。苦於無貲。鄉人感其修橋建廟之功。將廟後山地一塊。送之以葬。出葬之日。鄉中老幼男女。皆縞素赴送。惟施善權率族丁持械阻攔。使不得葬。謂鄉屬衆地。何得擅送與人。致滋他族實逼處此。衆曰。張盛捐貲出力。修建橋廟。衆受其德。不過捨此片土。以償大義。然皆出自一鄉公論。豈由汝施善權一人所能把持。施不與論。率族丁持械。欲鬭衆也不平。手持木石奮拳相向。張盛跪地叩泣曰。此地蒙諸君厚義相贈。已感深情。然施某既不肯相容。寧移葬他所。如必因此而鬬。是愛我以情。不啻遠我以禍也。願先殺我。使與母骸俱葬於此。遂罷葬而歸。施善權更率族丁。張盛母靈柩。扛至鄰村山邊擲之澗下。張盛聞之。奔至山前。撫柩痛哭。旁觀者爲之墮淚。乃延地師將另擇吉地。地師至澗邊。左右相視。驚曰。此即吉穴。十年當得大富。今無意得之。所謂福地留與福人。神鬼已預爲主宰。但恐洩言。非多金不肯售耳。盛密遣人訪探地主。始知是此處鄰村衆地。村人素慕張盛高義。聞之。皆願以地相贈。盛酬以金。村人卻不受。遂葬焉。

不平則鳴。七情中惟忿怒最難忍。況當衆人盛怒之下。若火燎原。使火上更施之以薪。必愈熾而不可滅。釀禍者。每由心頭之火。不能自禁也。乃跪地泣解。情甘遷葬。使欲鬭者。兩恨俱銷。福量福人。宜其終獲福地。

盛自葬母之後。貲本用盡。生理愈莫支持。祇得歇業。竊念困處他鄉。終難株守。欲圖歸計。去留未定。卜之於神。時守廟者。即村內成族人名達。問其所卜何事。盛將脩橋塡路。尚欠銀數百。衆已不能捐助。無奈將貲本鼎力

支給又自毋殯葬之具需用外貲本已盡逼得歇業欲
歸亦無業可依進退兩歧故求決諸神耳成達曰君爲
脩創橋路至畀困苦然散財以積德皇天必不肯負但
歸家既無業可依且爲君籌之吾守此廟而荒於耕久
欲告退惟交托未得其人盍讓與君在廟司理此廟經
君脩建人必樂從而神亦必默護于此靜守以俟機緣
可乎張盛欣然感激遂告之鄉人在廟可理香火聞張
盛之名者遠近男女多來祈禱煙火尤盛于平時凡疾
病危難到廟求神許愿者盛必誠以脩德行仁改過遷
善以祈神佑故人多感化一日當端陽午候見老女巫

帶一婦來廟參神後復至廟右偏殿太歲神案前盛潛窺之見女巫書符念咒咒後若以一物藏地土石爐間巫去後盛搜之不見何物及月朔前盛洗抹香爐至太歲殿地主爐下移爐洒掃覺爐底磚動啟磚視之見楮剪紙人血寫施善權姓名中錄年庚盛知是妖巫左道之術將紙人取出藏之將欲以察其隱迨六月六日巫偕婦人復至盛注意窺之見女巫啟磚塊失去紙人若有驚色復念咒書符仍以紙人藏磚下如故拜後偕婦出盛留與攀談且問曰君爐底之術吾見之矣然與施善權必有奇冤故施此術以禍彼巫含糊不肯認盛以

此頁原闕

此頁原闕

本虧盡如入窮牢鮮不以爲切齒之憾恨不得假人之刀殺彼之命乃婦與女巫施害反爲之解釋不念舊惡非仁者何能有此襟懷孔子曰十室之邑必有忠信斯語洵不虛也

半月後施善權到廟參神盛殷勤留坐施若有慚色張盛見其形容枯瘠驚問之曰尊容不見兩月何形骸消減迥異尋常施善權曰吾自五月端陽日忽然得病漸而心驚肉跳乍熱乍寒每夢寐間如山石重壓心胸苦不可耐延醫莫效疑爲鬼魅旬日內昏倒氣絶兩次舉室徬徨至本月初旬始略愈今猶覺神魂若失彷彿無

憑有言須再延醫調理者有言須延道士禳星者吾驚疑無主故欲決于神張盛曰如所言則君之病吾已早爲之醫矣不然病入膏肓勢莫挽矣施驚問何故張盛出所藏紙人以示且曰端陽日見一人于神案念咒書符不知所作何術吾弗以爲意後偶于太歲殿爐下得之否則君命危矣施曰君誠忠厚吾負愧多矣但禍我者何人君能識否盛諉言弗識然必與君仇恨者聞之此犬血鎮壓之術能魅人至死逾七七之期不可救稚善人君子其術不能施然君一生以刀筆陷人彼無恨可伸則以陰術禍汝陰術之禍人無跡猶刀筆之殺人

無血尋仇報恨勢所然也。君欲免禍盡毀業何必與世上多結冤讐。施善權曰。君言藥石。令我灰心。此後誓以刀筆為戒。知蹈前愆。當以前月之病為鑒。但不知禍我者有無於他處更施其術。安得人皆慈念。知君為我見之解釋也。盛曰。此可無慮。但君莫挾恨。吾方敢直言。施曰。吾已知過。更欲知以避凶耳。何敢挾恨。盛曰。作術禍汝者。郭羣光弟婦之戚。恨汝欺寡凌孤。串奪貲產。故作是禍汝。汝既知過。當還彼之產。以平其恨。可免彼後患。若復逞刀筆之險。術比汝之險。心為尤慘。尤恐其禍心莫測。恨及妻孥。非特汝一人受害也。施善權曰。吾當

宣講拾遺錄　忘讐認弟　一五

勸其伯還彼之產汝勸彼勿念前仇可乎盛曰君若是此念已改過遷善自可轉禍爲祥矣後施果勸郭羣光還寡婦之田張盛亦勸寡婦兩忘其恨自是施善權重張盛之品數日輒到一談一日謂張盛曰吾回頭一想覺曩事皆非所謂得君一夕話勝讀十年書然張公實原籍何所張盛曰吾本温州人貧不可居故移家於此爲糊口計施聞是言忽慚形于色曰吾前因小忿誤以小人之量待君君反以厚德待我當徐圖報耳然吾亦温州永嘉縣象村人是村有一人亦姓張混名苦瓜秀者君能識否張盛曰名姓多同請詳言之或亦相識施

曰此吾父也吾向諱而不宣今對君祇得直說吾母翁
氏初嫁張秀孕經五月爲冦捕至此鬻與施金華爲妾
吾未產而金華亡產未及週而母歿吾藉叔母教育成
人叔母常爲吾言聞之淚落今叔母已死八年自念均
是上天生人何我之生身顛倒若是此吾一生恨事抑
鬱難言故前頭乖僻妄爲都爲滿腹牢騷之故此可以
爲君道難爲別人言也張盛曰吾卽象村苦瓜秀之子
如君所言同父異母卽吾兒也遂相攜歸家與父相見
復陳顛末秀曰果吾兒也相嚮大哭自此善權易名張
正將自積產業盡售得貲八百與弟張盛在城貿易正

乃廣修陰隲以贖前愆不十載果如相士及地師所言貴積數萬人言吉地所發實由張盛心地所積也前後異母地各一方弟固不知有兄兄亦不知有弟及因相士指以壯志遠方之語遂徙處于杭此天故復湊其緣使爲父子兄弟相會之地乃因借不遂挾恨如仇使母死無寄葬之區豈知因此而反獲吉地可知興衰離合皆天地主權然非張盛忠厚存心其兄卽爲邪術所害烏能使之遷善改惡復得人倫樂地共享富厚之福歟

第十六條傳聞

總論

孔子曰。忿思難。蓋七情中惟怒最難忍。如一星之火。縱可燎原。始于一念之微。忿恨相尋。禍患不顧。甚而殺身亡命。何其愚哉。

聖諭廣訓曰。語有之。忍之斯須。乃全爾軀。又曰。養其和平。消其亢戾。可知人之善處世者。必先善於處身。橫逆之加。反心自咎。是非之謗詈。若罔聞。恆使靜其氣以養心。平其心以養氣。縱橫逆是非之至。如水制火。可不救而自銷也。至言行爲君子之樞機

宣講博聞録　第十六條　全　十六

尤宜時加謹慎。書曰。惟口出好興戎。每于一語之間。至操刀相向。或終身結怨。成莫大之深讐夙恨。胥尋相戕。性命一話之頃。若甚小。而禍害之關爲甚大也。

輕言陷命

惠州城北門外有王子和者。原富家子。其父在日。好奇花異卉。聞有佳種。爭購不惜重金。園內排列花盤。皆別出新樣。儼若珊瑚翡翠玉質。金鑲多畜金魚。皆霞鱗雪翅。以水晶爲甕。白玉爲缸。畜鳴鳥百籠。分掛柳亭花檻。一唱則百聲齊和。蜂蝶紛飛。月夕風晨。常與燕友鶯朋。飲酒其間以爲樂。其父死。子和尤逸樂無度。游蕩花銷。非酒國尋春。則花林醉月。凡服食器物。必窮極奢華。浪費十倍于其父。未幾而產業蕩盡。稅破屋以棲身。四壁蕭條。家無宿物。妻臥病垂斃。不能具棺。泣求諸友。莫肯亟憐者。乃湊板成櫬以爲葬。

書曰。不作無益害有益。不貴異物賤用物。乃不知儉用。躭于園亭逸樂。奢侈繁華。以有益之財。置之無益之用。父放蕩。子必驕奢。敗產破家。勢所必致。

王子和自妻歿後。隻身零落。素手無憑。撿父在時遺有碎畫殘編。及零星細物。鬻於市。以爲食。或日獲一飽。或終日忍饑。更夜無枕衾。天寒。擁藁爲包。席地以睡。偶值饑年。無以自給。復沾病疾。又貧不能醫。無奈拾葉爲薪。翦草爲藥。及病稍愈。而爨難舉火。甑欲生塵。四顧徬徨。饑渴交迫。急欲數米爲炊。搜之。粒米皆虛。撫甕摩挲。苦淚欲滴偶觸載米磁甕猶是舊日蓮缸原值數金心中竊喜獨扛出街邊冀沽以易米奈久之竟無問價者憶城內有區錦明者亦富家子知其人素好珍玩古器遂扛至其家相訂價銀一兩王站簷下立候收銀適有任佐者舉止輕揚而性極靈慧凡琴棋書畫諸藝皆精常與貴介之家往來交結然恃才而妒每毀人行人多厭之是日偶入區錦明家見王子和在問至此何爲王與任亦素相識者王自覺羞慚不說賣缸祇含糊以對俄而區執銀包自內出任佐問此缸何來區指買自王子和以告任撫缸略視問價幾何區對已訂價一兩佐哂

曰君太忠厚爲人愚矣區曰然則實值幾何任佐曰祗抵銅錢三百多則非宜區聞言即有逃志王怒謂任佐曰如子言則胸中自有定價當知物所自來原值幾許乎任不能答王子和曰夫胸中確有定識而後可評人之貴賤定物之重輕既不知物之來自何方又未諳原值幾許徒輕語敗人之成何益區錫明聽王子和憤激之詞知必隱中饑苦憐之欲與交易而任固阻之王悻悻然復扛之出意圖別沽及出城外遍走街衢祗一店家問及僅還銅錢二百以外則無相問者王轉念不若復求區某如肯多增百錢可充饑渴即如前三百亦可

濟燃眉。爰轉身入城。時已餒甚。不覺兩目昏花。翻身傾倒。蓮缸應聲而碎。來往者。皆觸罵之。責其將碎缸擲去。貿貿然歸。及啟破扉。見環堵蕭然。空無一物。不覺潸然出涕。淚洒窮途。悲聲長歎。曰任佐其忍心乎。夫何使我至於此極也。復睡餓一日。更覺饑火中燒。寸腸欲斷。沉思不如一死。即欲投繯自縊。又不甘以殘膚斷體。遺惡語于人間。乃奔至江濱。跳身下水。

古誠慎言。曰守口如餅。易曰括囊无咎。誠以一言之成敗。福人則難。禍人則易。言固不可以不慎也。以王子和自取其窮。雖貧不足惜。然物猶傷類。人孰無情

何必雪上加氷而致人於絕地當其輕口妄言初不知陷人致死然由其存心刻薄故出語傷人而不自知也

王子和一時之忿拚命投江自甘一死幸江心水淺逐流而下湧至沙邊忽岸上一人早已見之奔來拯救詰其情由王子和自述姓名將苦情泣訴其人憐之急以衣解換慰之曰此軀堂堂七尺何必因窮饑輕生肯從吾來當有好境將不止圖溫飽也時子和已心中無主且隨之去聊詢此人姓名其人曰吾名三與君同姓及至江干僻處獨一舟泊崖邊舟中人皆長大漢其人相

與登舟執子和手告衆人曰此吾同宗也命舟人急爲炊即拔篙解纜王子和饑苦已極不便與人攀談及食後與諸友略通姓名俄而夕陽西下舟泊山坳一派密竹森松人跡罕到晚膳後舟中不燃燈火衆皆坐臥自如子和欲與王三有言王三曰此非談話之候子和心甚疑及夜深齊起移舟對岸衆皆束裝如行軍像各持火具身帶刀鎗王三囑子和曰汝與此二人在此守船此行則分汝以財爲汝解窮厄矣言罷齊登岸而去子和疑爲官差捕匪問同守船者曰此去何爲守船者曰王大哥既偕汝來他未說汝知耶子和曰偕我來者王

三耳孰爲王大哥吾實未晤面守船者曰王三非卽王飛刀大哥耶王子和素聞王飛刀巨盜之名始知悞入賊船卽欲脫身上岸守船者曰大哥旣命吾等守船擅離者有罰久之遥聞轟炮連聲四面嗚鑼喊賊子和欲脫不得心中戰栗頃而炮聲漸近尤毛髮悚然忽見同黨接踵奔回蜂擁下舟飛棹而去是夕刼得財物王飛刀謂王子和曰吾初若明以告汝汝必不敢來但念汝旣拚命投江自甘一死孰若拚此一死猶獲貲財汝敢則明夜再行否則歸家惟汝自決子和猶狐疑未定衆曰有吾等在可保無虞遂決焉後隨人復刼再得貲子

和自此心膽俱雄以爲無礙近君子者爲君子近小人者斯爲小人王子和識莫能忍甘溝瀆自經未肯爲盜及悞入匪黨漸久而心自安焉雖其錯足之始實非其本心然悞入其中自當出乎其外何迷而不反且自以爲安是自求禍也不亦殆哉

後月餘王子和在當店典衣被事主陳怡顏認得即通差捉獲解縣宰研鞫不招喝加重刑子和向未經此苦覺心膽欲碎痛楚難堪宰勸之曰汝與王飛刀同黨本縣早已知之汝不招徒自苦耳如肯直認即以汝爲線

拿得夥黨到來。即為汝開釋。然本縣既為汝恩。汝再敢梗頑不認。復重加刑。楚汝雖鐵漢。不由汝妄欲逃生也。子和俯首沉思。供曰。小民向守分循良。因貧極友人任佐薦引與賊人充當水手。不管別事。不去認財各匪姓名。實未認識。惟城內任佐。嘗出貲與賊置利刃軍器。坐地分肥。所有刼案。先出自任佐主意。宰問任佐住址。子和告之。宰即以子和作線。竟將任佐拿獲。任佐堅不肯認。王子和証證之。任佐難受苦刑。勉强招認。與王飛刀行刼一次。宰再鞫之。不招。復刑。祇得謬認三次。旋將二人監押。秋審後。王子和任佐二人。齊赴法塲受戮。任佐見王子和卽怨罵之曰汝爲盜汝自死耳吾與汝夙世何寃前生何恨偏無辜陷我于死耶王子和曰汝與我夙世無寃今世寃前生無恨今生恨猶憶賣釘時乎吾不食已兩日矣憑此釘爲命脈賣以充饑區錦明尙肯垂憐汝偏偏阻止致吾一命幾已赴水身亡而又復陷身于盜吾之命實汝陷之而汝猶敢怨我乎汝一生謗語傷人受汝陷者不知凡幾人皆切齒汝一死汝有餘辜而不自知耳時旁觀者聞言皆指罵之任佐俯首無詞未幾二人皆就戮

富有家貲能儉約自持奚必輕身至死至死而獲救

知其命不該終。而卒不免于死。且受戮于市。比赴水之死爲尤辱。與其苟圖安飽。而終受死于法網。孰若赴水而亡。得自死于清白。究其原要。皆任佐害之也。任佐以一語之微。致極人于死。故人亦一念之忿。還噬其身。彼舌劍殺人。烏知倒戈反盾。此中寃寃相報。捷如影響之隨。輕言者所當深戒矣